面向新工科普通高等教育系列教材

数据库系统原理及 MySQL 应用教程
第 2 版

李　辉　等编著

机 械 工 业 出 版 社

本书共 19 章，全面系统地讲述了数据库技术的基本原理和应用。主要内容包括：数据库系统概述、信息与数据模型、关系代数与关系数据库理论、数据库设计方法、MySQL 的安装与使用、MySQL 存储引擎与数据库操作管理、MySQL 表定义与完整性约束控制、MySQL 数据操作管理、MySQL 索引、MySQL 视图、MySQL 存储过程与函数、MySQL 触发器与事件调度器、MySQL 权限管理、事务与 MySQL 的多用户并发控制、MySQL 数据库备份与还原、MySQL 日志管理、分布式数据库与 MySQL 的应用、MySQL 在 Web 开发中的应用、非关系型数据库——NoSQL 等内容。

　　本书以 MySQL 为背景介绍了数据库技术的实现，使读者可以充分利用 MySQL 平台深刻理解数据库技术的原理，达到理论和实践紧密结合的目的。同时解决了读者安装上机数据库管理系统软件中的操作系统兼容性（32 和 64 位计算机、Windows、Linux 和 MAC 操作系统等）问题。

　　本书内容循序渐进，深入浅出，概念清晰，条理性强，每一章节都给出了相应实例，为缓解读者初期上手实践的茫然与困惑，本书在每章专门设置了实验任务。

　　本书可作为本科相关专业"数据库系统原理及应用"课程的配套教材，同时也可供参加数据库类考试的人员、数据库应用系统开发设计人员、工程技术人员及其他相关人员参阅。对于非计算机专业的本科学生，如果希望学到关键、实用的数据库技术，也可将本书作为教材。

　　扫描关注机械工业出版社计算机分社官方微信订阅号——IT 有得聊，回复 63655 即可获取本书配套资源下载链接，包括电子课件、教学视频、配套教学实验、教学大纲、测试习题库、教学案例等资源。

图书在版编目（CIP）数据

数据库系统原理及 MySQL 应用教程/李辉等编著 . —2 版 . —北京：机械工业出版社，2019.8（2024.1 重印）

面向新工科普通高等教育系列教材

ISBN 978-7-111-63655-7

Ⅰ. ①数…　Ⅱ. ①李…　Ⅲ. ①SQL 语言—程序设计—高等学校—教材

Ⅳ. ①TP311. 132. 3

中国版本图书馆 CIP 数据核字（2019）第 192534 号

机械工业出版社（北京市百万庄大街 22 号　邮政编码　100037）
策划编辑：王　斌　　责任编辑：王　斌
责任校对：张艳霞　　责任印制：常天培

三河市骏杰印刷有限公司印刷

2024 年 1 月第 2 版·第 18 次印刷
184mm×260mm · 22.5 印张 · 557 千字
标准书号：ISBN 978-7-111-63655-7
定价：69.00 元

电话服务　　　　　　　　　　　　网络服务
客服电话：010-88361066　　　　　机 工 官 网：www.cmpbook.com
　　　　　010-88379833　　　　　机 工 官 博：weibo. com/cmp1952
　　　　　010-68326294　　　　　金 书 网：www.golden-book.com
封底无防伪标均为盗版　　　　机工教育服务网：www.cmpedu.com

前　言

　　数据库技术是现代信息技术的重要组成部分。数据库技术随着计算机技术的广泛应用与发展，无论是在数据库技术的基础理论、数据库技术应用、数据库系统开发，还是数据库商品软件推出方面，都有着长足的、迅速的进步与发展。同时数据库技术也是目前 IT 行业中发展最快的领域之一，已经广泛应用于各种类型的数据处理系统之中。了解并掌握数据库知识已经成为对各类科研人员和管理人员的基本要求。目前，"数据库系统原理及应用"课程已逐渐成为本科院校计算机、软件工程、信息管理等专业的一门重要专业课程，该课程既具有较强的理论性，又具有很强的实践性。

　　本书是作者在长期从事数据库课程教学和科研的基础上，为满足"数据库系统原理及应用"课程的教学需要而编写的。以读者的角度重新调整章节知识点顺序，分别从数据库系统概述、信息与数据模型、关系模型与关系规范化理论、数据库系统设计、关系数据库标准语言、索引与视图、结合 MySQL 讲述数据库安全保护原理以及系统管理技术、数据库服务器端编程（触发器、存储过程与函数）、MySQL 在 Web 开发中的应用等内容进行讲述。

　　本书内容循序渐进、深入浅出。以 MySQL 为应用对象，解决了读者安装上机数据库管理系统软件中的操作系统兼容性（32 和 64 位计算机、Windows、Linux 和 MAC 操作系统等）问题。MySQL 具有开源、免费、体积小、易于安装、性能高效、功能齐全等特点，因此 MySQL 非常适合于教学。为缓解读者初期上手实践的茫然与困惑，本书在每章专门设置了实验任务。

　　本书可作为本科相关专业"数据库系统原理及应用"课程的配套教材，同时也可以供参加数据库类考试的人员、数据库应用系统开发设计人员、工程技术人员及其他相关人员参阅。对于非计算机专业的本科学生，如果希望学到关键、实用的数据库技术，也可采用本书作为教材。

　　本书在编写过程中，李辉负责第 1 至 11 章、第 17 至 19 章的编写，杨小莹负责第 12 至 16 章的编写工作。张标、孙鑫鑫、李全恩、杨小莹、胡倩等参与编写和整理资料，兄弟高校使用第 1 版的任课教师也对本书提出了一些修改建议，在此也向他们一并表示感谢。虽然我们希望能够为读者提供最好的教材和教学资源，但由于水平和经验有限，错误之处在所难免，同时还有很多做得不够的地方，恳请各位专家和读者予以指正，并欢迎同行进行交流。邮件：lihui@ cau. edu. cn，教材使用问题 QQ 交流群：138668506。

编　者

目　　录

第1章　数据库系统概述

　　数据库是指以一定的方式存储在一起，能为多个用户共享，具有尽可能小的冗余度，并且与应用程序彼此独立的数据集合。目前使用最为广泛的数据库是关系型数据库，它是建立在关系模型基础上的数据库，借助于集合代数等数学概念和方式来处理数据库中的数据。现在的数据库大多数都是关系型数据库，例如 Oracle、Microsoft SQL Server、Access 和 MySQL 等。本章主要介绍数据库系统的概念、组成及各部分的主要功能；数据管理技术的 3 个发展阶段以及三级模式映射关系。

1.1　数据与数据管理技术

　　数据库是数据管理的主要技术，是计算机科学的重要分支。对于一个国家来说，数据库的建设规模、数据库信息量的大小和使用频度已成为衡量这个国家信息化程度的重要标志。数据库变得越来越重要，而且无处不在，比如今日头条等网络新闻的存储、QQ 好友信息同步、求职信息发布、选课信息呈现、电子商务平台的个性化信息的推荐等，都离不开数据库。

　　因此，数据库已经成为现代信息系统不可分离的重要组成部分。具有数百万甚至数十亿字节信息的数据库已经普遍存在于金融、教育、工业、农业、服务业和政府部门等诸多行业部门的信息系统中，是计算机领域中发展最快的技术之一。

　　数据库系统的出现使信息系统从以加工数据的程序为中心转向围绕共享的数据库为中心的新阶段。这样既便于数据的集中管理，又有利于应用程序的研制和维护，提高了数据的利用率和相容性，目前的大数据技术提高了决策的可靠性。

1.1.1　数据库系统的基本概念

1. 数据与信息

　　现代社会是信息的社会，信息正在以惊人的速度增长。因此，如何有效地组织和利用它们已成为急需解决的问题。引入数据库技术的目的就是为了高效地管理及共享大量的信息，而信息与数据是分不开的。

　　数据是描述事物的符号记录，也是数据库中存储、用户操纵的基本对象。数据不仅是数值，而且可以是文字、图形、动画、声音、视频等。数据是信息的符号表示。例如，可以这样来描述某高校计算机系一位同学的基本信息：李梅，女，1995 年 6 月生，安徽省阜阳市人，2014 年入学。在计算机中描述如下：（李梅，女，1995 - 06，安徽省阜阳市，计算机系，2014），即把学生的姓名、性别、出生年月、出生地、所在院系、入学时间等组织在一起，组成一条记录。这些符号被赋予了特定的语义，具体描述了一条信息，具有了传递信息的功能。数据有如下特性。

　　1）数据是有"型"和"值"之分。数据的型是指数据的结构，数据的值是指数据的具体取值。如表 1-1 中的课程信息是由"课程编号""课程名称""学分""学时""教师编号"等数据项构成的。第一行就可以看作课程数据的型，第二行开始就是课程的信息，即课程型的值。

表1-1　课程信息表

课程编号	课程名称	学　分	学　时	教师编号
08130015	大数据技术及应用概论	3	48	201207
08132220	数据库原理及应用基础	3	32	09022
22308016	网站开发与设计	2	32	08055
…	…	…	…	…

从表1-1可以看出，数据项"教师编号"还可以与教师信息表中的教师编号建立联系。因此数据的型不仅可以表示数据内部的构成，还能表示数据之间的联系。

2）数据有定性表示和定量表示之分。比如一个人的健康情况可以用"良好"和"一般"来表示，而学生的成绩可以用数字表示。

3）数据受数据类型和取值范围的约束。数据类型是针对不同的应用场合设计的数据约束。数据类型不同，则数据的表示形式、存储方式以及能进行的操作运算也各不相同。比如一个人的年龄就必须用整数表示。在使用计算机处理信息时，就应该为数据选择合适的类型。常见数据类型有字符型、数值型、日期型等。

4）数据具有载体和多种表现形式。数据的载体可以是纸张、硬盘等，也可以是报表、语音以及不同语言符号表示。

信息是有一定含义的、经过加工处理的、对决策有价值的数据。例如，农民在实际的生产过程中，从生产规划、种植前准备、种植期管理，到采收、销售等环节，可以从"天时、地利、人和"三方面理解数据收集。"天时"可以指实时的气象数据，如降水、温度、风力、湿度等；"地利"可以指动静态的土壤数据，如土壤水分、土壤温度、作物品种信息、作物病虫害信息等；"人和"则是从人力资源给出的信息，如农资产品使用、农产品加工和流通渠道、农产品市场价格等。通过整合农民机械化农场设备的种植和产量数据，以及气象、种植区划等多样数据，可以得到较为详尽的种植决策信息，精准化农事生产，帮助农民提高产量和利润。利用信息通过对农业生产全过程的精准化、智能化管理，可以极大限度地减少化肥、水资源、农药等投入，提高作业质量，使农业经营变得有序化，从而为转向规模化经营打下良好基础。因此，信息是对现实世界中存在的客观实体、现象、联系进行描述的有特定语义的数据，它是人类共享的一切知识及客观加工提炼出的各种消息的总和。

从以上可以看出，信息和数据既有联系又有区别。在数据库领域，通常处理的是像学生记录这样的数据，它是有结构的，称之为结构化数据。正因为如此，通常对数据和信息不作严格区分。

信息与数据的关系可以归纳为：数据是信息的载体，信息是数据的内涵。即数据是信息的符号表示，而信息通过数据描述，又是数据语义的解释。

数据处理又称为信息处理，是指对各种形式的数据进行收集、存储、传播和加工直至产生新信息输出的全过程。数据处理的目的一般有两个：一是借助计算机科学地保存和管理大量复杂的数据，以方便而充分地利用这些宝贵的信息资源；其二是从大量已知的表示某些信息的原始数据出发，抽取、导出对人们有价值的、新的信息。例如，为了统计每个班的男生和女生的人数，首先要获取所有学生的基本数据，如图1-1左表所示，通过数据处理，产生图1-1右表所示的汇总信息，从中可以看到，1701 和 1703 两个班的男生人数均为两人，女生人数均为一人。

学号	姓名	性别	出生日期	班号
201709101	周冬元	男	2000年02月20日	1703
201709103	王芮	男	2001年06月03日	1701
201709105	王梦瑶	女	2002年10月02日	1701
201709107	史丹妮	女	2000年01月23日	1703
201709108	廖文璇	男	2000年09月01日	1703
201709109	许梦陶	男	1999年02月10日	1701

班号	性别	人数
1701	男	2
1701	女	1
1703	男	2
1703	女	1

图 1-1　数据处理示例

数据管理是数据处理的中心问题，是指数据的收集、整理、组织、存储、查询、维护和传送等各种操作，也是数据处理的基本环节，是数据处理必有的共性部分。因此，对数据管理应当加以突出，集中精力开发出通用且方便好用的软件，把数据有效地管理起来，以便最大限度地减轻数据消费者的负担。

总之，数据处理和数据管理是相互联系的，数据管理中各种操作都是数据处理业务必不可少的基本环节，数据管理技术的好坏，直接影响到数据处理的效率。

数据技术所研究的问题是如何科学组织和存储数据，如何高效地处理数据以获取其内在信息。数据库技术正是针对这一目标逐渐完善起来的一门计算机软件技术。

2. 数据库

"数据库"这个名词起源于 20 世纪中叶，当时美军为作战指挥需要建立起了一个高级军事情报基地，把收集到的各种情报存储在计算机中，并称之为"数据库"。起初人们只是简单地将数据库看作是一个电子文件柜、一个存储数据的仓库或容器。后来随着数据库技术的产生，人们引申并沿用了该名词，给"数据库"这个名词赋予了更深层的含义。

那么，数据库到底是什么呢？可以简单归纳为：数据库（DataBase，DB）是按照一定结构组织并长期存储在计算机内的、可共享的大量数据的集合。概括起来说，数据库具有永久存储、有组织和可共享三个基本特点。关于数据库的概念，请注意以下 5 点。

1）数据库中的数据是按照一定的结构——数据模型来进行组织的，即数据间有一定的联系以及数据有语义解释。数据与对数据的解释是密不可分的。例如，2017，若描述一个学生的入学年份表示 2017 年，若描述山的高度则表示 2017 米。

2）数据库的存储介质通常是硬盘，其他介质包括光盘、U 盘等。这些数据存储介质可大量地、长期地存储及高效地使用数据。

3）数据库中的数据能为众多用户所共享，能方便地为不同的应用服务，比如资讯平台。

4）数据库是一个有机的数据集成体，它由多种应用的数据集成而来，故具有较少的冗余、较高的数据独立性（即数据与程序间的互不依赖性）。

5）数据库由用户数据库和系统数据库（即数据字典，对数据库结构的描述）两大部分组成。数据字典是关于系统数据的数据库，通过它能有效地控制和管理用户数据库。

3. 数据库管理系统

数据库管理系统（Database Management System，DBMS）安装于操作系统之上，是一个管理、控制数据库中各种数据库对象的系统软件。数据库用户无法直接通过操作系统获取数据库文件中的具体内容。数据库管理系统通过调用操作系统的服务，比如进程管理、内存管理、设备管理以及文件管理等服务，为数据库用户提供管理、控制数据库中各种数据库对象、数据库文件的接口，实现对数据的管理和维护。

数据库管理系统通常会选择某种"数学模型"存储、组织、管理数据库中的数据，常用的数学模型包括"层次模型""网状模型""关系模型""面向对象模型"等。基于"关系模型"的数据库管理系统称为关系数据库管理系统（Relational Database Management System，RDBMS）。随着关系数据库管理系统的日臻完善，目前关系数据库管理系统已占据主导地位。

通过关系数据库管理系统，数据库开发人员可以轻而易举地创建关系数据库容器，并在该数据库容器中创建各种数据库对象（表、索引、视图、存储过程、触发器、函数等）以及维护各种数据库对象。

数据库管理系统的目标是让用户能够更方便、更有效、更可靠地建立数据库和使用数据库中的信息资源。数据库管理系统不是应用软件，它不能直接用于诸如工资管理、人事管理、资料管理等事务管理工作，但数据库管理系统能够为事务管理提供技术和方法、应用系统的设计平台和设计工具，使相关的事务管理软件很容易设计。也就是说，数据库管理系统是为设计数据管理应用项目提供的计算机软件，利用数据库管理系统设计事务管理系统可以达到事半功倍的效果。

DBMS 主要作用是在数据库建立、运行和维护时对数据库进行统一的管理控制和提供数据服务，可以从以下 4 个方面理解。

1）从操作系统角度。DBMS 是使用者，它建立在操作系统的基础之上，需要操作系统提供底层服务，如创建进程、读写磁盘文件、管理 CPU 和内存等。

2）从数据库角度。DBMS 是管理者，是数据库系统的核心，是为数据库的建立、使用和维护而配置的系统软件，负责对数据库进行统一的管理和控制。

3）从用户角度。DBMS 是工具或桥梁，是位于操作系统与用户之间的一层数据管理软件。用户发出的或应用程序中的各种操作数据库的命令，都要通过它来执行。

4）产业化的 DBMS 称为数据库产品。目前，商品化的数据库管理系统以关系型数据库为主导产品，技术比较成熟。主要有 Oracle 公司的 Oracle 和 MySQL，IBM 公司的 DB2，SYBASE 公司的 Sybase，Microsoft 公司的 SQL Server、Access 和 Visual FoxPro 等。

（1）Oracle

Oracle 世界上第一个开放式商品化关系型数据库管理系统，于 1983 年推出。它采用标准的结构化查询语言（Structured Query Language，SQL），支持多种数据类型，提供面向对象存储的数据支持，具有第四代语言开发工具，支持 UNIX、Windows NT、OS/2、Novell 等多种平台。除此之外，它还具有很好的并行处理功能。Oracle 产品主要由 Oracle 服务器产品、Oracle 开发工具、Oracle 应用软件组成，也有基于 PC 的数据库产品，主要满足对银行、金融、保险等企业、事业单位开发大型数据库的需求。

Oracle 数据库最新版本为 Oracle Database 19c。

（2）DB2

DB2 是 IBM 公司研制出的一种关系型数据库管理系统，分别在不同的操作系统平台上服务。DB2 是基于 SQL 的关系型数据库产品。20 世纪 80 年代初期 DB2 的重点放在大型的主机平台上。到 20 世纪 90 年代初，DB2 发展到中型机、小型机以及 PC 平台，DB2 适用于各种硬件与软件平台，各种平台上的 DB2 有共同的应用程序接口，运行在一种平台上的程序可以很容易地移植到其他平台。DB2 的用户主要分布在金融、商业、铁路、航空、医院、旅游等各个领域，以金融系统的应用最为突出。

（3）Sybase

Sybase 是美国 SYBASE 公司推出的客户机/服务器（C/S）模式的关系数据库系统，也是世界上第一个真正的基于客户机/服务器体系结构的关系数据库管理系统。Sybase 数据库将用户分为四种不同的类型，即系统管理员、数据库管理员、数据库对象管理员和其他一般用户。系统管理员可访问所有数据库和数据库对象。Sybase 产品主要由服务器产品 Sybase SQL Server、客户产品 Sybase SQL Toolset 和接口软件 Sybase Client/Server Interface 组成，还有著名的数据库应用开发工具 PowerBuilder。

（4）MySQL

MySQL 是目前最流行的关系型数据库管理系统，由瑞典 MySQL AB（AB，在瑞典语中表示"股份公司"，是"aktiebolag"的首字母缩写）公司开发，目前属于 Oracle 公司。在 Web 应用方面 MySQL 是最好的 RDBMS 应用软件之一。目前最新的版本是 5.7，本书也将以此版本作为讲述对象。

MySQL 所使用的 SQL 语言是用于访问数据库的最常用标准化语言。MySQL 软件分为社区版和商业版，由于其体积小、速度快、总体拥有成本低，尤其是开放源代码这一特点，一般中小型网站的开发都选择 MySQL 作为网站数据库。由于其社区版的性能卓越，搭配 PHP 和 Apache 可组成良好的开发环境。

（5）SQL Server

SQL Server 是美国微软公司开发的一个关系数据库管理系统，采用客户/服务器体系结构，以 T-SQL 作为其数据库查询和编程语言。SQL Server 采用二级安全验证、登录验证以及数据库用户许可验证等安全模式。SQL Server 支持两种身份验证模式：Windows NT 身份验证和 SQL Server 身份验证，权限分配非常灵活。SQL Server 可以在不同的 Windows 操作平台上运行，并支持多种不同类型的网络协议，如 TCP/IP、IPX/SPX 等。近年来，SQL Server 不断更新版本，最新版本为 SQL Server 2017。

（6）PostgreSQL

PostgreSQL 是一个开放源代码的关系型数据库管理系统，它是在加州大学伯克利分校计算机系开发的 POSTGRES 基础上发展起来的。目前，PostgreSQL 数据库已经是个非常优秀的开源项目，很多大型网站都使用 PostgreSQL 数据库来存储数据。

PostgreSQL 支持大部分 SQL 标准，并且提供了许多其他特性，如复杂查询、外键、触发器、视图、事务完整性和 MVCC。同样，PostgreSQL 可以用许多方法扩展，例如，通过增加新的数据类型、函数、操作符、聚集函数和索引方法等。

（7）Access

1992 年，Microsoft 公司首次发布 Access。Access 是 Microsoft 公司推出的基于 Windows 的桌面关系数据库管理系统（RDBMS），是 Office 系列应用软件之一。它提供了表、查询、窗体、报表、页、宏、模块 7 种用来建立数据库系统的对象；提供了多种向导、生成器、模板，把数据存储、数据查询、界面设计、报表生成等操作规范化，为建立功能完善的数库管理系统提供了方便，也使得普通用户不必编写代码，就可以完成大部分数据管理的功能。由于 Access 只是一种桌面数据库，所以它适合数据量少（记录数不多和数据库文件不大）的应用。目前最新版本为 Access 2019。

（8）Visual FoxPro

Visual FoxPro 简称 VFP，是 Microsoft 公司推出的数据库开发软件，用它来开发数据库，既简单又方便。Visual FoxPro 源于美国 Fox Software 公司推出的数据库产品 FoxBase，在 DOS 上运行，与 xBase 系列相容。FoxPro 原来是 FoxBase 的加强版，最高版本曾出过 2.6。之后，Fox Software 被微软收购，加以发展，使其可以在 Windows 上运行，并且更名为 Visual FoxPro。目前最新版为 Visual FoxPro 9.0。在桌面型数据库应用中，Visual FoxPro 处理速度极快，是日常工作中的得力助手。

注：Visual Foxpro、Access 和 SQL Server 都是 Microsoft 公司的产品，只能在 Microsoft 公司 Windows 系列的操作系统上运行。而 Oracle、DB2、MySQL 和 PostgreSQL 等数据库是可以跨平台的，它们不仅可以在 Windows 系列的操作系统上运行，还可以在其他操作系统（例如 UNIX、Linux 和 Max OS）上运行。

DBMS 主要功能包括以下几个方面。

1）数据定义功能。DBMS 提供数据定义语言（Data Definition Language，DDL），用户通过它可以方便地对数据库中的数据对象进行定义，比如数据库表结构的定义。

2）数据操纵功能。DBMS 还提供数据操纵语言（Data Manipulation Language，DML），用户可以使用 DML 操纵数据以实现对数据库的基本操作，如查询、插入、删除和修改等。

3）数据库的运行管理。数据库在建立、运用和维护时由数据库管理系统统一管理、统一控制，以保证数据的安全性、完整性、多用户对数据的并发使用及发生故障后的系统恢复。

4）数据库的建立和维护功能。数据库的建立是指对数据库各种数据的组织、存储、输入、转换等，包括以何种文件结构和存储方式组织数据，如何实现数据之间的联系等。

数据库的维护是指通过对数据的并发控制、完整性控制和安全性保护等策略，以保证数据的安全性和完整性，并且在系统发生故障后能及时回复到正确的状态。

数据库管理系统是数据库系统的一个重要组成部分。

4. 数据库系统

数据库系统（DataBase System，DBS）是指计算机引入数据库后的系统，它能够有组织地、动态地存储大量的数据，提供数据处理和数据共享机制。一般由硬件系统、软件系统、数据库和人员组成。由于数据库的建立、使用和维护等工作只靠一个 DBMS 是不够的，还需要专门的专业人员协助完成。DBS 其简化表示为：

DBS=计算机系统（硬件、软件平台、人）+ DBMS+DB

数据库系统包含了数据库、DBMS、软件平台与硬件支撑环境及各类人员；DBMS 在操作系统（Operating System，OS）的支持下，对数据库进行管理与维护，并提供用户对数据库的操作接口。一般在不引起混淆的情况下，常常把数据库系统直接简称为数据库。它们之间的关系如图 1-2 所示。

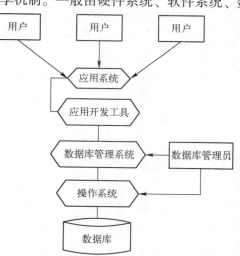

图1-2 DB、DBMS、DBS 之间的关系

5. 信息系统

信息系统（lnformation System，IS）是由计算机硬件、网络和通信设备、计算机软件、信息资源、信息用户等组成的以处理信息流为目的的人机一体化系统。它是以提供信息服务为主要目的数据密集型、人机交互的计算机应用系统，具有对信息进行加工处理、存储和传递，同时具有预测、控制和决策等功能。

信息系统的 5 个基本功能是信息的输入、存储、处理、输出和控制。一个完整的信息系统应包括控制与自动化系统、辅助决策系统、数据库（含知识库）系统以及与外界交换信息的接口等，它是一个综合、动态的管理系统。

从信息系统的发展和系统特点来看，可大致分为数据处理系统、管理信息系统、决策支持系统、虚拟现实系统、专家或智能系统等类型。无论是哪种类型的系统都需要基础数据库及其数据管理的支持，故数据库系统是信息系统的重要基石。

不同的程序设计语言会采用不同的数据库访问技术。主要的数据库访问技术有 ODBC、JDBC、ADO. NET、PDO 等。

1.1.2 数据管理技术的发展

目前，在计算机的各类应用程序中，用于数据处理的约占 80%。数据处理是指对数据进行收集、管理、加工、传播等一系列工作。其中，数据管理是研究如何对数据分类、组织、编码、存储、检索和维护的一门技术，其优劣直接影响数据处理的效率，因此它是数据处理的核心。数据库技术是应数据管理的需求而产生的，而数据管理技术又是随着计算机技术的发展而完善的。数据管理技术经历了人工管理、文件系统管理、数据库系统管理阶段，随着新技术的发展，其研究与应用已迈向高级数据库系统阶段。

1. 人工管理

人工管理阶段是计算机数据管理的初级阶段。当时计算机主要用于科学计算，数据量少、不能保存。数据面向应用，多个应用涉及的数据相同时，由于用户各自定义自己的数据，无法共享，因此存在大量的数据冗余。此外，当时没有专门的软件对数据进行管理，程序员在设计程序时不仅要规定数据的逻辑结构，而且还要设计其物理结构（即数据的存储地址、存取方法、输入输出方式等），这样使得程序与数据相互依赖、密切相关（即数据独立性差），一旦数据的存储地址、存储方式稍有改变，就必须修改相应的程序。

人工管理阶段程序与数据的关系如图 1-3 所示。

人工管理阶段的主要问题如下。

1）无外存或只有磁带外存，输入输出设备简单。数据不能长期保存。

2）无操作系统，无文件管理系统，无管理数据的软件。数据不能共享，冗余度极大。

3）数据是程序的组成部分，数据不独立，修改数据必须修改程序。处理时，数据随程序一起送入内存，用完后全部撤出计算机，不能保留。数据大量重复，不能共享。数据独立性差。

4）文件系统尚未出现，程序员必须自行设计数据的组织方式。

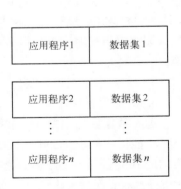

图 1-3　人工管理阶段程序
与数据间关系

2. 文件系统管理

到了 20 世纪 50 年代末，计算机不仅用于科学计算，而且大量用于数据管理，同时磁盘、磁鼓等大容量直接存储设备的出现，可以用来存储大量数据。操作系统中的文件系统就是专门用来管理所存储数据的软件模块。主要表现在以下几个方面。

1）外存有了很大的发展，除磁带机外，还出现了大容量的硬盘和灵活的软磁盘。输入、输出能力大大加强。

2）系统软件方面，出现了操作系统、文件管理系统和多用户的分时系统；出现了专用于商业事务管理的高级语言 COBOL，它主要用于文件处理，也可以进行非数值处理。

3）数据管理方面，实现了数据对程序的一定的独立性，数据不再是程序的组成部分，修改数据不必修改程序，数据有结构，被组织到文件内，存储在磁带、磁盘上，可以反复使用和保存。文件逻辑结构向存储结构的转换由软件系统自动完成，减轻了系统开发和维护工作。

4）文件类型已经多样化。由于有了直接存取设备，就有了索引文件、链接文件、直接存取文件等，而且能对排序文件进行多码检索。

5）数据存取以记录为单位。

这一阶段数据管理的特点有：数据可以长期保存；对文件进行统一管理，实现了按名存取，文件系统实现了一定程度的数据共享（文件部分相同，则难以共享）；文件的逻辑结与物理结构分开，数据在存储器上的物理位置、存储方式等的改变不会影响用户程序（即物理独立性好），但一旦数据的逻辑结构改变，必须修改文件结构的定义，修改应用程序（即逻辑独立性差）。文件系统中程序与数据的关系如图 1-4 所示。此外，文件是为某一特定应用服务的，难以在已有数据上扩充新的应用，文件之间相对独立，有较多的数据冗余，应用设计与编程复杂。

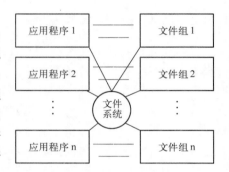

图 1-4 文件系统管理阶段程序
与数据间关系

文件系统管理的主要问题如下。

1）逻辑独立性差。文件是为某一特定应用服务的，系统不易扩充。一旦数据逻辑结构改变，就必须修改文件结构的定义及应用程序；应用程序的变化也将影响文件的结构。因而文件仍不能反映现实世界事物之间的联系。

2）数据冗余度较大。文件系统中文件基本上对应于某个应用程序，数据仍是面向应用的，不同应用程序所需数据有相同部分时，仍需建立各自的数据文件，不能共享，数据维护困难，一致性难以保证。

3）文件应用编程复杂。

3. 数据库系统管理

随着数据量急剧增加，数据管理的规模日趋增大，数据操作与管理日益复杂，文件系统管理已不能适应需求。20 世纪 60 年代末发生了对数据库技术有着奠基作用的两件大事：1968 年美国的 IBM 公司推出了世界上第一个层次数据库管理系统；1970 年美国 IBM 公司的高级研究员 E. F. Codd 连续发表论文，提出了关系数据库的理论。这些标志着以数据库系统为手段的数据管理阶段的开始。

数据库系统对数据的管理方式与文件系统不同，它把所有应用程序中使用的数据汇集起来，按照一定结构组织集成，在 DBMS 软件的统一监督和管理下使用，多个用户、多种应用可充分共享。数据库系统中程序与数据之间的关系如图 1-5 所示。数据库管理技术的出现为用户提供了更广泛的数据共享和更高的数据独立性，并为用户提供了方便的操作使用接口。

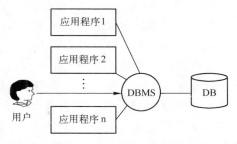

图 1-5　数据库系统中程序与数据的关系

现在，数据库系统的管理技术快速发展，正在进入管理非结构化数据、海量数据、知识信息，面向物联网、云计算等新的应用与服务为主要特征的高级数据库系统阶段。数据库系统管理正向着综合、集成、智能一体化的数据库服务系统时代迈进。

数据管理经历的各个阶段有自己的背景及特点，数据管理技术也在发展中不断地完善，其 3 个阶段的比较见表 1-2。

表 1-2　数据管理 3 个阶段的比较

数据管理的 3 个阶段		人工管理 （20 世纪 50 年代中期）	文件系统 （50 年代末至 60 年代中期）	数据库系统 （60 年代后期至今）
背景	应用背景	科学计算	科学计算、管理	大规模数据、分布数据的管理
	硬件背景	无直接存取存储设备	磁带、磁盘、磁鼓	大容量磁盘、可擦写光盘、按需增容磁带机等
	软件背景	无专门管理的软件	利用操作系统的文件系统	由 DBMS 支撑
	数据处理方式	批处理	联机实时处理、批处理	联机实时处理、批处理、分布处理
特点	数据的管理者	用户/程序管理	文件系统代理	DBMS 管理
	数据应用及其扩充	面向某一应用程序难以扩充	面向某一应用系统、不易扩充	面向多种应用系统、容易扩充
	数据的共享性	无共享、冗余度极大	共享性差、冗余度大	共享性好、冗余度小
	数据的独立性	数据的独立性差	物理独立性好，逻辑独立性差	具有高度的物理独立性、具有较好的逻辑独立性
	数据的结构化	数据无结构	记录内有结构、整体无结构	统一数据模型、整体结构化
	数据的安全性	应用程序保护	文件系统提供保护	由 DBMS 提供完善的安全保护

数据库的上述特点使信息系统的研制，从围绕加工数据的以程序为中心转移到围绕共享的数据库来进行，实现了数据的集中管理，提高了数据的利用率和一致性，从而能更好地为决策服务。

1.2　数据库系统的特点及组成

1.2.1　数据库系统的特点

与人工管理和文件系统相比，数据库系统的特点主要有以下几个方面。

9

1. 数据结构化

数据库在描述数据时不仅要描述数据本身，还要描述数据之间的联系。在文件系统中，尽管其记录内部已有了某些结构，但记录之间没有联系。数据库系统实现了整体数据的结构化，这是数据库的主要特征之一，也是数据库系统与文件系统的本质区别。在数据库系统中，数据不再针对某一应用，而是面向全组织，具有整体的结构化。

2. 数据的共享性高，冗余度低，易扩充

数据库系统从整体角度看待和描述数据，数据不再面向某个应用而是面向整个系统，因此数据可以被多个用户、多个应用共享使用。数据共享可以大大减少数据冗余，节约存储空间。数据共享还能够避免数据之间的不相容性与不一致性。

由于数据面向整个系统，是有结构的数据不仅可以被多个应用共享使用，而且容易增加新的应用，这就使得数据库系统弹性大，易于扩充，可以适应各种用户的要求。

3. 数据独立性高

数据独立性包括数据的物理独立性和数据的逻辑独立性。物理独立性是指用户的应用程序与存储在磁盘上的数据库中的数据是相互独立的。也就是说，数据在磁盘上的数据库中怎样存储是由 DBMS 管理的，用户程序不需要了解，应用程序要处理的只是数据的逻辑结构，这样当数据的物理存储改变了，应用程序不用改变。

逻辑独立性是指用户的应用程序与数据库的逻辑结构是相互独立的，也就是说，数据的逻辑结构改变了，用户程序也可以不变。

数据独立性是由 DBMS 的二级映射功能来保证的。

数据与程序的独立，把数据的定义从程序中分离出去，加上数据的存取又由 DBMS 负责，从而简化了应用程序的编制，大大减少了应用程序的维护和修改的工作量。

4. 数据由 DBMS 统一管理和控制

数据由 DBMS 统一管理和控制，用户和应用程序通过 DBMS 访问和使用数据库。数据库的共享是并发的共享，即多个用户可以同时存取数据库中的数据，甚至可以同时存取数据库中的同一个数据。

为此，DBMS 还必须提供以下几方面的数据控制功能。

（1）数据的安全性（Security）保护

数据的安全性是指保护数据以防止不合法的使用造成数据的泄密和破坏。使每个用户只能按规定对某些数据以某些方式进行使用和处理。

（2）数据的完整性（Integrity）检查

数据的完整性指数据的正确性、有效性和相容性。完整性检查将数据控制在有效的范围内，或保证数据之间满足一定的关系。

（3）并发（Concurrency）控制

当多个用户的并发进程同时存取、修改数据库时，可能会发生相互干扰而得到错误的结果或使得数据库的完整性遭到破坏，因此必须对多用户的并发操作加以控制和协调。

（4）数据库恢复（Recovery）

计算机系统的硬件故障、软件故障、操作员的失误以及故意的破坏也会影响数据库中数据的正确性，甚至造成数据库部分或全部数据的丢失。DBMS 必须具有将数据库从错误状态恢复到某一已知的正确状态的功能，这就是数据库的恢复功能。

数据库管理阶段应用程序与数据之间的对应关系可用图 1-6 表示。

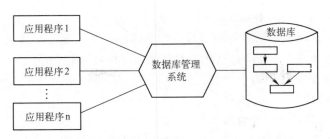

图 1-6　数据库系统阶段应用程序与数据之间的对应关系

综上所述，数据库是长期存储在计算机内有组织的大量的共享的数据集合。它可以供各种用户共享，具有最小的冗余度和较高的数据独立性。DBMS 在数据库建立、运用和维护时对数据库进行统一控制，以保证数据的完整性、安全性，并在多用户同时使用数据库时进行并发控制，在发生故障后对系统进行恢复。

数据库系统的出现使信息系统从以加工数据的程序为中心转向以共享数据库为中心的新阶段。这样既便于数据的集中管理，又有利于应用程序的研制和维护，从而提高了数据的利用率和相容性，提高了决策的可靠性。

1.2.2　数据库系统的组成

数据库系统一般由数据库、数据库管理系统（及其开发工具）、应用系统、数据库管理员和用户构成。

1. 硬件平台及数据库

由于数据库系统数据量都很大，加之 DBMS 丰富的功能使得自身的规模也很大，因此整个数据库系统对硬件资源提出了较高的要求，这些要求如下。

1）要有足够大的内存，存储操作系统、DBMS 的核心模块、数据缓冲区和应用程序。

2）有足够大的磁盘等直接存取设备存储数据，有足够的磁带（或微机软盘）作数据备份。

3）要求系统有较高的通道能力，以提高数据传送率。

2. 软件

数据库系统的软件主要如下。

1）DBMS。DBMS 是为数据库的建立、使用和维护配置的软件。

2）支持 DBMS 运行的操作系统。

3）具有与数据库接口的高级语言及其编译系统，便于开发应用程序。每种程序设计语言（如 Java、PHP、C++、C#等）都需要使用这些数据库接口完成对数据库的访问操作。

4）以 DBMS 为核心的应用开发工具。

应用开发工具是系统为应用开发人员和最终用户提供的高效率、多功能的应用生成器、第四代语言等各种软件工具。它们为数据库系统的开发和应用提供了良好的环境。

5）为特定应用环境开发的数据库应用系统。

3. 人员

开发、管理和使用数据库系统的人员主要是数据库管理员、系统分析员和数据库设计人员、应用程序员和最终用户。不同的人员涉及不同的数据抽象级别，具有不同的数据视图，其各自的职责分别如下。

（1）数据库管理员（DataBase Administrator，DBA）

数据库管理员是全面负责管理和控制数据库系统的一个人或一组人员。具体职责如下。

1）决定数据库中的信息内容和结构。数据库中要存储哪些信息，DBA 要参与决策。因此，DBA 必须参加数据库设计的全过程，并与用户、应用程序员、系统分析员密切合作、共同协商，做好数据库设计。

2）决定数据库的存储结构和存取策略。DBA 要综合各用户的应用要求，和数据库设计人员共同决定数据的存储结构和存取策略，以求获得较高的存取效率和存储空间利用率。

3）定义数据的安全性要求和完整性约束条件。DBA 的重要职责是保证数据库的安全性和完整性。因此，DBA 负责确定各个用户对数据库的存取权限、数据的保密级别和完整性约束条件。

4）监控数据库的使用和运行。DBA 还有一个重要职责就是监视数据库系统的运行情况，及时处理运行过程中出现的问题。比如，系统发生各种故障时，数据库会因此遭到不同程度的破坏，DBA 必须在最短时间内将数据库恢复到正确状态，并尽可能不影响或少影响计算机系统其他部分的正常运行。为此，DBA 要定义和实施适当的后备和恢复策略，如周期性地转储数据、维护日志文件等。

5）数据库的改进和重组重构。DBA 还负责在系统运行期间监视系统运行状况，依靠工作实践并根据实际应用环境，不断改进数据库设计。在数据运行过程中，大量数据不断插入、删除、修改，时间一长，会影响系统的性能。因此，DBA 要定期对数据库进行重组织，以提高系统的性能。当用户的需求增加和改变时，DBA 还要对数据库进行较大的改造，包括修改部分设计，即数据库的重构造。

（2）系统分析员和数据库设计人员

系统分析员负责应用系统的需求分析和规范说明，要和用户及 DBA 相结合，确定系统的硬件和软件配置，并参与数据库系统的概要设计。在很多情况下，数据库设计人员由数据库管理员担任。

（3）应用程序员

应用程序员负责设计和编写应用系统的程序模块，并进行调试和安装。

（4）用户

这里的用户是指最终用户（End User）。最终用户通过应用系统的用户接口使用数据库。常用的接口方式有浏览器、菜单驱动、表格操作、图形显示、报表书写等，给用户提供简明直观的数据表示。

注意：数据库、数据库管理系统、数据库系统是三个不同的概念。数据库强调的是相互关联的数据；数据库管理系统强调的是管理数据库的系统软件；而数据库系统强调的是基于数据库技术的计算机系统。

1.3　数据库系统结构

数据库系统产品很多，虽然它们建立于不同的操作系统之上，支持不同的数据模型，采用不同的数据库语言，但它们在体系结构上通常都具有相同的特征，即采用三级模式结构，并提供两级映像功能。

1.3.1　三级模式结构

从数据库管理系统角度来看，数据库系统内部的体系结构通常采用三级模式结构，即由外模式、模式和内模式组成。数据库系统的模式结构如图 1-7 所示。

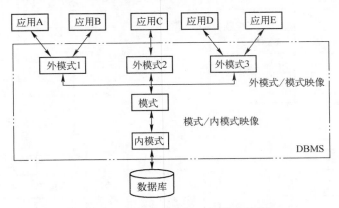

图 1-7　数据库系统的三级模式结构

1.　模式（Schema）

模式（也称概念模式或逻辑模式）是数据库中全体数据的逻辑结构特征的描述，是所有用户的公用数据库结构。它描述了现实世界中的实体及其性质与联系，具体定义了记录型、数据项、访问控制、保密定义、完整性（正确性与可靠性）约束以及记录型之间的各种联系。

模式有如下特性。

1）一个数据库只有一个模式。

2）模式与具体应用程序无关，它只是装配数据的一个框架。

3）模式用语言描述和定义，需定义数据的逻辑结构、数据有关的安全性等。

2.　外模式（External Schema）

外模式（也称子模式或用户模式）是数据库用户所见和使用的局部数据的逻辑结构和特征的描述，是用户所用的数据库结构。外模式是模式的子集，它主要描述用户视图各记录的组成、相互联系、数据项的特征等。

外模式有如下特性。

1）一个数据库可以有多个外模式；每个用户至少使用一个外模式。

2）同一个用户可使用不同的外模式，而每个外模式可为多个不同的用户所用。

3）模式是对全体用户数据及其关系的综合与抽象，外模式是根据所需对模式的抽取。

3.　内模式（Internal Schema）

内模式（也称存储模式）是数据物理结构和存储方法的描述。它是整个数据库的最底层结构的表示。内模式中定义的是存储记录的类型，存储域的表示，存储记录的物理顺序、索引和存取路径等数据的存储组织，如存储方式按哈希方法存储，索引按顺序方式组织，数据以压缩、加密方式存储等。

内模式有如下特性。

1）一个数据库只有一个内模式。内模式对用户透明。

2）一个数据库由多种文件组成，如用户数据文件、索引文件及系统文件等。

3）内模式设计直接影响数据库的性能。

关系数据库的逻辑结构就是表格框架。图 1-8 是关系数据库三级结构的一个实例。

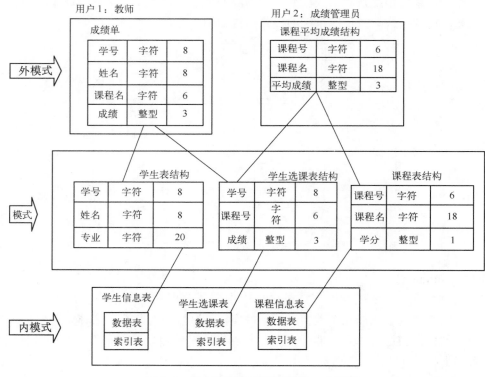

图 1-8　关系数据库三级结构的一个实例

物理模式的设计目标是将系统的模式（全局逻辑模式）组织成最优的物理模式，以提高数据的存取效率，改善系统的性能指标。

以物理模式为框架的数据库称为物理数据库。在数据库系统中，只有物理数据库才是真正存在的，它是存储在外存的实际数据文件；而概念数据库和用户数据库在计算机外存上是不存在的。

用户数据库、概念数据库和物理数据库三者的关系如下。

1）概念数据库是物理数据库的逻辑抽象形式。

2）物理数据库是概念数据库的具体实现。

3）用户数据库是概念数据库的子集，也是物理数据库子集的逻辑描述。

三层模式体系结构具有以下特点。

1）有了外模式后，应用程序员不必关心逻辑模式，只与外模式发生联系，按照外模式的结构存储和操纵数据。

2）逻辑模式无须涉及存储结构、访问技术等细节。一个数据库只有一个模式，定义模式时不仅要定义数据的逻辑结构，而且要定义数据之间的联系，定义与数据有关的安全性要求。所有数据库终端用户看到各自的数据视图，都是这个全局数据视图的一部分，模式应能支持所有数据库终端用户的数据视图。

3）内模式其实也不涉及物理设备的具体细节，它是基于文件管理模块（通常是操作系统中的文件系统）来进行存储和访问的，例如从磁盘读数据或写数据到磁盘上等。

4. 数据独立性与二级映像功能

三层模式的数据结构可以不一致，例如属性类型的命名和组成可以不一样，通常通过三层模式之间的映射来说明外模式、模式和内模式之间的对应性。

数据独立性是指数据与程序间的互不依赖性，一般分为物理独立性与逻辑独立性。

物理独立性是指数据库物理结构的改变不影响逻辑结构及应用程序。即数据的存储结构的改变，如存储设备的更换、存储数据的位移、存取方式的改变等都不影响数据库的逻辑结构，从而不会引起应用程序的变化，这就是数据的物理独立性。

逻辑独立性是指数据库逻辑结构的改变不影响应用程序。即数据库总体逻辑结构的改变，如修改数据结构定义、增加新的数据类型、改变数据间联系等，不需要相应修改应用程序，这就是数据的逻辑独立性。

数据库系统的三级模式是对数据的三个抽象级别，它把数据的具体组织留给 DBMS 管理，使用户能逻辑地、抽象地处理数据，而不必关心数据在计算机中的具体表示方式和存储方式。为了能够在内部实现这三个抽象层次的联系和转换，数据库管理系统在这三级模式之间提供了两层映射：外模式/模式映射和内模式/模式映射。正是这两层映射保证了数据库系统中的数据具有较高的逻辑独立性和物理独立性。

为实现数据独立性，数据库系统在三级模式之间提供了两级映像。

（1）外模式/模式映射

模式描述的是数据的全局逻辑结构，外模式描述的是数据的局部逻辑结构。对应于同一个模式可以有任意多个外模式。对于每一个外模式，数据库系统都有一个外模式/模式映射，它定义了该外模式与模式之间的对应关系。这些映射定义通常包含在各自外模式的描述中。

当模式改变时（例如，增加新的关系、新的属性、改变属性的数据类型等），由数据库管理员对各个外模式/模式的映射做相应改变，可以使外模式保持不变。应用程序是依据数据的外模式编写的，从而应用程序不必修改，保证了数据与程序的逻辑独立性，简称数据的逻辑独立性。

（2）内模式/模式映射

数据库中只有一个模式，也只有一个内模式，所以内模式/模式映射是唯一的，它定义了数据库全局逻辑结构与存储结构之间的对应关系。例如，说明逻辑记录和字段在内部是如何表示的。该映射定义通常包含在模式描述中。当数据库的存储结构改变（例如，选用了另一种存储结构）时，由数据库管理员对内模式/模式映射做相应改变，可以使模式保持不变，从而应用程序也不必改变，保证了数据与程序的物理独立性，简称数据的物理独立性。

数据与程序之间的独立性，使得数据的定义和描述可以从应用程序中分离出去。另外，由于数据的存取由 DBMS 管理，用户不必考虑存取路径等细节，从而简化了应用程序的编制，大大减少了应用程序的维护和修改方面的工作。

两级映像有如下特性。

1）模式/内模式映像是唯一的。当数据库的存储结构改变时，如采用了更先进的存储结构，由数据库管理员对模式/内模式映像做相应改变，可以使模式保持不变，从而保证了数据的物理独立性。

2）子模式/模式映像不唯一。当模式改变时，如增加新的数据项、数据项改名等，由数据库管理员对各个子模式/模式的映像做相应改变，可以使子模式保持不变，从而保证了数据的逻辑独立性。

例如，在图1-8中，若模式"学生表结构"分解为"学生表1-简表"和"学生表2-档案表"两部分，此时子模式"成绩单结构"，只需由这两个新表和原来的"学生选课表结构"映射产生即可，不必修改子模式，因而也不会影响原应用程序，故在一定程度上实现了数据的逻辑独立性。

以上所述说明，正是这三级模式结构和它们之间的两层映像，保证了数据库系统的数据能够具有较高的逻辑独立性和物理独立性。有效地实现三级模式之间的转换是DBMS职能。

注：模式与数据库的概念是有区别的。模式是数据库结构的定义和描述，只是建立一个数据库的框架，它本身不涉及具体的数据；数据库是按照模式的框架装入数据而建成的，它是模式的一个"实例"。数据库中的数据是经常变化的，而模式一般是不变或很少变化的。

5. 三级模式结构与两层映像的优点

数据库系统的三级模式结构与两层映像的优点如下。

1）保证数据的独立性。外模式与模式分开，通过模式间的外模式/模式映像保证了数据库数据的逻辑独立性；模式与内模式分开，通过模式间的模式/内模式映像来保证数据库数据的物理独立性。

2）方便用户使用，简化用户接口。用户无须了解数据的存储结构，只需按照外模式的规定编写应用程序或在终端输入操作命令，就可以实现用户所需的操作，方便用户使用系统，也就是说，把用户对数据库的一次访问，从用户级带到概念级，再到物理级，即把用户对数据的操作转化到物理级去执行。

3）保证数据库安全性的一个有力措施。由于用户使用的是外模式，每个用户只能看见和访问所对应的外模式的数据，数据库的其余数据与用户是隔离的，这样既有利于数据的保密性，又有利于用户通过程序只能操作其外模式范围内的数据，使程序错误传播的范围缩小，保证了其他数据的安全性。

4）有利于数据的共享性。由于同一模式可以派生出多个不同的子模式，因此减少了数据的冗余度，有利于为多种应用服务。

5）有利于从宏观上通俗地理解数据库系统的内部结构。

1.3.2 数据库系统体系结构

从最终用户角度来看，数据库系统外部的体系结构分为单用户式、主从式、客户/服务器式、分布式和并行结构等。数据库体系结构从主机/终端的集中式结构发展到了网络环境下的分布式结构、多层B/S结构、物联网以及移动环境下的动态结构，以满足不同应用的需求。下面介绍常见的数据库系统体系结构。

目前，数据库系统常见的运行与应用结构有：客户/服务器结构、浏览器/服务器结构。

1. 客户/服务器结构（C/S）结构

C/S（Client/Server）结构，即客户机和服务器结构。它是软件系统体系结构，通过它可以充分利用两端硬件环境的优势，将任务合理分配到Client端和Server端来实现，降低了系统的通信开销。目前大多数应用软件系统都是Client/Server形式的两层结构，由于现在的软件应用系统正在向分布式的Web应用发展，Web和Client/Server应用都可以进行同样的业务处理，应用不同的模块共享逻辑组件；因此，内部的和外部的用户都可以访问新的和现有的应用系统，通过现有应用系统中的逻辑可以扩展出新的应用系统。这也就是目前应用系统的发展方向。

C/S 结构的基本原则是将计算机应用任务分解成多个子任务，由多台计算机分工完成，即采用"功能分布"原则。客户端完成数据处理，数据表示以及用户接口功能；服务器端完成 DBMS 的核心功能。这种客户请求服务、服务器提供服务的处理方式是一种新型的计算机应用模式。

2. 浏览器/服务器（B/S）结构

B/S 结构（Browser/Server，浏览器/服务器模式），是 Web 兴起后的一种网络结构模式，Web 浏览器是客户端最主要的应用软件。这种模式统一了客户端，将系统功能实现的核心部分集中到服务器上，简化了系统的开发、维护和使用。客户机上只要安装一个浏览器（Browser），如火狐、Internet Explorer，服务器安装 Oracle、Sybase、Informix 或 SQL Server 等数据库。浏览器通过 Web Server 同数据库进行数据交互。

B/S 最大的优点就是可以在任何地方进行操作而不用安装任何专门的软件，只要有一台能上网的计算机就能使用，客户端零安装、零维护。系统的扩展非常容易。B/S 结构的使用越来越多，特别是由需求推动了 AJAX 技术的发展，它的程序也能在客户端计算机上进行部分处理，从而大大地减轻了服务器的负担；并增加了交互性，能进行局部实时刷新。

1.4 知识点小结

本章节首先介绍了数据库中的基本概念，然后介绍了数据管理技术的发展，文件管理和数据库管理在操作数据上的差别。接着对数据库管理系统进行了介绍，描述了数据库管理系统的工作原理和作用。

数据库系统主要由数据库管理系统、数据库、应用程序和数据库管理员组成，其中 DBMS 是数据库系统的核心。本章介绍了数据库系统的结构和特点。

数据库三级模式和两层映像的系统结构保证了数据库系统能够具有较高的逻辑独立性和物理独立性。

1.5 思考与练习

1. 请简述什么是数据库管理系统，以及它的主要功能有哪些？
2. 什么是数据库系统？它有什么特点？
3. DBA 的职责有哪些？
4. 请简述什么是模式、外模式和内模式？三者是如何保证数据独立性的？
5. 请简述 C/S 结构与 B/S 结构的区别。
6. 以某一行业应用专题为中心，查阅、收集国内外近期的数据库技术应用相关文献，经过理解、分析、归纳、整理而写出的综述，以反映出该专题数据库技术应用的历史、现状、最新进展及发展趋势等情况，并做出初步的评论。
7. 在数据管理技术发展的三个阶段中，数据共享最好的是（　　）。
A. 人工管理阶段　　B. 文件系统阶段　　C. 数据库系统阶段　　D. 三个阶段相同
8. 以下关于数据库系统的叙述中，正确的是（　　）。
A. 数据库中的数据可被多个用户共享　　B. 数据库中的数据没有冗余
C. 数据独立性的含义是数据之间没有关系　　D. 数据安全性是指保证数据不丢失

9. 下列关于数据库的叙述中，错误的是（　　　）。

A. 数据库中只保存数据　　　　　　　　　　B. 数据库中的数据具有较高的数据独立性

C. 数据库按照一定的数据模型组织数据　　D. 数据库是大量有组织、可共享数据的集合

10. DBS 的中文含义是（　　　）。

A. 数据库系统　　　　B. 数据库管理员　　　　C. 数据库管理系统　　　　D. 数据定义语言

11. 数据库管理系统是（　　　）。

A. 操作系统的一部分　　　　　　　　　　B. 在操作系统支持下的系统软件

C. 一种编译系统　　　　　　　　　　　　D. 一种操作系统

12. 数据库、数据库管理系统和数据库系统三者之间的关系是（　　　）。

A. 数据库包括数据库管理系统和数据库系统

B. 数据库系统包括数据库和数据库管理系统

C. 数据库管理系统包括数据库和数据库系统

D. 不能相互包括

13. 下列关于数据库系统特点的叙述中，错误的是（　　　）。

A. 非结构化数据存储　　　　　　　　　　B. 数据共享性好

C. 数据独立性高　　　　　　　　　　　　D. 数据由数据库管理系统统一管理控制

14. 下列关于数据的叙述中，错误的是（　　　）。

A. 数据的种类分为文字、图形和图像三类

B. 数字只是最简单的一种数据

C. 数据是描述事物的符号记录

D. 数据是数据库中存储的基本对象

15. 下列不属于数据库管理系统主要功能的是（　　　）。

A. 数据计算功能　　　　　　　　　　　　B. 数据定义功能

C. 数据操作功能　　　　　　　　　　　　D. 数据库的维护功能

16. 下列关于数据库的叙述中，不准确的是（　　　）。

A. 数据库中存储的对象是数据表

B. 数据库是存储数据的仓库

C. 数据库是长期存储在计算机内的、有组织的数据集合

D. 数据库中存储的对象可为用户共享

17. 以下关于数据库管理系统的叙述中，正确的（　　　）。

A. 数据库管理系统具有数据定义功能

B. 数据库管理系统都基于关系模型

C. 数据库管理系统与数据库系统是同一个概念的不同表达

D. 数据库管理系统是操作系统的一部分

18. 以下选项中不属于数据库系统组成部分的是（　　　）。

A. 数据仓库　　　　B. 数据库管理系统　　　　C. 数据库管理员　　　　D. 数据库

19. 以下关于数据库的特点中，描述正确的是（　　　）。

A. 数据独立性较高

B. 数据不可共享，故数据安全性较高

C. 数据无冗余

D. 数据无具体的组织结构

20. 与文件系统阶段相比，关系数据库技术的数据管理方式具有许多特点，但不包括（　　）。

A. 支持面向对象的数据模型

B. 具有较高的数据和程序独立性

C. 数据结构化

D. 数据冗余小，实现了数据共享

21. 数据独立性是指（　　）。

A. 物理独立性和逻辑独立性　　　　　　B. 应用独立性和数据独立性

C. 用户独立性和应用独立性　　　　　　D. 逻辑独立性和用户独立性

22. 下列关于数据的描述中，错误的是（　　）。

A. 数据是描述事物的符号记录　　　　　B. 数据和它的语义是不可分的

C. 数据指的就是数字　　　　　　　　　D. 数据是数据库中存储的基本对象

23. 在数据库中，控制数据满足一定的约束条件，这属于（　　）。

A. 完整性　　　　B. 安全性　　　　C. 并发控制　　　　D. 数据独立性

24. 数据库中存储的是（　　）。

A. 数据及数据之间的联系　　　　　　　B. 数据

C. 数据结构　　　　　　　　　　　　　D. 数据模型

25. 在数据库系统的三级模式结构中，面向某个或某几个用户的数据视图是（　　）。

A. 外模式　　　　B. 模式　　　　C. 内模式　　　　D. 概念模式

第2章　信息与数据模型

　　数据库系统是一个基于计算机的、统一集中的数据管理机构。而现实世界是纷繁复杂的，那么现实世界中各种复杂的信息及其相互联系是如何通过数据库中的数据来反映的呢？数据库中的数据是结构化的，即建立数据库时要考虑如何去组织数据，如何表示数据之间的联系，并合理地存储在计算机中，才能便于对数据进行有效的处理。数据模型就是描述数据及数据之间联系的结构形式，它的主要任务就是组织数据库中的数据。

　　数据库系统的核心是数据模型。要为一个数据库建立数据模型，需要经过以下过程。

　　1）要深入到现实世界中进行系统需求分析。

　　2）用概念模型真实地、全面地描述现实世界中的管理对象及联系。

　　3）通过一定的方法将概念模型转换为数据模型。

　　常见的数据模型有层次模型、网状模型、关系模型和面向对象模型。20世纪80年代以来，计算机厂商新推出的数据库管理系统几乎都支持关系模型，非关系模型系统的产品也大都加上了关系模型接口。数据库领域当前的研究也都是以关系模型为基础的。以关系模型为基础的关系数据库是目前应用较为广泛的数据库，由于它以数学方法为基础管理数据库，所以关系数据库与其他数据库相比具有突出的优点。

　　本章主要介绍信息的三种世界以及彼此之间的联系；概念模型、实体、实体型、实体集、属性、码、E-R图以及彼此之间关系；数据模型及作用、要素、优缺点；概念模型转化为逻辑模型规则；关系模型的基本概念、关系的数学定义、关系模型的3个要素等内容。

2.1　信息的三种世界及描述

　　将现实世界错综复杂联系的事物最后能以计算机所能理解和表现的形式反映到数据库中，这是一个逐步转化的过程，通常分为三个阶段，称之为三种世界，即现实世界、信息世界和计算机世界（也称数据世界）。数据库是模拟现实世界中某些事务活动的信息集合，数据库中所存储的数据，来源于现实世界的信息流。信息流用来描述现实世界中一些事物的某些方面的特征及事物间的相互联系。在处理信息流前，必须先对其进行分析，并用一定的方法加以描述，然后将描述转换成计算机所能接受的数据形式。

　　现实世界存在的客观事物及其联系，经过人们大脑的认识、分析和抽象后，用物理符号、图形等表述出来，即得到信息世界的信息，再将信息世界的信息进一步具体描述、规范并转换为计算机所能接受的形式，则成为机器世界的数据表示。

　　现实世界、信息世界和计算机世界这3个领域是由客观到认识，由认识到使用管理的3个不同层次，后一领域是前一领域的抽象描述。3个领域之间的术语对应关系，可由表2-1表示。

表 2-1　信息的三种世界术语的对应关系表

现实世界	信息世界	计算机世界
实体	实例	记录
特征	属性	数据项
实体集	对象	数据或文件
实体间的联系	对象间的联系	数据间的联系
	概念（信息）模型	数据模型

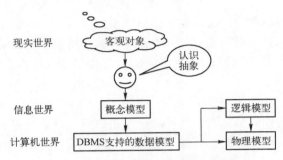

图 2-1　将客观对象抽象为数据模型的完整过程

从图 2-1 中可以看出，现实世界的事物及联系，通过需求分析转换成为信息世界的概念模型，这个过程由数据库设计人员完成；然后再把概念模型转换为计算机上某个 DBMS 所支持的逻辑模型，这个转换过程由数据库设计人员和数据库设计工具 DBMS 共同完成；最后逻辑模型再转换为最底层的物理模型，从而进行最终实现，这个过程由 DBMS 自行完成。

2.2　数据模型

2.2.1　数据模型的概念

在现实世界中，人们对模型并不陌生。比如一张图、一组建筑沙盘、一架飞机航模，一眼看上去，就会使人联想到真实生活中对应的事物。模型是对现实世界中某个对象特征的模拟和抽象。

数据模型（Data Model）也是一种模型，它是对现实世界中数据特征及数据之间联系的抽象。也就是说，数据模型用来描述数据组成、数据关系、数据约束的抽象结构及其说明和对数据进行操作。由于计算机不可能直接处理现实世界中的具体事物，所以现实世界中的事物必须先转换成计算机能够处理的数据，即数字化，把具体的人、物、活动、概念等用数据模型来抽象表示和处理。所以数据模型是实现数据抽象的主要工具。

数据模型是数据库系统的核心和基础，决定了数据库系统的结构、数据定义语言和数据操作语言、数据库设计方法、数据库管理系统软件的设计和实现。它也是数据库系统中用于信息表示和提供操作手段的形式化工具。

数据模型应满足三个方面的要求：一是能比较真实地模拟现实世界；二是容易为人所理解；三是便于在计算机上实现。

数据模型是现实世界数据特征的抽象，用于描述一组数据的概念和定义。数据模型是数据库中数据的存储方式，是数据库系统的基础。在数据库中，数据的物理结构又称数据的存储结构，就是数据元素在计算机存储器中的表示及其配置；数据的逻辑结构则是指数据元素之间的逻辑关系，它是数据在用户或程序员面前的表现形式，数据的存储结构不一定与逻辑结构一致。

2.2.2　数据处理三层抽象描述

　　不同的数据模型是提供给模型化数据和信息的不同工具。一种数据模型要很好地满足上述提到的三个方面的要求在目前尚很困难，在数据库系统中针对不同的使用对象和应用目的，通常采用逐步抽象的方法，在不同层次采用不同的数据模型。一般可分为概念层、逻辑层、物理层。

1. 概念层

　　概念层是数据抽象级别的最高层，其目的是按用户的观点来对现实世界建模。概念层的数据模型称为概念数据模型，简称概念模型。概念模型独立于任何 DBMS，但容易向 DBMS 所支持的逻辑模型转换。

　　常用的概念模型有实体-联系模型（Entity-Relationship Model，E-R 模型）。

2. 逻辑层

　　逻辑层是数据抽象的中间层，描述数据库数据整体的逻辑结构。这一层的数据抽象称为逻辑数据模型，简称数据模型。它是用户通过 DBMS 看到的现实世界，是基于计算机系统的观点来对数据进行建模和表示。因此，它既要考虑用户容易理解，又要考虑便于 DBMS 实现。不同的 DBMS 提供不同的逻辑数据模型

　　常见的数据模型有层次模型（Hierarchical Model）、网状模型（Network Model）、关系模型（Relation Model）和面向对象模型（Object Oriented Model）。

3. 物理层

　　物理层是数据抽象的最底层，用来描述数据物理存储结构和存储方法。这一层的数据抽象称为物理数据模型，它不但由 DBMS 的设计决定，而且与操作系统、计算机硬件密切相关。物理数据结构一般都向用户屏蔽，用户不必了解其细节。

2.2.3　数据模型的要素

　　一般地讲，数据模型是严格定义的一组概念的集合。这些概念精确地描述了系统的静态特征、动态特征和完整性约束条件。因此数据模型通常由数据结构、数据操作和完整性约束三部分组成。

1. 数据结构

　　数据结构描述数据库的组成对象以及对象之间的联系。描述的内容有两类：一类是与对象的类型、内容、性质有关的，例如网状模型中的数据项、记录，关系模型中的域、属性、关系等；另一类是与数据之间联系有关的对象，例如网状模型中的系型。

　　数据结构是刻画一个数据模型性质最重要的方面。因此，在数据库系统中，人们通常按照其数据结构的类型来命名数据模型。例如，层次结构、网状结构和关系结构的数据模型分别命名为层次模型、网状模型和关系模型。总之，数据结构是所描述的对象类型的集合，是对系统

静态特性的描述。

- 数据结构是描述数据模型最重要的方面，通常按数据结构的类型来命名数据模型。例如，层次结构即树结构的数据模型叫作层次模型，网状结构即图结构的数据模型叫作网状模型，关系结构即表结构的数据模型叫作关系模型。
- 数据对象类型的集合包括与数据类型、性质及数据之间联系有关的对象，如关系型中的域、属性、关系、各种键等。
- 表示数据之间的联系有隐式的和显式的两类。隐式联系是指通过数据本身关联相对位置顺序表明联系；显式联系是指通过附加指针表明联系或直接表示。

2. 数据操作

数据操作是指对数据库中各种对象（型）的实例（值）允许执行的操作的集合，包括操作及有关的操作规则。数据库主要有检索和更新（包括插入、删除、修改）两大类操作。数据模型必须定义这些操作的确切含义、操作符号、操作规则（如优先级）以及实现操作的语言。数据操作是对系统动态特性的描述。

3. 数据的完整性约束条件

数据的完整性约束条件是一组完整性规则。完整性规则主要描述数据结构中数据之间的语义联系、数据之间的制约和依存关系，以及数据动态变化规则。数据约束主要用于保证数据的完整性、有效性和相容性。

数据模型应该反映和规定本数据模型必须遵守的基本的通用的完整性约束条件。例如，在关系模型中，任何关系必须满足实体完整性和参照完整性两个条件（在关系数据库和数据库完整性等有关章节中将详细讨论这两个完整性约束条件）。此外，数据模型还应该提供定义完整性约束条件的机制，以反映具体应用所涉及的数据必须遵守的特定的语义约束条件。例如，在某大学的数据库中规定学生的成绩如果有 6 门以上不及格将不能授予学士学位，教授的退休年龄是 65 周岁，男职工的退休年龄是 60 周岁等。

2.3.4 数据模型与数据模式的区别

在第 1 章，我们讲过数据模式（Data Schema），它是以一定的数据模型对一个单位的数据的类型、结构及其相互间的关系所进行的描述。数据模式有型与值之分，型是指框架，而值是指框架中的实例。例如，学生记录的型为（姓名、性别、出生年月、籍贯、所在系别、入学时间），而（李一明，女，2000-10-25，江苏，计算机系，2017）是上述框架的一个值。

数据模型和数据模式的主要区别在于数据模型是描述现实世界数据的手段和工具。数据模式是利用这个手段和工具对相互间的关系所进行的描述，是关于型的描述，它与 DBMS 和 OS 硬件无关。

数据模型和数据模式都分了三个层次，其对应关系如下。

① 概念模式：是用逻辑数据模型对一个单位的数据的描述。

② 外模式：外模式也称子模式或用户模式，是与应用程序对应的数据库视图，是数据库的一个子集，是用逻辑模型对用户所用到的那部分数据的描述。

③ 内模式：是数据物理结构和存储方式的描述，是数据在数据库内部表示的方式。内模式也称存储模式。

概念模式、外模式和内模式都存于数据目录中，是数据目录的基本内容。DBMS 通过数据目录管理和访问数据模式。一般数据库系统中用户只能看到外模式。

2.3　概念模型

概念模型用于信息世界的建模，是现实世界到信息世界的第一层抽象，是数据库设计人员进行数据库设计的有力工具，也是数据库设计人员和用户之间进行交流的语言，因此概念模型一方面应该具有较强的语义表达能力，能够方便、直接地表达应用中的各种语义知识，另一方面它还应该简单、清晰、易于用户理解。

2.3.1　基本概念

从现实抽象过来的信息世界具有以下 7 大主要基本概念。

（1）实体（Entity）

客观存在并互相区别的事物称为实体。实体可以是具体的人、事、物，也可以是抽象的概念或联系，如老师、学院、老师和学院之间的工作关系等都是实体。

（2）属性（Attribute）

实体所具有的某一特性称为属性。一个实体可以有若干属性来刻画。比如学生实体可以用学号、姓名、性别、出生年月、所在院系、入学时间等属性描述。其中各个属性针对实体的不同取值也不同，实体的具体取值称为熟悉值。例如：2017060203，李辉，男，12/26/2001，大数据系，09/01/2017。

（3）实体型（Entity Type）

即用实体类型名和所有属性来共同表示同一类实体，比如学生（学号、年龄）。

（4）实体集（Entity Set）

即同一类型实体的集合，如全体学生。

注意： 区分实体、实体型、实体集三个概念。实体是某个具体的个体，比如学生中的王明。而实体集是一个个实体的某个集合，比如王明所在的 2015 级计算机 2 班的所有学生。而实体型则是实体的某种类型（该种类型的所有实体具有相同的属性而已），比如学生这个概念，王明是学生，王明所在班级的所有学生都是学生，显然学生是一个更大且更抽象的概念，王明和王明全班同学都比学生要更加具体。

（5）码（Key）

可以唯一标识一个实体的属性集，比如学号和每个学生实体一一对应，则学号可以作为码。

（6）域（Domain）

简单地说就是指实体中属性的取值范围（属于某个域），比如学生年龄的域为整数，因此精确地讲，域应该是某种数据类型的值的集合，学生的年龄是整数，但是又取不到所有整数，一般取值范围为 6 到 40 岁，而这个范围就来自（属于）整数这个集合。

（7）联系（Relationship）

主要指实体内部的联系（各属性之间的联系）和实体间的联系（数学抽象概念中强调实体型之间的联系，而现实生活中更加关注某几个具体的实体集之间的联系）。

2.3.2 E-R 模型

概念层数据模型是面向用户、面向现实世界的数据模型，它是对现实世界的真实、全面的反映，它与具体的 DBMS 无关。常用的概念层数据模型有实体-联系（Entity-Relationship，E-R）模型、语义对象模型。我们这里只介绍实体-联系模型。E-R 图由实体、属性和联系三个要素构成。

1. 基本概念

（1）实体

客观存在并可相互区别的事物称为实体。

E-R 图中的实体用于表示现实世界具有相同属性描述的事物的集合，它不是某一个具体事物，而是某一种类别所有事物的统称。实体可以是具体的人、事、物，也可以是抽象的概念或联系，例如：职工、学生、部门、课程等都是实体。

在 E-R 图中用矩形框表示具体的实体，把实体名写在框内。实体中的每一个具体的记录值（一行数据），比如学生实体中的每个具体的学生我们可称之为一个实体的一个实例。

数据库开发人员在设计 E-R 图时，一个 E-R 图中通常包含多个实体，每个实体由实体名唯一标记。开发数据库时，每个实体对应于数据库中的一张数据库表，每个实体的具体取值对应于数据库表中的一条记录。

（2）属性

E-R 图中的属性通常用于表示实体的某种特征，也可以使用属性表示实体间关系的特征。一个实体通常包含多个属性，每个属性由属性名唯一标记，画在椭圆内。E-R 图中实体的属性对应于数据库表的字段。

在 E-R 图中，属性是一个不可再分的最小单元，如果属性能够再分，则可以考虑将该属性进行细分，或者可以考虑将该属性"升格"为另一个实体。

实体所具有的某一特性称为属性。每个实体具有一定的特征或性质，这样我们才能区分一个实例。属性就是描述实体或者联系的性质或特征的数据项，属于一个实体的所有实例都具有相同的性质，在 E-R 模型中，这些性质或特征就是属性。

比如学生的学号、姓名、性别、出生日期、所在院系、入学年份等都是学生实体具有的特征，（15002668，张三，男，1992.12，计算机系，2015）这些属性组合起来表征了一个学生。属性在 E-R 图中用椭圆（或圆角矩形）表示，在矩形框内写上实体名称，

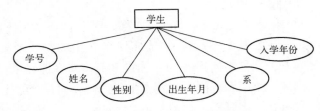

图 2-2　学生实体属性实例

并用连线将属性框与它所描述的实体联系起来，如图 2-2 所示。

（3）联系

联系是数据之间的关联集合，是客观存在的应用语义链。在现实世界中，事物内部以及事物之间是有联系的，这些联系在信息世界中反映为实体内部的联系和实体之间的联系。

实体内部的联系通常是指组成实体的各属性之间的联系。

实体之间的联系通常是指不同实体集之间的联系。

在 E-R 图中联系用菱形表示，框内写上联系名，并用连线将联系框与它所关联的实体连接起来，如图 2-3 所示。

在 E-R 图中，基数表示一个实体到另一个实体之间关联的数目。基数是针对关系之间的某个方向提出的概念，基数可以是一个取值范围，也可以是某个具体数值。从基数的角度可以将关系分为一对一（1:1）、一对多（1:n）、多对多（m:n）关系。两个实体之间的联系可分为三类。

1）一对一联系（1:1）。如果实体集 A 中的每个实体，在实体集 B 中至多有一个（也可以没有）实体与之联系，反之亦然，则称实体集 A 与实体集 B 有一对一联系，记为 1:1。

例如，学校里一个系和正系主任（假设一个系只有一个正主任，一个人只能担任一个系的正系主任），则系和正系主任是一对一联系，如图 2-4 所示。

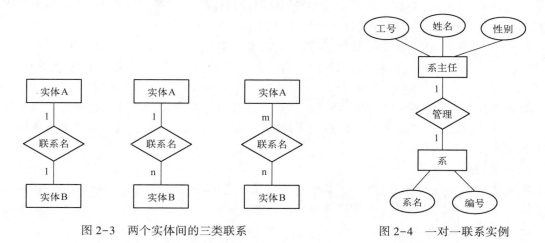

图 2-3　两个实体间的三类联系　　　　　图 2-4　一对一联系实例

2）一对多联系（1:n）。如果对于实体集 A 中的每一个实体，实体集 B 中有 n 个实体（n≥0）与之联系，反之，对于实体集 B 中的每一个实体，实体集 A 中至多只有一个实体与之联系，则称实体集 A 与实体集 B 有一对多的联系，记为 1:n。

例如，一个系有多名教师。而每个教师只能在一个系工作，则系和教师之间是一对多联系，如图 2-5 所示。

3）多对多联系（m:n）。如果对于实体集 A 中的每一个实体，实体集 B 中有 n 个实体（n≥0）与之联系，反之，对于实体集 B 中的每一个实体，实体集 A 中有 m 个实体（m≥0）与之联系，则称实体集 A 与实体集 B 有多对多的联系，记为 m:n。

例如，一门课程同时有若干学生选修，而一个学生可以同时选修多门课程，则课程与学生之间具有多对多联系，如图 2-6 所示。

2. E-R 模型设计原则与设计步骤

（1）E-R 模型设计原则

1）属性应该存在于且只存在于某一个地方（实体或者关联）。该原则确保了数据库中的某个数据只存储于某个数据库表中（避免同一数据存储于多个数据库表），避免了数据冗余。

2）实体是一个单独的个体，不能存在于另一个实体中成为其属性。该原则确保了一个数据库表中不能包含另一个数据库表，即不能出现"表中套表"的现象。

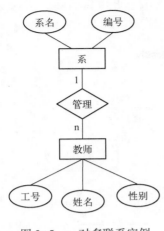
图2-5 一对多联系实例

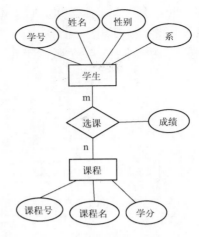
图2-6 多对多联系实例

3）同一个实体在同一个 E-R 图内仅出现一次。例如同一个 E-R 图，两个实体间存在多种关系时，为了表示实体间的多种关系，尽量不要让同一个实体出现多次。比如客服人员与客户，存在"服务—被服务""评价—被评价"的关系。

（2） E-R 模型设计步骤

① 划分和确定实体。

② 划分和确定联系。

③ 确定属性。作为属性的"事物"与实体之间的联系，必须是一对多的关系，作为属性的"事物"不能再有需要描述的性质或与其他事物具有联系。为了简化 E-R 模型，能够作为属性的"事物"尽量作为属性处理。

④ 画出 E-R 模型。重复过程①~③，以找出所有实体集、关系集、属性和属值集，然后绘制 E-R 图。设计 E-R 分图，即用户视图的设计，在此基础上综合各 E-R 分图，形成 E-R 总图。

⑤ 优化 E-R 模型。利用数据流程图，对 E-R 总图进行优化，消除数据实体间冗余的联系及属性，形成基本的 E-R 模型。

2.4　逻辑模型

在数据库技术领域中，数据库所使用的最常用的逻辑数据模型有层次模型、网状模型、关系模型、面向对象模型。这四种模型是按其数据结构而命名的，根本区别在于数据之间联系的表示方式不同，即数据记录之间的联系方式不同。层次模型是以"树结构"方式表示数据记录之间的联系；网络模型是以"图结构"方式表示数据记录之间的联系；关系模型是用"二维表"（或称为关系）方式表示数据记录之间的联系；面向对象模型是以"引用类型"方式表示数据记录之间的联系。

2.4.1　层次模型

层次数据模型是数据库系统中最早出现的数据模型，它用树形结构表示各类实体以及实体间的联系。现实世界中许多实体之间的联系本来就呈现出一种很自然的层次关系，如行政机构、家族关系等。层次模型数据库系统的典型代表是 IBM 公司的 IMS （Information Management System），这是一个曾经广泛使用的数据库管理系统，如图 2-7 所示。

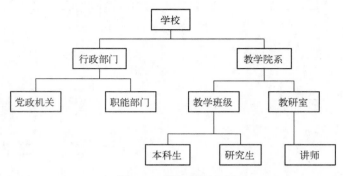

图 2-7　层次模型实例

　　层次模型对父子实体集间具有一对多的层次关系的描述非常自然、直观、容易理解。层次模型具有两个较为突出的问题：首先，在层次模型中具有一定的存取路径，需按路径查看给定记录的值。其次，层次模型比较适合于表示数据记录类型之间的一对多联系，而对于多对多的联系难以直接表示，需进行转换，将其分解成若干一对多联系。

　　层次模型的主要优、缺点如下。

　　① 数据结构较简单，查询效率高。

　　② 提供良好的完整性支持。

　　③ 不易表示多对多的联系。

　　④ 数据操作限制多、独立性较差。

2.4.2　网状模型

　　现实世界中广泛存在的事物及其联系大都具有非层次的特点，若用层次结构来描述，则不直观，也难以理解。于是人们提出了另一种数据模型——网状模型，其典型代表是 20 世纪 70 年代数据系统语言研究会下属的数据库任务组 （DataBase Task Group，DBTG） 提出的 DBTG 系统方案，该方案代表着网状模型的诞生。典型的网络模型数据库产品：Cullinet 软件公司的 IDMS、Honeywell 公司的 IDSII、HP 公司的 IMAGE 数据库系统。

　　网状模型是一个图结构，它是由字段 （属性）、记录类型 （实体型） 和系 （set） 等对象组成的网状结构的模型。从图论的观点看，它是一个不加任何条件的有向图。在现实世界中实体型间的联系更多的是非层次关系，用层次模型表示非树形结构是很不直接的，采用网状模型作为数据的组织方式可以克服这一弊病。网状模型去掉了层次模型的两个限制，允许节点有多个双亲节点，允许多个节点没有双亲节点，图 2-8 所示是网状模型的一个简单实例。

　　网状模型是用图结构来表示各类实体集以及实体集间的系。网状模型与层次模型的根本区别是：一个子节点可以有多个

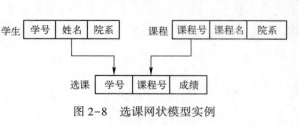

图 2-8　选课网状模型实例

父节点；在两个节点之间可以有多种联系。同样，网状模型对于多对多的联系难以直接表示，需进行转换，将其分解成若干一对多联系。

网状模型的主要优、缺点如下。

① 较为直接地描述现实世界。

② 存取效率较高。

③ 结构较复杂、不易使用。

④ 数据独立性较差。

2.4.3 关系模型

关系模型是最重要的一种基本模型。美国 IBM 公司的研究员 E. F. Codd 于 1970 年首次提出了数据库系统的关系模型。关系模型的建立，是数据库历史发展中最重要的事件。过去 40 多年中大量的数据库研究都是围绕着关系模型进行的。数据库领域当前的研究大多数是以关系模型及其方法为基础扩展、延伸的。

关系数据模型是目前最重要的也是应用最广泛的数据模型。简单地说，关系就是一张二维表，它由行和列组成。关系模型将数据模型组织成表格的形式，这种表格在数学上称为关系。表中存储数据。在关系模型中实体以及实体之间的联系都用关系也就是二维表来表示的。表 2-2 所示是用关系表表示的学生实体。

表 2-2 关系模型实例表

学　号	姓　　名	性　别	出 生 年 月	所　在　系	入 学 年 份
20170621	金小可	女	1999	计算机	2017
20170522	王大斌	男	2000	大数据系	2017
20170854	李一明	女	2001	会计系	2017
…	…	…	…	…	…

关系模型的主要优缺点为：有坚实的理论基础；结构简单、易用；数据具有较强的独立性及安全性；查询效率较低。

自 20 世纪 80 年代以来，计算机厂商新推出的 DBMS 几乎都支持关系模型，非关系系统的产品大部分也加上了关系接口。由于关系模型具有坚实的逻辑和数学基础，使得基于关系模型的 DBMS 得到了最广泛的应用，占据了数据库市场的主导地位。典型的关系型的数据库系统有 Oracle、MySQL、SQL Server、DB2、Sysbase 等。

2.4.4 面向对象模型

尽管关系模型简单灵活，但还是不能表达现实世界中存在的许多复杂的数据结构，如 CAD 数据、图形数据、嵌套递归的数据等。人们迫切需要语义表达更强的数据模型。面向对象模型是近些年出现的一种新的数据模型，它是用面向对象的观点来描述现实世界中的事物（对象）的逻辑结构和对象间的联系等的数据模型，与人类的思维方式更接近。

所谓对象是对现实世界中的事物的高度抽象，每个对象是状态和行为的封装。对象的状态是属性的集合，行为是在该对象上操作方法的集合。因此，面向对象的模型不仅可以处理各种复杂多样的数据结构，而且具有数据和行为相结合的特点。目前面向对象的方法已经成为系统开发、设计的主要思路。

面向对象模型的优点如下。

① 适合处理各种各样的数据类型：与传统的数据库（如层次、网状或关系）不同，面向对象数据库适合存储不同类型的数据，例如图片、声音、视频，包括文本、数字等。

② 面向对象程序设计与数据库技术相结合：面向对象数据模型结合了面向对象程序设计与数据库技术，因而提供了一个集成应用开发系统。

③ 提高开发效率：面向对象数据模型提供强大的特性，例如继承、多态和动态绑定，允许用户不用编写特定对象的代码就可以构成对象并提供解决方案。这些特性能有效地提高数据库应用程序开发人员的开发效率。

④ 改善数据访问：面向对象数据模型明确地表示联系，支持导航式和关联式两种方式的信息访问。它比基于关系值的联系更能提高数据访问性能。

面向对象模型的缺点如下。

① 没有准确的定义：不同产品和原型的对象是不一样的，所以不能对对象做出准确定义。

② 维护困难：随着组织信息需求的改变，对象的定义也要求改变并且需移植现有数据库，以完成新对象的定义。当改变对象的定义和移植数据库时，它可能面临真正的挑战。

③ 不适合所有的应用：面向对象数据模型用于需要管理数据对象之间存在的复杂关系的应用，它们特别适合于特定的应用，例如工程、电子商务、医疗等，但并不适合所有应用。当用于普通应用时，其性能会降低并要求很高的处理能力。

2.5 概念模型向逻辑模型的转换

E-R 图向关系模型的转换需要解决的问题是如何将实体型和实体间的联系转换为关系模式，如何确定这些关系模式的属性和码。

关系模型的逻辑结构是一组关系模式的组合。E-R 图是由实体型、实体的属性和实体型之间的联系 3 个要素组成的。所以将 E-R 图转换为关系模型就是将实体、实体的属性和实体之间的联系转换为关系模式。这种转换一般遵循如下原则。

1. 实体的转换

实体转换为关系模型很简单，一个实体对应一个关系模型，实体的名称即是关系模型的名称，实体的属性就是关系模型的属性，实体的码就是关系模型的码。

转换时需要注意以下内容。

1）属性域的问题。如果所选用的 DBMS 不支持 E-R 图中某些属性域，则应做相应修改，否则由应用程序处理转换。

2）非原子属性的问题。E-R 图中允许非原子属性，这不符合关系模型的第一范式条件，必须做相应处理。

2. 联系的转换

在 E-R 图中存在三种联系：1:1、1:n 和 m:n，它们在向关系模型转换时，采取的策略是不一样的。

（1）1:1 联系转换

方法一：将 1:1 联系转换为一个独立的关系模式，与该联系相连的各实体的码以及联系本身的属性均转换为关系模式的属性，每个实体的码均是该关系模式的码。

以图 2-9 所示的 E-R 图为例，它描述的是实体学生和校园卡之间的联系，这里假设：一个学生只能办理一张校园卡，一张校园卡只能属于一个学生，因此，联系的类型是 1:1。转换情况为：

实体转换：学生（学号，姓名），校园卡（卡号，余额）；

联系办卡的转换：办卡（学号，卡号，办卡日期）。

方法二：与任意一端对应的关系模式合并。合并时，需要在该关系模式的属性中加入另一个关系模式的码和联系本身的属性。图 2-9 所示 E-R 图的转换情况为：

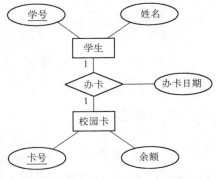

学生（学号，卡号，姓名，办卡日期）或

校园卡（卡号，学号，余额，办卡日期）

（2）1:n 联系转换

方法一：转换为一个独立的关系模式，与该联系相连的各实体的码以及联系本身的属性均转换为关系模式的属性，而关系模式的码为 n 端实体的码。

图 2-9　校园卡和学生之间的 E-R 图

以图 2-10 的 E-R 图为例，它描述的是实体学生和班级之间的联系，这里假设：一个学生只能在一个班级学习，一个班级包含多个学生。因此，联系的类型是 1:n。转换情况为：

实体转换：学生（学号，性别，姓名），班级（班号，班名）；

联系组成的转换：组成（学号，班号）。

方法二：与 n 端对应的关系模式合并，在该关系模式中加入 1 端实体的码和联系本身的属性。图 2-10 所示 E-R 图的转换情况为：

实体转换：学生（学号，性别，姓名），班级（班号，班名）；

联系与学生一端合并，则关系模型学生变为：学生（学号，班号，性别，姓名）。

（3）m:n 联系转换

与 1:1 和 1:n 联系不同，m:n 联系不能由一个实体的码唯一标识，必须由所关联实体的码共同标识。这时，需要将联系单独转换为一个独立的关系模式，与该联系相连的各实体的码以及联系本身的属性均转换为关系模式的属性，每个实体的码组成关系模式的码或关系模式的码的一部分。

以图 2-11 的 E-R 图为例，它描述的是实体学生和课程之间的联系，这里假设：一个学生可以选修多门课程，一门课程可以由多个学生选修。因此，联系的类型是 m:n。转换情况为：

实体转换：学生（学号，性别，姓名）和课程（课程号，课程名）；

联系选修的转换：选修（学号，课程号，成绩）。

具有相同码的关系模式可以合并，从而减少系统中关系的个数。合并方法是将其中一个关系模式的全部属性加入到另一个关系模式中，然后去掉其中的同义属性（可能同名，也可能不同名），并适当调整属性的次序。

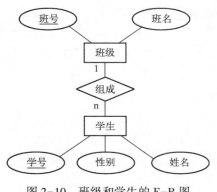

图 2-10　班级和学生的 E-R 图

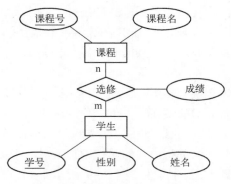

图 2-11　课程和学生的 E-R 图

2.6　关系模型

在 1970 年，IBM 公司研究员 E. F. Codd 博士发表题为"大型共享数据库的关系模型"的论文，文中首次提出了数据库的关系模型。后来又多次发表多篇文章，进一步完善了关系模型，使关系模型成为关系数据库最重要的理论基础。在关系模型中，最基本的概念就是关系。

关系模型是数据库使用的一种典型数据模型。在关系模型中，其数据结构为具有一定特征的二维表。在关系数据库中，数据以关系表形式存储实体数据，关系是一个由行和列组成的二维表。

2.6.1　关系数据结构

在关系模型中，无论是实体集，还是实体集之间的联系均由单一的关系表示。在关系模型中，只有关系这一种单一的数据结构，从用户的角度来说关系模型的逻辑结构就是一张二维表。其中关于数据库结构的数据称为元数据。比如表名、列名、表和列的属性等都是元数据。

1. 关系中基本术语

（1）元组（Tuple）

元组也称记录，关系表中的每行对应一个元组，组成元组的元素称为**分量**。数据库中的一个实体或实体之间的一个联系均使用一个元组来表示。

例如，在表 2-3 中有 3 个元组，分别对应 3 个学生，"史丹妮，女，会计"是一个元组，由 3 个分量组成。

表 2-3　元组

姓　　名	性　　别	专　　业
史丹妮	女	会计
周冬元	男	商务
李晓辉	女	商务

（2）属性（Attribute）

关系中的每列对应一个域。由于域可以相同，因此为了加以区分，必须给每列一个命名，这个命名就称为**属性**。N 目关系必有 n 个属性。

属性具有型和值两层含义：型是指字段名和属性值域；值是指属性具体的取值。

关系中的字段名具有标识列的作用，所以在同一个关系中的字段名（列名）不能相同。一个关系中通常有个多个属性，属性用于表示实体的特征。

（3）候选码（Candidate key）

若关系中的某一属性或属性组的值能唯一地标识一个元组，则称该属性或属性组为**候选码**（Candidate key）。

（4）主码（Primary key）

若一个关系中有多个候选码，则选定其中一个为**主码**(也可以称为主键、主关键字)。

例如，假设关系中没有重名的学生，则学生的"姓名"就是该 Student 关系的主码；若在 Student 关系中增加学生的"学号"属性，则 Student 关系的候选码为"姓名"和"学号"两个，应当选择"学号"属性作为主码。当包含两个或更多个的键称为**复合码**(键)。

主码不仅可以标识唯一的行，还可以建立与别的表之间的联系。

主码作用如下：

● 唯一标识关系的每行；

● 作为关联表的外键，链接两个表；

● 使用主码值来组织关系的存储；

● 使用主码索引快速检索数据。

主码选择的注意事项如下。

1）建议取值简单的关键字为主码。比如学生表中的"学号"和"身份证号"，建议选择"学号"作为主码。

2）在设计数据库表时，复合主键会给表的维护带来不便，因此不建议使用复合主键。

3）数据库开发人员如果不能从已有的字段（或者字段组合）中选择一个主码，那么可以向数据库添加一个没有实际意义的字段作为该表的主码。可以避免"复合主键"情况的发生，同时可以确保数据库表满足第二范式的要求（范式概念稍后介绍）。

4）数据库开发人员如果向数据库表中添加一个没有实际意义的字段作为该表的主键，即代理键。建议该主键的值由数据库管理系统（例如 MySQL）或者应用程序自动生成，避免人工录入时人为操作产生的错误。

键的主要类型如下。

1）超键：在一个关系中，能唯一标识元组的属性或属性集称为关系的超键。

2）候选键：如果一个属性集能唯一标识元组，且又不含有多余的属性，那么这个属性集称为关系的候选键。

3）主键：如果一个关系中有多个候选键，则选择其中的一个键为关系的主键。用主键可以实现关系定义中"表中任意两行（元组）不能相同"的约束。

例如，在一个图书管理系统中，可将图书明细表中的图书编号列假设是唯一的，因为图书馆管理员是通过该编号对图书进行操作的。因此，把图书编号作为主键是最佳的选择，而如果使用图书名称列作为主键则会存在问题。为此，最好创建一个单独的键将其明确地指定为主键，这种唯一标识符在现实生活中很普遍，例如，身份证号、牌照号、订单号和航班号等。

（5）全码（All-key）

在最简单的情况下，候选码只包含一个属性；在最极端的情况下，关系模式的所有属性都是这个关系模式的候选码，称为**全码**。全码是候选码的特例。例如，设有以下关系：学生选课

（学号，课程）其中的"学号"和"课程"相互独立，属性间不存在依赖关系，它的码就是全码。

（6）主属性（Prime attribute）和非主属性（Non-prime attribute）

在关系中，候选码中的属性称为**主属性**，不包含在任何候选码中的属性称为**非主属性**。

（7）代理键

代理键是具有 DBMS 分配的唯一标识符，该标识符已经作为主键添加到表中。每次创建行时由 DBMS 分配代理键的唯一值，通常是较短的数字，该值永远不变。该值对于用户没有任何意义。MySQL 数据库使用 AUTO_INCREMENT 函数自动分配代理键的数值。在 AUTO_INCREMENT 中，起始值可以是任意值（默认为 1），但增量总是 1。

2. 数据库中关系的类型

关系数据库中的关系可以有 3 种类型：**基本关系**（通常又称为基本表或基表）、**查询表**和**视图表**。

基本表是实际存在的表，它是实际存储数据的逻辑表示。

查询表是查询结果表或查询中生成的临时表。

视图表是由基本表或其他视图表导出的表，是虚表，不对应实际存储的数据。

3. 关系的性质

1）关系中的元组存储了某个实体或实体某个部分的数据。

2）关系中元组的位置具有顺序无关性，即元组的顺序可以任意交换。

3）同一属性的数据具有同质性，即每一列中的分量是同一类型的数据，它们来自同一个域。

4）同一关系的字段名具有不可重复性，即同一关系中不同属性的数据可出自同一个域，但不同的属性要给予不同的字段名。

5）关系具有元组无冗余性，即关系中的任意两个元组不能完全相同。

6）关系中列的位置具有顺序无关性，即列的次序可以任意交换、重新组织。

7）关系中每个分量必须取原子值，即每个分量都必须是不可分的数据项。

关系模型要求关系必须是规范化的，即要求关系模式必须满足一定的规范条件，这些规范条件中最基本的一条就是关系的每个分量必须是一个不可分的数据项。

4. 关系模式

在数据库中要区分型和值。在关系数据库中，关系模式是型，关系是值。关系模式是对关系的描述。那么应该描述哪几个方面呢？

首先，关系是一张二维表，表的每一行对应一个元组，每一列对应一个属性。一个元组就是该关系所涉及的属性集的笛卡儿积中的一个元素。关系是元组的集合，因此关系模式必须指出这个元组集合的结构，即它由哪些属性构成，这些属性来自哪些域，以及属性与域之间的映像关系。

其次，一个关系通常是由赋予它的元组语义来确定的。元组语义实质上是一个 n 目谓词（n 是属性集中属性的个数），凡使该 n 目谓词为真的笛卡儿积中的元素的全体就构成了该关系模式的关系。

现实世界随着时间在不断地变化，因而在不同的时刻，关系模式的关系也会有所变化。但是，现实世界的许多已有事实限定了关系模式所有可能的关系必须满足一定的完整性约束条件，这些约束或者通过对属性取值范围的限定，例如，学生的性别只能取值为"男"或

"女"，或者通过属性值间的相互关联（主要体现于值的相等与否）反映出来。关系模式应当刻画出这些完整性约束条件，因此一个关系模式应当是一个 5 元组。

关系的描述称为**关系模式**（Relation Schema），它可以形式化地表示为 R（U，D，Dom，F）。

其中，R：关系名；U：组成该关系的属性的集合；D：属性组 U 中的属性所来自的域；Dom：属性向域的映像集合；F：为属性间数据依赖关系的集合。关系模式通常可以简记为 R（U）或 R（A1，A2，…，An）。其中 R 为关系名，A1，A2，…，An 为字段名。而域名及属性向域的映像常直接称为属性的类型及长度。

关系模式是关系的框架或结构。关系是按关系模式组合的表格，关系既包括结构也包括其数据。因此，关系是关系模式在某一时刻的状态或内容。关系模式是静态的、稳定的，而关系的数据是动态的、随时间不断变化的，因为关系操作在不断地更新着数据库中的数据。但在实际应用中，人们通常把关系模式和关系都称为关系，这不难以区别。

关系数据库中关于表的三组术语的对应关系如表 2-4 所示。

表 2-4　对应关系

关　　系	元　　组	属　　性
表	行	列
文件	记录	字段

经常有人会混着用上述术语，读者应知道它们的对应关系。

5. 关系数据库

在关系数据库中，实体集以及实体间的联系都是用关系来表示的。在某一应用领域中，所有实体集及实体之间的联系所形成的关系的集合就构成了一个关系数据库。关系数据库也有型和值的区别。关系数据库的型称为关系数据库的模式，它是对关系数据库的描述，包括若干域的定义以及在这些域上定义的若干关系模式。关系数据库的值是这些关系模式在某一时刻对应关系的集合，也就是说关系数据库的数据。

2.6.2　关系操作

关系模型与其他数据模型相比，最具特色的是关系操作语言。关系操作语言灵活、方便，表达能力和功能都非常强大。

1. 关系操作的基本内容

关系操作包括**数据查询**、**数据维护**和**数据控制**三大功能。

1）数据查询指数据检索、统计、排序、分组以及用户对信息的需求等功能。

2）数据维护指数据添加、删除、修改等数据自身更新的功能。

3）数据控制是为了保证数据的安全性和完整性而采用的数据存取控制及并发控制等功能。

关系操作的数据查询和数据维护功能使用关系代数中的 8 种操作来表示，即并（Union）、差（Difference）、交（Intersection）、广义的笛卡儿积（Extended Cartesian Product）、选择（Select）、投影（Project）、连接（Join）和除（Divide）。其中选择、投影、并、差、笛卡尔积是 5 种基本操作。其他操作可以由基本操作导出。

2. 关系操作语言的种类

在关系模型中，关系数据库操作通常是用代数方法或逻辑方法实现，分别称为关系代数和关系演算。

关系操作语言可以分为 3 类。

1) **关系代数语言**，是用对关系的运算来表达查询要求的语言。ISBL（Information System Base Language）是关系代数语言的代表，是由 IBM United Kingdom 研究中心研制的。

2) **关系演算语言**，是用查询得到的元组应满足的谓词条件来表达查询要求的语言。可以分为元组关系演算语言和域关系演算语言两种。

3) **具有关系代数和关系演算双重特点的语言**。结构化查询语言（Structure Query Language，SQL）是介于关系代数和关系演算之间的语言，它包括数据定义、数据操作和数据控制 3 种功能，具有语言简洁、易学易用的特点，是关系数据库的标准语言。

这些语言都具有的特点是：语言具有完备的表达能力；是非过程化的集合操作语言；功能强；能够嵌入高级语言来使用。

2.6.3 关系的完整性

关系模型的完整性规则是对关系的某种约束条件。

关系模型允许定义 3 类完整性约束：**实体完整性**、**参照完整性**和**用户自定义的完整性**。

其中实体完整性和参照完整性是关系模型必须满足的完整性约束条件，称为两个不变性，应该由关系系统自动支持；用户自定义的完整性是应用领域需要遵循的约束条件，体现了具体领域中的语义约束。

1. 实体完整性（Entity Integrity）

实体完整性规则：**若属性 A 是基本关系 R 的主属性，则属性 A 不能取空值。**

例如，学生关系"学生（学号，姓名，性别，专业号，年龄）"中，"学号"为主码，则"学号"不能取空值。

实体完整性规则规定基本关系的主码不能取空值，若主码由多个属性组成，则所有这些属性都不可以取空值。

例如，学生选课关系"选修（学号，课程号，成绩）"中，"学号、课程号"为主码，则"学号"和"课程号"两个属性都不能取空值。

对于实体完整性规则说明如下。

1) 实体完整性规则是针对基本关系而言的。一个基本表通常对应信息世界的一个实体集，例如学生关系对应于学生的集合。

2) 信息世界中的实体是可区分的，即它们具有某种唯一性标识。

3) 关系模型中以主码作为唯一性标识。

4) 主码中的属性即主属性不能取空值。所谓空值就是"不知道"或"不确定"的值，如果主属性取空值，就说明存在某个不可标识的实体，即存在不可区分的实体，这与第 2 点相矛盾，因此这个规则称为实体完整性规则。

2. 参照完整性（Referential Integrity）

在实际中，实体之间往往存在着某种联系，在关系模型中实体及实体间的联系都是用关系来描述的，这样就自然存在着关系与关系间的引用。先来看下面 3 个例子。

【例 2-1】 学生关系和专业关系表示如下，其中主码用下划线标识：

学生（<u>学号</u>，姓名，性别，专业号，年龄）

专业（<u>专业号</u>，专业名）

这两个关系之间存在着属性的引用，即学生关系引用了专业关系的主码"专业号"。

显然，学生关系中的"专业号"值必须是确实存在的专业的专业号，即专业关系中有该专业的记录，也就是说，学生关系中的某个属性的取值需要参照专业关系的属性来取值。

【例 2-2】 学生、课程、学生与课程之间的多对多联系选修可以用如下 3 个关系表示：

学生（学号，姓名，性别，专业号，年龄）

课程（课程号，课程名，学分）

选修（学号，课程号，成绩）

这 3 个关系之间也存在着属性的引用，即选修关系引用了学生关系的主码"学号"和课程关系的主码"课程号"。同样，选修关系中的"学号"值必须是确实存在的学生的学号，即学生关系中有该学生的记录；选修关系中的"课程号"值也必须是确实存在的课程的课程号，即课程关系中有该课程的记录。也就是说，选修关系中某些属性的取值需要参照其他关系的属性来取值。不仅两个或两个以上的关系间可以存在引用关系，同一关系内部属性间也可能存在引用关系。

【例 2-3】 在关系"学生（学号，姓名，性别，专业号，年龄，班长）"中，"学号"属性是主码，"班长"属性表示该学生所在班级的班长的学号，它引用了本关系"学号"属性，即"班长"必须是确实存在的学生的学号。

设 F 是基本关系 R 的一个或一组属性，但不是关系 R 的主码。如果 F 与基本关系 S 的主码 Ks 相对应，则称 F 是基本关系 R 的外码（Foreign Key），并称基本关系 R 为参照关系（Referencing Relation），基本关系 S 为被参照关系（Referenced Relation）或目标关系（Target Relation）。关系 R 和关系 S 有可能是同一关系。

注意： 主码（主键）与外码（外键）的列名不一定相同，唯一的要求是它们的值的域必须相同。

显然，被参照关系 S 的主码 Ks 和参照关系 R 的外码 F 必须定义在同一个（或一组）域上。

在例 2-1 中，学生关系的"专业号"属性与专业关系的主码"专业号"相对应，因此"专业号"属性是学生关系的外码。这里专业关系是被参照关系，学生关系为参照关系。

在例 2-2 中，选修关系的"学号"属性与学生关系的主码"学号"相对应，"课程号"属性与课程关系的主码"课程号"相对应，因此"学号"和"课程号"属性是选修关系的外码。这里学生关系和课程关系均为被参照关系，选修关系为参照关系。

在例 2-3 中，"班长"属性与本身的主码"学号"属性相对应，因此"班长"是外码。学生关系既是参照关系也是被参照关系。需要指出的是，外码并不一定要与相应的主码同名。但在实际应用中，为了便于识别，当外码与相应的主码属于不同关系时，则给它们取相同的名字。参照完整性规则就是定义外码与主码之间的引用规则。

参照完整性规则：**若属性（或属性组）F 是基本关系 R 的外码，它与基本关系 S 的主码 Ks 相对应（基本关系 R 和 S 有可能是同一关系），则对于 R 中每个元组在 F 上的值必须为以下值之一。**

1）取空值（F 的每个属性值均为空值）。

2）等于 S 中某个元组的主码值。

在例 2-1 中学生关系中每个元组的"专业号"属性只能取下面两类值。

1）空值，表示尚未给该学生分配专业。

2）非空值，这时该值必须是专业关系中某个元组的"专业号"值，表示该学生不可能分配到一个不存在的专业中，即被参照关系"专业"中一定存在一个元组，它的主码值等于该参照关系"学生"中的外码值。

在例 2-2 中按照参照完整性规则，"学号"和"课程号"属性也可以取两类值：空值或被参照关系中已经存在的值。但由于"学号"和"课程号"是选修关系中的主属性，按照实体完整性规则，它们均不能取空值，所以选修关系中的"学号"和"课程号"属性实际上只能取相应被参照关系中已经存在的主码值。

在参照完整性规则中，关系 R 与关系 S 可以是同一个关系。在例 2-3 中，按照参照完整性规则，"班长"属性可以取两类值。

1）空值，表示该学生所在班级尚未选出班长。

2）非空值，该值必须是本关系中某个元组的学号值。

3. 用户定义的完整性（User-defined Integrity）

任何关系数据库系统都应该支持实体完整性和参照完整性。除此之外，不同的关系数据库系统根据其应用环境的不同，还需要支持一些特殊的约束条件，用户定义的完整性就是针对某一具体关系数据库的约束条件，它反映某一具体应用所涉及的数据必须满足的语义要求。例如某个属性必须取唯一值，属性值之间应满足一定的关系，某属性的取值范围在一定区间内等。关系模型应提供定义和检验这类完整性的机制，以便用统一的系统方法处理它们，而不需要由应用程序承担这一功能。关系数据库 DBMS 可以为用户实现如下自定义完整性约束。

1）定义域的数据类型和取值范围。

2）定义属性的数据类型和取值范围。

3）定义属性的默认值。

4）定义属性是否允许空值。

5）定义属性取值的唯一性。

6）定义属性间的数据依赖性。

2.7　知识点小结

数据模型是数据库系统的核心和基础，本章介绍了组成数据模型的 3 个要素、概念层模型和关系层数据库模型。概念模型也是信息模型，用于信息世界的建模。E-R 模型是这类模型的典型代表，E-R 方法简单、清晰，应用十分广泛。

最后介绍了如何将 E-R 模型装换成关系模型。学习这一章应该把注意力放在掌握基本概念和基本知识方面，为进一步学习下面章节打好基础。

2.8　思考与练习

1. 信息的三种世界是什么？彼此之间有什么联系？
2. 什么是概念模型？
3. 什么是实体、实体型、实体集、属性、码、E-R 图？
4. 概念模型向逻辑模型的转换原则有哪些？
5. 以下关于数据库概念模型的叙述中，错误的是（　　　　）。

A. 设计人员依据概念模型编写程序　　　　　　B. 概念模型不依赖于具体的 DBMS

C. 概念模型与所采用的计算机硬件无关　　　　D. 概念模型是对现实世界的抽象

6. 层次型、网状型和关系型数据划分原则是（　　　　）。

A. 记录长度　　　　B. 文件的大小　　　　C. 联系的复杂程度　　　　D. 数据之间的联系方式

7. 一个工作人员可以使用多台计算机，而一台计算机可被多个人使用，则实体工作人员与实体计算机之间的联系是（　　　　）。

A. 一对一　　　　B. 一对多　　　　C. 多对多　　　　D. 多对一

8. 数据库系统按不同层次可采用不同的数据模型，一般可分为三层：物理层、概念层和（　　　　）。

A. 系统层　　　　B. 服务层　　　　C. 服务层　　　　D. 逻辑层

9. 实体型与实体集之间的关系是（　　　　）。

A. 型与值　　　　B. 整体与部分　　　　C. 两者含义相同　　　　D. 两者无关

10. 下列选项中，属于 1:n 联系的两个实体集是（　　　　）。

A. 所在部门与职工　　　　　　　　　B. 图书与作者

C. 运动项目与参赛运动员　　　　　　D. 人与身份证

11. 一间宿舍可住多个学生，则实体宿舍和学生之间的联系是（　　　　）。

A. 一对一　　　　B. 一对多　　　　C. 多对一　　　　D. 多对多

12. 设有借书信息表，结构为：借书信息（借书证号，借书人，住址，联系电话，图书号，书名，借书日期）设每个借书人一本书只能借一次，则该表的主键是（　　　　）。

A. 借书证号，图书号　　　　　　　　B. 借书证号

C. 借书证号，借书人　　　　　　　　D. 借书证号，图书号，借书日期

13. 设有 E-R 图，含有 A、B 两个实体，A、B 之间联系的类型是 m：n，则将该 E-R 图转换为关系模式时，关系模式的数量是（　　　　）。

A. 3　　　　B. 2　　　　C. 1　　　　D. 4

14. 将 E-R 图转换为关系模式时，实体和联系都可以表示为（　　　　）。

A. 属性　　　　B. 键　　　　C. 关系　　　　D. 域

15. 关于 E-R 图，以下描述中正确的是（　　　　）。

A. 实体可以包含多个属性，但联系不能包含自己的属性

B. 联系仅存在于两个实体之间，即只有二元联系

C. 两个实体之间的联系可分为 1:1、1:n、m：n 三种

D. 通常使用 E-R 图建立数据库的物理模型

16. 在 E-R 图中，用来表示实体联系的图形是（　　　　）。

A. 椭圆形　　　　B. 矩形　　　　C. 菱形　　　　D. 三角形

17. 一个教师可讲授多门课程，一门课程可由多个教师讲授。则实体教师和课程间的联系是（　　　　）。

A. 1:1 联系　　　　B. 1:m 联系　　　　C. m：1 联系　　　　D. m：n 联系

18. 关系模型中，域的含义是（　　　　）。

A. 属性的取值范围　　　　　　　　　B. 元组

C. 属性　　　　　　　　　　　　　　D. 属性值

19. 公司中有多个部门和多名职员。每个职员只能属于一个部门，一个部门可以有多名职

员。则实体部门和职员间的联系是（　　　）。

A. 1:1 联系　　　　B. m:1 联系　　　　C. 1:m 联系　　　　D. m:n 联系

20. 在关系数据库中，用来表示实体间联系的是（　　　）。

A. 属性　　　　B. 二维表　　　　C. 网状结构　　　　D. 树状结构

21. 使用二维表结构来表示实体及实体间联系的模型是（　　　）。

A. 关系模型　　　　B. 层次模型　　　　C. 网状模型　　　　D. 面向对象模型

22. 下列选项中不属于实体的是（　　　）。

A. 姓名　　　　B. 课程　　　　C. 图书　　　　D. 学生

23. 数据库中，用来抽象表示现实世界中数据和信息的工具是（　　　）。

A. 数据模型　　　　B. 数据定义语言　　　　C. 关系范式　　　　D. 数据表

24. 某医院预约系统的部分需求为：患者可以查看医院发布的专家特长介绍及其就诊时间，系统记录患者信息，患者预约特定时间就诊。用 E-R 图对其进行数据建模时，患者是（　　　）。

A. 实体　　　　B. 属性　　　　C. 联系　　　　D. 弱实体

25. 某医院数据库的部分关系模式为：科室（科室号，科室名，负责人，电话）、病患（病历号，姓名，住址，联系电话）和职工（职工号，职工姓名，科室号，住址，联系电话）。假设每个科室有一位负责人和一部电话，每个科室有若干名职工，一名职工只属于一个科室；一个医生可以为多个病患看病；一个病患可以由多个医生多次诊治。科室与职工的所属联系类型为（1），病患与医生的就诊联系类型为（2）。对于就诊联系最合理的设计是（3），就诊关系的主键是（4）。

（1）A. 1:1　　　　B. 1:n　　　　C. n:1　　　　D. n:m

（2）A. 1:1　　　　B. 1:n　　　　C. n:1　　　　D. n:m

（3）A. 就诊（病历号，职工号，就诊情况）

　　　B. 就诊（病历号，职工姓名，就诊情况）

　　　C. 就诊（病历号，职工号，就诊时间，就诊情况）

　　　D. 就诊（病历号，职工姓名，就诊时间，就诊情况）

（4）A. 病历号，职工号　　　　B. 病历号，职工号，就诊时间

　　　C. 病历号，职工姓名　　　　D. 病历号，职工姓名，就诊时间

26. 某学校学生、教师和课程实体对应的关系模式如下：学生（学号，姓名，性别，年龄，家庭住址，电话）；课程（课程号，课程名）；教师（职工号，姓名，年龄，家庭住址，电话）

如果一个学生可以选修多门课程，一门课程可以有多个学生选修：一个教师只能讲授一门课程，但一门课程可以由多个教师讲授。由于学生和课程之间是一个（1）的联系，所以（2）。又由于教师和课程之间是一个（3）的联系，所以（4）。

（1）A. 1 对 1　B. 1 对多　　　　C. 多对 1　　　　D. 多对多

（2）A. 不需要增加一个新的关系模式

　　　B. 不需要增加一个新的关系模式，只需要将 1 端的码插入多端

　　　C. 需要增加一个新的选课关系模式，该模式的主键应该为课程号

　　　D. 需要增加一个新的选课关系模式，该模式的主键应该为课程号和学号

（3）A. 1 对 1　B. 1 对多　　　　C. 多对 1　　　　D. 多对多

（4）A. 不需要增加一个新的关系模式，只需要将职工号插入课程关系模式

      B. 不需要增加一个新的关系模式，只需要将课程号插入教师关系模式

      C. 需要增加一个新的选课关系模式，该模式的主键应该为课程号

      D. 需要增加一个新的选课关系模式，该模式的主键应该为课程号和教师号

27. 某大学实现学分制，学生可根据自己情况选课。每名学生可同时选修多门课程，每门课程可由多位教师主讲；每位教师可讲授多门课程。请完成如下任务。

1）指出学生与课程的联系类型。

2）指出课程与教师的联系类型。

3）若每名学生有一位教师指导，每个教师指导多名学生，则学生与教师是如何联系？

4）根据上述描述，画出 E-R 图。

28. 某医院病房计算机管理中心需要如下信息。

科室：科名、科地址、科电话、医生姓名

病房：病房号、床位号、所属科室名

医生：姓名、职称、所属科室名、年龄、工作证号

病人：病历号、姓名、性别、诊断、主管医生、病房号

其中，一个科室有多个病房、多个医生，一个病房只能属于一个科室，一个医生只属于一个科室，但可负责多个病人的诊治，一个病人的主管医生只有一个。

完成如下设计。

1）设计该计算机管理系统的 E-R 图。

2）将该 E-R 图转换为关系模式结构。

3）指出转换结果中每个关系模式的候选码。

29. 某商业集团数据库中有 3 个实体集，一是"商品"实体集，属性有商店编号、商店名、地址等；二是"商品"实体集，属性有商品号、商品名、规格、单价等；三是"职工"实体集，属性有职工编号、姓名、性别、业绩等。

商店与商品间存在"销售"联系，每个商店可销售多种商品，每种商品也可以放在多个商店销售，每个商店销售的商品有月销售量；商店与职工之间存在"聘用"联系，每个商店有多名职工，每个职工只能在一个商店工作，商店聘用职工有聘期和工资。

1）试画出 E-R 图。

2）将该 E-R 图转换成关系模式，并指出主码和外码。

第 3 章　关系代数与关系数据库理论

关系数据模型的数据操作是以关系代数和关系演算为理论基础的。了解关系模型的数学基础，对于理解关系模型、设计数据模式和实现应用很有帮助。

对于关系型数据库来说，设计任务就是构造哪些关系模式，每个关系模式包含哪些属性。这是数据库逻辑结构设计问题。在模式设计时，如何判断所设计的关系模式是"好"还是"不好"呢？如果"不好"，如何进行修改？因此，数据库设计需要理论指导。

本章主要讨论关系数据库规范化理论，讨论如何判断一个关系模式是否为"好"的模式，如果不是，如何将其转换成"好"的关系模式，并能保证所得到的关系模式仍能表达原来的语义。规范化理论虽然是以关系模型为背景，但是它对于一般的数据库逻辑结构设计同样具有理论上的意义。

本章主要介绍关系数据库规范化理论。首先由关系数据库逻辑设计可能出现的问题引入关系模式规范化的必要性，接着描述函数依赖的概念与关系模式的无损分解的方法，最后介绍关系模式的范式。

3.1　关系代数及其运算

关系代数是一种抽象的查询语言，是关系数据操作语言的一种传统表达方式，它是用关系的运算来表达查询的。

关系数据库的数据操作分为查询和更新两类。查询用于各种检索操作，更新用于插入、删除和修改等操作。关系操作的特点是集合操作方式，即操作的对象和结构都是集合。关系模型中常用的关系操作包括选择（SELECT）、投影（PROJECT）、连接（JOIN）、除（DIVIDE）、并（UNION）、交（INTERSECTION）、差（DIFFERENCE）等。

早期的关系操作能力通常用代数方式或逻辑方式来表示，关系查询语言根据其理论基础的不同分成两大类。

1）关系代数语言：用关系的运算来表达查询要求的方式，查询操作是以集合操作为基础运算的 DML 语言。

2）关系演算语言：用谓词来表达查询要求的方式，查询操作是以谓词演算为基础运算的 DML 语言。关系演算又可按谓词变元的基本对象是元组变量还是域变量分为元组关系演算和域关系演算。

关系代数、元组关系演算和域关系演算三种语言在表达能力方面是完全等价的。

由于关系代数是建立在集合代数的基础上，下面先定义几个关系术语中的数学定义。

3.1.1　关系的数学定义

1. 域（Domain）

域是一组具有相同数据类型值的集合。在关系模型中，使用域来表示实体属性的取值范围，通常用 D_i 表示某个域。

例如，自然数、整数、实数、一个字符串、{男，女}，大于 10 小于等于 90 的正整数等都可以是域。

2. 笛卡儿积（Cartesian Product）

给定一组域 $D_1, D_2, \cdots, D_n$，这些域中可以有相同的，则 $D_1, D_2, \cdots, D_n$ 的笛卡儿积为：

$$D_1 \times D_2 \times \cdots \times D_n = \{(d_1, d_2, \cdots, d_n) \mid d_i \in D_j, j = 1, 2, \cdots, n\}$$

其中每一个元素 $(d_1, d_2, \cdots, d_n)$ 叫作一个 n 元组或简称元组，元素中的每一个值 d_i 叫作一个分量。若 $D_i(i = 1, 2, \cdots, n)$ 为有限集，其基数（基数是指一个域中可以取值的个数。）为 m_i $(i = 1, 2, \cdots, n)$，则 $D_1 \times D_2 \times \cdots \times D_n$ 的基数为：

$$M = \prod_{i=1}^{n} m_i$$

笛卡儿积可以表示成一个二维表，表中的每行对应一个元组，表中的每列对应一个域。例如，给出 3 个域：

姓名集合：$D_1 = \{$史丹妮,周冬元,李晓辉$\}$

性别集合：$D_2 = \{$男,女$\}$

专业集合：$D_3 = \{$会计,商务$\}$

$D_1 \times D_2 \times D_3 = \{$(史丹妮,男,会计),(史丹妮,男,商务),(史丹妮,女,会计),(史丹妮,女,商务),(周冬元,男,会计),(周冬元,男,商务),(周冬元,女,会计),(周冬元,女,商务),(李晓辉,男,会计),(李晓辉,男,商务),(李晓辉,女,会计),(李晓辉,女,商务)$\}$，这 12 个元组可列成一张二维表，如表 3-1 所示。

表 3-1　D_1、D_2、D_3 的笛卡儿积结果表

姓　名	性　别	专　业
史丹妮	男	会计
史丹妮	男	商务
史丹妮	女	会计
史丹妮	女	商务
周冬元	男	会计
周冬元	男	商务
周冬元	女	会计
周冬元	女	商务
李晓辉	男	会计
李晓辉	男	商务
李晓辉	女	会计
李晓辉	女	商务

3. 关系（Relation）

$D_1 \times D_2 \times \cdots \times D_n$ 的子集叫作在域 $D_1, D_2, \cdots, D_n$ 上的关系，表示为 $R(D_1, D_2, \cdots, D_n)$。

这里 R 表示关系的名字，n 是关系属性的个数，称为目数或度数（Degree）；

当 n=1 时，称该关系为单目关系（Unary relation）；

当 n=2 时，称该关系为二目关系（Binary relation）。

关系是笛卡儿积的有限子集，所以关系也是一个二维表。

例如，可以在表 3-1 的笛卡儿积中取出一个子集来构造一个学生关系。由于一个学生只有一个专业和性别，所以笛卡儿积中的许多元组在实际中是无意义的，仅仅挑出有实际意义的元组构建一个关系，该关系名为 Student，字段名取域名：姓名、性别和专业，如表 3-2 所示。

表 3-2　Student 关系

姓　　名	性　　别	专　　业
史丹妮	女	会计
周冬元	男	商务
李晓辉	女	商务

3.1.2　关系代数概述

关系代数是一种抽象的查询语言，是关系数据操纵语言的一种传统表达方式，它是用对关系的运算来表达查询的。任何一种运算都是将一定的运算符作用于一定的运算对象上，得到预期的运算结果，所以运算对象、运算符、运算结果是运算的三大要素。

关系代数的运算对象是关系，运算结果亦为关系。

关系代数中使用的运算符包括 4 类：**集合运算符**、**专门的关系运算符**、**比较运算符**和**逻辑运算符**，如表 3-3 所示。

表 3-3　关系代数运算符

运　算　符		含　　义	运　算　符		含　　义
集合 运算符	∪ － ∩ ×	并 差 交 广义笛卡儿积	比较运算符	> ≥ < ≤ = ≠	大于 大于等于 小于 小于等于 等于 不等于
专门的关系 运算符	σ π ∞ ÷	选择 投影 连接 除	逻辑运算符	¬ ∧ ∨	非 与 或

关系代数的运算按运算符的不同可分为**传统的集合运算**和**专门的关系运算**两类。

传统的集合运算将关系看成元组的集合，其运算是从关系的"水平"方向即行的角度进行的。

专门的关系运算不仅涉及行而且涉及列。比较运算符和逻辑运算符是用来辅助专门的关系运算进行操作的。

3.1.3　传统的集合运算

传统的集合运算是二目运算，包括并、交、差、广义笛卡儿积 4 种运算。

设关系 R 和关系 S 具有相同的目 n（即两个关系都具有 n 个属性），且相应的属性取自同一个域，则可以定义并、差、交、广义笛卡儿积运算如下。

1. 并（Union）

关系 R 与关系 S 的并记作：

$R \cup S = \{t \mid t \in R \lor t \in S\}$，t 是元组变量

其结果关系仍为 n 目关系，由属于 R 或属于 S 的元组组成。

2. 差（Difference）

关系 R 与关系 S 的差记作：

$R - S = \{t \mid t \in R \land t \notin S\}$，t 是元组变量

其结果关系仍为 n 目关系，由属于 R 而不属于 S 的所有元组组成。

3. 交（Intersection）

关系 R 与关系 S 的交记作：

$R \cap S = \{t \mid t \in R \land t \in S\}$，t 是元组变量

其结果关系仍为 n 目关系，由既属于 R 又属于 S 的元组组成。关系的交可以用差来表示，即 $R \cap S = R - (R - S)$

4. 广义笛卡儿积（Extended Cartesian Product）

两个分别为 n 目和 m 目的关系 R 和 S 的广义笛卡儿积是一个（n+m）列的元组的集合。元组的前 n 列是关系 R 的一个元组，后 m 列是关系 S 的一个元组。若 R 有 k_1 个元组，S 有 k_2 个元组，则关系 R 和关系 S 的广义笛卡儿积有 $k_1 \times k_2$ 个元组。记作：$R \times S = \{t_r \frown \cap t_s \mid T_r \in R \land T_s \in S\}$

假定现在有两个关系 R 与 S 是关系模式学生的实例，R 和 S 如表 3-4 所示。

表 3-4 关系 R 与关系 S

(a) 关系 R

学　号	姓　　名	出生日期	性　别	系　别	专　业
2016110101	李飞	1998-01-12	男	计算机系	软件工程
2016080402	张杨	1997-06-04	女	数学系	应用统计
2016130120	苏醒	1998-08-25	男	机电系	通信工程

(b) 关系 S

学　号	姓　　名	出生日期	性　别	系　别	专　业
2016080402	张杨	1997-06-04	女	数学系	应用统计
2016120212	王一珊	1998-12-23	女	文传系	汉语言文学
2016130120	苏醒	1998-08-25	男	机电系	通信工程

【例 3-1】关系 $R \cup S$ 的结果如表 3-5 所示。

表 3-5 关系 R 与关系 S 的并集结果

学　号	姓　　名	出生日期	性　别	系　　别	专　业
2016110101	李飞	1998-01-12	男	计算机系	软件工程
2016080402	张杨	1997-06-04	女	数学系	应用统计
2016130120	苏醒	1998-08-25	男	机电系	通信工程
2016120212	王一珊	1998-12-23	女	文传系	汉语言文学

【例 3-2】关系 R-S 的结果如表 3-6 所示。

表 3-6 关系 R 与关系 S 的差集结果

学　号	姓　名	出生日期	性　别	系　别	专　业
2016110101	李飞	1998-01-12	男	计算机系	软件工程

【例 3-3】 关系 R∩S 的结果如表 3-7 所示。

表 3-7 关系 R 与关系 S 的交集结果

学　号	姓　名	出生日期	性　别	系　别	专　业
2016080402	张杨	1997-06-04	女	数学系	应用统计
2016130120	苏醒	1998-08-25	男	机电系	通信工程

【例 3-4】 关系 R 与关系 S 做广义笛卡尔积的结果如表 3-8 所示。

表 3-8 关系 R 与 S 的广义笛卡尔积的结果

学号	姓名	出生日期	性别	系别	专业	学号	姓名	出生日期	性别	系别	专业
2016110101	李飞	1998-01-12	男	计算机系	软件工程	2016080402	张杨	1997-06-04	女	数学系	应用统计
2016110101	李飞	1998-01-12	男	计算机系	软件工程	2016120212	王一珊	1998-12-23	女	文传系	汉语言文学
2016110101	李飞	1998-01-12	男	计算机系	软件工程	2016130120	苏醒	1998-08-25	男	机电系	通信工程
2016080402	张杨	1997-06-04	女	数学系	应用统计	2016080402	张杨	1997-06-04	女	数学系	应用统计
2016080402	张杨	1997-06-04	女	数学系	应用统计	2016120212	王一珊	1998-12-23	女	文传系	汉语言文学
2016080402	张杨	1997-06-04	女	数学系	应用统计	2016130120	苏醒	1998-08-25	男	机电系	通信工程
2016130120	苏醒	1998-08-25	男	机电系	通信工程	2016080402	张杨	1997-06-04	女	数学系	应用统计
2016130120	苏醒	1998-08-25	男	机电系	通信工程	2016120212	王一珊	1998-12-23	女	文传系	汉语言文学
2016130120	苏醒	1998-08-25	男	机电系	通信工程	2016130120	苏醒	1998-08-25	男	机电系	通信工程

3.1.4　专门的关系运算

专门的关系运算包括选择、投影、连接、除等。为了叙述上的方便，先引入几个符号。

1）设关系模式为 $R(A_1, A_2, \cdots, A_n)$，它的一个关系设为 R，$t \in R$ 表示 t 是 R 的一个元组，$t[A_i]$ 表示元组 t 中相应于属性 A_i 上的一个分量。

2）若 $A = \{A_{i1}, A_{i2}, \cdots, A_{ik}\}$，其中 $A_{i1}, A_{i2}, \cdots, A_{ik}$ 是 $A_1, A_2, \cdots, A_n$ 中的一部分，则 A 称为字段名或域列。$t[A] = (t[A_{i1}], t[A_{i2}], \cdots, t[A_{ik}])$ 表示元组 t 在字段名 A 上诸分量的集合。$\overline{A}$ 表示 $\{A_1, A_2, \cdots, A_n)$ 中去掉 $\{A_{i1}, A_{i2}, \cdots, A_{ik}\}$ 后剩余的属性组。

3）R 为 n 目关系，S 为 m 目关系。$t_r \in R$，$t_s \in S$，$t_r \frown t_s$ 称为元组的连接，它是一个 n+m 列的元组，前 n 个分量为 R 中的一个 n 元组，后 m 个分量为 S 中的一个 m 元组。

4）给定一个关系 $R(X, Z)$，X 和 Z 为属性组。定义当 $t[X] = x$ 时，x 在 R 中的象集为：

$$Z_x = \{t[Z] \mid t \in R, t[X] = x\}$$

它表示 R 中属性组 X 上值为 x 的诸元组在 Z 上分量的集合。

下面给出这些关系运算的定义。

1. 选择（Selection）

选择又称为限制（Restriction），它是在关系 R 中选择满足给定条件的诸元组，记作：$\sigma_F(R) = \{t \mid t \in R \land F(t) = \text{'真'}\}$

其中，F 表示选择条件，它是一个逻辑表达式，取逻辑值"真"或"假"。逻辑表达式 F 的基本形式为：

$$X_1 \theta Y_1 [\Phi X_2 \theta Y_2 \cdots]$$

其中，θ 表示比较运算符，它可以是>、≥、<、≤、=或≠；X1，Y1 是字段名、常量或简单函数，字段名也可以用它的序号（如 1，2，…）来代替；Φ 表示逻辑运算符，它可以是¬（非）、∧（与）或∨（或）；[ ]表示任选项，即[ ]中的部分可要可不要；…表示上述格式可以重复下去。选择运算实际上是从关系 R 中选取使逻辑表达式 F 为真的元组，这是从行的角度进行的运算。

设有一个学生–课程数据库如表 3–9 所示，它包括以下内容。

学生关系 Student（说明：Sno 表示学号，Sname 表示姓名，Ssex 表示性别，Sage 表示年龄，Sdept 表示所在系）

课程关系 Course（说明：Cno 表示课程号，Cname 表示课程名）

选修关系 Score（说明：Sno 表示学号，Cno 表示课程号，Degree 表示成绩）

其关系模式如下。

Student(Sno,Sname,Ssex,Sage,Sdept)
Course(Cno,Cname)
Score(Sno,Cno,Degree)

表 3–9　学生–课程关系数据库

(a) Student

Sno	Sname	Ssex	Sage	Sdept
000101	李晨	男	18	信息系
000102	王博	女	19	数学系
010101	刘思思	女	18	信息系
010102	王国美	女	20	物理系
020101	范伟	男	19	数学系

(b) Course

Cno	Cname
C1	数学
C2	英语
C3	计算机
C4	制图

(c) Score

Sno	Cno	Degree
000101	C1	90
000101	C2	87
000101	C3	72
010101	C1	85
010101	C2	42
020101	C3	70

【例3-5】查询数学系学生的信息。

$$\sigma_{Sdept='数学系'}(Student) 或 \sigma_{5='数学系'}(Student)$$

结果如表3-10所示。

表3-10　查询数学系学生的信息结果

Sno	Sname	Ssex	Sage	Sdept
000102	王博	女	19	数学系
020101	范伟	男	19	数学系

【例3-6】查询年龄小于20岁的学生的信息。

$$\sigma_{Sage<20}(Student) 或 \sigma_{4<20}(Student)$$

结果如表3-11所示。

表3-11　查询年龄小于20岁的学生的信息结果

Sno	Sname	Ssex	Sage	Sdept
000101	李晨	男	18	信息系
000102	王博	女	19	数学系
010101	刘思思	女	18	信息系
020101	范伟	男	19	数学系

2. 投影（Projection）

关系R上的投影是从R中选择出若干字段名组成新的关系。记作：

$$\pi_A(R) = \{ t[A] \mid t \in R \}$$

其中A为R中的字段名。

投影操作是从列的角度进行的运算。投影之后不仅取消了原关系中的某些列，而且还可能取消某些元组。因为取消了某些字段名后，就可能出现重复行，应取消这些完全相同的行。

【例3-7】查询学生的学号和姓名。

$$\pi_{Sno, Sname}(Student) 或 \pi_{1,2}(Student)$$

结果如表3-12所示。

表3-12　查询学生的学号和姓名结果

Sno	Sname	Sno	Sname
000101	李晨	010102	王国美
000102	王博	020101	范伟
010101	刘思思		

【例3-8】查询学生关系Student中都有哪些系，即查询学生关系Student在所在系属性上的投影。

$$\pi_{Sdept}(Student) 或 \pi_5(Student)$$

结果如表3-13所示。

表3-13　查询学生所在系结果

Sdept
信息系
数学系
物理系

48

3. 连接（Join）

连接也称为 θ 连接，它是从两个关系的笛卡尔积中选取属性间满足一定条件的元组。记作：

$$R\underset{A\theta B}{\bowtie}S\{t_r\frown t_s \mid t_r\in R \wedge t_s\in S \wedge t_r[A]\theta t_s[B]\}$$

其中 A 和 B 分别为 R 和 S 上度数相等且可比的属性组。θ 是比较运算符。连接运算从 R 和 S 的笛卡尔积 R×S 中选取 R 关系在 A 属性组上的值与 S 关系在 B 属性组上值满足比较关系的 θ 元组。

连接运算中有两类最为重要，也是最为常用连接运算。一种是等值连接（Equijoin），另一种是自然连接。

θ 为 "=" 的连接运算称为等值连接。它是从关系 R 与 S 的广义笛卡尔积中选取 A、B 属性值相等的那些元组，即等值连接为：

$$R\underset{A=B}{\bowtie}S\{t_r\frown t_s \mid t_r\in R \wedge t_s\in S \wedge t_r[A]\theta t_s[B]\}$$

自然连接（Natural join）是一种特殊的等值连接。它要求两个关系中进行比较的分量必须是相同的属性组，并且在结果中把重复的字段名去掉。若 R 和 S 具有相同的属性组 B，则自然连接可记作

$$R\bowtie S\{t_r\frown t_s \mid t_r\in R \wedge t_s\in S \wedge t_r[A]\theta t_s[B]\}$$

一般的连接操作是从行的角度进行运算。但是自然连接还需要取消重复列，所以是同时从行和列的角度进行运算。

如果把舍弃的元组也保存在结果关系中，而在其他属性上填空值 Null，那么这种连接就叫作外连接（Outer join）。如果只把左边关系 R 中要舍弃的元组保留就叫作左外连接（Left outer join 或 Left join），如果只把右边关系 S 中要舍弃的元组保留就叫作右外连接（Right outer join 或 Right join）。

【例 3-9】设关系 R、S 分别为表 3-14 中的（a）和（b），一般连接 C>D 的结果如表 3-15（a）所示，等值连接 R.B = S.B 的结果如表 3-15（b）所示，自然连接的结果如表 3-15（c）所示。

表 3-14　连接运算示例表

（a）关系 R

A	B	C
a1	b4	5
a1	b3	7
a2	b2	8
a2	b1	10

（b）关系 S

B	D
b5	12
b4	3
b3	20
b2	15
b1	9

表 3-15　连接运算示例

（a）一般连接 R▷◁S

C>D

A	R. B	C	S. B	D
a1	b4	5	b4	3
a1	b3	7	b4	3
a2	b2	8	b4	3
a2	b1	10	b4	3
a2	b1	10	b1	9

（b）等值连接 R▷◁S

R·B=S·B

A	R. B	C	S. B	D
a1	b4	5	b4	3
a1	b3	7	b3	20
a2	b2	8	b2	15
a2	b1	10	b1	9

（c）自然连接 R▷◁ S

A	B	C	D
a1	b4	5	3
a1	b3	7	20
a2	b2	8	15
a2	b1	10	9

4. 除运算（Division）

给定关系 R(X,Y) 和 S(Y,Z)，其中 X,Y,Z 为属性组。R 中的 Y 与 S 中的 Y 可以有不同的字段名，但必须出自相同的域集。R 与 S 的除运算得到一个新的关系 P(X)，P 是 R 中满足下列条件的元组在 X 字段名上的投影：元组在 X 上分量值 x 的象集 Y_x 包含 S 在 Y 上投影的集合。

$$R÷S = \{ t_r[X] | t_r \in R \wedge \pi_Y(S) \subseteq Y_X \}$$

其中 Y_x 为 x 在 R 中的象集，$x = t_r[X]$。

除操作是同时从行和列角度进行运算的。

关系除法运算分下面 4 步进行。

1）将被除关系的属性分为象集属性和结果属性：与除关系相同的属性属于象集属性，不相同的属性属于结果属性。

2）在除关系中，对与被除关系相同的属性（象集属性）进行投影，得到除目标数据集。

3）将被除关系分组，原则是，结果属性值一样的元组分为一组。

4）逐一考察每个组，如果它的象集属性值中包括除目标数据集，则对应的结果属性值应属于该除法运算结果集。

说明：象集的本质是一次选择运算和一次投影运算。

例如关系模式 R(X，Y)，X 和 Y 表示互为补集的两个属性集，对于遵循模式 R 的某个关系 A，当 t[X]=x 时，x 在 A 中的象集（Images Set）为：

$$Zx = \{t[Z] \mid t \in A, t[X] = x\}$$

它表示：A 中 X 分量等于 x 的元组集合在属性集 Z 上的投影，如表 3-16 所示。

表 3-16　关系 A

X	Y	Z
a1	b1	c2
a2	b3	c7
a3	b4	c6
a1	b2	c3
a4	b6	c6
a2	b2	c3
a1	b2	c1

a1 在 A 中的象集为 {(b1,c2),(b2,c3),(b2,c1)}。

【例 3-10】设关系 R，S 分别如表 3-17（a）、（b）所示，求 R÷S 的结果。

表 3-17　除运算示例表

（a）R				（b）S				（c）R÷S
A	B	C		B	C	D		A
a1	b1	c2		b1	c2	d1		a1
a2	b3	c5		b2	c3	d2		
a3	b4	c4		b2	c1	d1		
a1	b2	c3						
a4	b6	c4						
a2	b2	c3						
a1	b2	c1						

关系除的运算过程如下。

1）找出关系 R 和关系 S 中的相同属性，即 B 属性和 C 属性。在关系 S 中对 B 属性和 C 属性做投影，所得的结果为 {(b1,c2),(b2,c3),(b2,c1)}。

2）被除关系 R 中与 S 中不相同的属性列是 A，在关系 R 在属性 A 上做取消重复值的投影为 {a1,a2,a3,a4}。

3）求关系 R 中 A 属性对应的象集对应的象集 B 和 C，根据关系 R 的数据，可以得到 A 属性各分量值的象集。

其中：

a1 的象集为 {(b1,c2),(b2,c3),(b2,c1)}；

a2 的象集为 {(b3,c5),(b2,c3)}；

a3 的象集为 {(b4,c4)}；

a4 的象集为 {(b6,c4)}。

4）判断包含关系，对比可以发现：a2 和 a3 的象集都不能包含关系 S 中的 B 属性和 C 属性的所有值，所以排除掉 a2 和 a3；而 a1 的象集包括了关系 S 中 B 属性和 C 属性的所有值，所以 R÷S 的最终结果就是 {a1}。

在关系代数中，关系代数运算经过有限次复合后形成的式子称为关系代数表达式。对关系数据库中数据的查询操作可以写成一个关系代数表达式，或者说，写成一个关系代数表达式就表示已经完成了查询操作。

【例 3-11】假设有两个关系：学生学习成绩与课程成绩，如表 3-18 所示，则学生学习成绩与课程成绩除运算的结果是满足一定课程成绩条件的学生的表，结果如表 3-19 所示。

表 3-18　学生学习成绩与课程成绩关系表

（a）学生学习成绩关系

姓 名	性别	系 别	课程名	成 绩	姓 名	性别	系 别	课程名	成 绩
李飞	男	计算机系	数据结构	优秀	王一珊	女	文传系	程序设计	良好
李飞	男	计算机系	程序设计	良好	王一珊	女	文传系	计算机基础	合格
李飞	男	计算机系	计算机基础	合格	周文	女	文传系	数据结构	优秀
张杨	女	数学系	数据结构	优秀	周文	女	文传系	程序设计	良好
张杨	女	数学系	程序设计	良好	周文	女	文传系	计算机基础	合格
张杨	女	数学系	计算机基础	合格	苏醒	男	机电系	计算机组成原理	良好
王一珊	女	文传系	数据结构	优秀	苏醒	男	机电系	人工智能	良好

（b）课程成绩关系

课 程 名	成 绩
数据结构	优秀
程序设计	良好
计算机基础	合格

表 3-19　学生学习成绩÷课程成绩

姓 名	性 别	系 别
李飞	男	计算机系
张杨	女	数学系
王一珊	女	文传系
周文	女	文传系

【例 3-12】设学生-课程数据库中有 3 个关系：S、C 和 SC，三个关系的关系实例分别如表 3-20 所示。利用关系代数进行查询。

学生关系：S(sno,sname,ssex,sage,sdept)

课程关系：C(cno,cname,teacher)

选修关系：SC(sno,cno,degree)

属性 sno、sname、ssex、sage 和 sdept 分别表示学号、姓名、性别、年龄和所在系，sno 为主码，属性 cno、cname、Teacher 分别表示课程号、课程名、授课教师，cno 为主码，属性 sno、cno、degree 分别表示学号、课程号和成绩，(sno,cno) 属性组为主码。

表 3-20　学生、课程与选修关系表

（a）学生关系 S 的关系实例

sno	sname	ssex	sage	sdept
2016110101	李飞	男	20	计算机系
2016080402	张杨	女	21	数学系

sno	sname	ssex	sage	sdept
2016040152	任新	男	22	管理系
2016130120	苏醒	男	20	机电系

（b）课程关系 C 的关系实例

cno	cname
C01	数据结构
C02	数据库原理
C03	操作系统
C04	计算机组成原理
C05	软件工程

（c）选修关系 SC 的关系实例

sno	cno	degree
2016110101	C1	80
2016080402	C2	87
2016040152	C3	68
2016130120	C4	90
2016080402	C5	92
2016080402	C1	65
2016080402	C3	67
2016040152	C4	95
2016130120	C1	87
2016080402	C4	90
2016110101	C5	64
2016130120	C5	76

1）查询选修课程号为 C3 号课程的学生学号和成绩。

$$\pi_{Sno,Degree}(\sigma_{Cno='C3'}(SC))$$

2）查询学习课程号为 C4 课程的学生学号和姓名。

$$\pi_{Sno,Sname}(\sigma_{Cno='C4'}(S \infty SC))$$

3）查询选修课程名为数据结构的学生学号和姓名。

$$\pi_{sno,sname}(\sigma_{cname='数据结构'}(S \bowtie SC \bowtie C))$$

4）查询选修课程号为 C1 或 C3 课程的学生学号。

$$\pi_{Sno}(\sigma_{Cno='C1' \lor Cno='C3'}(SC))$$

5）查询不选修课程号为 C2 的学生的姓名和年龄。

$$\pi_{Sname,Sage}(S) - \pi_{Sname,Sage}(\sigma_{Cno='C2'}(S \bowtie SC))$$

6）查询年龄在 18~23 岁之间的女生的学号、姓名和年龄。

$$\pi_{sno,sname,sage}(\sigma_{sage>=18 \land sage<=23 \land ssex='女'}(S))$$

7）查询至少选修课程号为 C1 与 C5 的学生的学号。

$$\pi_{sno}(\sigma_{1=4 \land 3='C1' \land 5='C5'}(SC \times SC))$$

8）查询选修全部课程的学生的学号。

$$\pi_{sno,cno}(SC) \div \pi_{cno}(C)$$

9）查询全部学生都选修的课程的课程号。

$$\pi_{sno,cno}(SC) \div \pi_{sno}(S)$$

10）查询选修课程包含学生李飞所学课程的学生的姓名。

$$\pi_{sname}(S \bowtie (\pi_{sno,cno}(SC) \div \pi_{cno}(\sigma_{sname='李飞'}(S) \bowtie SC)))$$

11）查询选修了操作系统或软件工程的学生学号和姓名。

$$\pi_{sno,sname}(\sigma_{cname='操作系统' \lor cname='软件工程'}(C \bowtie SC \bowtie S))$$

3.2 关系演算

除了用关系代数表示关系运算外，还可以用谓词演算来表达关系的运算，这称为关系演算（relational calculus）。用关系代数表示关系的运算，须标明关系运算的序列，因而以关系代数为基础的数据库语言是过程语言。用关系演算表达关系的运算，只要说明所要得到的结果，而不必标明运算的过程，因而以关系演算为基础的数据库语言是非过程语言。目前，面向用户的关系数据库语言基本上都是以关系演算为基础的。随着所用变量不同，关系演算又可分为元组关系演算和域关系演算。

3.2.1 元组关系演算

元组关系演算（tuple relational calculus）是以元组为变量，其一般形式为：$\{t[\langle 属性表 \rangle] P(t)\}$，其中：$t$ 是元组变量，即用整个 t 作为查询对象，也可查询 t 中的某些属性。如查询整个 t，则可省去 <属性表>。$P(t)$ 是 t 应满足的谓词。

【例 3-13】假设有关系 STUDENT（学号，姓名，性别，出生年月，籍贯，地址，……）。要求用元组关系演算表达式查询江苏籍女大学生的姓名。

解：$\{t[姓名] | t \in STUDENT \ AND \ t.性别 = '女' \ AND \ t.籍贯 = '北京'\}$

另外，利用元组关系演算，还可以表达关系代数运算。关系代数的几种运算可以用元组表达式表示如下。

1. 投影

$\prod$：设有关系模式 R(ABC)，r 为 R 的一个值，则：$\prod_{AB}(r) = \{t[AB] | t \in r\}$

2. 选择

仍用上述的关系，则：$\sigma_F(r) = \{t | t \in r \ and \ F\}$

F 是以 t 为变量的布尔表达式。其中，属性变量以 $t.A$ 形式表示。

3. 并

设 r、s 是 R(A,B,C) 的两个值，则：$R \cup S$ 可用 $\{t | R(t) \lor S(t)\}$ 表示；或 $\{t | t \in R \ OR \ t \in S\}$

4. 差

$R-S$：可用 $\{t | R(t) \land \neg S(t)\}$ 表示；或 $\{t | t \in R \ AND \ \neg t \in S\}$

5. 连接

设有两个关系模式 R(A,B,C) 和 S(C,D,E)，r、s 分别为两个关系中某个时刻的值，则：

$$r \infty s = \{t(A,B,C,D,E) | t[A,B,C] \in r \ AND \ t[C,D,E] \in s\}$$

注意：谓词中两个 $t[C]$ 同值，隐含等连接。

元组关系演算与关系代数具有同等表达能力，也是关系完备的。用谓词演算表示关系操作时，只有结果是有限集才有意义。一个表达式的结果如果是有限的，则称此表达式是安全的，否则是不安全的。否定常常会导致不安全的表达式，例如 $\{t \mid \overline{}(t \in \text{STUDENT})\}$ 的结果不是有限的，是不安全的，因为现实世界中不属于 STUDENT 的元组是无限多的。实际上，在计算上述表达式时，所感兴趣的范围既不是整个现实世界，也不是整个数据库，而仅仅是关系 STUDENT。若限制 t 取值的域，使 $t \in \text{DOM}(P)$，可将上式改写成：$\{t \mid t \in \text{DOM}(P)\ \text{and}\ \overline{}(t \in \text{STUDENT})\} = \text{DOM}(P) - \text{STUDENT}$，成为安全表达式。

3.2.2　域关系演算

域关系演算（domain relational calculus）是以域为变量，其一般形式为：

$$\{<X_1, X_2, \cdots\cdots, X_n> \mid P(X_1, X_2, \cdots\cdots, X_n, X_{n+1}, \cdots\cdots, X_{n+m})\}$$

其中：$X_1, X_2, \cdots\cdots, X_n, X_{n+1}, \cdots\cdots, X_{n+m}$ 为域变量。且 $X_1, X_2, \cdots\cdots, X_n$ 出现在结果中，其他 m 个域变量不出现在结果中，但出现在谓词 P 中。

域关系演算是 QBE 语言的理论基础。

对关系 GRADE（学号，课程号，成绩），如果要查询需补考的学生的学号和补考的课程号，此时查询表达式：$\{<x, y> \mid (\exists z)(\text{GRADE}(x, y, z)\ \text{AND}\ z < 60)\}$

GRADE(x, y, z) 是一个谓词，如果 <x, y, z> 是 GRADE 中的一个元组，则该谓词为真。

注意：元组变量的变化范围是一个关系；域变量的变化范围是某个值域。

3.3　关系代数表达式的优化

在层次模型和网状模型中，用户使用过程化的语言表达查询要求、执行何种记录级的操作，以及操作的序列等，所以用户必须了解存取路径，系统要提供用户选择存取路径的手段，这样，查询效率便由用户的存取策略决定。在这两种模型中，要求用户有较高的数据库技术和程序设计水平。而在关系模型中，关系系统的查询优化都是由数据库管理系统来实现的，用户不必考虑如何表达查询以获得较好的效率，只要告诉系统"干什么"就可以了，因为系统可以比用户程序的"优化"做得更好。

由数据库管理系统来实现查询优化的优势如下。

1）优化器可以从数据字典中获取许多统计信息，例如关系中的元组数、关系中每个属性值的分布情况等。优化器可以根据这些信息选择有效的执行计划，而用户程序则难以获得这些信息。

2）如果数据库的物理统计信息改变了，系统可以自动对查询进行重新优化以选择相适应的执行计划。在非关系系统中必须重写程序，而重写程序在实际应用中往往是不太可能的。

3）优化器可以考虑数百种不同的执行计划，而程序员一般只能考虑有限的几种可能性。

4）优化器中包括了很多复杂的优化技术，这些优化技术往往只有最好的程序员才能掌握。系统的自动优化相当于使得所有人都拥有这些优化技术。

实际系统对查询优化的具体实现不尽相同，但一般来说，可以归纳为四个步骤。

1）将查询转换成某种内部表示，通常是语法树。

2）根据一定的等价变换规则把语法树转换成标准（优化）形式。

3）选择低层的操作算法。对于语法树中的每一个操作都需要根据存取路径、数据的存储分布、存储数据的聚簇等信息来选择具体的执行算法。

4）生成查询计划。查询计划也称查询执行方案，是由一系列内部操作组成的。这些内部操作按一定的次序构成查询的一个执行方案。通常这样的执行方案有多个，需要对每个执行计划计算代价，从中选择代价最小的一个。

总之，关系数据库查询优化的总目标是：选择有效的策略，求得给定关系表达式的值，达到提高 DBMS 系统效率的目标。

3.4 关系数据库理论

关系数据库设计的基本任务是在给定的应用背景下，建立一个满足应用需求且性能良好的数据库模式。具体来说就是给定一组数据，如何决定关系模式以及各个关系模式中应该有哪些属性，才能使数据库系统在数据存储与数据操纵等方面都具有良好的性能。关系数据库规范化理论以现实世界存在的数据依赖为基础，提供了鉴别关系模式合理与否的标准，以及改进不合理关系模式的方法，是关系数据库设计的理论基础。

3.4.1 问题的提出

如果一个关系没有经过规范化，可能会导致数据冗余大、数据更新不一致、数据插入异常和删除异常的问题出现。下面通过一个例子说明这些问题。

【例 3-14】，设有一个关系模式 SC（sno，sname，sage，ssex，sdept，mname，cno，cname，grade），属性分别表示学生学号、姓名、年龄、性别、所在系、系主任姓名、课程号、课程名和成绩。实例如表 3-21 所示，可知此关系模式的关键字为（sno，cno）。仅从关系模式上看，该关系模式已经包括了需要的信息，如果按此关系模式建立关系，并对它进行深入分析，就会发现其中的问题。

表 3-21 关系模式 SC 的实例

sno	sname	sage	ssex	sdept	mname	cno	cname	grade
1414855328	刘惠红	20	女	计算机系	李中一	C01	C 语言程序设计	78
1414855328	刘惠红	20	女	计算机系	李中一	C02	数据结构	84
1414855328	刘惠红	20	女	计算机系	李中一	C03	数据库原理及应用	68
1414855328	刘惠红	20	女	计算机系	李中一	C04	数字电路	90
2014010225	李红利	19	女	计算机系	李中一	C01	C 语言程序设计	92
2014010225	李红利	19	女	计算机系	李中一	C02	数据结构	77
2014010225	李红利	19	女	计算机系	李中一	C03	数据库原理及应用	83
2014010225	李红利	19	女	计算机系	李中一	C04	数字电路	79
2014010302	张平	18	男	电子系	张超亮	C05	高等数学	80
2014010302	张平	18	男	电子系	张超亮	C06	机械制图	83
2014010302	张平	18	男	电子系	张超亮	C07	自动控制	73
2014010302	张平	18	男	电子系	张超亮	C08	电工基础	92

从表 3-21 中的数据情况可知，该关系存在以下问题。

1）数据冗余：数据冗余是指同一个数据被重复存储多次。它是影响系统性能的重要问题之一。在关系 SC 中，系名称和系主任姓名（如：计算机系，李中一）随着选课学生人数的增加而被重复存储多次。数据冗余不仅浪费存储空间，而且会引起数据修改的潜在不一致性。

2）插入异常。插入异常是指应该插入到关系中的数据而不能插入。例如，在尚无学生选修的情况下，要想将一门新课程的信息（如：C05，数据库原理与实践）插入到关系 SC 中，在属性 sno 上就会出现取空值的情况，由于 sno 是关键字中的属性，不允许取空值，因此，受实体完整性约束的限制，该插入操作无法完成。

3）删除异常。删除异常是指不应该删除的数据而被从关系中删除了。例如，在 SC 中，假设学生（张平）因退学而要删除该学生信息时，连同她选修的 CO5～CO8 这门课程都将删除，这是一个不合理的现象。

4）更新异常。更新异常是指对冗余数据没有全部被修改而出现不一致的问题。例如，在 SC 中，如果要更改系名称或更换系主任时，则分布在不同元组中的系名称或系主任都要修改，如有一个地方未修改，就会造成系名称或系主任不唯一，从而产生不一致现象。

由此可见 SC 关系模式的设计就是一个不合适的设计。例如将上述关系模式分解成 4 个关系模式：

S(sno,sname,sage,ssex,sdept)
Course(cno,cname)
SC(sno,cno,score)
DEPT(sdept,mname)

这样分解后，4 个关系模式都不会发生插入异常、删除异常的问题，数据的冗余也得到了控制，数据的更新也变得简单。

"分解"是解决冗余的主要方法，也是规范化的一条原则，"关系模式有冗余问题，就分解它"。但是，上述关系模式的分解方案是否就是最佳的，也不是绝对的。如果要查询某位学生所在系的系主任名，就要对两个关系做连接操作，而连接的代价也是很大的。一个关系模式的数据依赖会有哪些不好的性质，如何改造一个模式，这就是规范化理论所讨论的问题。

3.4.2 函数依赖

1. 函数依赖的概念

数据依赖是指通过一个关系中属性间值的相等与否体现出来的数据间的相互关系，是现实世界属性间相互联系的抽象，是数据内在的性质。

数据依赖共有 3 种：**函数依赖**（Functional Dependency，FD）、**多值依赖**（MultiValued Dependency，MVD）和**连接依赖**（Join Dependency，JD），其中最重要的是函数依赖和多值依赖。

在数据依赖中，函数依赖是最基本、最重要的一种依赖，它是属性之间的一种联系，假设给定一个属性的值，就可以唯一确定（查找到）另一个属性的值。例如，知道某一学生的学号，可以唯一地查询到其对应的系别，如果这种情况成立，就可以说系别函数依赖于学号。这种唯一性并非指只有一个记录，而是指任何记录。

【**定义 3.1**】设有关系模式 $R(A_1, A_2, \cdots, A_n)$ 或简记为 $R(U)$，X，Y 是 U 的子集，r 是 R 的任一具体关系，如果对 r 的任意两个元组 t_1，t_2，由 $t_1[X] = t_2[X]$ 导致 $t_1[Y] = t_2[Y]$，则称 X 函数决定 Y，或 Y 函数依赖于 X，记为 $X \rightarrow Y$。$X \rightarrow Y$ 为模式 R 的一个函数依赖。

这里的 $t_1[X]$ 表示元组 t_1 在属性集 X 上的值，$t_2[X]$ 表示元组 t_2 在属性集 X 上的值，FD 是对关系 R 的一切可能的当前值 r 定义的，不是针对某个特定关系。通俗地说，在当前值 r 的两个不同元组中，如果 X 值相同，就一定要求 Y 值也相同。或者说，对于 X 的每一个具体值，都有 Y 唯一的具体值与之对应，即 Y 值由 X 值决定，因而这种数据依赖称为函数依赖。

函数依赖类似于数学中的单值函数，函数的自变量确定时，应变量的值也唯一确定，反映了关系模式中属性间的决定关系，体现了数据间的相互关系。

在一张表内，两个字段值之间的一一对应关系称为函数依赖。通俗点儿讲，在一个数据库表内，如果字段 A 的值能够唯一确定字段 B 的值，那么字段 B 函数依赖于字段 A。

对于函数依赖，需要说明以下几点。

1）函数依赖不是指关系模式 R 的某个或某些关系实例满足的约束条件，而是指 R 的所有关系实例均要满足的约束条件。

2）函数依赖是 RDB 用以表示数据语义的机制。人们只能根据数据的语义来确定函数依赖。例如，"姓名→性别"函数依赖只在没有同名同姓的条件下成立；如果允许同名同姓存在于同一关系中，则"性别"就不再依赖于"姓名"了。DB 设计者可对现实世界做强制规定。

3）属性间函数依赖与属性间的联系类型相关。

设有属性集 X、Y 以及关系模式 R：

如果 X 和 Y 之间是"1:1"关系，则存在函数依赖；

如果 X 和 Y 之间是"m:1"关系，则存在函数依赖；

如果 X 和 Y 之间是"m:n"关系，则 X 和 Y 之间不存在函数依赖。

4）若 X→Y，则 X 是这个函数依赖的决定属性集。

5）若 X→Y，并且 Y→X，则记为 X←→Y。

6）若 Y 不函数依赖于 X，则记为 X —↛Y。

比如，有一个学习关系模式：R(S#,SN,C#,G,CN,TN,TA)

其中各属性的含义为：S#代表学生学号，SN 代表学生姓名，C#代表课程号，G 代表成绩，CN 代表课程名，TN 代表任课教师姓名，TA 代表教师年龄。

在 R 的关系 r 中，存在着函数依赖，如：

S#→SN（每个学号只能有一个学生姓名）
C#→CN（每个课程号只能对应一门课程名）
TN→TA（每个教师只能有一个年龄）
(S#,C#)→G（每个学生学习一门课只能有一个成绩）

【例 3-15】设有关系模式 R(A,B,C,D)，其具体的关系 r 如表 3-22 所示。

表 3-22　R 的当前关系 r

A	B	C	D
a1	b1	c1	d1
a1	b1	c2	d2
a2	b2	c3	d2
a3	b3	c4	d3

表中：属性 A 取一个值（如 a1），则 B 中有唯一一个值（如 b1）与之对应，反之亦然，即属性 A 与属性 B 是一对一的联系，所以 A→B 且 B→A。又如，属性 B 中取一个值 b1，那么，属性 C 中有两个值 c1、c2 与之对应，即属性 B 与属性 C 是一对多的联系，所以，B↛C，

反之，C 与 B 是多对一的联系，故有 C→B。

2. 函数依赖的类型

（1）平凡函数依赖与非平凡函数依赖

【定义 3.2】 在关系模式 R(U)中，对于 U 的子集 X 和 Y，如果 X→Y，但 Y⊄X，则称 X→Y 是非平凡函数依赖。若 Y⊆X，则称 X→Y 为平凡函数依赖。

例如，X→φ，X→X 都是平凡函数依赖。

显然，平凡函数依赖对于任何一个关系模式必然都是成立的，与 X 的任何语义特性无关，因此，它们对于设计不会产生任何实质性的影响，在今后的讨论中，如果不特别说明，都不考虑平凡函数依赖的情况。

（2）完全函数依赖和部分函数依赖

【定义 3.3】 在关系模式 R(U)中，如果 X→Y，并且对于 X 的任何一个真子集 X′，都有 X′↛Y，则称 Y 对 X 完全函数依赖，记作：

$$X \xrightarrow{F} Y$$

若 X→Y，如果存在 X 的某一真子集 X′(X′⊆X)，使 X′→Y，则称 Y 对 X 部分函数依赖，记作：

$$X \xrightarrow{P} Y$$

【例 3-16】 在表 3-21 中，(sno,cno)→grade，是完全函数依赖，(sno,cno)→sname 是部分函数依赖。

（3）传递函数依赖

【定义 3.4】 在关系模式 R(U)中，X、Y、Z 是 R 的 3 个不同的属性或属性组，如果 X→Y（Y⊄X，Y 不是 X 的子集），且 Y↛X，Y→Z，Z∉Y，则称 Z 对 X 传递函数依赖，记作：

$$X \xrightarrow{传递} Z$$

传递依赖：假设 A、B、C 分别是同一个数据结构 R 中的 3 个元素或分别是 R 中若干数据元素的集合，如果 C 依赖 B，而 B 依赖于 A，那么 C 自然依赖于 A，即称 C 传递依赖 A。

加上条件 Y↛X，是因为如果 Y→X，则 X↔Y，实际上是 X→Z，是直接函数依赖而不是传递函数依赖。

【例 3-17】 在表 3-21 中，存在如下的函数依赖：sno→sdept，sdept→mname，但 sdept↛sno，所以 sno→mname。

识别函数依赖是理解数据语义的一个组成部分，依赖是关于现实世界的断言，它不能被证明，决定关系模式中函数依赖的唯一方法是仔细考察属性的含义。

【例 3-18】 设有关系模式 S(sno,sname,sage,ssex,sdept,mname,cname,score)，判断以下函数依赖的对错。

1）sno→sname，sno→ssex，(sno,cname)→score。

2）cname→sno，sdept→cname，sno→cname。

在 1）中，sno 和 sname 之间存在一对一或一对多的联系，sno 和 ssex、(sno,cname)和 score 之间存在一对多联系，所以这些函数依赖是存在的。在 2)中，因为 sno 和 cname、sdept 和 cname 之间都是多对多联系，因此它们之间是不存在函数依赖的。

【例 3-19】 设有关系模式：学生课程（学号，姓名，课程号，课程名称，成绩，教师，教师年龄），在该关系模式中，成绩要由学号和课程号共同确定，教师决定教师年龄。所以此关系模式中包含了以下函数依赖关系：

学号→姓名（每个学号只能有一个学生姓名与之对应）；

课程号→课程名称（每个课程号只能对应一个课程名称）；

（学号，课程号）→成绩（每个学生学习一门课只能有一个成绩）；

教师→教师年龄（每一个教师只能有一个年龄）。

注意：属性间的函数依赖不是指关系模式 R 的某个或某些关系满足上述限定条件，而是指 R 的一切关系都要满足定义中的限定。只要有一个具体关系 r 违反了定义中的条件，就破坏了函数依赖，使函数依赖不成立。

3. FD 公理

首先介绍 FD 的逻辑蕴涵的概念，然后引出 FD 公理。

（1）FD 的逻辑蕴涵

FD 的逻辑蕴涵是指在已知的函数依赖集 F 中是否蕴涵着未知的函数依赖。比如，F 中有 A→B 和 B→C，那么 A→C 是否也成立？这个问题就是 F 是否也逻辑蕴涵着 A→C 的问题。

【定义 3.5】设有关系模式 R(U,F)，F 是 R 上成立的函数依赖集。X→Y 是一个函数依赖，如果对于 R 的关系 r 也满足 X→Y，那么称 F 逻辑蕴涵 X→Y，记为 F⇒X→Y，即 X→Y 可以由 F 中的函数依赖推出。

【定义 3.6】设 F 是已知的函数依赖集，被 F 逻辑蕴涵的 FD 全体构成的集合，称为函数依赖集 F 的闭包（Cloure），记为 F+。即：

$$F^+ = \{X{\rightarrow}Y \mid F{\Rightarrow}X{\rightarrow}Y\}，显然一般 F{\subseteq}F^+。$$

（2）FD 公理

为了从已知 F 求出 F+，尤其是根据 F 集合中已知的 FD，判断一个未知的 FD 是否成立，或者求 R 的候选键，这就需要一组 FD 推理规则的公理。FD 公理有三条推理规则，它是由 W. W. Armstrong 和 C. Beer 建立的，常称为"Armstrong 公理"。

设关系模式 R(U,F)，X，Y，U，F 是 R 上成立的函数依赖集。FD 公理的三条规则如下。

① 自反律：若在 R 中，有 Y⊆X，则 X→Y 在 R 上成立，且蕴含于 F 之中。

② 传递律：若 F 中的 X→Y 和 Y→Z 在 R 上成立，则 X→Z 在 R 上成立，且蕴含于 F 之中。

③ 增广律：若 F 中的 X→Y 在 R 上成立，则 XZ→YZ 在 R 上也成立，且蕴含于 F 之中。

【例 3-20】已知关系模式 R(A,B,C)，R 上的 FD 集 F={A→B,B→C}。求逻辑蕴含于 F，且存在于 F+ 中的未知的函数依赖。

根据 FD 的推理规则，由 F 中的函数依赖可推出包含在 F+ 中的函数依赖共有 43 个。

例如，根据规则①可推出：A→φ,A→A,B→φ,B→B,…；

根据已知 A→B 及规则②可推出：AC→BC,AB→AC,

AB→B,…；

根据已知条件及规则③可推出 A→C 等。

为了方便应用，除了上述三条规则外，下面给出可由这三条规则可导出的三条推论。

④ 合并律：若 X→Y，X→Z，则有 X→YZ。

⑤ 分解律：若 X→YZ，则有 X→Y，X→Z。

⑥ 伪传递律：若 X→Y,YW→Z，则有 XW→Z。

4. 属性集闭包

在实际使用中，经常要判断从已知的 FD 推导出 FD：X→Y 在 F+ 中，而且还要判断 F 中是否有冗余的 FD 和冗余信息，以及求关系模式的候选键等问题。虽然使用 Armstrong 公理可以解决这些问题，但是工作量大，比较麻烦。为此引入属性集闭包的概念及求法，能够方便地解决这些问题。

【定义 3.7】 设有关系模式 R(U)，U 上的 FD 集 F，X 是 U 的子集，则称所有用 FD 公理从 F 推出的 FD：X→A_i 中 A_i 的属性集合为 X 属性集的闭包，记为 X^+。

从属性集闭包的定义，可以得出下面的引理。

【引理 3.1】 一个函数依赖 X→Y 能用 FD 公理推出的充要条件是 Y⊆X^+。

由引理可知，判断 X→Y 能否由 FD 公理从 F 推出，只要求 X^+，若 X^+ 中包含 Y，则 X→Y 成立，即为 F 所逻辑蕴涵。而且求 X^+ 并不太难，比用 FD 公理推导简单得多。

下面介绍求属性集闭包的算法。

【算法 3.1】 求属性集 X 相对 FD 集 F 的闭包 X^+。

输入：有限的属性集合 U 和 U 中一个子集 X，以及在 U 上成立的 FD 集 F。

输出：X 关于 F 的闭包 X^+。

步骤：

1）X(0)=X。

2）X(i+1)=X(i)A。

其中 A 是这样的属性，在 F 中寻找尚未用过的左边是 X(i) 的子集的函数依赖：Y_j→Z_j（j=0,1,…,k），其中 Y_j⊆X(i)。即在 Z_j 中寻找 X(i) 中未出现过的属性集 A，若无这样的 A 则转到 4）。

3）判断是否有 X(i+1)=X(i)，若是则转 4），否则转 2）。

4）输出 X(i)，即为 X 的闭包 X^+。

对于 3）的计算停止条件，以下方法是等价的：

$$X(i+1)=X(i)。$$

当发现 X(i) 包含了全部属性时。

在 F 中函数依赖的右边属性中再也找不到 X(i) 中未出现的属性。

在 F 中未用过的函数依赖的左边属性已经没有 X(i) 的子集。

【例 3-21】 设有关系模式 R(U,F)，其中 U={A,B,C,D,E,I}，F={A→D,AB→I,BI→E,CD→I,E→C}，计算(AE)$^+$。

解：

令 X={AE}，X(0)=AE。

在 F 中找出左边是 AE 子集的函数依赖，其结果是：A→D，E→C，所以，X(1)=X(0)DC=ACDE，显然，X(1)≠X(0)。

在 F 中找出左边是 AEDC 子集的函数依赖，其结果是：CD→I，所以 X(2)=X(1)I=ACDEI。显然 X(2)≠X(1)，但 F 中未用过的函数依赖的左边属性已没有 X(2) 的子集，所以不必再计算下去，即(AE)$^+$=ACDEI。

5. F 的最小依赖集 Fm

【定义 3.8】 如果函数依赖集 F 满足下列条件，则称 F 为最小依赖集，记为 Fm。

1）F 中每个函数依赖的右部属性都是一个单属性。

2）F 中不存在多余的依赖。

3）F 中的每个依赖，左边没有多余的属性。

【定理 3.1】 每个函数依赖集 F 都与它的最小依赖集 Fm 等价。

【算法 3.2】 计算最小依赖集。

输入：一个函数依赖集 F。

输出：F 的等价的最小依赖集 Fm。

方法：

1）右部属性单一化。应用分解规则，使 F 中的每一个依赖的右部属性单一化。

2）去掉各依赖左部多余的属性。具体方法：逐个检查 F 中左边是非单属性的依赖，例如 XY→A。只要在 F 中求 X^+，若 X^+ 中包含 A，则 Y 是多余的，否则不是多余的。依次判断其他属性即可消除各依赖左边的多余属性。

3）去掉多余的依赖。具体方法：从第一个依赖开始，从 F 中去掉它（假设该依赖为 X→Y），然后在剩下的 F 依赖中求 X^+，看 X^+ 是否包含 Y，若是，则去掉 X→Y，否则不去掉。

这样依次做下去。

注意：Fm 不是唯一的。

【例 3-22】 设有关系模式 R，其依赖集

$$F = \{AB{\to}C, C{\to}A, BC{\to}D, ACD{\to}B, D{\to}EG, BE{\to}C, CG{\to}BD, CE{\leftarrow}AG\}$$

求 F 等价的最小依赖集 Fm。

解：

1）将依赖右边属性单一化，得到

$$F_1 = \{AB{\to}C, C{\to}A, BC{\to}D, ACD{\to}B, D{\to}E, D{\to}G, BE{\to}C, CG{\to}B, CG{\to}D, CE{\leftarrow}A, CE{\to}G\}$$

2）在 F_1 中去掉依赖左部多余的属性。对于 AB←C，假设 B 是多余的，计算 $A^+ = A$，由于 $C \not\subset A^+$，所以 B 不是多余的。同理 A 也不是多余的。对于 ACD→B，$(CD)^+ = ABCDEG$，则 A 是多余的。删除依赖左部多余属性后，得到

$$F_2 = \{AB{\to}C, C{\to}A, BC{\to}D, CD{\to}B, D{\to}E, D{\to}G, BE{\to}C, CG{\to}B, CG{\to}D, CE{\to}G\}$$

3）在 F_2 中去掉多余的依赖。对于 CG→B，由于 $(CG)^+ = ABCDEG$，则 CG→B 是多余的。删除多余的依赖后，得到结果。

$$F_m = \{AB{\to}C, C{\to}A, BC{\to}D, CD{\to}B, D{\to}E, D{\to}G, BE{\to}C, CG{\to}D, CE{\to}G\}$$

6. 候选码的求解理论和算法

归于给定的关系模式 R 及函数依赖集 F，如何找出它的所有候选码，这是基于函数依赖理论和范式判断该关系模式是否是"好"模式的基础，也是对于一个"不好"的关系模式进行分解的基础。本节介绍 3 种求出候选码的方法。

对于给定的关系 $R(A1, \cdots, An)$ 和函数依赖集，可将其属性分为 4 类：

- L 类：仅出现在 F 的函数依赖左部的属性。
- R 类：仅出现在 F 的函数依赖右部的属性。
- N 类：在 F 的函数依赖左右均未出现的属性。
- LR 类：在 F 的函数依赖左右均出现的属性。

（1）方法 1：快速求解候选码的充分条件

具体步骤：对于给定的关系模式 R 及其函数依赖 F，如果 X 是 R 的 L 类和 N 类组成的属性集，X^+ 且包含了 R 的全部属性，则 X 是 R 的唯一候选码。

【定理 3.2】 对于给定的关系模式 R 及其函数依赖 F，如果 X 是 R 的 R 类属性，则 X 不在任何候选码中。

【例 3-23】 设有关系模式 R(A,B,C,D)，其函数依赖集 F = {D→B,B→D,AD→B,AC→D}，求 R 的所有候选码。

解：观察 F 发现，A、C 两属性是 L 类属性，其余为 R 类属性。由于 $(AC)^+ = ABCD$，所以 AC 是 R 的唯一候选码。

【例 3-24】 设有关系模式 R(A,B,C,D,E,P)，R 的函数依赖集为 F = {A→D,E→D,D→B,BC→D,DC→A}，求 R 的所有候选码。

解：观察 F 发现，C、E 两属性是 L 类属性，P 是 N 类属性。由于 $(CEP)^+ = ABCDEP$，所以 CEP 是 R 的唯一候选码。

（2）方法 2：左边为单属性的函数依赖集的候选码成员的图论判定法

当 LN 类属性的闭包不包含全部属性时，方法 1 无法使用。如果该依赖集等价的最小依赖集左边是单属性，可以使用图论判定法求出所有的候选码。

一个函数依赖图 G 是一个有序二元组 （R，F），R 中的所有属性是结点，所有依赖是边。

术语：

- 引入线/引出线：若结点 Ai 到 Aj 是连接的，则边(Ai,Aj)是 Ai 的引出线，是 Aj 的引入线；
- 原始点：只有引出线而无引入线的结点；
- 终结点：只有引入线而无引出线的结点；
- 途中点：既有引入线又有引出线的结点；
- 孤立点：既无引入线又无引出线的结点；
- 关键点：原始点和孤立点称为关键点；
- 关键属性：关键点对应的属性；
- 独立回路：不能被其他结点到达的回路。

求出候选码的具体步骤如下：

1）求出 F 的最小依赖集 Fm。

2）构造函数依赖图 FDG。

3）从图中找出关键属性 X（可为空）。

4）查看 G 中有无独立回路，若无则输出 X 即为 R 的唯一候选码，转 6）否则转 5）。

5）从各个独立回路中各取一结点对应的属性与 X 组合成一候选码，并重复这一过程，取尽所有可能的组合，即为 R 的全部候选码。

6）结束。

【例 3-25】 设 R(O,B,I,S,Q,D)，F = {S→D,D→S,I→B,B→I,B→O,O→B}，求 R 的所有候选码。

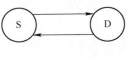

解：

1）$F_m = F = \{S→D,D→S,I→B,B→I,B→O,O→B\}$。

2）构造函数依赖图如图 3-1 所示。

3）关键属性集：{Q}。

4）共有 4 条回路，但回路 IBI 和 BOB 不是独立回路，而 SDS 和 IBOBI 是独立回路。共有 M = 2×3 = 6 个候选码。每个候选码有 N =

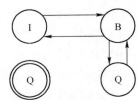

图 3-1　函数依赖图

1+2＝3 个属性，所以 R 的所有候选码为 QSI、QSB、QSO、QDI、QDB、QDO。

注意：

① R 的每个候选码均有两部分组成：

● 关键属性 X；

● K 个独立回路中，每个独立回路任选一个作为候选码的成员。

② 候选码个数等于各独立回路中节点个数的乘积。

③ 每个候选码所含属性个数等于关键属性个数加上独立回路个数。

（3）方法 3：多属性依赖集候选码求解

求解具体步骤如下：

1）求 R 的所有属性分为 L、N、R 和 LR 四类，令 X 代表 L、N 类，Y 代表 LR 类。

2）求 X^+，若包含了 R 的全部属性，则 X 为 R 的唯一候选码，转 5），否则转 3）。

3）在 Y 中取一属性 A，求 $(XA)^+$，若它包含了 R 的全部属性，则 A 为 R 的候选码，调换一属性反复进行这一过程，直到试完 Y 中所有属性。

4）如果已找出所有候选码，转 5）；否则依次取两个，三个……，求它们的属性闭包，直到闭包包含 R 的全部属性。

5）停止，输出结果。

【例 3-26】 设有关系模式 R（A，B，C，D，E），其上的函数依赖集：F＝{A→BC,CD→E,B→D,E→A}，求出 R 的所有候选码。

解：

1）X 类属性为 φ，Y 类属性为 A、B、C、D、E。

2）$A^+＝ABCDE,B^+＝BD,C^+＝C,D^+＝D,E^+＝ABCDE$，所以 A、E 为 R 的其中两个候选码。

3）由于 B、C、D 属性还未在候选码中出现，将其两两组合与 X 类属性组合求闭包。$(BC)^+＝ABCDE,(BD)^+＝BD,(CD)^+＝ABCDE$，所以 BC、CD 为 R 的两个候选码。

4）所有 Y 类属性均已出现在候选码中，所以 R 的所有候选码为 A、E、BC、CD。

3.4.3　关系模式的范式及规范化

关系模式分解到什么程度是比较好的？用什么标准衡量？这个标准就是模式的范式（Normal Forms，NF）。所谓范式（Normal Form）是指规范化的关系模式。由于规范化的程度不同，就产生了不同的范式。最常用的有 1NF、2NF、3NF、BCNF。本节重点介绍这 4 种范式，最后简单介绍 4NF，至于目前的最高范式 5NF，有兴趣的读者可参考其他书籍。

范式是衡量关系模式优劣的标准。范式的级别越高，其数据冗余和操作异常现象就越少。范式之间存在如下关系：

$$1NF ⊃ 2NF ⊃ 3NF ⊃ BCNF ⊃ 4NF ⊃ 5NF$$

通过分解（投影）把属于低级范式的关系模式转换为几个属于高级范式的关系模式的集合，这一过程称为规范化。

1. 1NF

【定义 3.9】 若一个关系模式 R 的所有属性都是不可分的基本数据项，则该关系属于**第一范式（First Normal Formal，1NF）**。

满足 1NF 的关系称为规范化的关系，否则称为非规范化关系。关系数据库中研究和存储的都是规范化的关系，即 1NF 关系是作为关系数据库的最起码的关系条件。

例如：在表 3-23（a）所示的 r1 中存在属性项"班长"，表 3-23（b）所示的 r2 存在重复组，它们均不属于 1NF。

表 3-23 非规范化的学生表

（a）r1

学号	姓名	班级	班长	
			正班长	副班长
2014110102	李丽	1班	陈因	王贺
2014110103	魏红	2班	李科	房名

（b）r2

借书人	书名	日期
李丽	B1，B2	D1，D2
魏红	B2，B3	D2，D3

非规范化关系的缺点是更新困难。非规范化关系转化成 1NF 的方法：对于组项，去掉高层的命名。例如 r1 中，将"班长"属性去掉。对于重复组，重写属性值相同部分的数据。将 r1、r2 规范化为 1NF 的关系如表 3-24（a）、（b）所示。

表 3-24 规范化的学生表

（a）r1

学号	姓名	班级	正班长	副班长
2014110102	李丽	1班	陈因	王贺
2014110103	魏红	2班	李科	房名

（b）r2

借书人	书名	日期
李丽	B1	D1
李丽	B2	D2
魏红	B2	D2
魏红	B3	D3

2. 2NF

1NF 虽然是关系数据库中对关系结构最基本的要求，但还不是理想的结构形式，因为仍然存在大量的数据冗余和操作异常。为了解决这些问题，就要消除模式中属性之间存在的部分函数依赖，将其转化成高一级的第二范式。

【定义 3.10】若关系模式 R 属于 1NF，且 R 中每个非主属性都完全函数依赖于主关键字，则称 R 是第二范式（简记为 2NF）的模式。

【例 3-27】设有关系模式学生（学号，所在系，系主任姓名，课程号，成绩）。主关键字=（学号，课程名）。存在函数依赖：{（学号，课程号）→所在系，（学号，课程号）→系主任姓名;（学号，课程号）→成绩}。如图 3-2 所示。

由于存在非主属性对主键的部分依赖，所以该关系模式不属于 2NF，而是 1NF。

该关系模式中存在

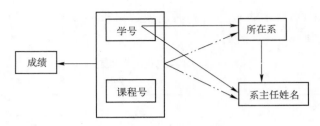

图 3-2　函数依赖图

- 数据冗余：系主任姓名和所在系随着选课人数或选课门数的增加值被反复存储多次。
- 插入异常：新来的学生由于未选课而无法插入学生的信息。
- 删除异常：如果某系学生信息都删除，则该学生所在系和系主任姓名信息连带被删除。

根据 2NF 的定义，通过消除部分 FD，按完全函数依赖的属性组成关系，将学生模式分解为：

学生-系(学号,所在系,系主任姓名)；

选课(学号,课程号,成绩)。

如图 3-3、图 3-4 所示。

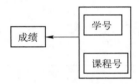

图 3-3　分解后的学生-系函数依赖图　　　图 3-4　分解后的选课函数依赖图

显然，分解后的两个关系模式均属于 2NF。

说明：由 2NF 的定义可以得出以下结论。

1）属于 2NF 的关系模式 R 也必定属于 1NF。

2）如果关系模式 R 属于 1NF，且 R 中全部是主属性，则 R 必定是 2NF。

3）如果关系模式 R 属于 1NF，且 R 中所有的候选关键字全部是单属性构成，则 R 必定是 2NF。

4）二元关系模式必定是 2NF。

3. 3NF

【定义 3.11】若关系模式 R 属于 2NF，且每个非主属性都不传递依赖于主关键字，则称 R 是第三范式（简记为 3NF）的模式。

若 R∈3NF，则每一个非主属性既不部分函数依赖于主键，也不传递函数依赖于主键。

上例分解后的关系模式"选课(学号,课程名,成绩)"是 3NF。关系模式"学生-系(学号,所在系,系主任姓名)"是 2NF。在 2NF 的关系模式中，仍然存在数据冗余和操作异常。如在"学生-系"关系模式中有以下问题。

- 数据冗余：一个学生选修多门课程该生所在系主任姓名仍然要被反复存储。
- 插入异常：某个新成立的系由于未有学生以及学生选课信息，该系以及系主任姓名无法插入"学生-系"关系。
- 删除异常：要删除某个系所有学生，则该系及系主任姓名信息连带被删除。

因此，为了消除这些异常，将"学生-系"关系模式分解到更高一级的 3NF。产生异常的原因是在该关系模式中存在非主属性系主任姓名对主键学号的传递依赖。

学号→所在系，所在系→系主任姓名，但是所在系↛学号，所以学号→系主任姓名。

消除该传递依赖，将它们分解到两个关系中，将学生-系关系分解后的关系模式为：

学生(学号,所在系)；

教学系(所在系,系主任姓名)。

显然分解后的各子模式均属于3NF。

说明： 由3NF的定义可以得出以下结论。

1) 关系模式R是3NF，必定也是2NF或1NF，反之则不然。

2) 如果关系模式R属于1NF，且R中全部是主属性，则R必定是3NF。

3) 二元关系模式必定是2NF。

4. BCNF

在3NF的关系模式中，仍然存在一些特殊的操作异常问题，这是因为关系中可能存在由主属性主键的部分和传递函数依赖引起的。针对这个问题，由Boyce和Codd提出BCNF（Boyce Codd Normal Form），比上述的3NF又进了一步，通常认为BCNF是修正的第三范式，有时也称为扩充的第三范式。

【定义3.12】 关系模式R是1NF，且每个属性都不传递函数依赖于R的候选关键字，则R为BCNF的关系模式。

BCNF的另一种等价的定义如下。

【定义3.13】 设F是关系模式R的FD集，如果F中每一个非平凡的函数依赖，X→A，其左部都是R的候选关键字，则称R为BCNF的关系模式。

【例3-28】 设关系模式SC(U,F)，其中，U＝{SNO,CNO,SCORE}，F＝{(SNO,CNO)→SCORE，(CNO,SCORE)→SNO}。SC的候选码为(SNO,CNO)和(CNO,SCORE)，决定因素中都包含候选键，没有属性对候选键传递依赖或部分依赖，所以SC∈BCNF。

【例3-29】 设关系模式STJ(S,T,J)，其中，S：学生，T：教师，J：课程。每位教师只教一门课，每门课有若干教师，某一学生选定某门课，就对应一位固定的教师。由语义可得到如下的函数依赖：(S,J)→T，(S,T)→J，T→J。该关系模式的候选码为(S,J)，(S,T)。

因为该关系模式中的所有属性都是主属性，所以STJ∈3NF，但STJ∉BCNF，因为T是决定因素，但T不包含码。不属于BCNF的关系模式，仍然存在数据冗余问题。如例3-29中的关系模式STJ，如果有100个学生选定某一门课，则教师与该课程的关系就会重复存储100次。STJ可分解为如下两个满足BCNF的关系模式，以消除此种冗余：TJ(T,J)，ST(S,T)。

说明： 从BCNF的定义可以得出以下结论。

1) 如果关系模式R属于BCNF，则它必定属于3NF；反之则不一定成立。

2) 二元关系模式R必定是BCNF。

3) 都是主属性的关系模式并非一定属于BCNF。

显然，满足BCNF的条件要强于满足3NF的条件。

建立在函数依赖概念基础之上的3NF和BCNF是两种重要特性的范式。在实际数据库的设计中具有特别的意义，一般设计的模式如果能达到3NF或BCNF，其关系的更新操作性能和存储性能都是比较好的。

从非关系到1NF、2NF、3NF、BCNF直到更高级别的关系的变换或分解过程称为关系的规范化处理。

5. 4NF

从数据库设计的角度看，在函数依赖的基础上，分解最高范式 BCNF 的模式中仍然存在数据冗余问题。为了处理这些问题，必须引入新的数据依赖的概念及范式，如多值依赖、连接依赖以及相应的更高范式：4NF、5NF，本节仅介绍多值依赖与 4NF。

【定义 3.14】 给定关系模式 R 及其属性 X 和 Y，对于一给定的 X 值，就有一组 Y 值与之对应，而与其他的属性(R-X-Y)没有关系，则称"Y 多值依赖于 X"或"X 多值决定 Y"记作：$X \rightarrow\rightarrow Y$。

例如：设有关系模式 WSC(W,S,C)，W 表示仓库，S 表示报关员，C 表示商品，列出关系表如表 3-25 所示。

表 3-25 关系表

W	S	C
W1	S1	C1
W1	S1	C2
W1	S1	C3
W1	S2	C1
W1	S2	C2
W1	S2	C3
W2	S3	C4
W2	S3	C5
W2	S4	C4
W2	S4	C5

按照语义，由于每个 W_i、S 都有一集合与之对应而不论 C 取值是什么，即 $W \rightarrow\rightarrow S$，也有 $W \rightarrow\rightarrow C$。

注意：函数依赖是多值依赖的特例，即若 $X \rightarrow Y$，则 $X \rightarrow\rightarrow Y$。

【定义 3.15】 非平凡多值依赖。在多值依赖定义中，如果属性集 Z=U-X-Y 为空，则该多值依赖为平凡多值依赖，否则极为非平凡多值依赖。

【定义 3.16】 关系模式 R<U,F>∈1NF，如果对于 R 的每个非平凡多值依赖 $X \rightarrow\rightarrow Y (Y \quad X)$，X 包含 R 的一个候选码，则称 R 是 4NF。

例如：上例中，该关系模式的候选码为(W,S,C)，非平凡多值依赖为 $W \rightarrow\rightarrow S$，$W \rightarrow\rightarrow C$。所以不是 4NF。

分解：WS(W,S) WC(W,C)

注意：当 F 中只包含函数依赖时，4NF 就是 BCNF，但一个 BCNF 不一定是 4NF，但 4NF 一定是 BCNF。

几种范式和规范化关系如图 3-5 所示。

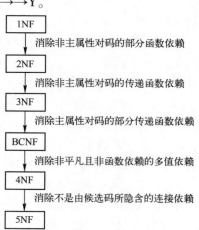

图 3-5 1NF~4NF 规范化关系

3.5 关系模式的分解

在 3.4 节中，通过分解的方法消除了模式中的操作异常，减少和控制了数据冗余问题。要使关系模式的分解有意义，模式分解需要满足一些约束条件使分解不破坏原来的语义，即模式分解要符合无损连接和保持函数依赖的原则。本节主要讨论关系模式分解中的两个重要特性：保持信息的无损连接和保持函数依赖性。

（1）无损连接的分解

无损连接保证分解前后关系模式的信息不能丢失和增加，保持原有的信息不变。反映了模式分解的数据等价原则。如果不能保持无损连接性，那么在关系中就会出现错误的信息。

【定义 3.17】设 $\rho = \{R1, R2, \cdots, Rn\}$ 是 R 的一个分解，若对于任一 R 的关系实例 r，都有 $r = \pi_{R1}(r) \infty \pi_{R2}(r) \infty \cdots \infty \pi_{Rn}(r) \cdots$ 则称该分解满足 F 的无损连接，简称无损分解；否则称为有损连接分解，简称有损分解。其中 $\pi_{Rn}(r)$ 是 r 在关系模式 Rn 上的投影。

例如，有关系模式 R(A, B, C) 和具体关系 r 如表 3-26（a）所示，其中 R 被分解的两个关系模式 $\rho = \{AB, AC\}$，r 在这两个模式上的投影分别如表 3-26（b）、表 3-26（c）所示。显然 $r = r_1 \infty r_2$，即分解 ρ 是无损连接分解。

表 3-26　无损连接分解

(a) 关系 r			(b) 关系 r_1		(c) 关系 r_2	
A	B	C	A	B	A	C
2	2	5	2	2	2	5
2	3	5	2	3		

如果是有损分解，则说明了分解后的关系做自然连接的结果比分解前的 R 反而增加了元组，它使原来关系中一些确定的信息变成不确定的信息，因此它是有害的错误信息，对做连接查询操作是极为不利的。

例如，有关系模式 R(学号,课程号,成绩) 和具体的关系 r 如表 3-27（a）所示，R 的一个分解为 $\rho = \{(学号,课程号), (学号,成绩)\}$，对应的两个关系 r_1、r_2 如表 3-27（b）、表 3-27（c）所示。此时 $r \neq r_1 \infty r_2$，如表 3-27（d）所示，多出了两个元组（值加下划线的元组）。显然，这两个元组有悖于原来 r 中的元组，使原来元组值变成了不确定的信息。

表 3-27　有损连接分解

(a) 关系 r			(b) 关系 r_1		(c) 关系 r_2		(d) 关系 $r_1 \infty r_2$		
学号	课程号	成绩	学号	课号	学号	成绩	学号	课程号	成绩
201211	2	90	201211	2	201211	90	201211	2	90
201211	3	80	201211	3	201211	80	201211	2	80
							201211	3	90
							201211	3	80

将关系模式 R 分解成 $\rho = \{R1, R2, \cdots, Rn\}$ 以后，如何判定该分解是否是无损连接分解？这是一个值得关心的问题。下面分别介绍判定是否具有无损连接分解的方法：判定表法。

【算法 3.3】无损连接的测试。

输入：关系模式 $R = A_1, A_2, \cdots, A_n$，R 上成立的函数依赖集 F，R 的一个分解 $\rho = \{R_1, R_2, \cdots, R_k\}$。

输出：判断 ρ 相对于 F 是否具有无损连接特性。

方法：

1）构造一张 k 行 n 列的表格，每列对应一个属性 $A_j(1 \le j \le n)$，每行对应一个模式 R_i（$1 \le i \le k$）。如果 A_j 在 R_i 中，那么在表格的第 i 行第 j 列处填上符号 a_j，否则填上符号 b_{ij}。

2）反复检查 F 的每一个函数依赖，并修改表格中的元素，其方法如下：

取 F 中的函数依赖 $X \to Y$，如果表格中有两行在 X 分量上相等，在 Y 分量上不相等，那修改 Y，使这两行在 Y 分量上也相等。如果 Y 的分量中有一个是 a_j，那么另一个也修改成 a_j；如果没有 a_j，那么用其中一个 b_{ij} 替换另一个符号（尽量把下标 ij 改成较小的数）。一直到表格不能修改为止（这个过程称为 Chase 过程）。

3）若修改到最后一张表格中有一行是全 a，即 $a_1 a_2 \cdots a_n$，那么 ρ 相对于 F 是无损连接分解。

【例 3-30】 设 $R = ABCDE$，$R_1 = AD$，$R_2 = AB$，$R_3 = BE$，$R_4 = CDE$，$R_5 = AE$，设函数依赖是 $A \to C$，$B \to C$，$C \to D$，$DE \to C$，$CE \to A$。判断 R 分解成 $\rho = \{R_1, R_2, R_3, R_4, R_5\}$ 是否无损连接分解。

解：Chase 过程的初始表如表 3-28（a）所示。

表 3-28（a） 初始表

	A	B	C	D	E
AD	a_1	b_{12}	b_{13}	a_4	b_{15}
AB	a_1	a_2	b_{23}	b_{24}	b_{25}
BE	b_{31}	a_2	b_{33}	b_{34}	a_5
CDE	b_{41}	b_{42}	a_3	a_4	a_5
AE	a_1	b_{52}	b_{52}	b_{54}	a_5

根据 $A \to C$，对表 3-27（a）进行处理，将 b_{13}、b_{23}、b_{52} 改成同一符号 b_{13}，即 $b_{13} = b_{23} = b_{52}$。然后考虑 $B \to C$，将 b_{33}、b_{13} 改成同一符号 b_{13}。修改后的表格如表 3-28（b）所示。

表 3-28（b）

	A	B	C	D	E
	a_1	b_{12}	b_{13}	a_4	b_{15}
	a_1	a_2	b_{13}	b_{24}	b_{25}
	b_{31}	a_2	b_{13}	b_{34}	a_5
	b_{41}	b_{42}	a_3	a_4	a_5
	a_1	b_{52}	b_{13}	b_{54}	a_5

考虑 $C \to D$，根据上述修改原则，将第四列的 b_{24}、b_{34} 和 b_{54} 均改成 a_4，其结果如表 3-28（c）所示。考虑 $DE \to C$，根据修改原则将 C 所在列的第三、四和五行的元素改为 a_3，其结果如表 3-28（d）所示。

表 3-28（c）

	A	B	C	D	E
	a_1	b_{12}	b_{13}	a_4	b_{15}
	a_1	a_2	b_{13}	a_4	b_{25}
	b_{31}	a_2	b_{13}	a_4	a_5
	b_{41}	b_{42}	a_3	a_4	a_5
	a_1	b_{52}	b_{13}	a_4	a_5

表 3-28 （d）

	A	B	C	D	E
	a_1	b_{12}	b_{13}	a_4	b_{15}
	a_1	a_2	b_{13}	a_4	b_{25}
	b_{31}	a_2	a_3	a_4	a_5
	b_{41}	b_{42}	a_3	a_4	a_5
	a_1	b_{52}	a_3	a_4	a_5

考虑 CE→A，根据修改原则，将第一列的第三、四、五行的元素都改成 a_1，其结果如表 3-28 （e）所示。

表 3-28 （e）

	A	B	C	D	E
	a_1	b_{12}	b_{13}	a_4	b_{15}
	a_1	a_2	b_{13}	a_4	b_{25}
	a_1	a_2	a_3	a_4	a_5
	a_1	b_{42}	a_3	a_4	a_5
	a_1	b_{52}	a_3	a_4	a_5

从表 3-28 （e）中可以看出，此时第三行已是全 a 行，因此 R 分解成 $\rho = \{R_1, R_2, R_3, R_4, R_5\}$ 是无损连接分解。

（2）保持函数依赖的分解

保持依赖性分解是关系模式分解的另一个分解特性，分解后的关系不能破坏原来的函数依赖（不能破坏原来的语义），即保持分解前后原有的函数依赖依然成立。保持依赖反映了模式分解的依赖等价原则。

例：成绩(学号,课程名,教师姓名,成绩)

函数依赖集：

> (学号,课程名)→教师姓名,成绩
> (学号,教师姓名)→课程名,成绩
> 教师姓名→课程名

分解为：学-课-教(学号,课程名,成绩)、学-教(学号,教师姓名)

丢失函数依赖：教师姓名→课程名，不能体现一个教师只开一门课的语义。

学号	课程名	教师姓名	成绩	学号	课程名	成绩
010125	数据库原理	张静	96	010125	数据库原理	96
010138	数据库原理	张静	88	010138	数据库原理	88
020308	数据库原理	张静	90	020308	数据库原理	90
010125	C 语言	刘天民	92	010125	C 语言	92

【定义 3.18】 设 F 是关系模式 R（U）上的 FD 集，$Z \subseteq U$，F 在 Z 上的投影用 $\pi_Z(F)$ 表示，定义为

$$\pi_Z(F) = \{X \rightarrow Y \mid X \rightarrow Y \in F^+, X, Y \subseteq Z\}$$

【定义 3.19】 设 R 的一个分解 $\rho = \{R_1, R_2, \cdots, R_n\}$，F 是 R 上的依赖集，如果 F 等价于 U =

$\pi_{R1}(F) \cup \pi_{R2}(F) \cup \cdots \cup \pi_{Rk}(F)$，则称分解 ρ 具有依赖保持性。

由于 $U \subseteq F$，即 $U^+ \subseteq F^+$ 必成立，所以只要判断 $F^+ \subseteq U^+$ 是否成立即可。具体方法：

对 F 中有而 G 中无的每个 X→Y，求 X 相对于函数依赖集 U 的闭包，如果所有的 Y，都有 $Y \subseteq X_G^+$，则称分解具有依赖保持性，如果存在某个 Y，有 $Y \not\subset X_G^+$，则分解不具依赖保持性。

【例 3-31】设关系模式 R{A,B,C,D,E}，F={A→B,B→C,C→D,D→A} 是依赖集，ρ = {AB,BC,CD} 是 R 的一个分解，判断该分解是否具有依赖保持性。

解：因为

$$\pi_{AB}(F) = \{A \rightarrow B, B \rightarrow A\}$$
$$\pi_{BC}(F) = \{B \rightarrow C, C \rightarrow B\}$$
$$\pi_{CD}(F) = \{C \rightarrow D, D \rightarrow C\}$$
$$U = \pi_{AB}(F) \cup \pi_{BC}(F) \cup \pi_{CD}(F) = \{A \rightarrow B, B \rightarrow A, B \rightarrow C, C \rightarrow B, C \rightarrow D, D \rightarrow C\}$$

从中可以看到，A→B，B→C，C→D 均得以保持，对于 D→A，由于 $D_G^+ = ABCD$，$A \subseteq D_G^+$，所以，该分解具有依赖保持性。

注意：一个无损连接不一定具有依赖保持性，同样，一个依赖保持性分解不一定具有无损连接。

思考：设 R{A,B,C}，F={A→B,C→B} 是依赖集，判断分解 ρ1(AB,AC)，ρ2(AB,BC) 是否具有无损连接性和依赖保持性？

（3）模式分解的算法

范式和分解是数据库设计中两个重要的概念和技术，模式规范化的手段是分解，将模式分解成 3NF 和 BCNF 后是否一定能保证分解都具有无损连接性和保持函数依赖性呢？研究的结论是：若要求分解既具有无损连接又具有保持依赖保持性，则分解总可以达到 3NF。

对于分解成 BCNF 模式集合，只存在无损连接性，不保持函数依赖性。本节介绍这三种算法。

【算法 3.4】把一个关系模式分解为 3NF，使它具有依赖保持性。

输入：关系模式 R 和 R 的最小依赖集 Fm。

输出：R 的一个分解 $\rho = \{R_1, R_2, \cdots, R_k\}$，$R_i (i = 1, 2, \cdots, k)$ 为 3NF，ρ 具有无损连接性和依赖保持性。

方法：

1）如果 Fm 中有一依赖 X→A，且 XA = R，则输出，转 4）。

2）如果 R 中某些属性与 F 中所有依赖的左右部都无关，则将它们构成关系模式，从 R 中将它们分出去。

3）对于 Fm 中的每一个 $X_i \rightarrow A_i$，都构成一个关系子模式 $R = X_i A_i$。

4）停止分解，输出 ρ。

【例 3-32】：设有关系模式 R<U,F>，U = {C,T,H,R,S,G}，F = {CS→G,C→T,TH→R,HR→C,HS→R}，将其保持依赖性分解为 3NF。

解：

求出 F 的最小依赖集 $F_m = \{CS \rightarrow G, C \rightarrow T, TH \rightarrow R, HR \rightarrow C, HS \rightarrow R\}$，使用【算法 3.4】：

1）不满足条件。

2）不满足条件。

3）$R_1 = CSG$，$R_2 = CT$，$R_3 = THR$，$R_4 = HRC$，$R_5 = HSR$。

4）$\rho = \{CSG, CT, THR, HRC, HSR\}$。

【算法 3.5】 把一个关系模式分解为 3NF，使它既具有无损连接性又具有依赖保持性。

输入：关系模式 R 和 R 的最小依赖集 Fm。

输出：R 的一个分解 $\rho = \{R_1, R_2, \cdots, R_k\}$，$R_i (i = 1, 2, \cdots, k)$ 为 3NF，ρ 具有无损连接性和依赖保持性。

方法：

1）根据【算法 3.5】求出依赖保持性分解 $\rho = \{R_1, R_2, \cdots, R_k\}$。

2）判断 ρ 是否具有无损连接性，若是，则转 4）。

3）令 $\rho = \rho \cup \{X\}$，其中 X 是候选码。

4）输出 ρ。

【例 3-33】 设有关系模式 R<U, F>，$U = \{C, T, H, R, S, G\}$，$F = \{CS \rightarrow G, C \rightarrow T, TH \rightarrow R, HR \rightarrow C, HS \rightarrow R\}$，将其无损连接和保持依赖性分解为 3NF。

解：

1）由上例求出依赖保持性分解：

$\rho = \{CSG, CT, THR, HRC, HSR\}$。

2）判断其无损连接性，若是，则转 4）。

3）不执行。

4）输出 $\rho = \{CSG, CT, THR, HRC, HSR\}$。

【算法 3.6】 把一个关系模式无损分解为 BCNF。

输入：关系模式 R 和 R 的依赖集 F。

输出：R 的无损分解 $\rho = \{R_1, R_2, \cdots, R_k\}$。

方法：

1）令 $\rho = (R)$。

2）如果 ρ 中所有模式都是 BCNF，则转 4）。

3）如果 ρ 中有一个关系模式 S 不是 BCNF，则 S 中必能找到一个函数依赖 $X \rightarrow A$，有 X 不是 R 的候选键，且 A 不属于 X，设 S1 = XA，S2 = S - A，用分解 {S1, S2} 代替 S，转 2）。

4）分解结束，输出 ρ。

【例 3-34】 设有关系模式 R<U, F>，$U = \{C, T, H, R, S, G\}$，$F = \{CS \rightarrow G, C \rightarrow T, TH \rightarrow R, HR \rightarrow C, HS \rightarrow R\}$，将其无损连接分解为 BCNF。

解：

R 上只有一个候选键 HS。

1）令 $\rho = \{CTHRSG\}$。

2）ρ 中的关系模式不是 BCNF。

3）考虑 $CS \rightarrow G$，这个函数依赖不满足 BCNF 条件，将 CTHRSG 分解为 CSG 和 CTHRS。

CSG 已是 BCNF，CTHRS 不是 BCNF，进一步分解。选择 $C \rightarrow T$，把 CTHRS 分解为 CT 和 CHRS。

CT 已是 BCNF，CHRS 不是 BCNF，进一步分解。选择 $HS \rightarrow R$，把 CHRS 分解为 HRS 和 CHS。

这时，HRS 和 CHS 均为 BCNF。

4）$\rho = \{CSG, CT, HRC, CHS\}$。

注意：

- 进行模式分解时，除考虑数据等价和依赖等价以外，还要考虑效率。
- 当对 DB 的操作主要是查询时，为提高查询效率，可保留适当的数据冗余，让关系模式中的属性多些，而不把模式分解得太小，否则为了查询一些数据，常常要做大量的连接运算，把多个关系模式连在一起才能从中找到相关的数据。
- 在设计 DB 时，为减少冗余，节省空间，把关系模式一再分解，到使用 DB 时，为查询相关数据，把关系模式一再连接，花费大量时间，会得不偿失。
- 因此，保留适量冗余，达到以空间换时间的目的，也是模式分解的重要原则。

在关系数据库中，对关系模式的基本要求是满足 1NF，在此基础上，为了消除关系模式中存在的插入异常、删除异常、更新异常和数据冗余等问题，人们寻求解决这些问题的方法，这就是规范化的目的。

规范化的基本思想是逐步消除数据依赖中不合适的部分，使模式中的各关系模式达到某种程度的"分离"。让一个关系描述一个概念、一个实体或实体间的一种联系，若多于一个概念就把它"分离"出去，因此所谓规范化实质上是概念的单一化。

关系模式的规范化过程是通过对关系模式的分解来实现的，把低一级的关系模式分解为若干高一级的关系模式，对关系模式进一步规范化，使之逐步达到 2NF、3NF、4NF 和 5NF。各种规范化之间的关系为：

$$5NF \subseteq 4NF \subseteq BCNF \subseteq 3NF \subseteq 2NF \subseteq 1NF。$$

关系规范化的递进过程如图 3-6 所示。

一般来说，规范化程度越高，分解就越细，所得数据库的数据冗余就越小，且更新异常也可相对减少。但是，如果某一关系经过数据大量加载后主要用于检索，那么，即使它是一个低范式的关系，也不要去追求高范式而将其不断进行分解，因为在检索时，会通过多个关系的自然连接才能获得全部信息，从而降低了数据的检索效率。数据库设计满足的范式越高，其数据处理的开销也越大。

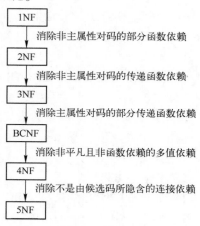

图 3-6　关系规范化的递进过程

因此，规范化的基本原则是：由低到高，逐步规范，权衡利弊，适可而止。通常以满足第三范式为基本要求。

把一个非规范化的数据结构转换成第三范式，一般经过以下几步。

1）把该结构分解成若干属于第一范式的关系。

2）对那些存在组合码，且有非主属性部分函数依赖的关系必须继续分解，使所得关系都属于第二范式。

3）若关系中有非主属性传递依赖于码，则继续分解之，使得关系都属于第三范式。

事实上，规范化理论是在与 SQL 编程语言结合时产生的。关系理论的基本原则指出，数据库被规范化后，其中的任何数据子集都可以用基本的 SQL 操作获取，这就是规范化的重要性所在。数据库不进行规范化，就必须通过编写大量复杂代码来查询数据。规范化规则在关系建模和关系对象建模中同等重要。

3.6 知识点小结

本章介绍了关系数据库的重要概念，包括关系模型的数据结构、关系的三类完整性约束以及关系的操作。介绍了关系代数中传统的集合运算以及专门的关系运算。最后介绍了数据库设计的规范化的必要性，并结合案例讲解了具体的操作步骤。

3.7 思考与练习

1. 写出候选码、主码、组合码、外码的定义。

2. 关系模型的完整性规则有哪几类？举例说明什么是实体完整性和参照完整性。

3. 举例说明等值连接和自然连接的区别和联系。

4. 专门的关系运算不包括下列中的（　　　）。

A. 连接运算　　　　　B. 选择运算　　　　　C. 投影运算　　　　　D. 交运算

5. 下列描述正确的是（　　　）。

A. 一个数据库只能包含一个数据表　　　　　B. 一个数据库可以包含多个数据表

C. 一个数据库只能包含两个数据表　　　　　D. 一个数据表可以包含多个数据库

6. 在关系模型中，实现"关系中不允许出现相同的元组"的约束是通过（　　　）。

A. 候选键　　　　　B. 主键　　　　　C. 外键　　　　　D. 超键

7. 在数据库中，产生数据不一致的根本原因是（　　　）。

A. 数据存储量太大　　　　　B. 没有严格保护数据

C. 未对数据进行完整性控制　　　　　D. 数据冗余

8. 设有关系 $R(S,D,M)$，其函数依赖集 $F=\{S\rightarrow D, D\rightarrow M\}$，则关系 R 至多满足（　　　）。

A. 1NF　　　　　B. 2NF　　　　　C. 3NF　　　　　D. BCNF

9. 设 R 是一个关系模式，如果 R 中每个属性 A 的值域中的每个值都是不可分解的，则称 R 属于（　　　）。

A. 第一范式　　　　　B. 第二范式　　　　　C. 第三范式　　　　　D. BCNF

10. 设有关系模式 R（课程,教师,学生,成绩,时间,教室），其中函数依赖集 F 如下：F＝{课程→教师,（学生,课程）→成绩,（时间,教室）→课程,（时间,教师）→教室,（时间,学生）→教室}，关系模式 R 的一个主键是（　1　），R 规范化程度最高达到（　2　）。若将关系模式 R 分解为 3 个关系模式 R1（课程,教师）、R2（学生,课程,成绩）、R3（学生,时间,教室,课程），其中 R2 的规范化程度最高达到（　3　）。

（1）A.（学生,课程）　B.（时间,教室）　C.（时间,教师）　D.（时间，学生）

（2）A. 1NF　B. 2NF　C. 3NF　D. BCNF

（3）A. 2NF　　B. 3NF　　C. BCNF　D. 4NF

11. 有两个基本关系（表）：学生(学号,姓名,系号)，系(系号,系名,系主任)，学生表的主码为学号，系表的主码为系号，因而系号是学生表的（　　　）。

A. 主码（主键）　　　　　B. 外码（外关键字）

C. 域　　　　　D. 映像

12. 对关系数据库的描述中，下列说法不正确的是（　　　）。

A. 每一列的分量是同一种类型的数据来自同一个域

B. 不同列的数据可以出自同一个域

C. 行的顺序可以任意交换，但列的顺序不能任意交换

D. 关系中的任意两个元组不能完全相同

13. 若 D1＝{a1,a2,a3}，D2＝{b1,b2,b3}，则 D1×D2 集合中共有元组（　　）个。

A. 6 　　　　　　　　B. 8 　　　　　　　　C. 9 　　　　　　　　D. 12

14. 在关系数据库中，投影操作是指从关系中（　　）。

A. 抽出特定的记录 　　　　　　　　　　　　B. 抽出特定的字段

C. 建立相应的影响 　　　　　　　　　　　　D. 建立相应的图形

15. 关系数据库中元组的集合称为关系，通常标识元组的属性或最小属性组是（　　）。

A. 标记 　　　　　　B. 字段 　　　　　　C. 主键 　　　　　　D. 索引

16. 关系数据库实体之间，联系的实现是通过（　　）。

A. 网结构 　　　　　B. 树结构 　　　　　C. 二维表 　　　　　D. 线性表

17. 在关系数据库中，用来表示实体间联系的是（　　）。

A. 网状结构 　　　　B. 树状结构 　　　　C. 属性 　　　　　　D. 二维表

18. 公司中有多个部门和多名职员，每个职员只能属于一个部门，一个部门可以有多名职员，则实体部门和职员间的联系是（　　）。

A. 1:m 联系 　　　　B. m:n 联系 　　　　C. 1:1 联系 　　　　D. m:1 联系

19. 在满足实体完整性约束的条件下（　　）。

A. 一个关系中可以没有候选关键词

B. 一个关系中只能有一个候选关键词

C. 一个关系中必须有多个候选关键词

D. 一个关系中应该有一个或者多个候选关键词

20. 设有表示学生选课的三张表，学生 S(学号,姓名,性别,年龄,身份证号)，课程 C(课号,课名)，选课 SC(学号,课号,成绩)，则表 SC 的关键字（键或码）为（　　）。

A. 课号，成绩 　　　　　　　　　　　　　　B. 学号，成绩

C. 学号，课号 　　　　　　　　　　　　　　D. 学号，姓名，成绩

21. 在下列关系运算中，不改变关系表中的属性个数但能减少元组个数的是（　　）。

A. 并 　　　　　　　　B. 交 　　　　　　　C. 投影 　　　　　　D. 笛卡儿乘积

22. 下列叙述中正确的是（　　）。

A. 为了建立一个关系，首先要构造数据的逻辑关系

B. 表示关系的二维表中各元组的每一个分量还可以分成若干数据项

C. 一个关系的属性名表称为关系模式

D. 一个关系可以包括多个二维表

23. 假设员工关系 EMP(员工号,姓名,部门,部门电话,部门负责人,家庭住址,家庭成员,成员关系)。如果一个部门可以有多名员工，一个员工可以有多个家庭成员，那么关系 EMP 属于（　1　），且（　2　）问题。

1) A. 1NF 　　　　　B. 2NF 　　　　　C. 3NF 　　　　　D. BCNF

2) A. 无冗余、无插入异常和删除异常

　　B. 无冗余，但存在插入异常和删除异常

C. 存在冗余，但不存在修改操作的不一致

D. 存在冗余、修改操作的不一致，以及插入异常和删除异常

24. 关系模式规范化的最基本要求是达到第一范式，即满足（　　）。

A. 每个非主属性都完全依赖于码　　　　B. 主属性唯一标识关系中的元组

C. 关系中的元组不可重复　　　　　　　D. 每个属性都是不可再分的

25. 在关系模式 R 中，Y 函数依赖于 X 的语义是：（　　）。

A. 在 R 的某一个关系中，若两个元组的 X 值相等，则 Y 值也相等

B. 在 R 的某一个关系中，若两个元组的 X 值相等，则 Y 值不相等

C. 在 R 的某一个关系中，Y 值应与 X 值相等

D. 在 R 的某一个关系中，Y 值不应与 X 值相等

26. 某教务管理系统有部分基本表如下：

专业(专业号,专业名称,专业负责人)，为专业号设置主键约束，为专业名称设置唯一约束；

教师(教师编号,教师姓名,性别,民族,专业)，为教师编号设置主键约束，为性别设置检查约束：性别取值为"男"或"女"，为专业设置外键约束；现向教师表和专业表填充数据如下所示：

教师

教师编号	教师姓名	性别	民族	专业
09087	李晓平	女	汉族	CS
09088	朱焘	女	汉族	CS
09089	杨坤	男	回族	IS

专业

专业号	专业名称	专业负责人
CS	计算机科学与技术	钱晓敏
IS	信息管理与信息系统	王大雷

1）根据关系模型中数据完整性要求判断，能否向教师表添加一条新的教师记录（"09088"，"张立"，"男"，"汉族"）？请说明原因。

2）根据关系模型中数据完整性要求判断，能否向专业表添加一条新的专业记录（"JK"，"计算机科学与技术"，"于蒙"）？

3）根据关系模型中数据完整性要求判断，能否将教师表中的教师所在专业号从"CS"更新为"JK"？请说明原因。

4）根据关系模型中数据完整性要求判断，能否删除专业表中的专业号为"CS"的记录？请说明原因。

27. 设学生选课数据库的关系模式为：S(Sno,Sname,Sage,Ssex)，SC(Sno,Cno,grade)，C(Cno,Cname,teacher)，其中：S 为学生关系，Sno 表示学号，Sname 表示学生姓名，Sage 表示年龄，Ssex 表示性别；SC 为选课关系，Cno 表示课程号，grade 表示成绩；C 为课程关系，Cname 表示课程名，teacher 表示任课教师，试用关系代数表达式表示下列查询。

1）查询年龄小于 20 岁的女学生的学号和姓名。

2）查询"张晓东"老师所讲授课程的课程号和课程名。

3）查询"王明"所选修课程的课程号、课程名和成绩。

4）查询至少选修两门课程的学生学号和姓名。

28. 设有关系模式 R（职工号，日期，日营业额，部门名，部门经理）。现利用该模式统计商店里每个职工的日营业额、职工所在的部门和部门经理。如果规定：每个职工每天只有一个营业额；每个职工只在一个部门工作；每个部门只有一个经理。

试回答下列问题。

1）根据上述规定，写出模式 R 的基本函数依赖和候选键。

2）说明 R 不是 2NF 的理由，并把 R 分解成 2NF 模式集。

3）将关系 R 分解成 3NF 模式集。

29. 设有一个教师任课的关系，其关系模式如下：TDC（ Tno，Tname，Title，Dno，Dname，Dloc，Cno，Cname，Credit）。其中各个属性分别表示教师编号、教师姓名、职称、系编号、系名称、系地址、课程号、课程名、学分。

1）写出该关系的函数依赖，分析是否存在部分依赖，是否存在传递依赖。

2）该关系的设计是否合理，存在哪些问题。

3）对该关系进行规范化，使规范化后的关系属于 3NF。

第4章　数据库设计方法

数据库设计是指利用现有的数据库管理系统，针对具体的应用对象构建合适的数据模式，建立数据库及其应用系统，使之能有效地收集、存储、操作和管理数据，满足各类用户的应用要求。从本质上讲，数据库设计是将数据库系统与现实世界进行密切的、协调一致的结合的过程。因此，数据库设计者必须非常清晰地了解数据库系统本身及其实际应用对象这两方面的知识。本章将介绍数据库设计的全过程，从需求分析到数据库的实施和维护。

4.1　数据库设计概述

数据库设计主要是进行数据库的逻辑设计，即将数据按一定的分类、分组系统和逻辑层次组织起来，是面向用户的。数据库设计时需要综合企业各个部门的存档数据和数据需求，分析各个数据之间的关系，按照 DBMS 提供的功能和描述工具，设计出规模适当、正确反映数据关系、数据冗余少、存取效率高、能满足多种查询要求的数据模型。

4.1.1　数据库设计的内容

数据库设计是指对于一个给定的应用环境，构造（设计）优化的数据库逻辑模式和物理结构，并据此建立数据库及其应用系统，使之能够有效地存储和管理数据，满足各种用户的应用需求。数据库设计涉及的内容很广泛，设计的质量与设计者的知识、经验和水平有密切的关系。

数据库设计面临的主要困难和问题如下。

1）懂得计算机与数据库的人一般都缺乏应用业务知识和实际经验，而熟悉应用业务的人又往往不懂计算机和数据库，同时具备这两方面知识的人很少。

2）在开始时往往不能明确应用业务的数据库系统目标。

3）缺乏很完善的设计工具和方法。

4）用户的要求往往不是一开始就明确的，而是在设计过程中不断地提出新的要求，甚至在数据库建立后还会要求修改数据库结构和增加新的应用。

5）应用业务系统千差万别，很难找到一种适合所有应用业务的工具和方法。

数据库设计的目标是为用户和各种应用系统提供一个信息基础设施和高效率的运行环境。一个成功的数据库系统应具备如下特点。

1）功能强大。

2）能准确地表示业务数据。

3）使用方便，易于维护。

4）对最终用户操作的响应时间合理。

5）便于数据库结构的改进。

6）便于数据库的检索和修改。

7）有效的安全机制。

8）冗余数据最少或不存在。

9）便于数据的备份和恢复。

4.1.2 数据库设计的特点

大型数据库的设计和开发工作量大而且比较复杂，涉及多门学科，是一项数据库工程，也是一项软件工程。数据库设计的很多阶段都可以对应于软件工程的阶段，软件工程的某些方法和工具也适合于数据库工程。但数据库设计是与用户的业务需求紧密相关的，因此它有很多自身的特点。主要特点如下。

（1）三分技术，七分管理，十二分基础数据

数据库系统的设计和开发本质上是软件开发，不仅涉及有关的开发技术，还涉及开发过程中管理的问题。要建设好一个数据库应用系统，除了要有很强的开发技术，还要有完善有效的管理，通过对开发人员和有关过程的控制管理，实现"1+1>2"的效果。一个企业数据库建设的过程是企业管理模式改革和提高的过程。

在数据库设计中，基础数据的作用非常关键，但往往被人们忽视。数据是数据库运行的基础，数据库的操作就是对数据的操作。如果基础数据不准确，则在此基础上的操作结果也就没有意义了。因此，在数据库建设中，数据的收集、整理、组织和不断更新是至关重要的环节。

（2）综合性

数据库的设计涉及的范围很广，包括计算机专业知识以及业务系统的专业知识，同时还要解决技术及非技术两方面的问题。

（3）结构（数据）设计和行为（处理）设计相结合

结构设计是根据给定的应用环境，进行数据库模式或子模式的设计，它包括数据库概念设计、逻辑设计和物理设计。行为设计是指确定数据库用户的行为和动作，用户的行为和动作就是对数据库的操作，这些操作通过应用程序来实现，它包括功能组织、流程控制等方面的设计。在传统的软件开发中，注重处理过程的设计，不太重视数据结构的设计。只要有可能就尽量推迟数据结构的设计，这种方法对数据库设计是不适合的。

数据库设计的主要精力首先放在数据结构的设计上，比如数据库表的结构、视图等，但这并不等于将结构设计和行为设计相互分离。相反，必须强调在数据库设计中要把结构设计和行为设计结合起来。

4.1.3 数据库设计方法的分类

早期数据库设计主要是采用手工与经验相结合的方法。设计的质量与设计人员的经验和水平有直接关系，缺乏科学理论和工程方法的支持，设计质量难以保证。为了使数据库设计更合理、更有效，需要有效的指导原则，这种原则称为数据库设计方法。

首先，一个好的数据库设计方法，应该能在合理的期限内，以合理的工作量，产生一个有实用价值的数据库结构。这里的实用价值是指满足用户关于功能、性能、安全性、完整性及发展需求等方面的要求，同时又要服从特定的DBMS的约束，可以用简单的数据模型来表达。其次，数据库设计方法应具有足够的灵活性和通用性，不但能使具有不同经验的人使用，而且不受数据模型和DBMS的限制。最后，数据库设计方法应该是可以再生的，即不同的设计者使用同一方法设计同一问题时，可以得到相同或相似的设计结果。

多年来，经过不断的努力和探索，人们提出了各种数据库设计方法，运用工程思想和方法

提出的各种设计准则和规范都属于规范设计方法。下面重点介绍其中4种方法。

1）新奥尔良（New Orleans）方法。该方法是一种比较著名的数据库设计方法，它将数据库设计分为4个阶段：需求分析、概念结构设计、逻辑结构设计和物理结构设计。这种方法注重数据库的结构设计，而不太考虑数据库的行为设计。

其后，S. B. Yao 等人又将数据库设计分为5个阶段，主张数据库设计应该包括设计系统开发的全过程，并在每个阶段结束时进行评审，以便及早发现设计错误并纠正。各阶段也不是严格线性的，而是采取"反复探寻、逐步求精"的方法。

2）基于E-R模型的数据库设计方法。该方法用E-R模型来设计数据库的概念模型，是概念设计阶段广泛采用的方法。

3）3NF（第三范式）的设计方法。该方法用关系数据理论为指导来设计数据库的逻辑模型，是设计关系数据库时在逻辑设计阶段可采用的有效方法。

4）ODL（Object Definition Language）方法。该方法是面向对象的数据库设计方法。它用面向对象的概念和术语来说明数据库结构。ODL可以描述面向对象的数据库结构设计，可以直接转换为面向对象的数据库。

上面这些方法都是在数据库设计的不同阶段上支持实现的具体技术和方法，都属于常用的规范设计法，规范设计法从本质上看仍然是手工设计方法，基本思想是过程迭代和逐步求精。

4.1.4 数据库设计的阶段

按照规范设计的方法，同时考虑数据库及其应用系统开发的全过程，可以将数据库设计分为6个阶段：需求分析、概念结构设计、逻辑结构设计、物理结构设计、数据库实施以及数据库运行和维护。数据库设计的全过程如图4-1所示。

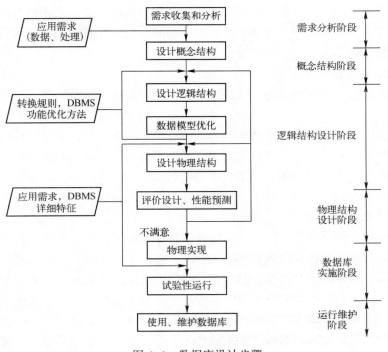

图4-1　数据库设计步骤

数据库设计开始之前，首先必须选定参加的人员，包括系统分析人员、数据库设计人员、应用开发人员、数据库管理员和用户代表。各种人员在设计过程中分工不同。

系统分析和数据库设计人员是数据库设计的核心人员，他们将自始至终参与数据库设计，他们的水平决定了数据库系统的质量。用户要积极参与需求分析，数据库管理员对数据库进行专门的控制和管理，包括进行数据库权限的设置、数据库的监控和维护等工作。应用开发人员包括程序员和操作员，他们分别负责编制程序和准备软硬件环境，在系统实施阶段参与进来。如果所设计的数据库应用系统比较复杂，还应该考虑是否需要使用数据库设计工具以及选用何种工具，以提高数据库设计质量并减少设计工作量。

1. 需求分析阶段

需求分析是对用户提出的各种要求加以分析，对各种原始数据加以综合、整理。该阶段是形成最终设计目标的首要阶段。需求分析是整个设计过程的基础，是最困难、最耗费时间的一步。对用户的各种需求，能否做出准确无误、充分完备的分析，并在此基础上形成最终目标，是整个数据库设计成败的关键。

2. 概念结构设计阶段

概念结构设计是对用户需求进一步抽象、归纳，并形成独立于 DBMS 和有关软硬件的概念数据模型的设计过程。这是对现实世界中具体数据的首次抽象，完成从现实世界到信息世界的转化过程。数据库的逻辑结构设计和物理结构设计都是以概念设计阶段所形成的抽象结构为基础进行的。因此，概念结构设计是整个数据库设计的关键。数据库的概念结构通常用 E–R 模型来刻画。

3. 逻辑结构设计阶段

逻辑结构设计是将概念结构转换为某个 DBMS 所支持的数据模型，并对其进行优化的设计过程。由于逻辑结构设计是基于具体 DBMS 的实现过程，因此，选择什么样的数据库模型尤为重要，其次是数据模型的优化。数据模型有层次模型、网状模型、关系模型、面向对象的模型等，设计人员可以选择其中之一，并结合具体的 DBMS 实现。逻辑结构设计阶段后期的优化工作已成为影响数据库设计质量的一项重要工作。

4. 物理结构设计阶段

物理结构设计阶段是将逻辑结构设计阶段所产生的逻辑数据模型转换为某种计算机系统所支持的数据库物理结构的实现过程。这里，数据库在相关存储设备上的存储结构和存取方法，称之为数据库的物理结构。完成物理结构设计后，对该物理结构做出相应的性能评价，若评价结果符合原设计要求，则进一步实现该物理结构。否则，对该物理结构做出相应的修改，若属于最初设计问题所导致的物理结构的缺陷，必须返回到概念设计阶段修改其概念数据模型或重新建立概念数据模型，如此反复，直至评价结构最终满足原设计要求为止。

5. 数据库实施阶段

数据库实施阶段，即数据库调试、试运行阶段。一旦数据库的物理结构形成，就可以用已选定的 DBMS 来定义、描述相应的数据库结构，装入数据，以生成完整的数据库；编制有关应用程序，进行联机调试并转入试运行，同时进行时间、空间等性能分析，若不符合要求，则需要调整物理结构、修改应用程序，直至高效、稳定、正确地运行该数据库系统为止。

6. 数据库运行和维护阶段

数据库实施阶段结束标志着数据库系统投入正常的运行工作。在数据库系统运行过程中必须不断地对其进行评价、调整与修改。

随着对数据库设计的深刻了解和设计水平的不断提高，人们已经充分认识到数据库的运行和维护工作与数据库设计的紧密联系。

数据库设计是一个动态和不断完善的过程。运行和维护阶段开始，并不意味着设计过程的结束。在运行和维护过程中出现问题，需要对程序或结构进行修改，修改的程度也不相同，有时会引起对物理结构的调整、修改。因此，数据库运行和维护阶段是数据库设计的一个重要阶段。

数据库设计过程的各个阶段可用图 4-2 概括描述。

图 4-2 数据库设计步骤各个阶段的描述

设计一个完善的数据库应用系统是不可能一蹴而就的，往往是上述 6 个阶段的不断反复。

4.2 需求分析

简单地说，需求分析就是分析用户的需求。需求分析是设计数据库的起点，这一阶段收集到的基础数据和数据流图是下一步概念结构设计的基础。如果该阶段的分析有误，将直接影响到后面各个阶段的设计，并影响最终设计结果是否合理和实用。

4.2.1 需求描述与分析

目前数据库应用越来越普及，而且结构越来越复杂，为了支持所有用户的运行，数据库设计变得异常复杂。如果没有对信息进行全面、充分的分析，则设计很难完成。因此，需求分析放在整个设计的第一步。

需求分析阶段的目标是通过详细调查现实世界要处理的对象（组织、部门、企业等），充分了解原系统（手工系统或计算机系统）的工作概况，确定企业的组织目标，明确用户的各种需求，进而确定新系统的功能，并把这些需求写成用户和数据库设计者都能够接受的文档。

需求分析阶段必须强调用户的参与。在新系统设计时，要充分考虑系统在今后可能出现的扩充和改变，使设计更符合未来发展的趋势，并易于改动，以减少系统维护的代价。

4.2.2　需求分析分类

需求分析总体上分为两类：信息需求和处理需求，如图 4-3 所示。

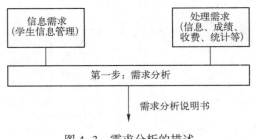

图 4-3　需求分析的描述

1. 信息需求

信息需求定义了未来系统用到的所有信息，描述了数据之间本质上和概念上的联系，描述了实体、属性、组合及联系的性质。由信息需求可以导出数据需求，即在数据库中需要存储哪些数据。

2. 处理需求

处理需求中定义了未来系统的数据处理操作，描述了操作的先后次序、操作执行的频率和场合、操作与数据之间的联系等。如对处理响应时间有什么要求，处理方式是批处理还是联机处理。

在信息需求和处理需求定义说明的同时，还应定义安全性与完整性要求。安全性要求描述系统中不同用户对数据库的使用和操作情况。完整性要求描述数据之间的关联关系及数据的取值范围。

需求分析是整个数据库设计中最重要的一步，如果把整个数据库设计看作是一个系统工程，那么，需求分析是这个系统工程的最原始输入信息。但是确定用户的最终需求是一件困难的事，其困难不在于技术上，而在于要了解、分析、表达客观世界并非易事。一方面用户缺少计算机知识，开始时无法确定计算机究竟能为自己做什么，不能做什么，因此往往不能准确地表达自己的需求，所提出的需求往往不断变化；另一方面，设计人员缺少用户的专业知识，不易理解用户的真正需求，甚至误解用户的需求。因此设计人员必须不断深入地与用户交流，才能逐步确定用户的实际需求。

这一阶段的输出是"需求分析说明书"，其主要内容是系统的数据流图和数据字典。需求说明书应是一份既切合实际，又具有远见的文档，是一个描述新系统的轮廓图。

4.2.3　需求分析的内容、方法和步骤

进行需求分析首先是调查清楚用户的实际要求，与用户达成共识，然后分析与表达这些需求。

调查用户需求的重点是"数据"和"处理"，为了达到这一目的，在调查前要拟定调查提纲。调查时要抓住两个"流"，即"信息流"和"数据流"，而且调查中要不断地将这两个"流"结合起来。调查的任务是调研现行系统的业务活动规则，并提取描述系统业务的现实系统模型。

1. 需求分析的内容

在通常情况下，调查用户的需求包括三方面的内容，即系统的业务现状、信息源及外部要求。

（1）业务现状

业务现状包括业务的方针政策、系统的组织结构、业务的内容和业务的流程等，为分析信息流程做准备。

（2）信息源

信息源包括各种数据的种类、类型和数据量，各种数据的产生、修改等信息。

（3）外部要求

外部要求包括信息要求、处理要求、安全性与完整性要求等。

2. 需求分析的方法

在调查过程中，可以根据不同的问题和条件，使用不同的调查方法。常用的调查方法如下。

1）跟班作业。通过亲身参加业务工作来观察和了解业务活动的情况。为了确保有效，要尽可能多地了解要观察的人和活动，例如，低谷、正常和高峰期等情况如何。

2）开调查会。通过与用户座谈来了解业务活动的情况及用户需求。采用这种方法，需要有良好的沟通能力，为了保证成功，必须选择合适的人选，准备的问题涉及的范围要广。

3）检查文档。通过检查与当前系统有关的文档、表格、报告和文件等，进一步理解原系统，并可以发现与原系统问题相关的业务信息。

4）问卷调查。问卷是一种有着特定目的的小册子，这样可以在控制答案的同时，集中一大群人的意见。问卷有两种格式：自由格式和固定格式。自由格式问卷上，答卷人提供的答案有更大的自由。问题提出后，答卷人在题目后的空白处写答案。在固定格式问卷上，包含的问题答案是特定的，给定一个问题，答题者必须从所提供的答案中选择一个，因此，容易列成表格，但另一方面，答卷人不能提供一些有用的附加信息。

做需求分析时，往往需要同时采用上述多种方法。但无论使用何种调查方法，都必须有用户的积极参与和配合。

3. 需求分析的步骤

需求分析的步骤如下。

（1）分析用户活动，生成用户活动图

这一步要了解用户当前的业务活动和职能，分析其处理过程。如果一个业务流程比较复杂，要把它分解为几个子处理，使每个处理功能明确、界面清楚，分析之后画出用户活动图（即用户的业务流程图）。

（2）确定系统范围，生成系统范围图

这一步是确定系统的边界。在和用户经过充分讨论的基础上，确定计算机所能进行的数据处理的范围，确定哪些工作由人工完成，哪些工作由计算机系统完成，即确定人机界面。

（3）分析用户活动所涉及的数据，生成数据流图

在这一过程中，要深入分析用户的业务处理过程，以数据流图的形式表示出数据的流向和

对数据所做的加工。

数据流图（Data Flow Diagram，DFD）是从"数据"和"处理"两个方面表达数据处理的一种图形化表示方法，直观、易于被用户理解。

数据流图有 4 个基本成分：数据流（用箭头表示）、加工或处理（用圆圈表示）、文件（用双线段表示）和外部实体（数据流的源点和终点用方框表示）。图 4-4 是一个简单的 DFD。

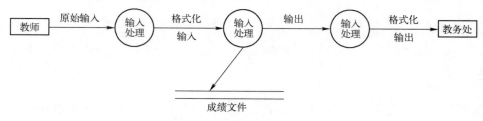

图 4-4　一个简单的 DFD

在众多分析和表达用户需求的方法中，自顶向下、逐步细化是一种简单实用的方法。为了将系统的复杂度降低到人们可以掌握的程度，通常把大问题分割成若干小问题，然后分别解决，这就是"分解"。分解也可以分层进行，即先考虑问题最本质的属性，暂时把细节略去，以后再逐层添加细节，直到涉及最详细的内容，这称为"抽象"。

DFD 可作为自顶向下、逐步细化时描述对象的工具。顶层的每一个圆圈都可以进一步细化为第二层，第二层的每一个圆圈都可以进一步细化为第三层，……。直到最底层的每一个圆圈已表示一个最基本的处理动作为止。DFD 可以形象地表示数据流与各业务活动的关系，它是需求分析的工具和分析结果的描述工具。

图 4-5 给出了某校学生课程管理子系统的数据流图。该子系统要处理的是学生根据开设课程提出选课请求（即选课单）送教务处审批，对已批准的选课单进行上课安排。教师对学生的上课情况进行考核，给予平时成绩和允许参加考试资格，对允许参加考试的学生根据考试情况给予考试成绩和总评成绩。

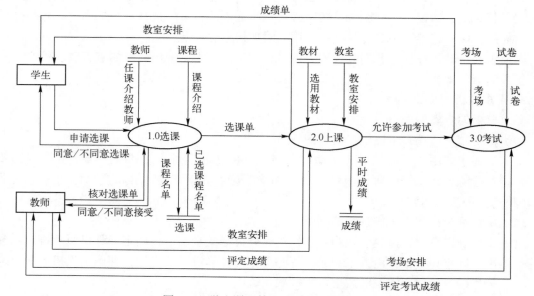

图 4-5　学生课程管理子系统的数据流图

86

（4）分析系统数据，生成数据字典

仅有 DFD 并不能构成需求说明书，因为 DFD 只表示出系统由哪几部分组成和各部分之间的关系，并没有说明各个成分的含义。只有对每个成分都给出确切定义后，才能较完整地描述系统。

（5）撰写需求说明书

需求说明书是在需求分析活动后建立的文档资料，它是对开发项目需求分析的全面描述。需求说明书的内容有需求分析的目标和任务、具体需求说明、系统功能和性能、系统运行环境等，还应包括在分析过程中得到的数据流图、数据字典、功能结构图等必要的图表说明。

需求说明书是需求分析阶段成果的具体表现，是用户和开发人员对开发系统的需求取得认同基础上的文字说明，它是以后各个设计阶段的主要依据。

4.2.4 数据字典

数据流图表达了数据和处理的关系，数据字典则是系统中各类数据描述的集合，它的功能是存储和检索各种数据描述，并为 DBA 提供有关的报告。对数据库设计来说，数据字典是进行详细的数据收集和数据分析所获得的主要成果，因此在数据库中占有很重要的地位。数据字典通常包括数据项、数据结构、数据流、数据存储和处理过程 5 个部分。其中数据项是不可再分的数据单位，若干数据项可以组成一个数据结构，数据字典通过对数据项和数据结构的定义来描述数据流、数据存储的逻辑内容。

1. 数据项

数据项是数据的最小单位，是不可再分的数据单位。通常包括以下内容：

数据项描述 = {数据项名，数据项含义说明，别名，数据类型，长度，取值范围，取值含义，与其他数据项的逻辑关系，数据项之间的联系}

其中，"取值范围""与其他数据项的逻辑关系"定义了数据的完整性约束条件，是设计数据校验功能的依据。

可以用关系规范化理论为指导，用数据依赖的概念分析和表示数据项之间的联系。即按实际语义，写出每个数据项之间的数据依赖，它们是数据库逻辑结构设计阶段数据模型优化的依据。

在学生课程管理子系统中，有一个数据流选课单，每张选课单有一个数据项为选课单号，在数据字典中可对此数据项做如图 4-6 所示的描述。

```
数据名称：课程号
说  明：标识每门课程
类  型：CHAR（8）
长  度：8
别  名：课程编号
取值范围：00 000 001~99 999 999
```

图 4-6　选课号数据项

2. 数据结构

数据结构反映了数据之间的组合关系。一个数据结构可以由若干数据项组成，也可以由若干个数据结构组成，或由若干数据项和数据结构混合组成。对数据结构的描述通常包括以下内容：

数据结构描述 = {数据结构名，含义说明，组成：{数据项或数据结构}}

3. 数据流

数据流可以是数据项，也可以是数据结构，表示某一加工处理过程的输入或输出数据。对数据流的描述通常包括以下内容：

数据流描述 = {数据流名，说明，数据流来源，数据流去向，组成：{数据结构}，平均流量，高

峰期流量}

其中,"数据流来源"是说明该数据流来自哪个过程;"数据流去向"是说明该数据流到哪个过程去;"平均流量"是指在单位时间(每天、每周、每月等)里的传输次数;"高峰期流量"是指在高峰时期的数据流量。

4. 数据存储

数据存储是处理过程中要存储的数据,可以是手工文档或手工凭单,也可以是计算机文档。对数据存储的描述通常包括以下内容:

数据存储描述={数据存储名,说明,编号,输入的数据流,输出的数据流}组成:{数据结构},数据量,存取频度,存取方式}

其中,"存取频度"指每小时或每天或每周存取几次,每次存取多少数据等信息;"存取方式"是指批处理还是联机处理,是检索还是更新,是顺序检索还是随机检索等;"输入的数据流"是指其来源;"输出的数据流"是指其去向。

5. 处理过程

处理过程的具体处理逻辑一般用判定表或判定树来描述。数据字典中只需要描述处理过程的说明性信息。通常包括以下内容:

处理过程描述={处理过程名,说明,输入:{数据流},输出:{数据流},处理:{简要说明}}

其中,"简要说明"主要说明该处理过程的功能及处理要求。功能是指该处理过程用来做什么,处理要求包括处理频度要求,如单位时间内处理多少事务、多少数据量、响应时间要求等。这些处理要求是后面物理设计的输入及性能评价的标准。

数据字典是关于数据库中数据的描述,即元数据,而不是数据本身。数据字典是在需求分析阶段建立的,在数据库设计过程中不断修改、充实和完善的。

4.3 概念结构设计

将需求分析得到的用户需求抽象为信息结构,即概念模型的过程就是概念结构设计。概念结构设计是整个数据库设计的关键。概念模型独立于计算机硬件结构,独立于数据库的DBMS。

4.3.1 概念结构设计的必要性及要求

在进行数据库设计时,如果将现实世界中的客观对象直接转换为机器世界中的对象,会很不方便。注意力往往被转移到更多的细节限制方面,而不能集中在最重要的信息的组织结构和处理模式上。因此,通常是将现实世界中的客观对象首先抽象为不依赖于任何具体机器的信息结构,这种信息结构不是 DBMS 所支持的数据模型,而是概念模型。然后再把概念模型转换为具体机器上 DBMS 支持的数据模型,设计概念模型的过程称为概念设计。

1. 将概念设计从数据库设计过程中独立出来的优点

将概念设计从数据库过程中独立出来具有以下优点。

1)各阶段的任务相对单一,设计复杂程度大大降低,便于组织管理。

2)不受特定的 DBMS 的限制,也独立于存储安排和效率方面的考虑,因而比逻辑模式更为稳定。

3)概念模式不含具体的 DBMS 所附加的技术细节,更容易为用户所理解,因而才有可能准确地反映用户的信息需求。

2. 概念模型的要求

1）概念模型是对现实世界的抽象和概括，应真实、充分地反映现实世界中事物和事物之间的联系，有丰富的语义表达能力，能表达用户的各种需求，是现实世界的一个抽象模型。

2）概念模型应简洁、清晰、独立于机器，易于理解，方便数据库设计人员与应用人员交换意见，用户的积极参与是数据库设计成功的关键。

3）概念模型应易于更改，当应用环境和应用要求改变时，容易对概念模型进行修改和扩充。

4）概念模型应该易于向关系、网状、层次等各种数据模型转换，易于从概念模式导出与DBMS有关的逻辑模式。

选用何种概念模型完成概念设计任务，是进行概念设计前应该考虑的首要问题。用于概念设计的模型既要有足够的表达能力，使之可以表示各种类型的数据及其相互间的联系和语义，又要简单易懂。这种模型有很多，如 E-R 模型、语义数据模型和函数数据模型等。其中，E-R 模型提供了规范、标准的构造方法，成为应用最广泛的概念结构设计工具。

4.3.2 概念结构设计的方法与步骤

1. 概念结构设计的方法

概念结构设计的方法有如下 4 种。

（1）自顶向下方法

根据用户要求，先定义全局概念结构的框架，然后分层展开，逐步细化，如图 4-7 所示。

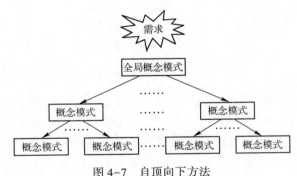

图 4-7 自顶向下方法

（2）自底向上方法

根据用户的每一项具体需求，先定义各局部应用的概念结构，然后将它们集成起来，得到全局概念结构，如图 4-8 所示。

自底向上设计概念结构如图 4-9 所示，通常分为以下两步。

1）抽象数据并设计局部视图。

2）集成局部视图，得到全局概念结构。

（3）逐步扩张方法

首先定义最重要的核心概念结构，然后向外扩充，以滚雪球的方式逐步生成其他概念结构，直至全局概念结构，如图 4-10 所示。

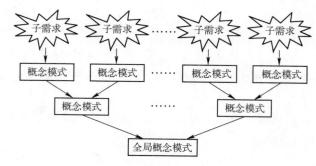

图 4-8 自底向上方法

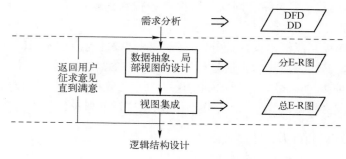

图 4-9 自底向上设计概念结构两步法

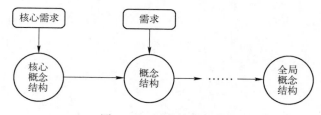

图 4-10 逐步扩张方法

（4）混合策略方法

混合策略方法即将自顶向下和自底向上方法相结合，先用自顶向下策略设计一个全局概念结构的框架，再以它为骨架集成由自底向上策略中设计的各局部概念结构。

在需求分析中，较为常见的方法是采用自顶向下描述数据库的层次结构，而在概念结构的设计中最常采用的策略是自底向上方法。即自顶向下地进行需求分析，然后再自底向上地设计概念结构，如图 4-11 所示。

2. 概念结构设计的步骤

概念结构设计的步骤如下。

1）进行局部数据抽象，设计局部概念模式。局部用户的信息需求是构造全局概念模式的基础，因此，需要先从个别用户的需求出发，为每个用户建立一个相应的局部概念结构。在建立局部概念结构时，常常要对需求分析的结果进行细化补充和修改，如有的数据项要分为若干子项，有的数据定义要重新核实等。

2）将局部概念模式综合成为全局概念模式。综合各局部概念模式可以得到反映所有用户需求的全局概念模式。在综合过程中，主要处理各局部模式对各种对象定义的不一致性问题，包括同名异义、异名同义和同一事物在不同模式中被抽象为不同类型的对象等问题。把各个局

90

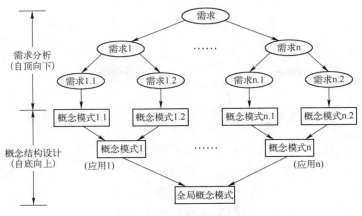

图 4-11　混合策略方法

部结构连接、合并，还会产生冗余问题，有可能导致对信息需求的再调整与分析，以确定准确的含义。

3）评审。消除了所有冲突后，就可以把全局概念模式提交评审。评审分为用户评审与DBA 及应用开发人员评审两部分：用户评审的重点放在确认全局概念模式是否准确完整地反映了用户的信息需求和现实世界事物的属性间的固有联系；DBA 和应用开发人员评审则侧重于确认全局概念模式是否完整，各种成分划分是否合理，是否存在不一致性等。

4.3.3　采用 E-R 模型设计概念结构的方法

实体联系模型简称 E-R 模型，由于通常用图形表示，又称 E-R 图。它是数据库设计中最常用的概念模型设计方法之一。采用 E-R 模型设计方法分为如下 3 步。

1. 设计局部 E-R 模型

基于 E-R 模型的概念设计是用概念模型描述目标系统涉及的实体、属性及实体间的联系。这些实体、属性和实体间联系是对现实世界的人、事、物等的抽象，它是在需求分析的基础上进行的。

抽象的方法一般包括如下 3 种。

（1）分类（classification）

将现实世界中具有些种共同特征和行为的对象作为一个类型。它抽象了对象值和型之间的"is member of"（是……的成员）的语义。例如，在学校环境中，学生是具有某些共同特征和行为的对象，可以将其视为一个类型。王芮是学生，它是这个类中一个具体的值，如图 4-12 所示。

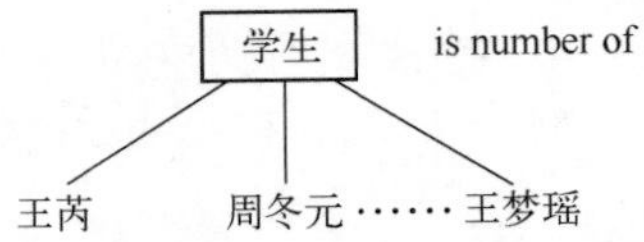

（2）概括（generalization）

定义类型之间的一种子集联系。它抽象了类型之间的"is subset of"（是……的子集）的语义。例如课程是一个实体型，必修课、选修课也是一个实体型，必修课和选修课均是课程的子集，如图 4-13 所示。

图 4-12　分类

（3）聚集（aggregation）

定义某一类型的组成成分。它抽象了对象内部类型和成分之间"is part of"（是……的一部分）的语义，如图 4-14 所示。

图 4-13　概括　　　　　　　　　　　　　　图 4-14　聚集

局部 E-R 模型的设计过程如图 4-15 所示。

（1）确定局部结构范围

设计各个局部 E-R 模型的第一步是确定局部结构的范围划分。划分的方式一般有两种：一种是依据系统的当前用户进行自然划分；另一种是按用户要求数据提供的服务归纳为几类，使每一类应用访问的数据明显区别于其他类，然后为每一类应用设计一个局部 E-R 模型。

局部结构范围确定时要考虑以下因素。

1）范围的划分要自然，易于管理。

2）范围之间的界限要清晰，相互之间的影响要小。

3）范围的大小要适度。太小了，会造成局部结构过多，设计过程烦琐；太大了，则容易造成内容结构复杂，不便于分析。

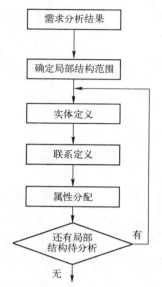

图 4-15　局部 E-R 模型设计过程

（2）实体定义

每一个局部结构都包括一些实体，实体定义的任务就是从信息需求和局部范围定义出发，确定每一个实体的属性和码。

事实上，实体、属性和联系之间并无形式上可以截然区分的界限，划分的依据通常有以下 3 条。

1）采用人们习惯的划分。

2）避免冗余，在一个局部结构中，对一个对象只取一种抽象形式，不要重复。

3）根据用户的信息处理需求。

（3）联系定义

联系用来刻画实体之间的关联。一个完整的方式是对局部结构中任意两个实体，依据需求分析的结果，考察两个实体之间是否存在联系。若有联系，进一步确定是 1:1、1:n 还是 m:n 联系。还要考察一个实体内部是否存在联系，多个实体之间是否存在联系等。

在确定联系类型时，应防止出现冗余的联系（即可用从其他联系导出的联系），如果存在，要尽可能地识别并消除这些冗余联系。

联系在命名时，应能反映联系的语义性质，通常采用某个动词命名，如"选修""授课"等。

（4）属性分配

实体与联系确定后，局部结构中的其他语义信息大部分可以用属性描述。属性分配时，首先要确定属性，然后将其分配到相关的实体和联系中去。

确定属性的原则是：属性应该是不可再分解的语义单位；实体与属性之间的关系只能是 1:n 的；不同实体类型的属性之间应无直接关联关系。

属性不可分解可以使模型结构简单，不出现嵌套结构。当多个实体用到一个属性时，将导致数据冗余，从而影响存储效率和完整性约束，因而需要确定把它分配给哪个实体。一般把属性分配给那些使用频率最高的实体，或分配给实体值少的实体。

有些属性不宜归属于任何一个实体，只说明实体之间联系的特性。例如，学生选修某门课程的成绩，既不能归为学生实体的属性，也不能归为课程实体的属性，应作为"选修"联系的属性。

2. 设计全局 E-R 模型

所有的局部 E-R 模型设计好后，接下来就是把它们综合成一个全局概念结构。全局概念结构不仅要支持所有局部 E-R 模型，而且必须合理地表示一个完整、一致的数据库概念结构。把局部 E-R 模型集成为全局 E-R 模型时，有两种方法：一种是多个分 E-R 图一次集成，通常用于局部视图比较简单时使用。也可以逐步集成，用累加的方式一次集成两个分 E-R 图，从而降低复杂度。

全局 E-R 模型的设计过程如图 4-16 所示。

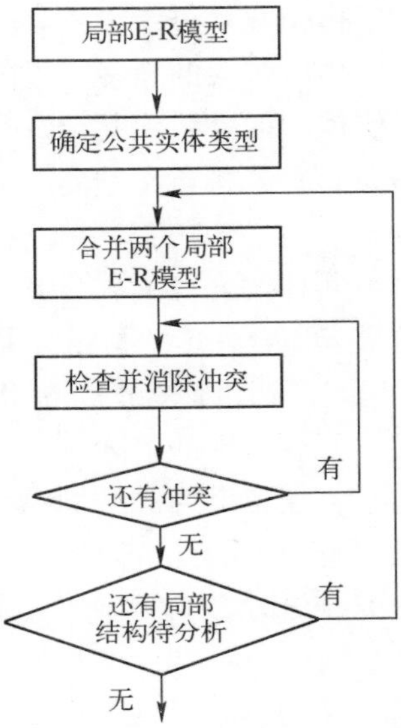

（1）确定公共实体

为了给多个局部 E-R 模型的合并提供基础，首先要确定局部结构的公共实体。一般把同名实体作为公共实体的一类候选，把具有相同码的实体作为公共实体的另一类候选。

（2）局部 E-R 模型的合并

图 4-16 全局 E-R 模型的设计过程

合并的顺序有时会影响处理效率和结果。建议的合并原则是：首先进行两两合并；先合并那些现实世界中有联系的局部结构；合并从公共实体开始，最后再加入独立的局部结构，从而减少合并工作的复杂性，并使合并结果的规模尽可能小。

（3）消除冲突

由于各个局部应用所面向的问题不同，且通常是由不同的设计人员进行局部 E-R 模型设计，导致各个分 E-R 图之间存在许多不一致的地方，称为冲突。解决冲突是合并 E-R 模型的主要工作和关键所在。

各分 E-R 图之间的冲突主要有三类：属性冲突、命名冲突和结构冲突。

1）属性冲突。

属性域冲突，即属性值的类型、取值范围或取值集合不同。例如学号，有的部门把它定义为整数，有的部门把它定义为字符型，不同的部门对学号的编码也不同。

属性取值单位冲突。例如，成绩有的用百分制，有的用五级制（A、B、C、D、E）。

2）命名冲突。

同名异义：不同意义的对象在不同的局部应用中具有相同的名字。

异名同义（一义多名）：同一意义的对象在不同的局部应用中具有不同的名字。

3）结构冲突。

同一对象在不同应用中具有不同的抽象。例如，教师在某一局部应用中被当作实体，而在另一局部应用中被当作属性。

实体之间联系在不同的局部 E-R 图中呈现不同类型。例如，E1 与 E2 在某一个应用中是多对多联系，而在另一个应用中是一对多联系。

属性冲突和命名冲突通常采用讨论、协商等行政手段解决，结构冲突则要认真分析后才能解决。

3. 优化全局 E-R 图

得到全局 E-R 图后，为了提高数据库系统的效率，还应进一步依据需求对 E-R 图进行优化。一个好的全局 E-R 图除了能准确、全面地反映用户功能需求外，还应满足如下条件：

- 实体个数尽可能少；
- 实体所包含的属性尽可能少；
- 实体间的联系无冗余。

但是这些条件不是绝对的，要视具体的信息需求与处理需求而定。全局 E-R 模型的优化原则如下。

（1）实体的合并

这里实体合并指的是相关实体的合并，在公共模型中，实体最终转换成关系模式，涉及多个实体的信息要通过连接操作获得。因而减少实体的个数，可减少连接的开销，提高处理效率。

（2）冗余属性的消除

通常，在各个局部结构中是不允许冗余属性存在的，但是，综合成全局 E-R 图后，可能产生局部范围内的冗余属性。当同一非主属性出现在几个实体中，或者一个属性值可以从其他属性的值导出时，就存在冗余属性，应该把冗余属性从全局 E-R 图中去掉。

冗余属性消除与否，取决于它对存储空间、访问效率和维护代价的影响。有时为了兼顾访问效率，有意保留冗余属性。

（3）冗余联系的消除

在全局 E-R 图中，可能存在冗余的联系，可以利用规范化理论中的函数依赖的概念消除冗余联系。

4.4　逻辑结构设计

逻辑结构设计的任务是把概念结构设计阶段设计好的基本 E-R 图转换为与选用 DBMS 产品所支持的数据模型相符合的逻辑结构。也就是导出特定的 DBMS 可以处理的数据库逻辑结构，这些模式在功能、性能、完整性和一致性方面满足应用要求。

特定的 DBMS 可以支持的组织层数据模型包括关系模型、网状模型、层次模型和面向对象模型等。对某一种数据模型，各个机器系统又有许多不同的限制，提供不同的环境与工具。设计逻辑结构时一般包括 3 个步骤，如图 4-17 所示。

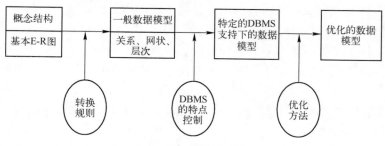

图 4-17　逻辑结构设计

1）将概念结构转化为一般的关系、网状、层次模型。

2）将转换来的关系、网状、层次模型向特定 DBMS 支持下的数据模型转换。

3）对数据模型进行优化。

目前，新设计的数据库应用系统大多都采用支持关系数据模型的 DBMS，所以这里只介绍 E-R 图向关系数据模型转换的原则与方法。

4.4.1　E-R 图向关系模型的转换

概念设计中得到的 E-R 图是由实体、属性和联系组成的，而关系数据库逻辑设计的结果是一组关系模式的集合。所以将 E-R 图转换为关系模型实际上就是将实体、属性和联系转换成关系模式。（第 2 章已经阐述，此处不再展开）

4.4.2　关系模式规范化

应用规范化理论对上述产生的关系的逻辑模式进行初步优化，以减少乃至消除关系模式中存在的各种异常，改善完整性、一致性和存储效率。规范化理论是数据库逻辑设计的指南和工具，规范化过程可分为两个步骤：确定范式级别和实施规范化处理。

1. 确定范式级别

考查关系模式的函数依赖关系，确定范式等级。逐一分析各关系模式；考查是否存在部分函数依赖、传递函数依赖等，确定它们分别属于第几范式。

2. 实施规范化处理

确定范式级别后，利用后面的规范化理论，逐一考察各个关系模式，根据应用要求，判断它们是否满足规范要求，可用已经介绍过的规范化方法和理论将关系模式规范化。

综合以上数据库的设计过程，规范化理论在数据库设计中有如下几方面的应用。

1）在需求分析阶段，用数据依赖概念分析和表示各个数据项之间的联系。

2）在概念结构设计阶段，以规范化理论为指导，确定关系键，消除初步 E-R 图中冗余的联系。

3）在逻辑结构设计阶段，从 E-R 图向数据模型转换过程中，用模式合并与分解方法达到规范化级别。

4.4.3　模式评价与改进

关系模式的规范化不是目的而是手段，数据库设计的目的是最终满足应用需求。因此，为了进一步提高数据库应用系统的性能，还应该对规范化后产生的关系模式进行评价、改进，经过反复多次的尝试和比较，最后得到优化的关系模式。

模式评价的目的是检查所设计的数据库模式是否满足用户的功能要求、效率要求，确定加以改进的部分。模式评价包括功能评价和性能评价。

所谓的功能评价指对照需求分析的结果，检查规范化后的关系模式集合是否支持用户所有的应用要求。对于目前得到的数据库模式，由于缺乏物理结构设计所提供的数量测量标准和相应的评价手段，所以性能评价是比较困难的，只能对实际性能进行估计，包括逻辑记录的存取数、传送量以及物理结构设计算法的模型等。

根据模式评价的结果，对已生成的模式进行改进。如果因为系统需求分析、概念结构设计的疏漏导致某些应用不能得到支持，则应该增加新的关系模式或属性。如果因为性能考虑而要求改进，则可采用合并或分解的方法。

（1）合并

如果有若干关系模式具有相同的主键，并且对这些关系模式的处理主要是查询操作，而且经常是多关系的连接查询，那么可对这些关系模式按照组合使用频率进行合并。这样便可以减少连接操作而提高查询效率。

（2）分解

为了提高数据操作的效率和存储空间的利用率，最常用和最重要的模式优化方法就是分解，根据应用的不同要求，可以对关系模式进行垂直分解和水平分解。

经过多次的模式评价和模式改进之后，最终的数据库模式得以确定。逻辑结构设计阶段的结果是全局逻辑数据库结构。对于关系数据库系统来说，就是一组符合一定规范的关系模式组成的关系数据库模式。

数据库系统的数据物理独立性特点消除了由于物理存储改变而引起的对应程序的修改。标准的 DBMS 例行程序应适用于所有的访问，查询和更新事务的优化应当在系统软件一级上实现。这样，逻辑数据库确定之后，就可以开始进行应用程序设计了。

在数据库设计的工作中，有时数据库开发人员仅从范式等理论知识无法找到问题的"标准答案"，需要靠数据库开发人员经验的积累以及智慧的沉淀。设计同一个系统，不同经验的数据库开发人员，仁者见仁智者见智，设计结果往往不同。但不管怎样，只要实现了相同的功能，所有的设计结果没有对错之分，只有合适与不合适之分。

因此，数据库设计像一门艺术，数据库开发人员更像一名艺术家，设计结果更像一件艺术品。数据库开发人员要依据系统的环境（网络环境、硬件环境、软件环境等）选择一种更为合适的方案。有时为了提升系统的检索性能、节省数据的查询时间，数据库开发人员不得不考虑使用冗余数据，不得不浪费一些存储空间。有时为了节省存储空间、避免数据冗余，又不得不考虑牺牲一些时间。设计数据库时，"时间"（效率或者性能）和"空间"（外存或内存）好比天生的一对"矛盾体"，这就要求数据库开发人员保持良好的数据库设计习惯，维持"时间"和"空间"之间的平衡关系。

4.5 物理结构设计

数据库的物理结构设计是利用数据库管理系统提供的方法、技术，对已经确定的数据库逻辑结构，以较优的存储结构、数据存取路径、合理的数据库存储位置及存储分配，设计出一个高效的、可实现的物理数据库结构。

由于不同的数据库管理系统提供的硬件环境和存储结构、存取方法不同，提供给数据库设计者的系统参数以及变化范围也不同，因此，物理结构设计一般没有一个通用的准则，它只能提供一个技术和方法供参考。

数据库物理结构设计通常分为两步。

1）确定数据库的物理结构，在关系数据库中主要指存取方法和存储结构。

2）对物理结构进行评价，评价的重点是时间和空间效率。

如果评价结果满足原设计要求，则可进入到物理结构实施阶段，否则，就需要重新设计或修改物理结构，有时甚至要返回逻辑结构设计阶段修改数据模型。

4.5.1　物理结构设计的内容和方法

物理结构设计得好，可以使各业务的响应时间短、存储空间利用率高、事务吞吐率大。因此，在设计数据库时首先要对经常用到的查询和对数据进行更新的事务进行详细的分析，获得物理结构设计所需要的各种参数。其次，要充分了解所用 DBMS 的内部特征，特别是系统提供的存取方法和存储结构。对于数据库查询事务，需要得到如下信息。

1）查询所涉及的关系。

2）连接条件所涉及的属性。

3）查询条件所涉及的属性。

4）查询的列表中涉及的属性。

对于数据更新事务，需要得到如下信息。

1）更新所涉及的关系。

2）更新操作所涉及的属性。

3）每个关系上的更新操作条件所涉及的属性。

此外，还需要了解每个查询或事务在各关系上运行的频率和性能要求。假设某个查询必须在 1 s 内完成，则数据的存储方式和存取方式就非常重要。

应该注意的是，数据库上运行的操作和事务是不断变化的，因此，需要根据这些操作的变化不断地调整数据库的物理结构，以获得最佳的数据库性能。

通常关系数据库物理结构设计的内容主要如下。

（1）确定数据的存取方法（建立存取路径）

存取方法是快速存取数据库中数据的技术。数据库管理系统一般都提供多种存取方法。常用的存取方法有索引方法、聚簇方法和 HASH 方法。具体采取哪种存取方法由系统根据数据库的存储方式决定，一般用户不能干预。

所谓索引存取方法实际上就是根据应用要求确定对关系的哪些属性列建立索引，对哪些属性列建立组合索引，对哪些索引要设计为唯一索引等。

建立索引的一般原则如下。

如果一个（或一组）属性经常作为查询条件，则考虑在这个（或这组）属性上建立索引（或组合索引）。

如果一个属性经常作为聚集函数的参数，则考虑在这个属性上建立索引。

如果一个（或一组）属性经常作为表的连接条件，则考虑在这个（或这组）属性上建立索引。

如果某个属性经常作为分组的依据列，则考虑在这个属性上建立索引。

一个表可以建立多个非聚簇索引，但只能建立一个聚簇索引。

索引一般可以提高数据查询性能，但会降低数据修改性能。因为在进行数据修改时，系统要同时对索引进行维护，使索引与数据保持一致。维护索引要占用较多的时间。存储索引也要占用空间信息。因此，在决定是否建立索引时，要权衡数据库的操作，如果查询多，并且对查询性能要求较高，可以考虑多建一些索引；如果数据更改多，并且对更改的效率要求比较高，可以考虑少建索引。

（2）确定数据的物理存储结构

物理结构设计中，一个重要的考虑是确定数据的存储位置和存储结构，包括确定关系、索引、聚簇、日志、备份等的存储安排和存储结构，确定系统配置。确定数据存储位置和存储结构的因素包括存取时间、存储空间利用率和维护代价，这 3 个方面常常是相互矛盾的，必须进行权衡，选择一个折中方案。

常用的存储方法如下。

- 顺序存储：这种存储方式的平均查找次数是表中记录数的一半。
- 散列存储：这种存储方式的平均查找次数由散列算法决定。
- 聚簇存储：为了提高某个属性的查询速度，可以把这个或这些属性上具有相同值的元组集中存储在连续的物理块上，大大提高对聚簇码的查询效率。

用户可以通过建立索引的方法改变数据的存储方式。但其他情况下，数据是采用顺序存储还是散列存储，或是采用其他的存储方式是由数据库管理系统根据具体情况决定的，一般它都会为数据选择一种最适合的存储方式，而用户并不能对其进行干涉。

4.5.2 评价物理结构

数据库物理结构设计过程中需要对时间效率、空间效率、维护代价和各种用户要求进行权衡，其结果可能产生多种方案。数据库设计人员必须对这些方案进行细致的评价，从中选择出一个较优的合理的物理结构。

评价物理结构的方法完全依赖于所选用的 DBMS，主要考虑操作开销，即为使用户获得及时、准确的数据所需要的开销和计算机资源的开销。具体可以分为以下步骤。

1）查询和响应时间。响应时间是从查询开始到查询结束之间所经历的时间。一个好的应用程序设计可以减少 CPU 的时间和 I/O 时间。

2）更新事务的开销，主要是修改索引、重写数据块或文件以及写校验方面的开销。

3）生成报告的开销，主要包括索引、重组、排序和结果显示的开销。

4）主存储空间的开销，包括程序和数据所占的空间。对数据库设计者来说，一般可以对缓冲区进行适当的控制。

5）辅助存储空间的开销，辅助存储空间分为数据块和索引块，设计者可以控制索引块的大小。

实际上，数据库设计者只能对 I/O 和辅助存储空间进行有效的控制，其他方面都是有限的控制或根本不能控制。

4.6 数据库行为设计

数据库行为设计步骤一般分为功能分析、功能设计和事务设计等。

1. 功能分析

在进行需求分析时，我们实际上进行了两项工作，一项是“数据流”的调查分析，另一项是“事务处理”过程的调查分析，也就是应用业务处理的调查分析。数据流的调查分析为数据库的信息结构提供了最原始的依据，而事务处理的调查分析，则是行为设计的基础。

对行为特征要进行如下分析。

1）标识所有的查询、报表、事务及动态特性，指出数据库所要进行的各种处理。

2）指出对每个实体所进行的操作。

3）给出每个操作的语义，包括结构约束和操作约束。

4）给出每个操作的频率。

5）给出每个操作的响应时间。

6）给出该系统的总目标。

2. 功能设计

系统目标的实现是通过系统的各功能模块达到的。由于每个系统功能又可以分为若干更具体的功能模块，因此，可以从目标开始，一层一层分解下去，直到每个子功能模块只执行一个具体的任务。子功能模块是独立的，具有明显的输入信息和输出信息。当然，也可以没有明显的输入信息和输出信息，只是动作产生后的一个结果。通常我们按功能关系画成的图叫作功能结构图。

3. 事务设计

事务处理是计算机模拟人处理事务的过程，它包括输入设计、输出设计。

（1）输入设计

系统中很多错误都是由于输入不当引起的，因此设计好输入是减少系统错误的一个重要方面。在进行输入设计时需要完成如下的工作。

1）原始单据的设计格式。对于原有单据，要根据新系统的要求重新设计，其原则是：简单明了、便于填写、便于归档、尽量标准化。

2）制成输入一览表，将全部功能所用的数据整理成表。

3）制作输入数据描述文档，包括数据的输入频率、数据的有效范围和出错校验。

（2）输出设计

输出设计是系统设计中重要的一环。虽然用户看不出系统内部的设计是否科学，但输出报表是直接与用户见面的，而且输出格式的好坏会给用户留下深刻的印象。因此，必须精心设计输出报表，在输出设计时要考虑用途、输出设备的选择、输出量等因素。

4.7 数据库实施

完成数据库的结构设计和行为设计，并编写了实现用户需求的应用程序后，就可以利用DBMS 提供的功能实现数据库逻辑结构设计和物理结构设计的结果，然后将一些数据加载到数据库中，运行已经编好的应用程序，查看数据库设计及应用程序设计是否存在问题，这就是数据库实施阶段。

数据库实施阶段包括两项重要的工作：一项是加载数据；另一项是调试和运行应用程序。

1. 加载数据

一般数据库系统中的数据量都很大，而且数据来源于部门中的各个不同的单位，数据的组织方式、结构和格式都与新设计的数据库系统有相当的差距。组织数据录入就要将各类数据从各个局部应用中抽取出来，输入计算机，然后再分类转换，最后综合成符合新设计的数据库结构的形式，输入数据库中。数据转换、组织入库的工作是相当费力、费时的，特别是原系统是手工数据处理系统时，各类数据分散在各种不同的原始表格、凭证、单据中。在向新的数据库中输入数据时，还要处理大量的纸质文件，工作量更大。

由于各应用环境差异很大，很难有通用的数据转换器，DBMS 也很难提供一个通用的转换工具。因此，为了提高数据输入工作的效率和质量，应该针对具体的应用环境设计一个数据录入子系统，专门来处理数据复制和输入问题。

为了保证数据库中数据的准确性，必须十分重视数据的校验工作。在将数据输入系统进行数据转换的过程中，应该进行多次校验，对于重要数据，更应反复校验。目前，很多 DBMS 都提供数据导入功能，有些 DBMS 还提供了功能强大的数据转换功能。

2. 调试和运行应用程序

部分数据输入数据库后，就可以开始对数据库系统进行联合调试了，称为数据库的试运行。这一阶段要实际运行数据库应用程序，执行对数据库的各种操作，测试应用程序的功能是否满足设计要求。如果不满足，对应用程序部分则要修改、调整，直到达到设计要求为止。

在数据库试运行阶段，还要测试系统的性能指标，分析其是否达到设计目标。在对数据库进行物理结构设计时，已初步确定了系统的物理参数值，但一般情况下，设计时的考虑在许多方面只是近似估计，和实际系统运行总有一定的差距，因此，必须在试运行阶段实际测量和评价系统性能指标。事实上，有些参数的最佳值往往是经过运行调试后得到的。如果测试的结果与设计目标不符，则要返回物理设计阶段，重新调整物理结构，修改系统参数，某些情况下甚至要返回逻辑设计阶段，对逻辑结构进行修改。

特别强调两点。第一，由于数据入库工作量太大，费时、费力，所以应分期分批地组织数据入库。先输入小批量数据供调试用，待试运行基本合格后再大批量输入数据，逐步增加数据量，逐步完成运行评价。第二，在数据库试运行阶段，系统还不稳定，硬、软件故障随时都可能发生。而系统的操作人员对新系统还不熟悉，误操作也不可避免，因此应首先调试运行 DBMS 的恢复功能，做好数据库的转储和恢复工作。一旦故障发生，能使数据库尽快恢复，尽量减少对数据库的破坏。

4.8 数据库的运行与维护

数据库试运行合格后，即可投入正式运行。数据库投入运行标志着开发任务的基本完成和维护工作的开始。数据库只要还在使用，就需要不断对它进行评价、调整和维护。在数据库运行阶段，对数据库经常性的维护工作主要是由 DBA 完成的，主要包括以下方面。

1. 数据库的备份和恢复

要对数据库进行定期的备份，一旦出现故障，能及时地将数据库恢复到某种一致的状态，并尽可能减少对数据库的破坏，该工作主要是由数据管理员 DBA 负责。数据库的备份和恢复是重要的维护工作之一。

2. 数据库的安全性、完整性控制

随着数据库应用环境的变化，对数据库的安全性和完整性要求也会发生变化。需要 DBA 对数据库进行适当的调整，以反映这些新变化。

3. 监督、分析和改进数据库性能

在数据库运行过程中，监视数据库的运行情况，并对检测数据进行分析，找出能够提高性能的可行性，适当地对数据库进行调整。目前，有些 DBMS 产品提供了检测系统性能参数的工具，DBA 可以利用这些工具方便地对数据库进行控制。

4. 数据库的重组织和重构造

数据库运行一段时间后，由于记录不断增、删、改，会使数据库的物理存储情况变差，降低了数据的存取效率，数据库性能下降。这时，DBA 就要对数据库进行重组织或部分重组织。DBMS 一般都提供数据重组织的实用程序。在重组织过程中，按原设计要求重新安排存储位置、回收垃圾、减少指针链等，提高系统性能。

数据库的重组织并不会改变原设计的逻辑结构和物理结构，而数据库的重构造则不同，它部分修改数据库的模式和内模式。数据库的重构也是有限的，只能做部分修改，如果应用变化太大，重构也无济于事，说明此数据库应用系统的生命周期已经结束，应该设计新的数据库应用程序了。

数据库的结构和应用程序设计的好坏是相对的，它并不能保证数据库应用系统始终处于良好的性能状态。这是因为数据库中的数据随着数据库的使用而发生变化，随着这些变化的不断增加，系统的性能可能会下降，所以，即使在不出现故障的情况下，也要对数据库进行维护，以便数据库获得较好的性能。

数据库设计工作并非是一劳永逸的，一个好的数据库应用系统需要精心的维护才能保持良好的性能。

4.9 知识点小结

本章介绍了数据库设计的 6 个阶段，包括系统需求分析、概念结构设计、逻辑结构设计、物理设计、数据库实施、数据库运行与维护。对于每一阶段，都分别详细讨论了其相应的任务、方法和步骤。

需求分析是整个设计过程的基础，需求分析做得不好，可能会导致整个数据库设计返工重做。

将需求分析所得到的用户需求抽象为信息结构即概念模型的过程就是概念结构设计，概念结构设计是整个数据库设计的关键所在，这一过程包括设计局部 E-R 图、综合成初步 E-R 图、E-R 图的优化。

将独立于 DBMS 的概念模型转化为相应的数据模型，这是逻辑结构设计所要完成的任务。一般的逻辑设计分为 3 步：初始关系模式设计、关系模式规范化、模式的评价与改进。

物理设计就是为给定的逻辑模型选取一个适合应用环境的物理结构，物理设计包括确定物理结构和评价物理结构两步。

根据逻辑设计和物理设计的结果，在计算机上建立起实际的数据库结构，载入数据，进行应用程序的设计，并试运行整个数据库系统，这是数据库实施阶段的任务。

数据库设计的最后阶段是数据库的运行与维护，包括维护数据库的安全性与完整性，检测并改善数据库性能，必要时需要进行数据库的重新组织和构造。

4.10 思考与练习

1. 试述数据库设计过程的各个阶段设计内容。
2. 需求分析阶段的设计目标是什么？调查的内容是什么？
3. 数据字典的内容和作用是什么？
4. 概念模型有什么特点？其设计的方法和步骤是什么？
5. 设计实体和属性时遵循的原则。
6. 局部 E-R 图集成为全局 E-R 图过程中关键问题是什么？有什么方法？
7. 逻辑结构设计的一般步骤是什么？

8. 物理结构设计的主要任务和主要依据是什么？

9. 怎么评价物理结构的好坏？

10. 数据库实施阶段的任务是什么？

11. DBA 需要对数据库如何维护？

12. 下面关于数据库设计过程正确的顺序描述是（　　　）。

A. 需求收集和分析、逻辑设计、物理设计、概念设计

B. 概念设计、需求收集和分析、逻辑设计、物理设计

C. 需求收集和分析、概念设计、逻辑设计、物理设计

D. 需求收集和分析、概念设计、物理设计、逻辑设计

13. 概念结构设计阶段得到的结果是（　　　）。

A. 数据字典描述的数据需求　　　　　　　B. E-R 图表示的概念模型

C. 某个 DBMS 所支持的数据模型　　　　　D. 包括存储结构和存取方法的物理结构

14. 数据库设计中，用 E-R 图来描述信息结构但不涉及信息在计算机中的表示，它属于数据库设计的（　　　）。

A. 需求分析阶段　　　　　　　　　　　　B. 逻辑设计阶段

C. 概念设计阶段　　　　　　　　　　　　D. 物理设计阶段

15. 下列关于数据库设计的叙述中，正确的是（　　　）。

A. 在需求分析阶段建立数据字典

B. 在概念设计阶段建立数据字典

C. 在逻辑设计阶段建立数据字典

D. 在物理设计阶段建立数据字典

16. 在关系数据库设计中，设计关系模式是（　　　）的任务。

A. 需求分析　　　　B. 概念设计　　　　C. 逻辑设计　　　　D. 物理设计

17. 设计子模式属于数据库设计的（　　　）。

A. 需求分析　　　　B. 概念设计　　　　C. 逻辑设计　　　　D. 物理设计

18. 数据库应用系统中的核心问题是（　　　）。

A. 数据设计　　　　　　　　　　　　　　B. 数据库系统设计

C. 数据库维护　　　　　　　　　　　　　D. 数据库管理员培训

19. 以下关于数据流图中基本加工的叙述，不正确的是（　　　）。

A. 对每一个基本加工，必须有一个加工规格说明

B. 加工规格说明必须描述把输入数据流变换为输出数据流的加工规则

C. 加工规格说明必须描述实现加工的具体流程

D. 决策表可以用来表示加工规格说明

20. 在数据库设计中，将 E-R 图转换成关系数据模型的过程属于（　　　）。

A. 需求分析阶段　　B. 概念设计阶段　　C. 逻辑设计阶段　　D. 物理设计阶段

21. 在进行数据库设计时，通常是要先建立概念模型，用来表示实体类型及实体间联系的是（　　　）。

A. 数据流图　　　　B. E-R 图　　　　　C. 模块图　　　　　D. 程序框图

22. 由 E-R 图生成初步 E-R 图，其主要任务是（　　　）。

A. 消除不必要的冗余　　　　　　　　　　B. 消除属性冲突

C. 消除结构冲突和命名冲突　　　　　　　　D. B 和 C

23. 在某学校的综合管理系统设计阶段，教师实体在学籍管理子系统中被称为"教师"，而在人事管理子系统中被称为"职工"，这类冲突被称之为（　　　）。

　　A. 语义冲突　　　　　B. 命名冲突　　　　　C. 属性冲突　　　　　D. 结构冲突

24. 某医院预约系统的部分需求为：患者可以查看医院发布的专家特长介绍及其就诊时间：系统记录患者信息，患者预约特定时间就诊。用 DFD 对其进行功能建模时，患者是（　　　）。

　　A. 外部实体　　　　　B. 加工　　　　　C. 数据流　　　　　D. 数据存储

25. 需求分析阶段设计数据流图（DFD）通常采用（　　　）。

　　A. 面向对象的方法　　　　　　　　　　　B. 回溯的方法

　　C. 自底向上的方法　　　　　　　　　　　D. 自顶向下的方法

26. 概念设计阶段设计概念模型通常采用（　　　）。

　　A. 面向对象的方法　　　　　　　　　　　B. 回溯的方法

　　C. 自底向上的方法　　　　　　　　　　　D. 自顶向下的方法

27. 概念结构设计的主要目标是产生数据库的概念结构，该结构主要反映（　　　）。

　　A. 应用程序员的编程需求　　　　　　　　B. DBA 的管理信息需求

　　C. 数据库系统的维护需求　　　　　　　　D. 企业组织的信息需求

28. 数据库设计人员和用户之间沟通信息的桥梁是（　　　）。

　　A. 程序流程图　　　　B. 实体联系图　　　　C. 模块结构图　　　　D. 数据结构图

29. 关系规范化在数据库设计的（　　　）阶段进行。

　　A. 需求分析　　　　　B. 概念设计　　　　　C. 逻辑设计　　　　　D. 物理设计

30. 在数据库逻辑结构设计阶段，需要（　1　）阶段形成的（　2　）作为设计依据。

　　（1）A. 需求分析　　　B. 概念结构设计　　　C. 物理结构设计　　　D. 数据库运行和维护

　　（2）A. 程序文档、数据字典和数据流图

　　B. 需求说明文档、程序文档和数据流图

　　C. 需求说明文档、数据字典和数据流图

　　D. 需求说明文档、数据字典和程序文档

31. 设有如下实体：

学生：学号、单位名称、姓名、性别、年龄、选修课名

课程：编号、课程名、开课单位、任课教师号

教师：教师号、姓名、性别、职称、讲授课程编号

单位：单位名称、电话、教师号、教师姓名

上述实体中存在如下联系：

1）一个学生可选多门课程，一门课程可被多个学生选修。

2）一个教师可讲授多门课程，一门课程可由多个教师讲授。

3）一个单位可有多个教师，一个教师只能属于一个单位。

试完成如下工作：

1）分别设计学生选课和教师任课两个局部 E-R 图。

2）将上述设计完成的 E-R 图合并成一个全局 E-R 图。

3）将全局 E-R 图转换为等价的关系模式表示的数据库逻辑结构。

32. 某同学要设计一个图书馆借阅管理数据库，要求提供下述服务：

1）可随时查询书库中现有书籍的品种、数量与存放位置。所有各类书籍均可由书号唯一标识。

2）可随时查询书籍借还情况，包括借书人单位、姓名、借书证号、借书日期和还书日期。我们约定：任何人可借多种书，任何一种书可为多个人所借，借书证号具有唯一性。

3）当需要时，可通过数据库中保存的出版社的出版社编号、电话、邮编及地址等信息下载相应出版社增购有关书籍。我们约定，一个出版社可出版多种书籍，同一本书仅为一个出版社出版，出版社名具有唯一性。

根据以上情况和假设，试作如下设计。

1）构造满足需求的 E-R 图。

2）转换为等价的关系模式结构。

33. 某同学要开发一个运动会管理系统，涉及有如下运动队和运动会两个方面的实体。

（1）运动队方面

运动队：队名、教练姓名、队员姓名

队员：队名、队员姓名、性别、项名

其中，一个运动队有多个队员，一个队员仅属于一个运动队，一个队一般有一个教练。

（2）运动会方面

运动队：队编号、队名、教练姓名

项目：项目名、参加运动队编号、队员姓名、性别、比赛场地

其中，一个项目可由多个队参加，一个运动员可参加多个项目，一个项目一个比赛场地。

请你协助其完成如下设计。

1）分别设计运动队和运动会两个局部 E-R 图。

2）将它们合并为一个全局 E-R 图。

3）合并时存在什么冲突，你是如何解决这些冲突的？

34. 现有一个关于玩具网络销售系统的项目，要求开发数据库部分。系统所能达到的功能包括以下几个方面。

1）客户注册功能。客户在购物之前必须先注册，所以要有客户表来存储客户信息，如客户编号、姓名、性别、年龄、电话、通信地址等。

2）顾客可以浏览到库存玩具信息，所以要有一个库存玩具信息表，用来存储玩具编号、名称、类型、价格、所剩数量等信息。

3）顾客可以订购自己喜欢的玩具，并可以在未付款之前修改自己的选购信息。商家可以根据顾客是否付款，通过顾客提供的通信地址给顾客邮寄其所订购的玩具。这样就需要有订单表，用来存储订单号、用户号、玩具号、所买个数等信息。

操作内容及要求如下。

1）根据案例分析过程提取实体集和它们之间的联系，画出相应的 E-R 图。

2）把 E-R 图转换为关系模式。

3）将转换后的关系模式规范化为第三范式。

第 5 章　MySQL 的安装与使用

MySQL 由瑞典 MySQL AB 公司开发。2008 年 1 月 MySQL 被美国的 SUN 公司收购，2009 年 4 月 SUN 公司又被甲骨文（Oracle）公司收购。MySQL 进入 Oracle 产品体系后，将会获得甲骨文公司更多研发投入，同时，甲骨文公司也会为 MySQL 的发展注入新的活力。

MySQL 以其开源、免费、体积小、便于安装，而且功能强大等特点，成为全球最受欢迎的数据库管理系统之一，淘宝、百度、新浪微博等公司将部分业务数据迁移到 MySQL 数据库中。本章将介绍 MySQL 的相关发展，讲述其工作流程和系统的构成。并以 Windows 平台为例，介绍 MySQL 的下载、安装、配置、启动和关闭的过程。

5.1　MySQL 简介

MySQL 是一款单进程多线程、支持多用户、基于客户机/服务器（Client/Server，C/S）的关系数据库管理系统。它是开源软件（所谓的开源软件是指该类软件的源代码可被用户任意获取，并且这类软件的使用、修改和再发行的权利都不受限制。开源的主要目的是为了提升程序本身的质量。），可以从 MySQL 的官方网站（http://www.mysql.com/）下载该软件。MySQL 以快速、便捷和易用为发展主要目标。

1. MySQL 的优势

1）成本低：开放源代码，任何人都可以修改 MySQL 数据库的缺陷；社区版本可以免费使用。

2）性能良：执行速度快，功能强大。

3）值得信赖：比如 YAHOO、Google、YouTube、百度等众多公司在使用 MySQL，Oracle 公司接手顺应市场潮流和用户需求，会全力打造完美 MySQL。

4）操作简单：安装方便快捷，有多个图形客户端管理工具（MySQL Workbench/Navicat、MySQLFront、SQLyog 等客户端）和一些集成开发环境。

5）兼容性好：可安装于 Windows、UNIX、Linux 等多种操作系统，跨平台性好，不存在 32 位和 64 位机的不兼容无法安装的问题。

MySQL 从无到有，技术不断更新，版本不断升级，与其他的大型数据库（比如 Oracle、DB2 等）相比，虽然存在规模小、功能有限等方面的不足，但这丝毫不会影响它的受欢迎程度。

2. MySQL 的系统特性

MySQL 数据库管理系统具有以下一些系统特性。

1）使用 C 和 C++语言编写，并使用了多种编译器进行测试，保证了源代码的可移植性。

2）支持多线程，可充分利用 CPU 资源。

3）优化的 SQL 查询算法，能有效地提高查询速度。

4）提供 TCP/IP、ODBC 和 JDBC 等多种数据库连接途径。

5）支持 AIX、FreeBSD、HP – UX、Linux、Mac OS、Novell Netware、Open BSD、OS/2 Wrap、Solaris、Windows 等多种操作系统平台。

6）既能够作为一个单独的应用程序应用在 C/S 网络环境中，也能够作为一个库嵌入到其他的软件中。

7）支持大型的数据库，可以处理拥有上千万条记录的大型数据库，数据类型丰富。

8）支持多种存储引擎。

3. MySQL 发行版本

根据操作系统的类型来划分，MySQL 数据库大体上可以分为 Windows 版、UNIX 版、Linux 版和 Mac OS 版。

根据 MySQL 数据库的开发情况，可将其分为 Alpha、Beta、Gamma 和 Generally Available（GA）等版本。

- Alpha：处于开发阶段的版本，可能会增加新的功能或进行重大修改。
- Beta：处理测试阶段的版本，开发已经基本完成，但是没有进行全面的测试。
- Gamma：该版本是发行过一段时间的 Beta 版，比 Beta 版要稳定一些。
- Generally Available：该版本已经足够稳定，可以在软件开发中应用了。有些资料会将该版本称为 Production 版。

MySQL 数据库根据用户群体的不同，分为社区版（Community Edition）和企业版（Enterprise）。

MySQL 软件对于普通用户是免费开源（选择 GPL 许可协议）的，通常称之为社区版；对于商业用户采取收费（非 GPL 许可）的方式。

社区版和商业版之间的区别：商业版可享受到 MySQL AB 公司的技术服务；社区版没有官方的技术支持，但可以通过官网论坛提问找到解决方案。两者在功能上是相同的。

4. MySQL 5.7 新增亮点

MySQL 数据库凭借其易用性、扩展力和性能等优势，成为全世界最受欢迎的开源数据库。世界上许多流量大的网站都依托 MySQL 数据库来支持其业务关键的应用程序，其中包括 Facebook、Google、Ticketmaster 和 eBay。MySQL 5.7 在原来版本的基础上改进并新增了许多特性。以下从 4 个方面简单介绍了 MySQL 5.7 数据库中的亮点功能。

1）通过提升 MySQL 优化诊断来提供更好的查询执行时间和诊断功能。

2）通过增强 InnoDB 存储引擎来提高性能处理量和应用可用性。

3）通过 MySQL 复制的新功能以提高扩展性和高可用性。

4）增强的性能架构（Performance Schema）。

5. MySQL 字符集

字符集就是指符号和字符编码的集合。

6. MySQL 的体系结构

MySQL 的体系结构组成包括连接池组件、管理服务和工作组件、SQL 接口组件、查询分析组件、优化器组件、缓存组件、插件式存储引擎以及物理文件。MySQL 体系结构如图 5-1 所示。

1）Connectors：指的是不同语言中与 SQL 的交互。

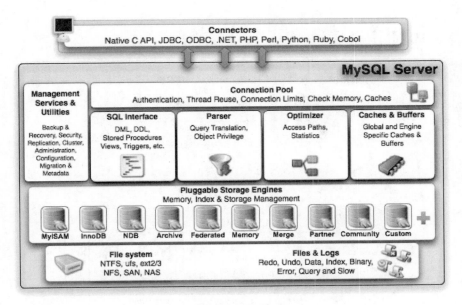

图 5-1　MySQL 体系结构图

2）Management Services&Utilities：系统管理和控制工具。

3）Connection Pool：连接池。管理用户连接，线程处理等需要缓存的需求。

4）SQL Interface：SQL 接口。接受用户的 SQL 命令，并且返回用户需要查询的结果。比如 select 语句就是调用 SQL Interface。

5）Parser：解析器。SQL 命令传递到解析器的时候会被解析器验证和解析。

6）Optimizer：查询优化器。SQL 语句在查询之前会使用查询优化器对查询进行优化。它使用的是"选取-投影-连接"策略进行查询。

7）Cache 和 Buffer：查询缓存。如果查询缓存有命中的查询结果，查询语句就可以直接去查询缓存中取数据。这个缓存机制是由一系列小缓存组成的。比如表缓存、记录缓存、key 缓存、权限缓存等。

8）Pluggable Storage Engine：插件式存储引擎。存储引擎是 MySQL 中具体的与文件打交道的子系统。它根据 MySQL AB 公司提供的文件访问层的一个抽象接口来定制一种文件访问机制（这种访问机制就叫作存储引擎）。

9）File System：InnoDB 默认的表空间文件为 ibdata1，可通过 show variables like 'innodb_file_per_table' 查看每个表是否产生单独的 .idb 表空间文件。但是，单独的表空间文件仅存储该表的数据、索引和插入缓冲等信息，其余信息还是存放在默认的表空间中。

10）Files & Logs：实例和介质失败时，重做日志文件就能派上用场，如数据库掉电，In-noDB 存储引擎会使用重做日志恢复到掉电前的时刻，以此来保证数据的完整性。参数 innodb_log_file_size 指定了重做日志文件的大小；innodb_log_file_in_group 指定了日志文件组中重做日志文件的数量，默认为 2，innodb_mirrored_log_groups 指定了日志镜像文件组的数量，默认为 1，代表只有一个日志文件组，没有镜像；innodb_log_group_home_dir 指定了日志文件组所在路径，默认在数据库路径下。

5.2　MySQL 工作流程

MySQL 是一个基于客户机/服务器（Client/Server，C/S）的关系数据库管理系统，MySQL 的使用工作流程，如图 5-2 所示。

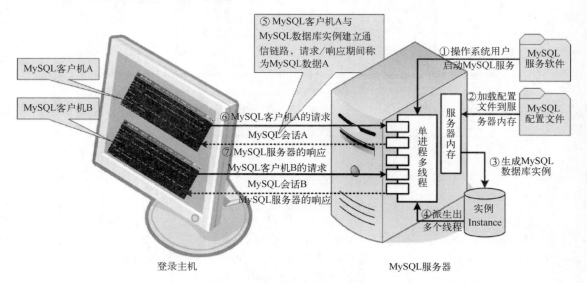

图 5-2　MySQL 工作流程图

1）操作系统用户启动 MySQL 服务。

2）MySQL 服务启动期间，首先将 MySQL 配置文件中的参数信息读入 MySQL 服务器内存。

3）根据 MySQL 配置文件的参数信息或者编译 MySQL 时参数的默认值生成一个 MySQL 服务实例进程。

4）MySQL 服务实例进程派生出多个线程为多个 MySQL 客户机提供服务。

5）数据库用户访问 MySQL 服务器的数据时，首先需要选择一台登录主机，然后在该登录主机上开启 MySQL 客户机，输入正确的账户名、密码，建立一条 MySQL 客户机与 MySQL 服务器之间的"通信链路"。

6）接着数据库用户就可以在 MySQL 客户机上"书写"MySQL 命令或 SQL 语句，这些 MySQL 命令或 SQL 语句沿着该通信链路传送给 MySQL 服务实例，这个过程称为 MySQL 客户机向 MySQL 服务器发送请求。

7）MySQL 服务实例负责解析这些 MySQL 命令或 SQL 语句，并选择一种执行计划运行这些 MySQL 命令或 SQL 语句，然后将执行结果沿着通信链路返回给 MySQL 客户机，这个过程称为 MySQL 服务器向 MySQL 客户机返回响应。

8）数据库用户关闭 MySQL 客户机，通信链路被断开，该客户机对应的 MySQL 会话结束。

5.3　MySQL 系统构成

MySQL 数据库系统由多个组件构成，通常包括以下几个部分。

1. MySQL 数据库服务

该部分主要由 MySQL 服务器、MySQL 实例和 MySQL 数据库 3 个部分组成，通常简称为 MySQL 服务，对应着官方技术文档中的"MySQL Service""MySQL Server"或"MySQL Database Server"等说法。

1）MySQL 服务器，也称为 MySQL 数据库服务，它是保存在 MySQL 服务器硬盘上的一个服务软件。通常是指 mysqld 服务器程序，它是 MySQL 数据库系统的核心，所有的数据库和数据表操作都是由它完成的。其中的 mysqld_safe 是一个用来启动、监控和（出问题时）重新启动 mysqld 的相关程序。如果在同一台主机上运行了多个服务器，通常需要用 mysqld_multi 程序来帮助用户管好它们。

2）MySQL 实例。MySQL 实例是一个正在运行的 MySQL 服务，其实质是一个进程，只有处于运行状态的 MySQL 服务实例才可以响应 MySQL 客户机的请求，提供数据库服务。同一个 MySQL 服务，如果 MySQL 配置文件的参数不同，启动 MySQL 服务后生成的 MySQL 服务实例也不相同。通常是指 mysqld 进程（MySQL 服务有且仅有这一个进程，不像 Oracle 等数据库，一个实例对应一堆的进程），以及该进程持有的内存资源。对应官方技术文档中的"MySQL instance"，也有的称之为 mysqld 进程。

3）MySQL 数据库。通常是指一个物理概念，即一系列物理文件的集合。一个 MySQL 数据库下可以创建很多个数据库，默认情况下至少会有 4 个数据库（information_schema、performance_schema、test、mysql），这些数据库及其关联的磁盘上的一系列物理文件构成 MySQL 数据库。通常提到的 data 目录是指存储 MySQL 数据文件的目录，默认是指/data/mysqldata/3306/data 目录。

① information_schema 数据库是 MySQL 自带的，它提供了访问数据库元数据的方式，也就是通常所说的 Metadata。Metadata 是关于数据的数据，如数据库名或表名、列的数据类型或访问权限等，用于表述该信息的其他术语包括"数据字典"和"系统目录"。

在 MySQL 中，information_schema 被看作一个数据库，确切地说是信息数据库。在 information_schema 中，有数个只读表。它实际上是视图，而不是基本表，因此，无法看到与之相关的任何文件。如果想看到它包含什么信息，只需要进入这个数据库，然后逐一执行"show create table 表名"查看每一个表的功能。

数据目录（catalog）是一组关于数据的数据，也叫元数据。在高级程序设计语言中，程序所用到的数据由程序中的说明语句定义，程序运行结束了，这些说明也就失效了。DBMS 的任务是管理大量的、共享的、持久的数据。有关这些数据的定义和描述须长期保存在系统中，一般就把这些元数据组成若干表，称之为数据目录，由系统管理和使用。

数据目录的内容包括基表、视图的定义以及存取路径（索引、散列等）访问权限和用于查询优化的统计数据等的描述。数据目录只能由系统定义并为系统所有，在初始化时由系统自动生成。数据目录是被频繁访问的数据，同时又是十分重要的数据，几乎 DBMS 的每一部分在运行时都要用到数据目录。如果把数据目录中所有基表的定义全部删去，则数据库中的所有数据，尽管还存储在数据库中，将无法访问。为此，DBMS 一般不允许用户对数据目录进行更新操作，而只允许用户对它进行有控制的查询。

② performance_schema 数据库是 MySQL 5.5 中新增的，它主要是针对性能的，主要用于收集数据库服务器性能参数。提供如下功能：

● 提供进程等待的详细信息，包括锁、互斥变量、文件信息；

- 保存历史事件汇总信息，为判断 MySQL 服务器性能做出详细的依据；
- 添加或删除监控事件点都非常容易，并可以随意改变 MySQL 服务器的监控周期。

③ test 数据库是测试库。

④ mysql 数据库，是 MySQL 数据库中的一个数据库名称，是创建 MySQL 数据库时自动创建的，主要存储一些系统对象，比如用户、权限、对象列表等字典信息。

⑤ sys 数据库，是 MySQL 5.7 中首次加入的一个系统信息库，这个库可以快速地了解系统的元数据信息，并非常方便地让 DBA 发现数据库中的信息，在解决性能瓶颈、自动化运维等方面提供帮助。

2. MySQL 客户程序和工具程序

MySQL 客户程序和工具程序主要负责与服务器进行通信，主要内容如下。

1）mysql：用于把 SQL 语句发往服务器并让查看其结果的交互式程序，位于［mysql_soft-ware］/bin 目录下。通过它完成连接数据库、查询、修改对象，执行维护操作。

2）mysqladmin：用于完成关闭服务器或在服务器运行不正常时检查其运行状态等工作的管理性程序。

3）mysqlcheck、isamchk、muisamchk：用于对数据表进行分析和优化，即当数据表损坏时，还可以用它们进行崩溃恢复工作。

4）mysqldump 和 mysqlhotcopy：用于备份数据库或者把数据库复制到另一个服务器的工具。

3. 服务器的语言——SQL

SQL 是结构化查询语言（Structured Query Language，SQL）的英文缩写，它是一种专门用来与数据库通信的语言。

注意：在 MySQL 系统构成中，要注意"MySQL 数据库""mysql 数据库""mysql 库"和"MySQL"几个术语的含义，避免产生概念歧义。

5.4 MySQL 服务器与端口号

1. MySQL 服务器

一个安装有 MySQL 服务的主机系统还应该包括操作系统、CPU、内存及硬盘等软硬件资源。在特殊情况下，同一台 MySQL 服务器可以安装多个 MySQL 服务，甚至可以同时运行多个 MySQL 服务实例，各 MySQL 服务实例占用不同的端口号为不同的 MySQL 客户机提供服务。简言之，同一台 MySQL 服务器同时运行多个 MySQL 服务实例时，使用端口号区分这些 MySQL 服务实例。

2. 端口号

服务器上运行的网络程序一般都是通过端口号来识别的，一台主机上端口号可以有 65536 个之多。典型的端口号的例子是某台主机同时运行多个 QQ 进程，QQ 进程之间使用不同的端口号进行辨识。也可以将"MySQL 服务器"想象成一部双卡双待（甚至多卡多待）的"手机"，将"端口号"想象成"SIM 卡槽"，每个"SIM 卡槽"可以安装一张"SIM 卡"，将"SIM 卡"想象成"MySQL 服务"。手机启动后，手机同时运行了多个"MySQL 服务实例"，手机通过"SIM 卡槽"识别每个"MySQL 服务实例"。

5.5 MySQL 的安装和使用

5.5.1 MySQL 的下载与安装

用户通常可以到官方网站 www.mysql.com 下载最新版本的 MySQL（本书使用版本的下载地址：https://dev.mysql.com/downloads/windows/installer/5.7.html）。按照用户群分类，MySQL 数据库目前分为社区版和企业版，它们最重要的区别在于：社区版是自由下载而且完全免费的，但是官方不提供任何技术的支持，适用于大多数普通的用户；企业版是收费的，不能在线下载，相应的它提供更多功能和更完备的技术支持，更适合对数据库的功能和可靠性要求较高的企业用户。MySQL 的版本更新很快，从 MySQL 版本 5 开始，开始支持触发器、视图、存储过程等数据库对象。常见的版本有 GA、RC、Alpha 和 Bean，它们的含义如下。

- GA（General Availability）：正式发布的版本，在国外都是用 GA 来说明 release 版本的。
- RC（Release Candidate）：发行候选版本，不会再加入新的功能了，主要着重于除错。
- Alpha：内部测试版，一般不向外部发布，会有很多 Bug。一般只有测试人员使用。
- Beta：也是测试版，这个阶段的版本会一直加入新的功能。在 Alpha 版之后推出。

下面以社区版为例，在 Windows x86 平台上安装 MySQL。

下载 MySQL 安装文件 mysql-installer-community-5.7.19.0-win32.msi。下载完成后，就可以安装了。其中，5.7.19.0 的说明："5" 表示主版本号；"7" 表示发行的级别；"19" 表示该级别下的版本号；"win32" 表示运行在 32 位的 Windows 操作系统下；"msi" 表示安装文件的格式。

下面讲解其安装过程。

1）双击运行下载后的程序，显示图 5-3 所示的窗口。

2）选中 "I accept the license terms" 复选框，单击 "Next" 按钮，弹出图 5-4 所示的安装类型选择窗口。其中，MySQL 的安装类型："Developer Default" 是默认安装类型；"Server only" 是仅作为服务器；"Client only" 是仅作为客户端；"Full" 是完全安装；"Custom" 是自定义安装类型。

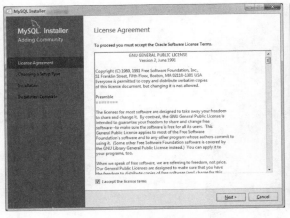

图 5-3　询问是否接受协议的窗口　　　　图 5-4　选择安装类型

3）选择"Developer Default"选项，单击"Next"按钮，弹出图5-5所示的产品及特点选择窗口。选中左侧列表显示的是可用的全部组件，右侧列表显示的是被选中将要安装的组件，可以通过向左或向右的箭头添加或删除需要安装的组件。

注意：由于个人计算机配置不一样，窗口中显示的内容有可能不同。系统中缺少什么组件，窗口中就会显示所缺少的组件信息。

4）单击"Next"按钮，安装所缺少的组件，如图5-6至图5-8所示。

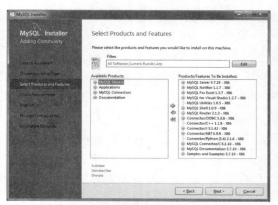

图5-5 产品选择窗口

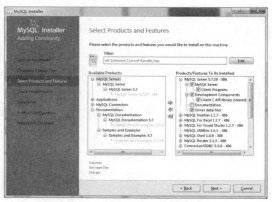

图5-6 产品及组件选择窗口

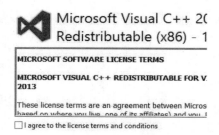

图5-7 确认窗口

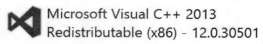

图5-8 安装进度条与成功提醒

5）安装完所需的组件后，会显示如图5-9所示的窗口。

6）单击"Next"按钮，显示图5-10所示的确认安装项目窗口。

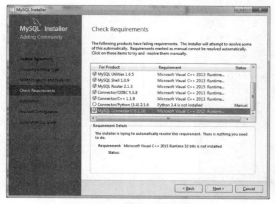

图5-9 确认要求窗口

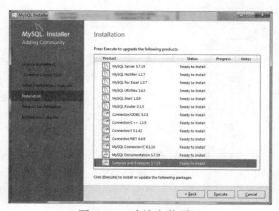

图5-10 确认安装项目

7）单击"Next"按钮，显示图 5-11 和图 5-12 所示的组件安装窗口。

8）单击"Next"按钮，显示图 5-13 所示的需要添加配置的产品列表窗口。

图 5-11　安装所选组件

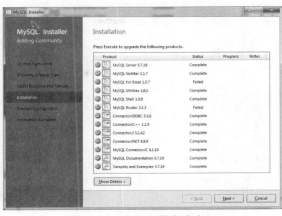
图 5-12　组件安装完成窗口

9）单击"Next"按钮，进入如图 5-14 所示的 MySQL Server 5.7.19 配置窗口，进行网络协议与端口的配置。该界面可以进行服务器配置型选择。其中，"Developer Machine"选项代表典型个人桌面工作站，在 3 种配置类型中占用最少的内存；"Server Machine"选项代表服务器，MySQL 服务器可以同其他应用程序一起运行，例如 FTP、E-mail 和 Web 服务器，将MySQL 服务器配置成使用适当比例的系统资源；"Dedicated MySQL Server Machine"选项代表只运行 MySQL 服务的服务器，假定没有运行其他应用程序，将 MySQL 服务器配置成占用机器全部有效的内存。作为初学者，选择"Developer Machine"就已经足够了，这样占用系统的资源不会很多。MySQL 使用的默认端口是 3306，在安装时，可以修改为其他端口号，例如 3307。但是在一般情况下，不要修改默认的端口号，除非 3306 端口已经被占用。

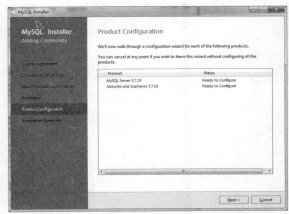
图 5-13　需要添加配置的产品列表窗口

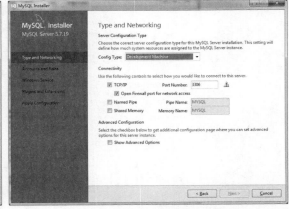
图 5-14　网络协议与端口的配置

10）单击"Next"按钮，显示图 5-15 所示的用户 root 密码窗口，设置管理员密码。

这里的 Password 随便输入，唯一要求就是至少要四位。但是一定要牢记在上述步骤中设置的默认用户 root 的密码，这是我们在访问 MySQL 数据库时必须使用的。选择"Add User"可以创建用户，这里出于对安全性考虑，不添加新用户。

11）单击"Next"按钮，显示如图 5-16 所示的 Windows 服务配置窗口，用于设置系统服务器名称。可以根据自己的需要进行名称设置，这里选择使用默认名称。另外，可以选择是否在系统启动的同时自动启动 MySQL 数据库服务器，这里按默认设置。

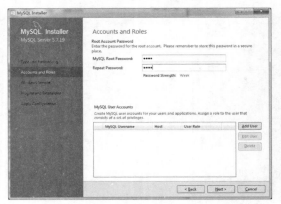
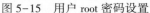

图 5-15　用户 root 密码设置

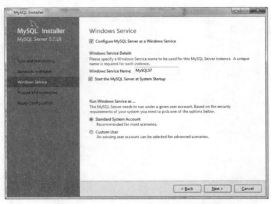

图 5-16　Windows 服务配置窗口

12）单击"Next"按钮，显示图 5-17 至 5-19 所示的应用服务配置窗口；单击"Finish"按钮，完成的应用服务配置，并返回需要添加配置产品列表的窗口，如图 5-20 所示，此时 MySQL Server 5.7.19 的状态 Status 描述由 Ready to Configure 准备配置变成了 Configuration Complete 配置完成。

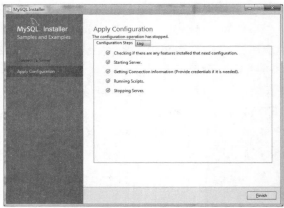

图 5-17　应用服务配置窗口

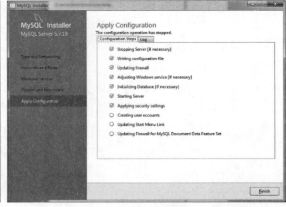

图 5-18　应用服务配置安装过程

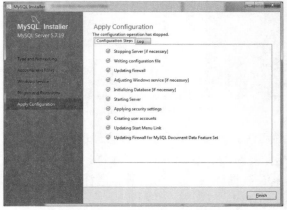

图 5-19　安装完成应用服务配置

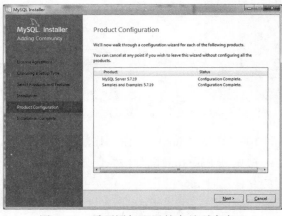

图 5-20　需要添加配置的产品列表窗口

13）单击"Next"按钮对 Samples and Examples 5.7.19 配置，完成在学习 MySQL 过程中的样例数据库安装，如图 5-21 所示。

14）单击"Check"按钮测试数据库连接，如图 5-22 所示。

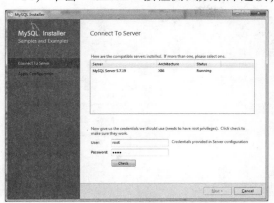

图 5-21　样例数据库安装配置　　　　　　　图 5-22　测试数据库连接

15）单击"Next"按钮，进入启动服务的过程窗口，如图 5-23 和 5-24 所示。

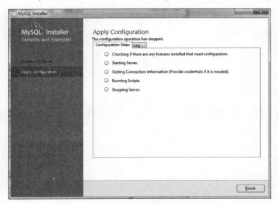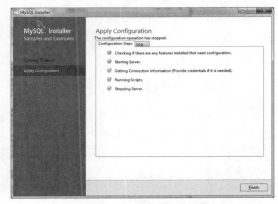

图 5-23　启动服务的过程窗口　　　　　　　图 5-24　服务启动过程界面

16）单击"Finish"按钮，返回需要添加配置的产品列表窗口，此时所有的产品状态 Status 描述都变成了 Ready to Configure（配置完成），如图 5-25 所示。

17）单击"Next"按钮，完成 MySQL 的安装，如图 5-26 所示。

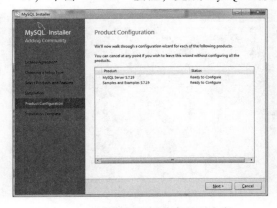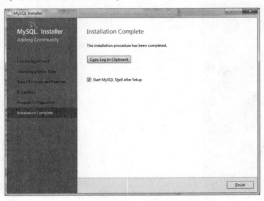

图 5-25　需要添加配置的产品列表窗口　　　　图 5-26　MySQL 安装完成

5.5.2 启动和停止 MySQL 服务器

启动和停止 MySQL 服务器的方法有两种：系统服务器和命令提示符（DOS）。

（1）通过系统服务管理器启动、停止 MySQL 服务器

如果 MySQL 设置为 Windows 服务，则可以依次通过选择"开始"→"控制面板"→"系统和安全"→"管理工具"→"服务"命令打开 Windows 服务管理器。在服务器的列表中找到 MySQL57 服务并右击，在弹出的快捷菜单中，完成 MySQL 服务的各种操作（启动、重新启动、停止、暂停和恢复），如图 5-27 所示。

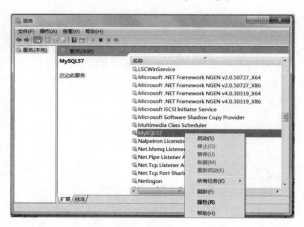

图 5-27　通过系统服务启动、停止 MySQL 服务器

（2）在命令提示符下启动、停止 MySQL 服务器

选择"开始"→"运行"命令，在弹出的"运行"窗口中输入"cmd"命令，按【Enter】键进入 DOS 窗口（建议以管理员身份打开，否则权限不够会拒绝访问）。在命令提示符下输入：

\> net start mysql57

其中，mysql57 是在配置 MySQL 环境中设置的服务器名称，当时设置的是 MySQL57，如图 5-28 所示。所以在这里用 net start mysql57。

此时再按【Enter】键，启用 MySQL 服务器。

在命令提示符下输入：

\> net stop mysql57

按【Enter】键即可停止 MySQL 服务器。在命令提示符下启动、停止 MySQL 服务器的运行效果如图 5-29 所示。

图 5-28　设置服务器名称界面

图 5-29　在命令提示符下启动、停止 MySQL 服务器

5.5.3 连接和断开 MySQL 服务器

下面分别介绍连接和断开 MySQL 服务器的方法。

在 MySQL 服务器启动后，选择"开始"→"运行"命令，在弹出的"运行"窗口中输入"cmd"命令，按【Enter】键后进入 DOS 窗口。

连接 MySQL 数据库格式：/>**mysql -u** 登录名　**-h** 服务器地址　**-p** 密码

退出 MySQL 数据库格式：/>**quit**　或者/>**exit**

在命令提示符下输入命令，如图 5-30 所示。

安装时，应特别注意以下两点。

1）在连接 MySQL 服务器时，MySQL 服务器所在地址（如-h127.0.0.1）可以省略不写。输入完命令语句后，按【Enter】键即可连接 MySQL 服务器，如图 5-31 所示。

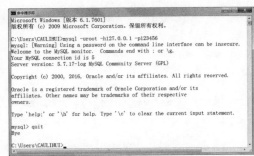

图 5-30　数据库的连接和退出

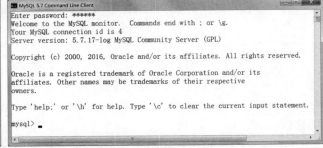

图 5-31　连接 MySQL 服务器

说明：为了保护 MySQL 数据库的密码，可以采用密码输入方式。如果密码在-p 后直接给出，那么密码就以明文显示，例如：mysql-uroot -h127.0.0.1-proot。按【Enter】键后再输入密码（以加密的方式显示），然后再按【Enter】键即可成功连接 MySQL 服务器。

2）如果用户在使用 mysql 命令连接 MySQL 服务器时弹出图 5-32 所示的信息，那么说明用户未设置系统的环境变量。

也就是说没有将 MySQL 服务器的 bin 文件夹位置添加到 Windows 的"环境变量"→"系统变量"→"path"中，从而导致命令不能执行。

图 5-32　错误提示

下面介绍这个环境变量的设置方法，步骤如下。

1）右击"计算机"图标，在弹出的快捷菜单中选择"属性"命令，在弹出的对话框中选择"高级系统设置"超链接，弹出"系统属性"对话框，选择"高级"选项卡，如图 5-33 所示。

2）单击"环境变量"按钮，弹出"环境变量"对话框，如图 5-34 所示。

图 5-33 "系统属性"对话框

图 5-34 "环境变量"对话框

3）在"系统变量"列表框中选择"Path"选项，单击"编辑"按钮，将弹出"编辑系统变量"对话框，如图 5-35 所示。

4）将 MySQL 服务器的 bin 文件夹位置（C:\Program Files\MySQL\MySQL Server 5.7\bin）添加到"变量值"文本框中，注意要使用"；"与其他变量值进行分隔，最后，单击"确定"按钮。环境变量设置完成后，再使用 mysql 命令即可成功连接 MySQL 服务器。

图 5-35 "编辑系统变量"对话框

5）环境变量设置完成后，再使用 mysql 命令即可成功连接 MySQL 服务器。

5.5.4 卸载 MySQL

卸载 MySQL 需要保证能完全卸载，这样才不影响下次安装使用，下面以 Windows 7 为例介绍具体的卸载过程。

1）在 Windows 服务中停止 MySQL 的服务。

2）打开"控制面板"，单击"程序和功能"，找到"MySQL"，右击从下拉菜单中选择卸载（或者使用其他软件卸载）。

3）卸载完成后，删除安装目录下的 MySQL 文件夹及程序数据文件夹，如 C:\Program Files（x86）\MySQL 和 C:\ProgramData\MySQL。

4）在运行中输入"regedit"，按【Enter】键进入注册表，将所有的 MySQL 注册表内容完全清除，具体删除内容如下。

① KEY_LOCAL_MACHINE\SYSTEM\ControlSet001\Services\Eventlog\Application\MySQL 目录删除。

② HKEY_LOCAL_MACHINE\SYSTEM\ControlSet002\Services\Eventlog\Application\MySQL 目录删除。

③ HKEY_LOCAL_MACHINE\SYSTEM\CurrentControlSet\Services\Eventlog\Application\MySQL 目录删除。

5）操作完成后，重新启动计算机。

5.6 Navicat 的安装与使用

MySQL 图形化管理工具极大地方便了数据库的操作与管理，常用的图形化管理工具有 MySQL Workbench、Navicat、phpMyAdmin 等。本章重点介绍 Navicat for MySQL 客户端管理工具的下载、安装以及对 MySQL 数据库的常见操作。

Navicat for MySQL 基于 Windows 平台，为 MySQL 量身定做，提供类似于 MySQL 的用户管理界面工具。此解决方案的出现可为用户带来更高的开发效率。

Navicat for MySQL 使用了极好的图形用户界面（GUI），可以用一种安全和更为容易的方式快速和容易地创建、组织、存取和共享信息。用户可完全控制 MySQL 数据库和显示不同的管理资料，包括一个多功能的图形化管理用户和访问权限的管理工具，便于将数据从一个数据库转移到另一个数据库中（Local to Remote、Remote to Remote、Remote to Local）进行数据备份。Navicat for MySQL 支持 Unicode 以及本地或远程 MySQL 服务器多连接，用户可浏览数据库、建立和删除数据库、编辑数据、建立或执行 SQL queries、管理用户权限 I 安全设定、将数据库备份/还原、导入/导出数据（支持 CSV、TXT、DBF 和 XML 数据格式）等。

5.6.1 下载与安装

本节选用的 Navicat for MySQL 版本为 navicatl11_mysql_cs_x64.exe，官方下载地址：http://www.navicat.com.cn/download/navicat-for-mysql，根据自己计算机的型号下载对应版本的 Navicat，本书采用 Navicat for MySQL（64 bit）简体中文版。这些产品试用期为 14 天，如果要长期使用，请按官网提示购买即可。

1）下载完成后，双击 exe 文件，进入欢迎安装界面，如图 5-36 所示。

2）单击"下一步"按钮，进入安装许可界面如图 5-37 所示。

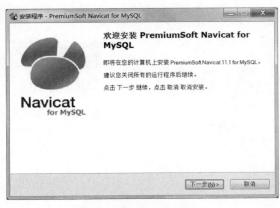

图 5-36　欢迎安装界面

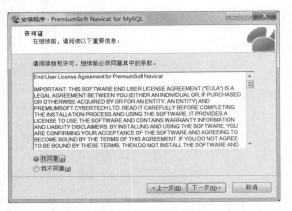

图 5-37　安装许可界面

3）许可协议选择"我同意"，单击"下一步"按钮。如果不想把软件安装在系统盘下，在此处可以修改安装目录，如图 5-38 所示。

4）选择哪里创建桌面快捷方式，如图 5-39 和图 5-40 所示。

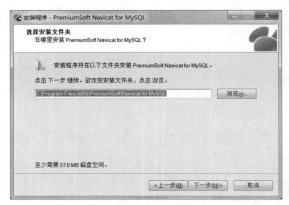

图 5-38　安装目录路径选择界面

图 5-39　快捷方式创建位置界面

5）单击"下一步"按钮，进入准备安装页面，如图 5-41 所示。

图 5-40　桌面快捷方式创建界面

图 5-41　准备安装界面

6）单击"安装"按钮，进入安装界面，如图 5-42 所示，安装完成，如图 5-43 所示，单击"完成"按钮。

图 5-42　安装进度界面

图 5-43　安装完成界面

5.6.2 Navicat 的使用

启动 Navicat，单击"文件"菜单，选择"新建连接→MySQL…"，或者选择左上角"连接"按钮，打开新建连接界面。单击主界面左侧"连接"按钮，如图 5-44 所示，选择"MySQL"，会弹出连接界面，如图 5-45 所示。

图 5-44　连接方式选择　　　　　　　　图 5-45　设置连接名

填入相应的连接信息，连接名称可以自定义，可以单击"连接测试"来测试一下当前连接是否成功。"保存密码"可选框的作用是如果本次连接成功，则下次就无须输入密码，直接进入管理界面。进入到主界面如图 5-46 所示。

连接成功后，左侧的树型目录中会出现此连接。注意，在 Navicat for MySQL 中，每个数据库的信息是单独获取的，没有获取的数据库的图标会显示为灰色。而一旦 Navicat for MySQL 执行了某些操作，获取了数据库信息后，相应的图标就会显示成彩色。如图 5-46 中，只获取了 jxgl 数据库的信息，其他数据库并没获取。这样做可以提高 Navicat for MySQL 的运行速度，因为它只打开需要使用的内容。

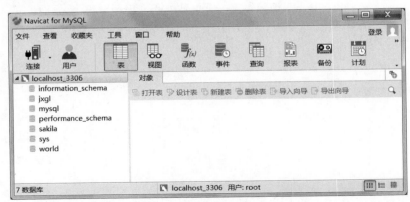

图 5-46　操作界面

下面就 Navicat for MySQL 的基本功能，如创建数据库、创建数据表、备份数据库、还原数据库等做进一步的介绍。

1. 创建数据库

在左侧列表中空白处右击选择"新建数据库",弹出新建页面,这里将数据库名称命名为"jxgl",如图 5-47 所示。选择"新建数据库",弹出"新建数据库"对话框,如图 5-48 所示。输入数据库名称"jxgl"(教学管理的每一个字的第一个拼音字母),字符集选择"utf-8",排序规则选择"utf8_general_ci"。

图 5-47　新建数据库操作界面　　　　　　　　图 5-48　新建数据库对话框

字符集,简单地说就是一套文字符号及其编码、比较规则的集合。满足应用支持语言的要求,如果应用要处理的语言种类多,要在不同语言的国家发布,就应该选择 Unicode 字符集,就目前对 MySQL 来说,选择 utf-8。

排序规则,排序规则是根据特定语言和区域设置标准指定对字符串数据进行排序和比较的规则。utf8_general_ci 不区分大小写,在注册用户名和邮箱的时候就要使用。utf8_general_cs 区分大小写,如果用户名和邮箱使用,就会造成不良后果,单击"确定"按钮后,如图 5-49 所示。数据库列表中多出一个"jxgl"数据库。

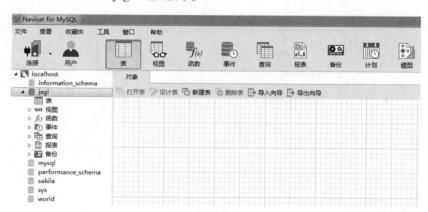

图 5-49　选中数据库图

确定后成功创建一个数据库,接下来可以在该数据库中创建表、视图等。

2. 创建表

选择"jxgl",单击右侧的"新建表",进入到创建表的页面,如图 5-50 所示。

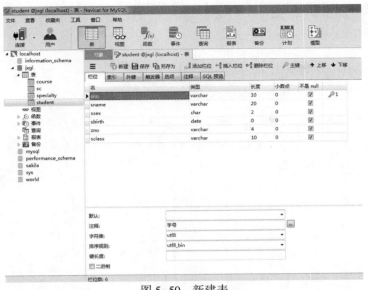

图 5-50　新建表

在创建表过程中有一个地方要特别注意，就是"栏位"，这个概念对于初次使用 Navicat for MySQL 的新手来说比较陌生，其含义是我们通常所说的"字段"，工具栏中的"添加栏位"即添加字段的意思，添加完所有的字段以后要根据需求设置相应的"主键"。可以使用工具栏中的工具进行栏位的添加、主键的设置、调整栏位的顺序等操作。

如果数据库比较复杂还可以根据需求继续做相关的设置，在"栏位"选项卡中还有索引、外键、触发器供调用，在"SQL 预览"标签下是 SQL 语句。如果需要对表结构进行修改，在工具栏中选择"表"，然后选中要修改的表，选择"设计表"按钮。

3. 添加数据

在左侧结构树中单击"表"，找到要添加数据的表，如"student"，双击该表，或者在工具栏中选择"表"，然后选中要插入数据的表，选择"打开表"按钮。在窗口右侧打开添加数据的页面，如图 5-51 所示，可以直接输入相关数据。

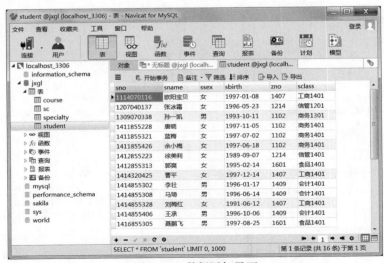

图 5-51　数据添加界面

4. 数据查询

数据查询时，单击窗口上方工具栏中"查询"按钮，然后单击"新建查询"，打开新建窗口如图 5-52 所示。

在"查询编辑器"中输入要执行的 SQL 语句，单击"运行"，在窗口下方显示结果、信息、概况等信息，如图 5-53 所示。

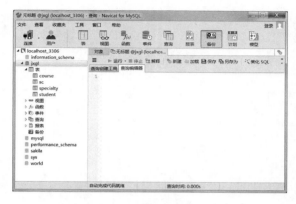

图 5-52 查询编辑器界面

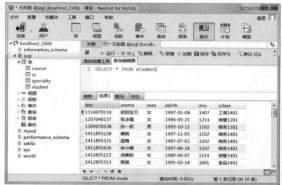

图 5-53 查询结果界面

另外，也可以在"查询创建工具"页面中，通过表和字段选择的方式自动生成 SQL 语句，还可以看到"select"的语法帮助，如图 5-54 所示。

5. 数据库备份

备份数据库有以下两种方式：①在窗口上方工具栏中选择"备份"按钮；②在左侧结构树中，选择要备份数据库下的"备份"按钮，打开备份页面，如图 5-55 所示。

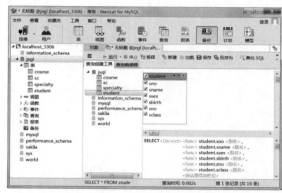

图 5-54 查询创建工具界面

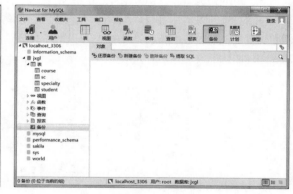

图 5-55 数据库备份主界面

选择"新建备份"按钮，打开"新建备份"窗口，如图 5-56 所示。

设置相关信息，如在"常规"选项卡中添加注释信息；在"对象选择"选项卡中选择要备份的表有哪些；在"高级"选项卡中选择是否压缩、是否使用指定文件名等；在"信息日志"选项卡中显示备份过程，设置完成后，单击"开始"，最后单击"保存"，弹出保存界面，如图 5-57 所示。

图 5-56　新建备份界面　　　　　　　图 5-57　备份设置界面

　　备份结束之后产生备份文件，数据库发生新的变化需要再次备份，双击"jxglback"重新进行"对象选择"后，进行备份。经过多次备份后会产生多个不同时期的备份文件。

　　当需要将数据库还原到某个时间点时，选择时间，单击"还原备份"即可。

5.6.3　在 Navicat 中运行 SQL 语句

　　在 Navicat 中，选择数据库"jxgl"并展开，选中"查询"，右击，选择"新建查询"。在新建查询界面，输入创建数据库的 SQL 语句，然后单击绿色的三角箭头，运行 SQL 语句。例如，创建一个名为 StudentInfo 的数据库，在查询界面中，输入"CREATE DATABASE　studentInfo;"，然后单击绿色的三角箭头，运行 SQL 语句。

　　为了检验数据库中是否已经存在名为 studentInfo 的数据库，我们使用"SHOW DATABASES;"命令查看所有的数据库。查询结果显示，已经存在 studentInfo 数据库，说明数据库创建成功。

5.7　知识点小结

　　本章介绍了 MySQL 的相关发展，讲述了其工作流程和系统的构成，并以 Windows 平台为例，讲述了 MySQL 与 Navicat 的下载、安装、配置、启动和关闭的过程。

5.8　思考与练习

1. 请列举说明 MySQL 的系统特性。
2. 请简述 MySQL 的安装与配置过程。
3. 请列举两个常用的 MySQL 客户端管理工具。
4. 以下关于 MySQL 的说法中错误的是（　　　）。

A. MySQL 是一种关系型数据库管理系统

B. MySQL 软件是一种开放源码软件

C. MySQL 服务器工作在客户端/服务器模式下，或嵌入式系统中

D. MySQL 完全支持标准的 SQL 语句

5. 以下关于 MySQL 配置向导的说法中错误的是 （　　　）。

A. MySQL 安装完毕后，会自动启动 MySQL 配置向导

B. MySQL 配置向导用于配置 Windows 中的服务器

C. MySQL 配置向导将用户选择结果存储到模板中生成一个 my.ini 文件

D. MySQL 配置向导可以选择两种配置类型：标准配置和详细配置

6. （　　　）是 MySQL 服务器。

A. MySQL　　　　B. MySQLD　　　　C. MySQL Server　　　D. MySQLS

7. MySQL 是一种 （　　　）数据库管理系统。

A. 层次型　　　B. 网络型　　　C. 关系型　　　D. 对象型

第 6 章　MySQL 存储引擎与数据库操作管理

数据库是存储数据库对象的容器，是指长期存储在计算机内，有组织和可共享的数据的集合。只是，其存储方式有特定的规律。MySQL 数据库的管理主要包括数据库的创建、选择当前操作的数据库、显示数据库结构以及删除数据库等操作。在介绍数据基本操作之前，我们先介绍一下 MySQL 数据库的存储引擎和字符集的概念。

6.1　存储引擎

数据库存储引擎是数据库底层软件组件，数据库管理系统（DBMS）使用数据引擎进行创建、查询、更新和删除数据操作。不同的存储引擎提供不同的存储机制、索引技巧、锁定水平等功能，使用不同的存储引擎，还可以获得特定的功能。现在许多不同的数据库管理系统都支持多种不同的数据引擎。MySQL 的核心就是存储引擎。

6.1.1　概述

MySQL 数据库中典型的数据库对象包括表、视图、索引、存储过程、函数和触发器等，表是其中最为重要的数据库对象。使用 SQL 语句"CREATE TABLE 表名"即可创建一个数据库表（后续章节会详细介绍表的创建），在创建数据库表之前，必须首先明确该表的存储引擎。

存储引擎实际上就是如何存储数据、如何为存储的数据建立索引和如何更新、查询数据的机制。因为在关系数据库中数据的存储以表的形式存储的，所以存储引擎也可以称为表类型。MySQL 数据库提供了多种存储引擎，用户可以根据不同的需求为数据表选择不同的存储引擎，也可以根据自己的需要编写自己的存储引擎。

MySQL 中的数据使用各种不同的技术存储在文件（或者内存）中。每一种技术都使用不同的存储机制、索引技巧、锁定水平，并且最终提供广泛的、不同的功能和能力。通过选择不同的技术，能够获得额外的速度或者功能，从而改善应用的整体功能。

这些不同的技术以及配套的相关功能在 MySQL 中被称作存储引擎（也称作表类型）。MySQL 默认配置了许多不同的存储引擎，可以预先设置或者在 MySQL 服务器中启用。用户可以选择适用于服务器、数据库和表格的存储引擎，以便在选择如何存储信息、如何检索这些信息以及需要的数据结合什么性能和功能时为其提供最大的灵活性。

与其他数据库管理系统不同，MySQL 提供了插件式（pluggable）的存储引擎，存储引擎是基于表的。同一个数据库，不同的表，存储引擎可以不同。甚至，同一个数据库表在不同的场合可以应用不同的存储引擎。

在 Oracle 和 SQL Server 等数据库中只有一种存储引擎，所有数据存储管理机制都是一样的，但是 MySQL 数据库提供了很多种存储引擎。MySQL 中的每一种存储引擎都有各自的特点。对于不同业务类型的表，为了提升性能，数据库开发人员应该选用更合适的存储引擎。MySQL 常用的存储引擎有 InnoDB 存储引擎以及 MyISAM 存储引擎。

读者可以查看当前 MySQL 数据库支持的存储引擎。查询方法非常简单，有两种方式：第一种通过 SHOW ENGINES 命令；第二种是通过 SHOW VARIABLES LIKE 'have%' 语句。语法格式如下。

SHOW ENGINES;或 SHOW ENGINES \G

说明：上述语句可以使用分号 ";" 结束，也可以使用 "\g" 或者 "\G" 结束，其中，"\g" 的作用与分号作用相同，而 "\G" 可以让结果更加美观。

【例 6-1】登录 MySQL 控制台成功后执行 SHOW ENGIENS \G 语句并查看结果。执行结果如图 6-1 所示。

Engine	Support	Comment	Transactions	XA	Savepoints
InnoDB	DEFAULT	Supports transactions, ro	YES	YES	YES
MRG_MYISAM	YES	Collection of identical My	NO	NO	NO
MEMORY	YES	Hash based, stored in me	NO	NO	NO
BLACKHOLE	YES	/dev/null storage engine	NO	NO	NO
MyISAM	YES	MyISAM storage engine	NO	NO	NO
CSV	YES	CSV storage engine	NO	NO	NO
ARCHIVE	YES	Archive storage engine	NO	NO	NO
PERFORMANCE_SCHEMA	YES	Performance Schema	NO	NO	NO
FEDERATED	NO	Federated MySQL storag	(Null)	(Null)	(Null)

图 6-1　执行结果

从上述结果我们可以知道，当前版本的 MySQL 数据库支持 FEDERATED、MRG_MYISAM、MyISAM、BLACKHOLE、CSV、MEMORY、ARCHIVE、InnoDB 和 PERFORMANCE_SCHEMA 存储引擎。输出的参数说明如下。

- Engine：数据库存储引擎的名称。
- Support：表示 MySQL 是否支持该类引擎。YES 表示支持，NO 表示不支持。
- Comment：表示对该引擎的解释说明。
- Transactions：表示是否支持事务处理。YES 表示支持，NO 表示不支持。（数据库事务，是指作为单个逻辑工作单元执行的一系列操作，要么完全执行，要么完全不执行。）
- XA：表示是否分布式交易处理的 XA 规范，YES 表示支持，NO 表示不支持。
- Savepoints：表示是否支持保存点，以便事务回滚到保存点，YES 表示支持，NO 表示不支持。

【例 6-2】执行 SHOW VARIABLES LIKE 'have%'\G 语句并查看结果。执行结果如图 6-2 所示。

上面的结果中，value 显示 "DISABLED" 和 "YES" 的标记表示支持该存储引擎，前者表示数据库启动的时候被禁用。"NO" 表示不支持。

【例 6-3】如果读者不确定当前数据库默认存储引擎，可以通过以下语句经行查看。

SHOW VARIABLES LIKE '%storage_engine%';

控制台执行上述语句输出结果如图 6-3 所示。

Variable_name	Value
have_compress	YES
have_crypt	NO
have_dynamic_loading	YES
have_geometry	YES
have_openssl	DISABLED
have_profiling	YES
have_query_cache	YES
have_rtree_keys	YES
have_ssl	DISABLED
have_statement_timeout	YES
have_symlink	YES

图 6-2　执行结果

图 6-3　数据库引擎查询结果

存储引擎的使用，一般是建立表的时候用 engine 来指定。由于还没有介绍表的创建，所以这里举个简单的例子，供大家参考。

【例 6-4】用 USE studentInfo；命令来选择 studentInfo 数据库，在用 CREATE TABLE 命令来创建 exampleTable，并用 ENGINE 指定数据库的存储引擎是 MyISAM，用 CHARSET 指定字符集是 utf8，COLLATE 指定校验规则为 utf8_bin。命令结果如图 6-4 所示。

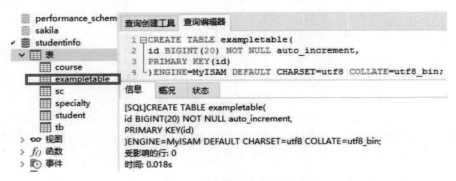

图 6-4　建表

6.1.2　InnoDB 存储引擎

InnoDB 是事务型数据库的首选引擎，支持事务安全表（ACID），支持行锁定和外键，MySQL 5.5.5 之后，InnoDB 作为默认存储引擎，InnoDB 主要特性如下。

1）InnoDB 给 MySQL 提供了具有提交、回滚和崩溃恢复能力的事物安全（ACID 兼容）存储引擎。InnoDB 锁定在行级并且也在 SELECT 语句中提供一个类似 Oracle 的非锁定读。这些功能增加了多用户部署和性能。在 SQL 查询中，可以自由地将 InnoDB 类型的表与其他 MySQL 的表的类型混合起来，甚至在同一个查询中也可以混合。

2）InnoDB 是为处理巨大数据量提供最大性能而设计的。它的 CPU 效率可能是任何其他基于磁盘的关系数据库引擎所不能匹敌的。

3）InnoDB 存储引擎完全与 MySQL 服务器整合，InnoDB 存储引擎为在主内存中缓存数据和索引而维持它自己的缓冲池。InnoDB 将它的表和索引存储在一个逻辑表空间中，表空间可以包含数个文件（或原始磁盘分区）。这与 MyISAM 表不同，比如在 MyISAM 表中每个表被存在分离的文件中。InnoDB 表可以是任何大小。

4）InnoDB 支持外键完整性约束（FOREIGN KEY）。存储表中的数据时，每张表的存储都按主键顺序存储，如果没有显示在表定义时指定主键，InnoDB 会为每一行生成一个 6 字节的

ROWID，并以此作为主键。

5）InnoDB 被用在众多需要高性能的大型数据库站点上。InnoDB 不创建目录，使用 InnoDB 时，MySQL 将在 MySQL 数据目录下创建一个名为 ibdatal 的 10 MB 的自动扩展数据文件，以及两个名为 ib_logfile0 和 ib_logfile1 的 5MB 的日志文件。

6.1.3 MyISAM 存储引擎

MyISAM 基于 ISAM 存储引擎，并对其进行扩展。它是在 Web、数据仓储和其他应用环境下最常使用的存储引擎之一。MyISAM 拥有较高的插入、查询速度，但不支持事务。在 MySQL 5.5.5 之前的版本中，MyISAM 是默认存储引擎。MyISAM 主要特征如下。

1）大文件（达 63 位文件长度），在支持大文件的文件系统和操作系统上被支持。

2）当把删除和更新及插入操作混合使用的时候，动态尺寸的行产生更少碎片。这要通过合并相邻被删除的块，以及如果下一个块被删除就扩展到下一块来自动完成。

3）每个 MyISAM 表最大索引数是 64，可以通过重新编译来改变。每个索引最大的列数是 16 个。

4）最大的键长度是 1000 字节，也可以通过编译来改变。对于键长度超过 250 字节的情况，一个超过 1024 字节的键将被用上。

5）BLOB 和 TEXT 列可以被索引。

6）NULL 值被允许在索引的列中，这个值占每个键的 0 或 1 个字节。

7）所有数字键值以高字节优先为原则被存储，以允许一个更高的索引压缩。

8）每个 MyISAM 类型的表都有一个 AUTO_INCREMENT 的内部列，当执行 INSERT 和 UP-DATE 操作的时候该列被更新，同时 AUTO_INCREMENT 列将被刷新，所以说，MyISAM 类型表的 AUTOINCREMENT 列更新比 InnoDB 类型的 AUTO_INCREMENT 更快。

9）可以把数据文件和索引文件存储在不同的目录。

10）每个字符列可以有不同的字符集。

11）VARGHAR 的表可以固定或动态地记录长度。VARCHAR 和 CHAR 列可以多达 64 KB。

使用 MyISAM 引擎创建数据库，将生成 3 个文件。文件名字以表的名字开始，扩展名指出文件类型：存储表定义文件的扩展名为 FRM；数据文件的扩展名为 .MYD（MYData）；索引文件的扩展名是 .MYI（MYlndex）。

6.1.4 MEMORY 存储引擎

MEMORY 存储引擎（之前称为 HEAP 存储引擎）将表中的数据存储在内存中，如果数据库重启或发生崩溃，表中的数据都将消失。它非常适合用于存储临时数据的临时表，以及数据仓库中的纬度表。它默认使用哈希（HASH）索引，而不是我们熟悉的 B+树索引。

MEMORY 主要特性如下。

1）MEMORY 表的每个表可以有多达 32 个索引，每个索引 16 列，以及 500 字节的最大键长度。

2）MEMORY 存储引擎执行 HASH 和 BTREE 索引。

3）在一个 MEMORY 表中可以有非唯一键。

4）MEMORY 表使用一个固定的记录长度格式。

5）MEMORY 不支持 BLOB 或 TEXT 列。

6) MEMORY 支持 AUTO_INCREMENT 列和对可包含 NULL 值的列的索引。

提示：*哈希索引的速度要比 B 型树索引快，如果读者希望使用 B 型树索引，那么可以在创建索引时选择使用。*

6.1.5　MERGE 存储引擎

MERGE 存储引擎是一组 MyISAM 表的组合，这些 MyISAM 表必须结构完全相同，MERGE 表本身没有数据，对于 MERGE 类型的表可以进行查询、更新、删除操作，这些操作实际上是对内部的 MyISAM 表进行的。对于 MERGE 类型表的插入操作，是通过 INSERT_METHOD 字句定义插入的表，可以有 3 个不同的值，使用 FIRST 或 LAST 值使地插入操作被相应地作用在第一或最后一个表上，不定义这个字句或者定义为 NO，表示不能对这个 MERGE 表执行插入操作。

对 MERGE 表进行 DROP 操作，这个操作只是删除 MERGE 的定义，对内部的表没有任何影响。MERGE 表在磁盘上保留两个文件，文件名以表的名字开始：一个 .frm 文件存储表定义；另一个 .MRG 文件包含组合表的信息，包括 MERGE 表有哪些表组成、插入新的数据时的依据。可以通过修改 .MRG 文件来修改 MERGE 表，但是修改后要通过 FLUSH TABLES 刷新。

6.1.6　其他存储引擎

处理前面 3 节详细介绍的存储引擎外，当前版本的 MySQL 数据库还支持其他存储引擎，这里进行简单的介绍。

（1）BLACKHOLE 存储引擎

BLACKHOLE 存储引擎是一个非常有意思的存储引擎，功能恰如其名，就是一个"黑洞"。就像我们 UNIX 系统下面的 "/dev/null" 设备一样，不管我们写入任何信息，都是有去无回。那么 BLACKHOLE 存储引擎对我们有什么用呢？MySQL 提供这样一个存储引擎给我们的用意为何？它虽然不能存储数据，但是 MySQL 数据库还是会正常记录下 Binlog（二进制日志，记录对数据发生或潜在发生更改的 SQL 语句，并以二进制的形式保存在磁盘中），而这些 Binlog 还会被正常地同步到 Slave 上，可以在 Slave 上对数据进行后续处理。

BLACKHOLE 存储引擎一般用于以下 3 种场合。

- 验证存储文件语法的正确性。
- 来自二进制日志记录的开销测量，通过比较，允许与禁止二进制日志功能的 BLACKHOLE 的性能。
- 用来查找与存储和引擎自身不相关的性能瓶颈。

（2）CSV 存储引擎

CSV 存储引擎实际上操作的就是一个标准的 CSV 文件，它不支持索引。起主要用途就是有时需要通过数据库中的数据导出成一份报表文件，而 CSV 文件是很多软件都支持的一种较为标准的格式，所以我们可以通过先在数据库中建立一张 CVS 表，然后将生成的报表信息插入到该表，即可得到一份 CSV 报表文件。

（3）ARCHIVE 存储引擎

ARCHIVE 存储引擎主要用于通过较小的存储空间来存储过期的很少访问的历史数据。AR-CHIVE 表不支持索引，它通过一个 .frm 的结构定义文件，一个 .ARZ 的数据压缩文件和一个 .ARM 的 meta. 信息文件实现。由于其所存储的数据的特殊性，ARCHIVE 表不支持删除，修改操作，仅支持插入和查询操作。锁定机制为行级锁定。

6.1.7 存储引擎的选择

在选择存储引擎时，应根据应用特点选择合适的存储引擎。对于复杂的应用系统，还可以根据实际情况选择多种存储引擎进行组合。

（1）MyISAM

适用场景是不需要事务支持、并发相对较低、数据修改相对较少、以读为主、数据一致性要求不是非常高。

尽量采用索引（缓存机制）；调整读写优先级；根据实际需求确保重要操作更优先；启用延迟插入改善大批量写入性能；尽量顺序操作，让 insert 数据都写入到尾部，减少阻塞；分解大的操作，降低单个操作的阻塞时间，降低并发数；某些高并发场景通过应用来进行排队机制，对于相对静态的数据，充分利用 Query Cache，可以极大地提高访问效率，MyISAM 的 Count 只有在全表扫描的时候特别高效，带有其他条件的 Count 都需要进行实际的数据访问。

（2）InnoDB

适用场景需要事务支持，行级锁定对高并发有很好的适应能力，但需要确保查询是通过索引完成的，数据更新较为频繁。

主键要尽可能小，避免给 Secondary index 带来过大的空间负担；避免全表扫描，因为会使用表锁；尽可能缓存所有的索引和数据，提高响应速度；在大批量小插入的时候，合理设置 innodb_flush_log_at_trx_commit 参数值；尽量自己控制事务而不要使用 autocommit 自动提交，不要过度追求安全性，避免主键更新，因为这会带来大量的数据移动。

（3）MEMORY

适用于需要很快的读写速度、对数据的安全性要求较低的场景。

MEMORY 存储引擎对表的大小有要求，不能是太大的表。

总之，使用哪一种引擎要根据需要灵活选择，一个数据库中多个表可以使用不同引擎以满足各种性能和实际需求。使用合适的存储引擎，将会提高整个数据库的性能。

6.2 字符集

从本质上来说，计算机只能识别二进制代码，因此，不论是计算机程序还是要处理的数据，最终都必须转换成二进制码，计算机才能识别。为了使计算机不仅能做科学计算，也能处理文字信息，人们想出了给每个文字符号编码以便计算机识别处理的办法，这就是计算机字符集产生的原因。

6.2.1 概述

字符集简单地说就是一套文字符号及其编码、比较规则的集合。20 世纪 60 年代初期，ANSI 发布了第一个计算机字符集——ASCII（American Standard Code for Information Interchange），后来进一步变成了国际标准 ISO-646。这个字符集采用 7 位编码，定义了包括大小写英文字母、阿拉伯数字和标点符号，以及 33 个控制符号等。虽然现在看来，这个美式的字符集很简单，包括的符号很少，但直到今天依然是计算机世界里奠基性的标准，其后指定的各种字符集基本都兼容 ASCII 字符集。自从 ASCII 后，为了处理不同的语言和文字，很多组织和机构先后创造了几百种字符集，例如 ISO-8859 系列、GBK 等，这么多的字符集，它们收录的字符和字符的编码规则各不相同，给计算机软件开发和移植带来了很大困难。所以统一字符集编码成了 20 世纪 80 年代计算机行业的迫切需要和普遍共识。

6.2.2 MySQL 支持的字符集

在默认情况下，MySQL 使用字符集为 latin1（西欧 ISO_8859_1 字符集的别名）。由于 latin1 字符集是单字符编码，而汉字是双字节编码，由此可能导致 MySQL 数据库不支持中文字符查询或者中文字符乱码等问题。为了避免此类问题，需要对字符集及字符排序进行设置。

MySQL 服务器可以支持多种字符集，在同一台服务器、同一个数据库甚至同一个表的不同字段都可以使用不同的字符集，可以用 SHOW CHARACTER SET 查看所有可以使用的字符集，如图 6-5 所示。

```
1  SHOW CHARACTER SET;
```

信息 结果1 概况 状态

Charset	Description	Default collation	Maxlen
big5	Big5 Traditional Chinese	big5_chinese_ci	2
dec8	DEC West European	dec8_swedish_ci	1
cp850	DOS West European	cp850_general_ci	1
hp8	HP West European	hp8_english_ci	1
koi8r	KOI8-R Relcom Russian	koi8r_general_ci	1
latin1	cp1252 West European	latin1_swedish_ci	1
latin2	ISO 8859-2 Central Europ	latin2_general_ci	1
swe7	7bit Swedish	swe7_swedish_ci	1
ascii	US ASCII	ascii_general_ci	1
ujis	EUC-JP Japanese	ujis_japanese_ci	3
sjis	Shift-JIS Japanese	sjis_japanese_ci	2
hebrew	ISO 8859-8 Hebrew	hebrew_general_ci	1
tis620	TIS620 Thai	tis620_thai_ci	1
euckr	EUC-KR Korean	euckr_korean_ci	2
koi8u	KOI8-U Ukrainian	koi8u_general_ci	1
gb2312	GB2312 Simplified Chines	gb2312_chinese_ci	2
greek	ISO 8859-7 Greek	greek_general_ci	1
cp1250	Windows Central Europe	cp1250_general_ci	1
gbk	GBK Simplified Chinese	gbk_chinese_ci	2
latin5	ISO 8859-9 Turkish	latin5_turkish_ci	1
armscii8	ARMSCII-8 Armenian	armscii8_general_ci	1
utf8	UTF-8 Unicode	utf8_general_ci	3
ucs2	UCS-2 Unicode	ucs2_general_ci	2
cp866	DOS Russian	cp866_general_ci	1
keybcs2	DOS Kamenicky Czech-Sl	keybcs2_general_ci	1
macce	Mac Central European	macce_general_ci	1
macroman	Mac West European	macroman_general_ci	1
cp852	DOS Central European	cp852_general_ci	1
latin7	ISO 8859-13 Baltic	latin7_general_ci	1
utf8mb4	UTF-8 Unicode	utf8mb4_general_ci	4
cp1251	Windows Cyrillic	cp1251_general_ci	1
utf16	UTF-16 Unicode	utf16_general_ci	4
utf16le	UTF-16LE Unicode	utf16le_general_ci	4
cp1256	Windows Arabic	cp1256_general_ci	1
cp1257	Windows Baltic	cp1257_general_ci	1
utf32	UTF-32 Unicode	utf32_general_ci	4
binary	Binary pseudo charset	binary	1
geostd8	GEOSTD8 Georgian	geostd8_general_ci	1
cp932	SJIS for Windows Japane	cp932_japanese_ci	2
eucjpms	UJIS for Windows Japane	eucjpms_japanese_ci	3
gb18030	China National Standard	gb18030_chinese_ci	4

图 6-5 字符集列表

或者使用 information_schema. CHARACTER_SETS，可以显示所有的字符集和该字符集默认校对规则，如图 6-6 所示。

```
1  DESC information_schema.CHARACTER_SETS;
```

信息 结果1 概况 状态

Field	Type	Null	Key	Default	Extra
CHARACTER_SET_NAME	varchar(3:	NO			
DEFAULT_COLLATE_NAME	varchar(3:	NO			
DESCRIPTION	varchar(6(	NO			
MAXLEN	bigint(3)	NO		0	

图 6-6　字符集校对规则

MySQL 字符集包括**字符集**和**校对规则**两个概念。其中字符集用来定义 MySQL 存储字符串的方式，校对规则定义比较字符串的方式。字符集和校对规则是一对多的关系，两个不同的字符集不能有相同的校对规则，每个字符集有一个默认校对规则，例如 gbk 默认校对规则是 gbk_chinese_ci，对于校验规则命名约定，它们以其相关的字符集名开始，通常包括一个语言名，并且以_ci（表示大小写不敏感）、_cs（大小写敏感）或_bin（按照二进制编码值进行比较）结束。

MySQL 支持 30 多种字符集的 70 多种校对规则。每个字符集至少对应一个校对规则。可以用 SHOW COLLATION LIKE ' * * * '；命令或者通过系统表 information_schema. COLLATIONS 来查看相关字符集的校对规则。

在图 6-7 中 GBK 的校对规则，其中 gbk_chinese_ci 校对规则是默认的校对规则，其规定对大小写不敏感，即如果指定比较“N”和“n”，认为这两个字符是相同的。如果按照 gbk_bin 校对规则比较，由于它是对大小写敏感，所以认为这两个字符是不同的。

```
1  SHOW COLLATION LIKE 'gbk%';
```

信息 结果1 概况 状态

Collation	Charset	Id	Default	Compiled	Sortlen
gbk_chinese_ci	gbk	28	Yes	Yes	1
gbk_bin	gbk	87		Yes	1

图 6-7　GBK 字符集校对规则

6.2.3　MySQL 字符集的选择

对数据库来说，字符集更加重要，因为数据库存储的数据大部分都是各种文字、字符集对数据库的存储、处理性能以及日后对系统的移植、推广都会有影响。MySQL 目前支持的字符集种类繁多，我们该如何选择呢？我们选择时应该从以下几点考虑。

1）满足应用支持语言的要求，如果应用要处理的语言种类多，要在不同语言的国家发布，就应该选择 Unicode 字符集，就目前对 MySQL 来说，选择 UTF-8。

2）如果应用中涉及已有数据的导入，就要充分考虑数据库字符集对已有数据的兼容性。假若已经有数据是 GBK 文字，如果选择 UTF-8 作为数据库字符集，就会出现汉字无法正确导入或显示的问题。

3）如果数据库只需要支持一般中文，数据量很大，性能要求也很高，那就应该选择双字 GBK。因为，相对于 UTF-8 而言，GBK 比较“小”，每个汉字占用 2 个字节，而 UTF-8 汉字编码需要 3 个字节，这样可以减少磁盘 I/O、数据库 Cache 以及网络传输的时间。如果主要处理的是英文字符，只要少量汉字，那么选择 UTF-8 比较好。

4）如果数据库需要做大量的字符运算，如比较、排序等，那么选择定长字符集可能更好，因为定常字符集的处理速度要比变长字符集的处理速度快。

5）考虑客户端所使用的字符集编码格式，如果所有客户端都支持相同的字符集，则应该优先选择字符集作为数据库字符集。这样可以避免因字符集转化带来的性能开销和数据损失。

6.2.4 MySQL 字符集的设置

MySQL 的字符集和校对规则有 4 个级别的默认设置：服务器级、数据库级、表级和字段级字符集和校对规则，它们分别在不同的地方设置，作用也不同。可以在 MySQL 服务启动的时候确定。

（1）服务器字符集和校对规则

我们首先可以使用"SHOW VARIABLES LIKE'character_set_server'"；命令来查询当前的服务器的字符集如图 6-8 所示。用"SHOW VARIABLES LIKE 'collation_server';"命令查看校对规则，如图 6-9 所示。

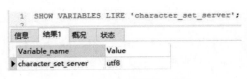

图 6-8 当前服务器字符集

图 6-9 当前服务器校对规则

服务器字符集和校对规则，可以在 MySQL 服务启动的时候确定，可以在 my. cnf 配置文件中设置，如果要设置成 gbk，那么可以修改内容如下。

    ［mysqld］
    character-set-server = gbk；

还有一种方式，就是在启动时指定字符集为 gbk，命令如下。

    mysqld －character-set-server = gbk

以上两种方式只是指定了字符集，校验规则使用的是与其对应的默认的校验规则。

（2）数据库字符集和校验规则

数据库的字符集和校验规则在创建数据库的时候指定，也可以在创建完数据库后通过"ALTER DATABASE"命令进行修改。需要注意的是，如果数据库中已经存在数据，因为修改字符集并不能将已有的数据按照新的字符集进行存储，所以不能通过修改数据库的字符集直接修改数据的内容。

设置数据库字符集的规则如下：

- 如果指定了字符集和校对规则，则使用指定的字符集和校对规则；
- 如果指定了字符集没有指定校对规则，则使用指定字符集的默认校对规则；
- 如果指定了校对规则但未指定字符集，则字符集使用与该校对规则关联的字符集；
- 如果没有指定字符集和校对规则，则使用服务器字符集和校对规则作为数据库的字符和校对规则。

要显示当前数据库字符集和校验规则可用以下两条命名分别查看。

```
SHOW VARIABLES LIKE    'character_set_database'
SHOW VARIABLES LIKE    'collation_database'
```

执行结果如图 6-10、6-11 所示。

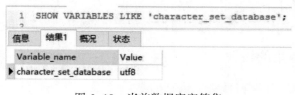

图 6-10   当前数据库字符集

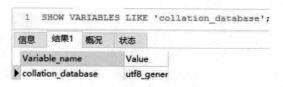

图 6-11   当前数据库校对规则

（3）表字符集和校验规则

表的字符集和校对规则在创建表的时候指定，可以通过 ALTER TABLE 命令进行修改，同样，如果表中已有记录，修改字符集对原有的记录并没有影响，不会按照新的字符集进行存放。

设置表的字符集的规则和上面基本类似：

● 如果指定了字符集和校对规则，则使用指定的字符集和校对规则；

● 如果指定了字符集没有指定校对规则，则使用指定字符集的默认校对规则；

● 如果指定了校对规则但未指定字符集，则字符集使用与该校对规则关联的字符集；

● 如果没有指定字符集和校对规则，则使用数据库字符集和校对规则作为表的字符集和校对规则。

如果要显示当前表字符集和校验规则，可以使用如下命名查看。

```
SHOW CREATE TABLE 表名；
```

查询 studentInfo 数据库下面的 exampleTable 的字符集和校验规则，执行结果如图 6-12 所示。

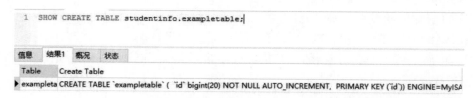

图 6-12   特定表的字符集和校对规则

（4）列字符集和校验规则

MySQL 可以定义列级别的字符集和校对规则，主要是针对相同的表不同字段需要使用不同的字符集的情况，应该说一般遇到这种情况的概率比较小，这只是 MySQL 提供给我们一个灵活设置的手段。

列字符集和校对规则的定义可以在创建表时指定，或者在修改表时调整，如果在创建表的时候没有特别指定字符集和校对规则，则默认使用表的字符集和校对规则。

（5）连接字符集和校验规则

本节（1）～（4）描述的 4 种设置方式连接字符集和校对规则，确定的是数据保存的字符集和校对规则，对于实际的应用访问来说，还存在客户端和服务器之间交互的字符集和校对规则的设置。

MySQL 提供了 3 个不同的参数：character_set_client、character_set_connection 和 character_set_results，分别代表客户端、连接和返回结果的字符集。在通常情况下，这 3 个字符集应该是相同的，才可以确保用户写入的数据可以正确读出，特别是对于中文字符，不同的写入字符集和返回结果字符集将导致写入的记录不能正确读出。

在通常情况下，不会单个地设置这 3 个参数，可以通过以下命令设置连接的字符集和校验规则，这个命令可以同时修改这 3 个参数的值。

SET NAMES ＊＊＊；

使用这个方法修改连接的字符集和校验规则，需要应用每次连接数据库后都执行这个命令。另一个简单的办法，就是在 my. cnf 中设置以下语句。

［mysql］
default-character-set=gbk；

这样服务启动后，所有连接默认是使用 gbk 字符集进行连接，而不需要在程序中再执行 SET NAMES 命令。

6.3 MySQL 数据库操作管理

6.3.1 创建数据库

数据库创建就是在系统磁盘上划分一块区域用于存储和管理数据，管理员可以为用户创建数据库，被分配了权限的用户可以自己创建数据库。

在 MySQL 中，创建数据库是通过 SQL 语句 CREATE DATABASE 或 CREATE SCHEMA 命令来实现的。每一个数据库都有一个数据库字符集和一个数据校验规则，不能够为空。

MySQL 中创建数据库的基本语法格式如下。

CREATE ｛DATABASE ｜ SCHEMA｝［IF NOT EXISTS ］db_name
［［DEFAULT］CHARACTER SET charset_name］
［［DEFALUT］COLLATE collation_name］

说明：

数据库名：在文件系统中，MySQL 的数据库存储区将以目录方式表示 MySQL 数据库。因此，命令中的数据库名字必须符合操作系统文件夹命名规则。值得一说的是，在 MySQL 中不区分大小写，在一定程度上方便使用。

如果指定了 CHARACTER SET charset_name 和 COLLATE collation_name，那么采用指定的字符集 charset_name 和校验规则 collation_name，如果没有指定，那么会采用默认的值。

【例 6-5】创建一个名为 StudentInfo 的数据库，一般情况下在创建之间要用 IF NOT EXISTS 命令先判断数据库是否存在。

CREATE DATABASE IF NOT EXISTS studentInfo；

执行结果如图 6-13 所示。

结果显示数据库创建成功。为了检验数据库中是否已经存在名为 studentInfo 的数据库，我们使用 SHOW DATABASES；命令查看所有的数据库，如图 6-14 所示。

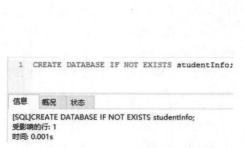

图 6-13　数据库创建结果　　　　图 6-14　查看所有数据库

查询结果显示，已经存在 studentInfo 数据库。数据库创建成功。

说明：在执行 CREATE DATABASE studentInfo；后，处理结果信息显示"Query OK, 1 rows affected（0.01 sec）"表示创建成功，1 行受到影响，处理时间是 0.00 秒（由于精度的问题，此处理解为处理时间很少，小于 0.01 秒，几乎为零，但不是零）。

当然我们也可以用以下命令查看数据库的详细信息，语法格式如下。

SHOW CREATE DATABASE 数据库名称 \G；

【例 6-6】查看 studentInfo 数据库的详细信息。执行结果如图 6-15 所示。

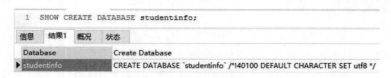

图 6-15　数据库的详细信息

6.3.2　修改数据库名称

对数据库的名称还可以进行修改操作，如果 MySQL 数据库的存储引擎是 MyISAM，那么只要修改 DATA 目录下的库名文件夹就可以了，但是如果存储引擎是 InnoDB，则无法修改数据库名称，只能修改字符集和校对规则。

语法格式如下。

ALTER ｛DATABASE ｜ SCHEMA｝［db_name］
［DEFAULT CHARACTER SET charset_name］
｜［［DEFAULT］COLLATEcollation_name］

说明：

ALTER DATABASE 用于更改数据库的全局特性，用户必须有数据库修改权限，才可以使用 ALTER DATABASE 修改数据库。

【例 6-8】 我们修改 studentInfo 数据库的字符集为 gbk，执行结果如图 6-16 所示。

通过 SHOW CREATE DATABASE studentInfo 命令查看 studentInfo 数据库的详细信息，可以知道数据库的字符集已经更改为 gbk，如图 6-17 所示。

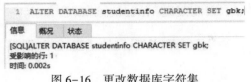

图 6-16　更改数据库字符集

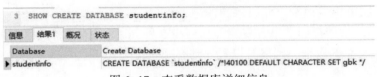

图 6-17　查看数据库详细信息

6.3.3　删除数据库

删除数据库是指在数据库系统删除已经存在的数据库，删除数据库成功后，原来分配的空间将被收回，从磁盘空间中清除。在删除数据库时，会删除数据库中的所有的表和所有的数据，因此，删除数据库时需要慎重考虑。如果要删除某个数据库，可以先将该数据库备份，然后再进行删除。

删除数据库语法格式：

DROP DATABASE［IF EXISTS］db_name；

【例 6-9】 我们用 DROP DATABASE exampleDB 命令删除刚才建立的 exampleDB 数据库，执行结果如图 6-18 所示。

当然我们在删除之前也可以用 if exist 做一个判断，只有数据库存在的情况下，才执行删除数据库的动作，否则不删除。如果不做判断，直接删除，若是删除的数据库不存在，就会出现错误的提示。

【例 6-10】 用以下两种命令再次删除 exampleDB 数据库，会有不同的提示，如图 6-19、6-20 所示。

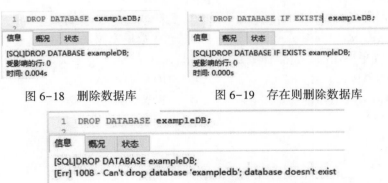

图 6-18　删除数据库　　　　　　　图 6-19　存在则删除数据库

图 6-20　直接删除数据库

6.4 知识点小结

本章介绍了 MySQL 中的存储引擎的概念和几种常见的存储引擎。给出了它们各自的特点和适用的场景，接着介绍了字符集和校对规则的概念、设置方法。并结合例子讲述了数据库的创建、修改和删除的命令以及使用注意事项。

6.5 思考与练习

1. 简述存储引擎定义以及存储引擎的作用。

2. 在 MySQL 中常用存储引擎有哪几种（最少 3 种）？每个引擎特点区别是什么？

3. MySQL 字符集的选择原则以及设置规则有哪些？

4. 简述创建、删除、查看数据库的命令。

5. 一种存储引擎，将数据存储在内存当中，数据的访问速度快，计算机关机后数据丢失，具有临时存储数据的特点，该存储引擎是（   ）。

A. MYISAM   B. INNODB   C. MEMORY   D. CHARACTER

6. 支持主外键、索引及事务的存储引擎为是（   ）。

A. MYISAM   B. INNODB   C. MEMORY   D. CHARACTER

7. 查看 MySQL 中支持的存储引擎语句是（   ）。

A. SHOWENGrNES；和 SHOW VARIABLES LIKE 'have%'；

B. SHOW VARIABLES；和 SHOW VARIABLES LIKE 'have%'；

C. SHOW ENGINES；和 SHOW ENGINES LIKE 'have%'；

D. SHOW ENGINES；和 SHOW VARIABLES from 'have%'；

8. 创建数据库的语法格式是（   ）。

A. CREATE DATABASE 数据库名；   B. SHOW DATABASES；

C. USE 数据库名；   D. DROP DATABASE 数据库名；

9. SQL 代码：USE MyDB；的功能是（   ）。

A. 修改数据库 MyDB   B. 删除数据库 MyDB

C. 使用数据库 MyDB   D. 创建数据库 MyDB

10. SQL 代码：DROP DATABASE MyDB001；的功能是（   ）。

A. 修改数据库名为 MyDB001   B. 删除数据库 MyDB001

C. 使用数据库 MyDB001   D. 创建数据库 MyDB001

11. 查看系统中可用的字符集命令是（   ）。

A. SHOW CHARACTER SET   B. SHOW COLLATION

C. SHOW CHARACTER   D. SHOW SET

第 7 章　MySQL 表定义与完整性约束控制

在数据库中，数据表是数据库中最重要、最基本的操作对象，是数据存储的基本单位。数据表被定义为列的集合，数据在表中是按照行和列的格式来存储的。每一行代表一条唯一的记录，每一列（字段）代表记录中的一个域，每个字段需要有对应的数据类型。

MySQL 数据库中表的管理，包括表的作用、类型，构成、删除和修改等。本章先介绍表的基本概念，MySQL 支持的数据类型和运算符等一些基础，接着介绍表的基本操作，包括表的创建、查看、修改、复制、删除。最后介绍 MySQL 的约束控制，如何定义和修改字段的约束条件。

7.1　表的基本概念

数据库是由各种数据表组成的，数据表是数据库中最重要的对象，用来存储和操作数据的逻辑结构。表由列和行组成，列是表数据的描述，行是表数据的实例。一个表包含若干字段或记录。表的操作包括创建新表、修改表和删除表。这些操作都是数据库管理中最基本，也是最重要的操作。

1. 建表原则

为减少数据输入错误，并能使数据库高效工作，表设计应按照一定原则对信息进行分类，同时为确保表结构设计的合理性，通常还要对表进行规范化设计，以消除表中存在的冗余，保证一个表只围绕一个主题，并使表容易维护。

2. 数据库表的信息存储分类原则

（1）每个表应该只包含关于一个主题的信息

当每个表只包含关于一个主题的信息时，就可以独立于其他主题来维护该主题的信息。例如，应将教师基本信息保存在"教师"表中。如果将这些基本信息保存在"授课"表中，则在删除某教师的授课信息，就会将其基本信息一同删除。

（2）表中不应包含重复信息

表间也不应有重复信息，每条信息只保存在一个表中，需要时只在一处进行更新，效率更高。例如，每个学生的学号、姓名、性别等信息，只在"学生"表中保存，而"成绩"中不再保存这些信息。

7.2　数据类型

MySQL 提供多种数值数据类型，不同的数据类型提供的取值范围不同，可以存储的值的范围越大，其所需要的存储空间也就越大，因此要根据实际需求选择适合的数据类型。合适的数据类型可以有效地节省数据库的存储空间，包括内存和外存，同时也可以提升数据的计算性能，节省数据的检索时间。

MySQL 支持多种数据类型，主要有数值类型、日期/时间类型、字符串类型和二进制类型，如图 7-1 所示。

1）数值数据类型：包括整数类型 TINYINT、SMALLINT、MEDIUMINT、INT、BIGINT，浮点小数类型 FLOAT 和 DOUBLE，定点小数类型 DECIMAL。

2）日期/时间类型：包括 YEAR、TIME、DATE、DATETIME 和 TIMESTAMP。

3）字符串类型：包括 CHAR、VARCHAR、BINARY、VARBINARY、BLOB、TEXT、ENUM 和 SET 等。

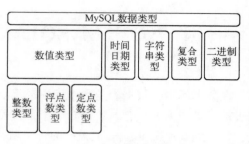

图 7-1　MySQL 数据类型分类图

4）二进制类型：包括 BIT、BINARY、VARBINARY、TINYBLOB、BLOB、MEDIUMBLOB 和 LONGBLOB。

7.2.1　数值类型

MySQL 支持所有的 ANSI/ISO SQL 92 数字类型（ANSI，American National Standards Institute，美国国家标准局）。数字分为整数和小数。其中整数用整数类型表示，小数用浮点数类型和定点数类型表示。例如学生的年龄设置为整数类型，学生的成绩设置为浮点数等。

1. 整数类型

整数类型是数据库中最基本的数据类型。标准 SQL 中支持 INTEGER 和 SMALLINT 这两类整数类型。MySQL 除了支持这两种类型外，还扩展了 TINYINT、MEDIUMINT 和 BIGINT。详情如表 7-1 所示，其中 INT 与 INTEGER 两个整数类型是同名词，可以互换。

表 7-1　MySQL 的整数类型表

整数类型	字节数	无符号数的取值范围	有符号数的取值范围
TINYINT	1	0~255	-128~127
SMALLINT	2	0~65535	-32768~32767
MEDIUMINT	3	0~16777215	-8388608~8388607
INT 或 INTEGER	4	0~4294967295	-2147483648~2147483647
BIGINT	8	0~18446744073709551615	-9233372036854775808~9223372036854775807

表中显示，不同类型的整数存储时占用的字节不同，占用字节最少的是 TINYINT 类型，占用字节最大的是 BIGINT，而占用字节多的类型所能存储的数字范围也大。可以根据占用的字节数计算出每一种数据类型的取值范围。

MySQL 支持选择在该类型关键字后面的括号内指定整数值的显示宽度，可使用 INT(M) 进行设置。其中，M 指示最大显示宽度，例如，INT(10) 表示最大有效显示宽度为 10。

需要注意的是：显示宽度与存储大小或类型包含的值的范围无关。该可选显示宽度规定用于显示宽度小于指定的字段宽度时从左侧填满宽度。显示宽度只是指明 MySQL 最大可能显示的数值个数，数值的个数如果小于指定的宽度时，显示会由空格填充；如果插入了大于显示宽度的值，只要该值不超过该类型整数的取值范围，数据依然可以插入，而且显示无误。其他整型数据类型也可以在定义表结构时指定所需要的显示宽度，如果不指定，则系统为每一种类型指定默认的宽度值。

2. 浮点数类型和定点数类型

MySQL 中使用浮点数和定点数表示小数。浮点类型有两种：单精度浮点类型（FLOAT）和双精度浮点类型（DOUBLE）。定点数类型只有一种：DECIMAL。浮点类型和定点数类型都可以用（M，D）来表示，其中 M 称为精度，表示总共的位数；D 称为标度，表示小数的位数。浮点类型取值范围为：M（1~255）和 D（1~30，且不能大于 M-2）。分别表示显示宽度和小数位数。M 和 D 在 FLOAT 和 DOUBLE 中是可选的，MySQL 3.23.6 以上版本中，FLOAT 和 DOUBLE 类型将被保存为硬件所支持的最大精度。DECIMAL 的 M 和 D 值在 MySQL 3.23.6 后可选，默认 D 值为 0，M 值为 10，如表 7-2 所示。

表 7-2　MySQL 的浮点数类型和定点数类型

浮点数类型	字节数	负数的取值范围	非负数的取值范围
FLOAT	4	-3.402823466E+38~ -1.175494351E-38	0 和 1.17494351E-38~ 3.402823466E+38
DOUBLE	8	1.7976931348623157E+308~ 2.2250738585072014E-308	0 和 2.2250738585072014E-308~ 1.7976931348623157E+308

DECIMAL 类型不同于 FLOAT 和 DECIMAL，其中 DECIMAL 实际是以字符串存储的。DECIMAL 可能的最大取值范围与 DOUBLE 一样，但是其有效的取值范围由 M 和 D 的值决定。如果改变 M 而固定 D，则其取值范围将随 M 的变大而变大。如果固定 M 而改变 D，则其取值范围将随 D 的变大而变小（但精度增加）。DECIMAL 的存储空间并不是固定的，而是由其精度值 M 决定，占用 M+2 个字节，如表 7-3 所示。

表 7-3　MySQL 的定点数类型

定点数类型	字节数	负数的取值范围	非负数的取值范围
DEC（M，D）和 DECIMAL（M，D）	如果 M>D， 为 M+2，否则为 D+2	1.7976931348623157E+308~ 2.2250738585072014E-308	0 和 2.2250738585072014E-308~ 1.7976931348623157E+308

在创建表时，数字类型的选择应遵循如下原则。

1）选择最小的可用类型，如果该字段的值不会超过 127，则使用 TINYINT 比 INT 效果好。

2）对于完全都是数字的，即无小数点时，可以选择整数类型，比如年龄。

3）浮点类型用于可能具有的小数部分的数，比如学生成绩。

4）在需要表示精度要求比较高的时候，比如货币、科学数据等类型时优先选择 DECIMAL 数据类型。

5）不论是定点类型还是浮点类型，如果用户指定的精度值超过精度范围，则会进行四舍五入的处理。

7.2.2　日期时间类型

时间和日期数据被广泛使用，如新闻发布时间，商场活动的持续时间和职员的出生日期等。

MySQL 主要支持 5 种日期类型：**DATE**、**TIME**、**YEAR**、**DATATIME** 和**TIMESTAMP**。

1）DATE 类型用于仅需要存储日期，不需要存储时间，默认格式为'YYYY-MM-DD'，使用 CURRENT_DATE() 或者 NOW()，插入当年计算机系统的日期。

2）TIME 类型记录时间的值，默认格式为'HH:ii:ss'。

3）YEAR 类型，使用单字节表示年份。

4）DATATIME 与 TIMESTAMP 是日期和时间的混合类型，默认格式为'YYYY-MM-DD HH:ii:SS'。DATETIME 类型同时包含日期和时间信息，存储需要 8 个字节。日期格式为'YYYY-MM-DDHH:MM:SS'，其中 YYYY 表示年，MM 表示月，DD 表示日；HH 表示小时，MM 表示分钟，SS 表示秒。在给 DATET/ME 类型的字段赋值时，可以使用字符串类型或者数值类型的数据，只需符合 DATETIME 的日期格式即可。TIMESTAMP 的显示格式与 DATETIME 相同，显示宽度固定在 19 个字符，格式为 YYYY-MMM-DD HH:MM:SS，存储需要 4 个字节。但是 TIMESTAMP 列的取值范围小于 DATETIME 的取值范围，如表 7-4 所示。

表 7-4　MySQL 日期类型

时间日期类型	字节数	范　　围	格　　式	用　途
DATE	4	1000-01-01~9999-12-31	YYYY-MM-DD	日期值
TIME	3	-838:59:59~838:59:59	HH:MM:SS	时间值
YEAR	1	1901~2155	YYYY	年份值
DATETIME	8	1000-01-01 00:00:00~ 9999-12-31 23:59:59	YYYY-MM-DD HH:MM:SS	混合日期和时间值
TIMESTAMP	4	19700101080001~ 2038 年的某一时刻	YYYYMMDDHHMMSS	时间戳

从形式上来说，MySQL 日期类型的表示方法与字符串的表示方法相同（使用单引号括起来）；本质上，MySQL 日期类型的数据是一个数值类型，可以参与简单的加、减运算。每一个类都有合法的取值范围，当插入不合法的值时，系统会将"0"值插入到字段中。

注意：TIMESTAMP 和 DATETIME 除了存储字节和支持的范围不同之外，还有一个最大的区别：DATETIME 在存储日期数据时，按实际输入的格式存储，即输入什么就存储什么，和读者所在的时区无关；而 TIMESTAMP 值的存储是以 UTC（世界标准时间）格式保存，存储时对当前时区进行转换，检索时再转换回当前时区。在进行查询时，根据读者所在时区不同，显示的日期时间值是不同的。

7.2.3　字符串类型

字符串类型用于存储字符串数据，MySQL 支持两类字符串数据：文本字符串和二进制字符串。文本字符串可以进行区分或不区分大小写的串比较，也可以进行模式匹配查找。MySQL 中字符串类型指的是 CHAR、VARCHAR、TINYTEXT、TEXT、MEDIUMTEXT、LONGTEXT、ENUM 和 SET。字符串类型的数据又可以分为普通的文本字符串类型（CHAR 和 VARCHAR）、可变类型（TEXT 和 BLOB）和特殊类型（SET 和 ENUM），如表 7-5 所示。

VARCHAR 和 TEXT 类型是变长类型，它们的存储需求取决于值的实际长度，而不是取决于类型的最大可能长度。例如，一个 VARCHAR(10)字段能保存最大长度为 10 个字符的一个字符串，实际的存储需求是字符串的长度，加上 1 个字节以记录字符串的长度。例如，字符串'welcome'，字符个数是 7，而存储需求是 8 个字节。

表 7-5　字符串类型表

字符串类型	大　　小	用　途
CHAR	0~255B	定长字符串

字符串类型	大　　小	用　　途
VARCHAR	0～255B	变长字符串
TINYBLOB	0～255B	不超过255字符的二进制字符串
TINYTEXT	0～255B	短文本字符串
BLOB	0～65535B	二进制形式的长文本数据
TEXT	0～65535B	长文本数据
MEDIUMBLOB	0～16777215B	二进制形式的中等长度文本数据
MEDIUMTEXT	0～16777215B	中等长度文本数据
LOGNGBLOB	0～4294967295B	二进制形式的极大文本数据
LONGTEXT	0～4294967295B	极大文本数据

1. CHAR 和 VARCHAR 类型

CHAR(M)为固定长度字符串，在定义时指定字符串长度，当保存时在右侧填充空格以达到指定的长度。M表示字符串长度，M的取值范围是0～255。例如，CHAR(6)定义了一个固定长度的字符串字段，其包含的字符个数最大为6。当检索到CHAR的值时，尾部的空格将被删除掉。

VARCHAR(M)是长度可变的字符串，M表示最大的字段长度。M的取值范围是0～65535。VARCHAR的最大实际长度由最长字段的大小和使用的字符集确定，而实际占用的空间为字符串的实际长度加1。例如，VARCHAR(50)定义了一个最大长度为50的字符串，如果插入的字符串只有20个字符，则实际存储的字符串为20个字符和一个字符串结束字符。VARCHAR在值保存和检索时尾部的空格仍保留。

2. TEXT 类型

TEXT字段保存非二进制字符串，如文章内容、评论和留言等。当保存或查询TEXT字段的值时，不删除尾部空格。TEXT类型分为4种：TINYTEXT、TEXT、MEDIUMTEXT和LONG-TEXT。不同的TEXT类型所需存储空间和数据长度不同。

3. ENUM 类型

ENUM是一个字符串对象，其值为表创建时在字段规定中枚举的一列值，语法格式：字段名 ENUM（‘值1’，‘值2’，…，‘值n’）

其中，“字段”名指的是将要定义的字段名称；“值n”指的是枚举列表中的第n个值。ENUM类型的字段在取值时，只能在指定的枚举列表中取，而且一次只能取一个值。如果创建的成员中有空格，其尾部的空格将自动被删除。ENUM值在内部用整数表示，每个枚举值均有一个索引值，列表值所允许的成员值从1开始编号，MySQL存储的就是这个索引编号。枚举最多可以有65535个元素。

ENUM值依照索引顺序排列，并且空字符串排在非空字符串之前，NULL值排在其他所有枚举值之前。ENUM类型的字段有一个默认值NULL。如果将ENIUM列声明为允许NULL，NULL值则为该字段的一个有效值，并且默认值为NULL。如果ENUM列被声明为NOT NULL，其默认值为允许的值列的第1个元素。

4. SET 类型

SET类型是一个字符串对象，可以有零或多个值，SET字段最大可以有64个成员，其值为表创建时规定的一列值。指定包括多个 SET 成员的 SET 字段值时，各成员之间用逗号隔开，语法格式：SET（'值 1'，'值 2'，…，'值 n'）

与 ENUM 类型相同，SET 值在内部用整数表示，列表中每一个值都有一个索引编号。当创建表时，SET 成员值的尾部空格将自动被删除。但与 ENUM 类型不同的是，ENUM 类型的字段只能从定义的字段值中选择一个值插入，而 SET 类型的字段可从定义的列值中选择多个字符的联合。

如果插入 SET 字段中的值有重复，则 MySQL 自动删除重复的值；插入 SET 字段的值的顺序不重要，MySQL 会在存入数据库的时候，按照定义的顺序显示；如果插入了不正确的值，在默认情况下，MySQL 将忽视这些值，并给出相应警告。

在创建表时，使用字符串类型时应遵循以下原则。

1）从速度方面考虑，要选择固定的列，可以使用 CHAR 类型。

2）要节省空间，使用动态的列，可以使用 VARCHAR 类型。

3）要将列中的内容限制在一种选择，可以使用 ENUM 类型。

4）允许在一个列中有多于一个的条目，可以使用 SET 类型。

5）如果要搜索的内容不区分大小写，可以使用 TEXT 类型。

6）如果要搜索的内容区分大小写，可以使用 BLOB 类型。

7.2.4 复合类型

MySQL 数据库还支持两种复合数据类型**ENUM** 和**SET**，它们扩展了 SQL 规范。这些类型在技术上是字符串类型，但是可以被视为不同的数据类型。

ENUM 类型的字段只允许从一个集合中取得某一个值，有点儿类似于单选按钮的功能。例如，一个人的性别从集合｛'男'，'女'｝中取值，且只能取其中一个值。

SET 类型的字段允许从一个集合中取得多个值，有点儿类似于复选框的功能。例如，一个人的兴趣爱好可以从集合 ｛'看电影'，'购物'，'听音乐'，'旅游'，'游泳｝ 中取值，且可以取多个值。

一个 ENUM 类型的数据最多可以包含 65535 个元素，一个 SET 类型的数据最多可以包含 64 个元素。

一个 ENUM 类型只允许从一个集合中取得一个值；而 SET 类型允许从一个集合中取得任意多个值。

7.2.5 二进制类型

MySQL 支持两种字符型数据：文本字符串和二进制字符串。MySQL 主要支持 7 种二进制类型：**binary**、**varbinary**、**bit**、**tinyblob**、**blob**、**mediumblob** 和**longblob**。二进制类型的字段主要用于存储由 '0' 和 '1' 组成的字符串，从某种意义上讲，二进制类型的数据是一种特殊格式的字符串。二进制类型与字符串类型的区别在于，字符串类型的数据按字符为单位进行存储，因此存在多种字符集、多种字符序；除了 bit 数据类型按位为单位进行存储，其他二进制类型的数据按字节为单位进行存储，仅存在二进制字符集 binary。

注意：Text 与 blob 都可以用来存储长字符串，text 主要用来存储文本字符串，例如新闻内容、博客日志等数据；blob 主要用来存储二进制数据，例如图片、音频、视频等二进制数据。在真正的项目中，更多的时候需要将图片、音频、视频等二进制数据，以文件的形式存储在操作系统的文件系统中，而不会存储在数据库表中，毕竟，处理这些二进制数据并不是数据库管理系统的强项。

7.2.6　选择合适的数据类型

MySQL 支持各种各样的数据类型，为字段或者变量选择合适的数据类型，不仅可以有效地节省存储空间，还可以有效地提升数据的计算性能。通常来说，数据类型的选择遵循以下原则。

1）在符合应用要求（取值范围、精度）的前提下，尽量使用"短"数据类型。"短"数据类型的数据在外存（例如硬盘）、内存和缓存中需要更少的存储空间，查询连接的效率更高，计算速度更快。例如，对于存储字符串数据的字段，建议优先选用 char(n)和 varchar(n)，长度不够时选用 text 数据类型。

2）数据类型越简单越好。与字符串相比，整数处理开销更小，因此尽量使用整数代替字符串。

3）尽量采用精确小数类型（例如 decimal），而不采用浮点数类型。使用精确小数类型不仅能够保证数据计算更为精确，还可以节省储存空间，例如百分比使用 decimal(4,2)即可。

4）在 MySQL 中，应该用内置的日期和时间数据类型，而不是用字符串来存储日期和时间。

5）尽量避免 NULL 字段，建议将字段指定为 NOT NULL 约束。这是由于在 MySQL 中，含有空值的列很难进行查询优化，NULL 值会使索引的统计信息以及比较运算变得更加复杂。推荐使用 0、一个特殊的值或者一个空字符串代替 NULL 值。

7.3　运算符

运算符是用来连接表达式中各个操作数据的符号，作用是用来指明对操作数所进行的运算。MySQL 数据库支持运算符的使用，通过运算符可以更加灵活地操作数据表中的数据。MySQL 主要支持**算术运算符**、**比较运算符**、**逻辑运算符**和**位运算符**四种类型。

7.3.1　算术运算符

MySQL 数据库支持的算术运算符包括加、减、乘、除和取余运算。它们是最常用的、最简单的一类运算符。表 7-6 列出了这些运算符及其作用。

表 7-6　MySQL 数据库支持的算术运算符表

运　算　符	作　　用
+	加法，返回相加后的值
−	减法，返回相减后的值
*	乘法，返回相乘后的值
/, DIV	取整，返回相除后的商
%, MOD	取余，返回相除后的余数

7.3.2　比较运算符

比较运算符有很多，如表 7-7 所示，MySQL 数据库允许用户对表达式的左边操作数和右边操作数进行比较，比较结果为真返回 1，为假返回 0，不确定返回 NULL。

表 7-7 MySQL 数据库支持的比较运算符表

运　算　符	作　用
=	等于
<>或！=	不等于
<＝>	NULL 安全的等于。即在两个操作数均为 NULL 时，其返回值为 1 而不为 NULL；当其中一个操作数为 NULL 时，其返回值为 0 而不为 NULL
<	小于
<=	小于等于
>	大于
>=	大于等于
BETWEEN min　AND　max	在 min 和 max 之间
IN（value1，value2，……）	存在于集合（value1，value2，……）中
IS NULL	为 NULL
IS NOT NULL	不为 NULL
LIKE	通配符匹配，"%" 匹配任何数目字符，甚至包括零字符。"_" 只能匹配一个字符
REGEXP 或 RLIKE	正则表达式匹配

运算符可以是用于比较数字、字符串和表达式。数字作为浮点数比较，而字符串以不区分大小写的方式比较。

1. 数值比较时的规则

1）若有一个或两个参数为 NULL，则比较运算的结果为 NULL。

2）若同一个比较运算中的两个参数都是字符串，则按照字符串进行比较。

3）若两个参数均为正数，则按照整数进行比较。

4）若一个字符串和一个数字进行相等判断，则 MySQL 可以自动将字符串转换为数字。

2. REGEXP 运算符用来匹配字符串，语法格式：expr REGEXP 匹配条件

如果 expr 满足匹配条件，返回 1；如果不满足，则返回 0；若 expr 或匹配条件任意一个为 NULL，则结果为 NULL。

REGEXP 运算符在进行匹配时，常用的有下面几种通配符。

1）'^' 匹配以该字符后面的字符开头的字符串。

2）'$' 匹配以该字符前面的字符结尾的字符串。

3）'.' 匹配任何一个单字符。

4）"[…]" 匹配在方括号内的任何字符。例如，"[abc]" 表示匹配 a、b 或 c。为了命名字符的范围，使用一个 '-'。"[a-z]" 表示匹配任意字母，而 "[0-9]" 表示匹配任意数字。

5）'＊' 匹配零个或多个在它前面的字符。例如，"x＊" 表示匹配任意数量的 "x" 字符，"[0-9]＊" 表示匹配任意数量的数字，而 "＊" 则表示匹配任意数量的任意字符。

7.3.3　逻辑运算符

在 SQL 中，所有逻辑运算符的求值所得结果均为 TRUE、FALSE 或 NULL。在 MySQL 中，它分别显示为 1(TRUE)、0(FALSE)和 NULL。逻辑运算符也称为布尔运算符，判断表达式的真假。MySQL 数据库支持 4 种逻辑运算符，如表 7-8 所示。

表 7-8　MySQL 数据库支持的逻辑运算符表

运　算　符	作　　用
NOT 或 !	逻辑非
AND 或 &	逻辑与
OR 或 ‖	逻辑或
XOR	逻辑异或

1. NOT 或者 !

逻辑非运算符 NOT 或者 "!" 表示当操作数为 0 时，返回值为 1；当操作数为 1 时，返回值为 0；当操作数为 NULL 时，返回值为 NULL。

在使用运算符时，一定要注意不同运算符的优先级，如果不能确定优先级顺序，最好使用括号，以保证运算结果的正确。

2. AND 或者 &&

逻辑与运算符 AND 或者 "&&" 表示当所有操作数均为非零值，并且不为 NULL 时，返回值为 1；当一个或多个操作数为 0 时，返回值为 0；其余情况返回值为 NULL。

3. OR 或者 ‖

逻辑或运算符 OR 或者 "‖" 表示当两个操作数均为非 NULL 值，且任意一个操作数为非零值时，结果为 1，否则结果为 0；当有一个操作数为 NULL，且另一个操作数为非零值时，则结果为 1，否则结果为 NULL；当两个操作数均为 NULL 时，则所得结果为 NULL。

4. XOR

逻辑异或运算符 XOR。当任意一个操作数为 NULL 时，返回值为 NULL；对于非 NULL 的操作数，如果两个操作数都是非 0 值或者都是 0 值，则返回值结果为 0；如果一个为 0 值，另一个为非 0 值，返回值结果为 1。

7.3.4　位运算符

位运算符是用来对二进制字节中的位进行测试、位移或者测试处理，MySQL 中提供的位运算符有按位或（|）、按位与（&）、按位异或（^）、按位左移（<<）、按位右移（>>）、按位取反（~）。

1. 位或运算符 "|"

位或运算符的实质是将参与运算的两个数据，按对应的二进制数进行逻辑或运算。对应的二进制位有一个或两个为 1，则该位的运算结果为 1，否则为 0。

2. 位与运算符 "&"

位与运算的实质是将参与运算的两个操作数，按对应的二进制数逐位进行逻辑与运算。对应的二进制位都为 1，则该位的运算结果为 1，否则为 0。

3. 位异或运算符 "^"

位异或运算的实质是将参与运算的两个数据，按对应的二进制数逐位进行逻辑异或运算。对于二进制数不同时，对应位的结果才为 1；如果两个对应位数都为 0 或都为 1，则对应位的运算结果为 0。

4. 位左移运算符 "<<"

位左移运算符 "<<" 的功能是让指定二进制值的所有位都左移指定的位数。左移指定位

数之后，左边高位的数值将被移出并丢弃，右边低位空出的位置用 0 补齐。语法格式为：a<<n。这里的 n 指定值 a 要移动的位置。

5. 位右移运算符"＞＞"

位右移运算符"＞＞"的功能是让指定的二进制值的所有位都右移指定的位数。右移指定位数之后，右边低位的数值将被移出并丢弃，左边高位空出的位置用 0 补齐。语法格式为：a＞＞n。这里的 n 指定值 a 要移动的位置。

7.4 数据表的操作

在创建完数据库之后，接下来就要在数据库中创建数据表。所谓创建数据表，指的是在已经创建好的数据库中建立新表。创建数据表的过程是规定数据列的属性的过程，同时也是实施数据完整性（包括实体完整性、引用完整性和域完整性）约束的过程。

7.4.1 创建数据表

数据表属于数据库，在创建数据表之前，应该使用语句"USE <数据库名>"指定操作是在哪个数据库中进行，如果没有选择数据库，直接创建数据表，系统会显示"No database selected"的错误。使用 SQL 语句"CREATE TABLE 表名"即可创建一个数据库表。

注意：在同一个数据库中，表名不能有重名。

创建数据表可使用 CREATE TABLE 命令。语法格式如下。

```
CREATE  [TEMPORARY] TABLE [IF NOT EXISTS] table_name
[  (  [ column_definition ], …  |  [ index_definition ]  ) ]
[ table_option ] [ select_statement ];
```

语法说明如下。

1）语法格式中"[ ]"表示可选的。

2）TEMPORARY：使用该关键字表示创建临时表。

3）IF NOT EXISTS：如果数据库中已经存在某个表，再来创建一个同名的表，这时会出现错误，为了避免错误信息，可以在创建表的前面加上这个判断，只有该表目前不存在时才执行 CREATE TABLE 操作。

4）table_name：要创建的表名。

5）column_definition：字段的定义。包括指定字段名、数据类型、是否允许空值，指定默认值、主键约束、唯一性约束、注释字段名、是否为外键以及字段类型的属性等。

```
col_name type [ NOT NULL  |  NULL ] [ DEFAULT default_value]
[ AUTO_INCREMENT ] [ UNIQUE[ KEY ] ]  |  [PRIMARY] KEY ]
[ COMMENT 'String' ] [ reference_definition ]
```

其中：

- col_name：字段名。
- type：声明字段的数据类型。
- NOT NULL 或者 NULL：表示字段是否可以为空值。
- DEFAULT：指定字段的默认值。

- AUTO_INCREMENT：设置自增属性，只有整型类型才能设置此属性。
- RIMARY KEY：对字段指定主键约束。
- UNIQUE KEY：对字段指定唯一性约束。
- COMMENT：为字段名加注释。
- reference_definition：指定字段外键约束。

6）index_definition：为表的相关字段指定索引。

使用 CREATE TABLE 创建表时，必须指定以下信息。

1）要创建的表的名称，不区分大小写，不能使用 SQL 语言中的关键字，如 DROP、AL-TER、INSERT 等。

2）数据表中每一个列（字段）的名称和数据类型，如果创建多个列，要用逗号隔离开。

【例 7-1】在 StudentInfo 数据库中创建 Student 表（学生表），包括字段：学号（sno，非空，char(10)），姓名（sname，非空，varchar(20)），性别（ssex，char(2)），出生日期（sbirth，date，非空），专业号（zno，varchar(20)），班级（sclass，varchar(10)）。

代码如下所示，执行结果如图 7-2 所示。

CREATE TABLE 'student' (
  'sno' varchar(10) NOT NULL COMMENT '学号',
  'sname' varchar(20) NOT NULL COMMENT '姓名',
  'ssex' ENUM('男','女') NOT NULL DE-FAULT '男' COMMENT '性别',
  'sbirth' date NOT NULL COMMENT '出生日期',
'zno' varchar(4) NULL COMMENT '专业号',
  'sclass' varchar(10) NULL COMMENT '班级',
  PRIMARY KEY ('sno')
) ENGINE = InnoDB DEFAULT CHARSET = utf8 COLLATE = utf8_bin;

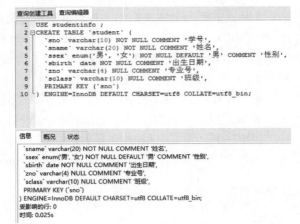

图 7-2　创建 student 表

首先用 USE 命令指定数据库 studentInfo，在该数据库下建立 student 表。创建数据库表时，还可以设置表的存储引擎、默认字符集以及压缩类型。

1）向 CREATE TABLE 语句末尾添加 ENGINE 选项，即设置该表的存储引擎。

语法格式为：ENGINE = 存储引擎类型

2）向 CREATE TABLE 语句末尾添加 DEFAULT CHARSET 选项，即设置该表的字符集。

语法格式为：DEFAULT CHARSET = 字符集类型

3）如果希望压缩索引中的关键字，使索引关键字占用更少的存储空间，可以通过设置 PACK_KEYS 选项实现（该选项仅对 MyISAM 存储引擎的表有效）。

语法格式为：PACK_KEYS = 压缩类型

注意：对于 InnoDB 存储引擎的表而言，MySQL 服务实例会在数据库目录 StudentInfo 中自动创建一个名为表名、后缀名为 frm 的表结构定义文件 Student. frm。frm 文件记录了 Student 表的表结构定义。如果数据库表的存储引擎是 MyISAM，MySQL 服务实例除了会自动创建 frm 表结构定义文件外，还会自动创建一个文件名为表名、后缀名为 MYD（即 MYData 的简写）的数据文件以及文件名为表名、后缀名为 MYI（即 MYIndex 的简写）的索引文件，其中，MYD 文件用于存储数据，MYI 文件用于存储索引。

7.4.2 查看数据表结构

使用 SQL 语句创建好数据表之后，可以查看表结构的定义，以确认表的定义是否正确。在 MySQL 中，查看表结构可以使用 DESCRIBE 和 SHOW CREATE TABLE 语句。

1. 显示表的名称

可以使用 SHOW TABLES 语句来显示指定数据库中存储的所有表名。

语法格式为：SHOW TABLES ;

【例 7-2】显示数据库 studentinfo 中所有的表，代码执行结果如图 7-3 所示。

2. 显示表的结构

使用 SQL 语句创建好数据表之后，可以查看表结构的定义，以确认表的定义是否正确。在 MySQL 中，查看表结构有简单查询和详细查询，可使用 DESCRIBE/DESC 语句和 SHOW CREATE TABLE 语句。

语法格式为：DESCRIBE 表名；或者 DESC 表名；或者 SHOW CRE-ATE TABLE 表名；

DESCRIBE/DESC 语句可以查看表字段信息，其中包括：字段名、字段数据类型、是否为主键、是否有默认值等。

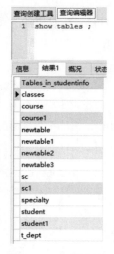

图 7-3 查询数据库中所有表

【例 7-3】用以上三种命令显示数据库 studentInfo 中表 student 的结构。

执行 DESCRIBE 表名和 DESC 表名显示 student 表结构的效果如图 7-4、7-5 所示。

Field	Type	Null	Key	Default	Extra
sno	varchar(10)	NO	PRI	(Null)	
sname	varchar(20)	NO		(Null)	
ssex	enum('男','女')	NO		男	
sbirth	date	NO		(Null)	
zno	varchar(4)	YES		(Null)	
sclass	varchar(10)	YES		(Null)	

图 7-4 用 DESCRIBE 命令显示 student 表结构

Field	Type	Null	Key	Default	Extra
sno	varchar(10)	NO	PRI	(Null)	
sname	varchar(20)	NO		(Null)	
ssex	enum('男','女')	NO		男	
sbirth	date	NO		(Null)	
zno	varchar(4)	YES		(Null)	
sclass	varchar(10)	YES		(Null)	

图 7-5 用 DESC 命令显示 student 表结构

执行 SHOW CREATE TABLE 表名的表中第二行第二列的内容展开后效果如图 7-6、7-7 所示。

如图所示，使用 SHOW CREATE TABLE 语句，不仅可以查看表创建时候的详细语句，而且还可以查看存储引擎和字符编码。

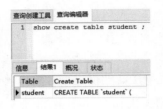

```
3 □CREATE TABLE `student` (
4    `sno` varchar(10) COLLATE utf8_bin NOT NULL COMMENT '学号',
5    `sname` varchar(20) COLLATE utf8_bin NOT NULL COMMENT '姓名',
6    `ssex` char(2) COLLATE utf8_bin NOT NULL DEFAULT '男' COMMENT '性别',
7    `sbirth` date NOT NULL COMMENT '出生日期',
8    `zno` varchar(4) COLLATE utf8_bin NOT NULL COMMENT '专业号',
9    `sclass` varchar(10) COLLATE utf8_bin NOT NULL COMMENT '班级',
10   PRIMARY KEY (`sno`),
11   KEY `zno` (`zno`),
12   CONSTRAINT `zno` FOREIGN KEY (`zno`) REFERENCES `specialty` (`zno`)
13 □) ENGINE=InnoDB DEFAULT CHARSET=utf8 COLLATE=utf8_bin
```

图 7-6 用 SHOW CREATE TABLE 命令查看 student 表建表语句　　　　　图 7-7 student 表建表语句详情

7.4.3 修改数据表

修改表指的是修改数据库中已经存在的数据表的结构。MySQL 使用 ALTER TABLE 语句修改表。常用的修改表的操作有：修改表名，修改字段数据类型或字段名，增加和删除字段，修改字段的排列位置，更改表的存储引擎，删除表的外键约束等。在修改表结构时使用 DESC 命令查看修改是否成功。

1. 修改数据表名

MySQL 是通过 ALTER TABLE 语句来实现表名的修改的，具体语法规则：ALTER TABLE <旧表名> RENAME ［TO］<新表名>；其中，TO 为可选参数，使用与否不影响结果。

在修改表名时使用 DESC 命令查看修改前后两个表的结构，修改表名并不修改表结构，因此修改名后的表和修改名前的表的结构必然是相同的。

【例 7-4】把 student 表的名称改为 stu 代码运行情况，如图 7-8 所示。

2. 修改字段数据类型

修改字段的数据类型，就是把字段的数据类型转换成另一种数据类型。在 MySQL 中修改字段数据类型的语法规则：ALTER TABLE <表名> MODIFY <字段名> <数据类型>；

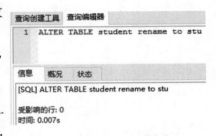

图 7-8 student 表重命名

其中，"表名"指需要修改数据类型的字段所在表的名称；"字段名"指需要修改的字段；"数据类型"指修改后字段的新数据类型。

【例 7-5】将 student 表的 sname 的长度 varchar(20)变为 varchar(30)。

代码如下所示，代码运行情况如图 7-9 所示。

　　ALTER TABLE student MODIFY sname VARCHAR（30）

```
1    ALTER TABLE student MODIFY sname VARCHAR ( 30 )

信息  剖析  状态

alter TABLE student MODIFY sname VARCHAR(30)
> OK
> 时间: 0.058s
```

图 7-9 student 表改长度

3. 修改字段名

MySQL 中修改表字段名的语法规则如下。ALTER TABLE <表名> CHANGE <旧字段名> <新字段名> <新数据类型>；其中，"旧字段名" 指修改前的字段名；"新字段名" 指修改后的字段名；"新数据类型" 指修改后的数据类型，如果不需要修改字段的数据类型，可以将新数据类型设置成与原来一样即可，但数据类型不能为空。

【例 7-6】将 student 表的 sbirth 字段名变为 sdate，字段类型：date。

代码执行情况如图 7-10 所示。

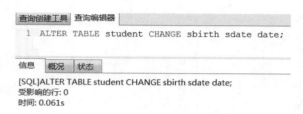

图 7-10　student 表字段名修改

CHANGE 也可以只修改数据类型，实现和 MODIFY 同样的效果，方法是将 SQL 语句中的 "新字段名" 和 "旧字段名" 设置为相同的名称，只改变 "数据类型"。由于不同类型的数据在机器中存储的方式及长度并不相同，修改数据类型可能会影响到数据表中已有的数据记录。因此，当数据库中已经有数据时，不要轻易修改数据类型。

4. 添加数据表字段

随着业务需求的变化，可能需要在已经存在的表中添加新的字段。一个完整字段包括字段名、数据类型、完整性约束。添加字段的语法格式如下。ALTER TABLE<表名> ADD <新字段名><数据类型>［约束条件］［FIRST | AFTER 已经存在的字段名］；

其中，"新字段名" 为需要添加的字段名称；"FIRST" 为可选参数，其作用是将新添加的字段设置为表的第一个字段；"AFTER" 为可选参数，其作用是将新添加的字段添加到指定的 "已存在字段名" 的后面。

"FIRST" "AFTER" "已存在字段名" 用于指定新增字段在表中的位置，如果 SQL 语句中没有这两个参数，则默认将新添加的字段设置为数据表的最后列。

【例 7-7】添加无完整性约束条件的字段。在 student 表中增加一个没有完整性约束的 INT 类型的字段 snoID。

代码如下所示，代码执行情况如图 7-11 所示。

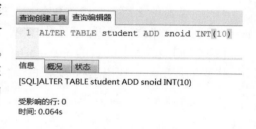

图 7-11　student 表添加字段

ALTER TABLE student ADD snoid INT(10)

【例 7-8】添加有完整性约束条件的字段。在 student 表中增加一个不能为空的 VARCHAR (50)类型的字段 mark。

代码如下所示，代码执行情况如图 7-12 所示。

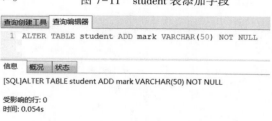

图 7-12　student 表添加字段 mark

ALTER TABLE student ADD mark VARCHAR（50）NOT NULL

【例 7-9】 在表的第一列添加一个字段。在 student 表中第一列增加一个 INT 类型的 testid 字段。

代码如下所示，代码运行情况如图 7-13 所示。

ALTER TABLE student ADD testid INT（10）FIRST

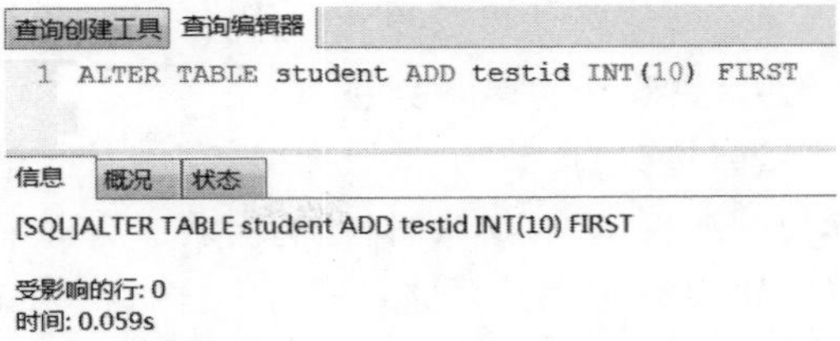

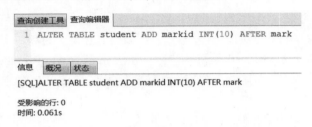

图 7-13　student 表添加 testid 字段

【例 7-10】 在表的指定列之后添加一个字段。在 student 表中在 mark 列后，增加 INT 类型的 markid 字段。

代码如下所示，代码运行情况如图 7-14所示。

ALTER TABLE student ADD markid INT（10）AFTER mark

图 7-14　student 表增加 markid 字段

5. 删除字段

删除字段是将数据表中的某一个字段从表中移除，语法格式：ALTER TABLE <表名> DROP <字段名>；其中，"字段名" 指需要从表中删除的字段的名称。

【例 7-11】 删除 student 表中的 testid 字段。

代码如下所示，代码运行情况如图 7-15 所示。

ALTER TABLE student DROP teostid

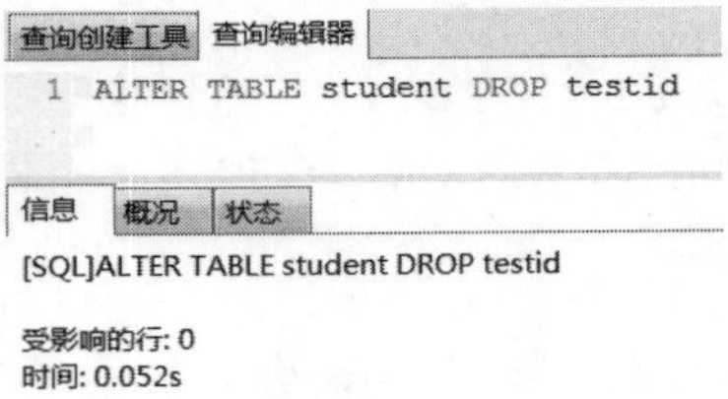

图 7-15　删除 student 表 testid 字段

6. 修改字段排序

对于一个数据表来说，在创建的时候，字段在表中的排列顺序就已经确定了。但表的结构并不是完全不可以改变的，可以通过 ALTER TABLE 来改变表中字段的相对位置。其语法格式：ALTER TABLE<表名> MODIFY<字段 1><数据类型> FIRST AFTER<字段 2>；其中，"字段 1" 指

要修改位置的字段；"数据类型" 指 "字段 1" 的数据类型；"FIRST" 为可选参数，指将 "字段 1" 修改为表的第一个字段；"AFTER<字段 2>" 指将 "字段 1" 插入到 "字段 2" 后面。

【例 7-12】 修改字段到列表的指定列之后。将 student 表中 markid 查到 mark 字段前。

代码如下所示，代码运行情况如图 7-16 所示。

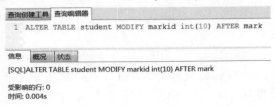

图 7-16　修改字段排序

ALTER TABLE student MODIFY markid int(10) AFTER mark

7. 更改表的存储引擎

通过前面章节的学习，知道存储引擎是 MySQL 中的数据存储在文件或内存中时采用的不同技术实现。可以根据自己的需要，选择不同的引擎，甚至可以为每一张表选择不同的存储引擎。MySQL 中主要存储引擎有 MyISAM、InnoDB、MEMORY(HEAP)、BDB、FEDERATED 等。可以使用 SHOWENGINES；语句查看系统支持的存储引擎。

更改表的存储引擎的语法格式：ALTER TABLE <表名> ENGINE=<更改后的存储引擎名>；

【例 7-13】将数据表 student 的存储引擎修改为 MyISAM。

代码如下所示。

ALTER TABLE student ENGINE=MyISAM

使用 SHOW CREATE TABLES 再次查看表 student 的存储引擎。如果该表有外键，由 InnoDB 变为 MyISAM 是不允许的，因为 MyISAM 不支持外键。

8. 删除表的外键约束

对于数据库中定义的外键，如果不再需要，可以将其删除。外键一旦删除，就会解除主表和从表间的关联关系，MySQL 中删除外键的语法格式：ALTER TABLE <表名> DROP FOREIGN KEY<外键约束名>；其中，"外键约束名" 指在定义表时 CONSTRAINT 关键字后面的参数。

【例 7-14】删除数据表 student 中的外键约束。

代码如下所示，代码运行情况如图 7-17 所示。

ALTER TABLE student DROP FOREIGN KEY zno；

执行完毕之后，将删除表 student 的外键约束。使用 SHOW CREATE TABLE 可再次查看表 student 的结构。

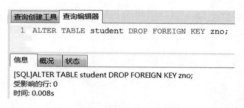

图 7-17　删除外键约束

7.4.4　复制数据表

可以通过 CREATE TABLE 命令复制表的结构和数据。

语法格式如下。

```
CREATE [TEMPORARY] TABLE [IF NOT EXISTS] table_name
[() LIKE old_table_name []]
|[AS (select_statement)];
```

比如，CREATE TABLE T_A LIKE T_B；此种方式在将表 T_B 复制到 T_A 时候会将表 T_B 完整的字段结构和索引复制到表 T_A 中来。

而 CREATE TABLE T_A AS SELECT sn,sname,sage FROM T_B；此种方式只会将表 T_B 的字段结构复制到表 T_A 中来，但不会复制表 T_B 中的索引到表 T_A 中来。这种方式比较灵活可以在复制原表表结构的同时指定要复制哪些字段，并且自身复制表也可以根据需要增加字段结构。

两种方式在复制表的时候均不会复制权限对表的设置。比如说原本对表 B 做了权限设置，复制后，表 A 不具备类似于表 B 的权限。

【例 7-15】 复制 stu 表到 student 表中。

代码如下所示，代码运行情况如图 7-18 所示。

```
CREATE TABLE student LIKE stu;
```

【例 7-16】 复制 stu 表中的学号（sno），姓名（sname）到新的表 SnoNameTable。

代码如下所示，代码运行结果如图 7-19 所示。

```
CREATE TABLE SnoNameTable
AS SELECT sno,sname
FROM stu;
```

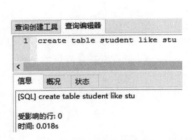

图 7-18　基于已有表结构创建新表　　图 7-19　基于已有表结构创建新表并复制数据

7.4.5　删除数据表

删除数据表就是将数据库中已经存在的表从数据库中删除。注意，在删除表的同时，表的定义和表中所有的数据均会被删除。因此，在进行删除操作前，最好对表中的数据做一个备份，以免造成无法挽回的后果。删除表可以用 DROP TABLE 命令。

语法格式为：DROP TABLE［IF EXISTS］表 1［,表 2］…表 n

在 MySQL 中，使用 DROP TABLE 可以一次删除一个或多个没有被其他表关联的数据表，其中，"表 n" 指要删除的表的名称，后面可以同时删除多个表，只需将删除的表名一起写在后面，相互之间用逗号隔开。如果要删除的数据表不存在，则 MySQL 会提示一条错误信息，"ERROR1051（42S02）：Unknown table '表名'"。参数 "IF EXISTS" 用于在删除前判断删除的表是否存在，加上该参数后，再删除表的时候，如果表不存在，SQL 语句可以顺利执行，但是会发出警告（Warning）。

上述是删除没有被关联的表，但是在数据表之间存在外键关联的情况下，如果直接删除父表，结果会显示失败。原因是直接删除，将破坏表的参照完整性。如果必须要删除，可以先删除与它关联的子表，再删除父表，只是这样同时删除了两个表中的数据。但有的情况下可能要保留子表，这时如要单独删除父表，只需将关联的表的外键约束条件取消，然后就可以删除父表。

【例 7-17】 删除 stu 表和 SnoNameTable 表。

代码如下所示，代码运行结果如图 7-20 所示。

```
DROP TABLE IF EXISTS stu,SnoNameTable;
```

可以用 SHOW TABLES 命令查看 studentInfo 中现在剩余的表，如图 7-21 所示。

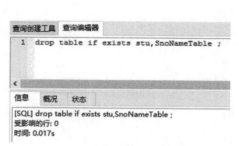

图 7-20　删除指定数据表　　　　　　　　图 7-21　查看现有数据表

7.4.6　表管理中的注意事项

（1）关于空值（NULL）的说明

空值通常用于表示未知、不可用或将在以后添加的数据，切不可将它与数字 0 或字符类型的空字符混为一谈。在向表中插入记录时，若一个列允许为空值，则可以不为该列指定具体值；而如果这个列不允许为空值，则必须指定该列的具体值，否则数据的插入操作会出错。

（2）关于列的标志（IDENTITY）属性

任何表都可以创建一个包含系统所生成序号值的标志列。该序号值唯一标志表中的一列，且可以作为键值。每个表中只能有一个列设置为标志属性，并且该列只能是 DECIMAL、INT、NUMERIC、SMALLINT、BIGINT 或 TINYINT 数据类型的。

（3）关于列类型的隐含改变

在 MySQL 中，存在以下一些情形，系统会隐含地改变在 CREATE TABLE 语句或 ALTER TBALE 语句中所指定的列类型。

1）长度小于 4 的 VARCHAR 类型会被改变为 CHAR 类型。

2）由于只要一个表中存在着任何可变长度的列，都会使表中整个数据列成为变长的，因此当一张表含有任何变长的列时，例如 VARCHAR、TEXT、BLOB 类型的列，该表中所有大于 3 个字符的其他 CHAR 类型列被改变为 VARCHAR 类型列，而这不影响用户如何使用这些列。

7.5　MySQL 约束控制

7.5.1　数据完整性约束

在 MySQL 中，各种完整性约束是作为数据库关系模式定义的一部分，可通过 CREATE TABLE 或 ALTER TABLE 语句来定义。一旦定义了完整性约束，MySQL 服务器会随时检测处于更新状态的数据库内容是否符合相关的完整性约束，从而保证数据的一致性与正确性。如此，既能有效地防止对数据库的意外破坏，又能提高完整性检测的效率，还能减轻数据库编程人员的工作负担。

数据的完整性总体来说可分为以下 4 类，即**实体完整性**、**参照完整性**、**域完整性**和**用户自**

定义完整性。

- 实体完整性：实体的完整性强制表的标识符列或主键的完整性（通过约束、唯一约束、主键约束或标识列属性）。
- 参照完整性：在删除和输入记录时，引用完整性保持表之间已定义的关系，引用完整性确保键值在所有表中一致。这样的一致性要求不能引用不存在的值。如果一个键值更改了，那么在整个数据库中，对该键值的引用要进行一致的更改。
- 域完整性：限制类型（数据类型）、格式（检查约束和规则）、可能值范围（外键约束、检查约束、默认值定义、非空约束和规则）。
- 用户自定义完整性：用户自己定义的业务规则。

在 MySQL 数据库中不支持检查约束。可以在语句中对字段添加检查约束，不会报错，但该约束不起作用。

7.5.2 字段的约束

设计数据库时，可以对数据库表中的一些字段设置约束条件，由数据库管理系统（例如 MySQL）自动检测输入的数据是否满足约束条件，不满足约束条件的数据，数据库管理系统拒绝录入。MySQL 支持的常用约束条件有 7 种：主键（PRIMARY KEY）约束、外键（FOREIGN KEY）约束、非空（NOT NULL）约束、唯一性（UNIQUE）约束、默认值（DEFAULT）约束、自增约束（auto_increment）以及检查（CHECK）约束。其中，检查（CHECK）约束需要借助触发器或者 MySQL 复合数据类型实现。

1. 主键约束（PRIMARY KEY Constraint）

设计数据库时，建议为所有的数据库表都定义一个主键，用于保证数据库表中记录的唯一性。一张表中只允许设置一个主键，当然这个主键可以是一个字段，也可以是一个字段组（不建议使用复合主键），即主键分为两种类型：单字段主键和多字段联合主键。在录入数据的过程中，必须在所有主键字段中输入数据，即任何主键字段的值不允许为 NULL。

可以在创建表的时候创建主键，也可以对表已有的主键进行修改或者增加新的主键。设置主键通常有两种方式：表级完整性约束和列级完整性约束。

1）如果一个表的主键是单个字段 ID。

如果用表级完整性约束，就是用 PRIMARY KEY 命令单独设置主键为 ID 列。

语法规则如下：PRIMARY KEY(字段名)

【例 7-18】创建学生 stu1 表，用表的完整性设置学号 sno 字段为主键。

代码及代码运行情况如图 7-22 所示。

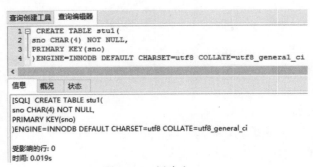

图 7-22　创建表 stu1

如果用列级完整性约束，就是直接在该字段的数据类型或者其他约束条件后加上"PRI-MARY KEY"关键字，即可将该字段设置为主键约束。

语法规则为：字段名 数据类型[其他约束条件] PRIMARY KEY。

【例7-19】创建学生 stu2 表，用列的完整性设置学号 sno 字段为主键。

代码及代码运行情况如图7-23所示。

图 7-23　创建表 stu2

2）如果一个表的主键是多个字段的组合（例如，字段名 1 与字段名 2 共同组成主键），定义完所有的字段后，使用下面的语法规则设置复合主键。

语法规则为：PRIMARY KEY(字段名 1,字段名 2)

【例7-20】使用下面的 SQL 语句在 stu-dentInfo 数据库中创建 SC 表，并将（sno,cno）的字段组合设置为 SC 表的主键。

代码如下所示，代码运行情况如图7-24所示。

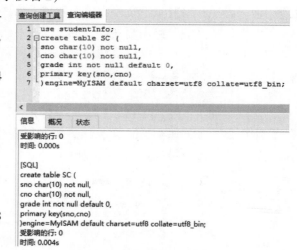

```
USE studentInfo;
CREATE TABLE SC (
  sno char(10) NOT NULL,
  cno char(10) NOT NULL,
  grade int NOT NULL default 0,
  PRIMARY KEY(sno,cno)
) ENGINE = MyISAM DEFAULT CHARSET = utf8
COLLATE = utf8_bin;
```

我们还可以修改表的主键。

【例7-21】修改表的 sc 的主键，删除原来的主键，增加 sno、cno 为主键。

代码如下所示，代码运行情况如图7-25所示。

图 7-24　创建表 sc 并指定联合主键

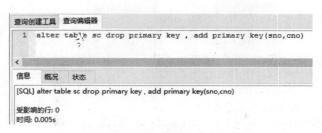

图 7-25　修改表已有主键信息

2. 外键约束（FOREIGN KEY Constraint）

外键用来在两个表的数据之间建立连接，它可以是一列或者多列。一个表可以有一个或者多个外键。表 A 外键字段的取值，要么是 NULL，要么是来自于表 B 主键字段的取值（此时将表 A 称为表 B 的子表，表 B 称为表 A 的父表）。

外键是表中的一个字段，它可以不是本表的主键，但对应另外一个表的主键。外键的主要作用是保证数据引用的完整性，定义外键后，不允许删除在另一个表中具有关联关系的行。其中，主表（父表）：对于两个具有关联关系的表而言，相关联字段中主键所在的那个表即是主表。从表（自表）：对于两个具有关联关系的表而言，相关联字段中外键所在的那个表即是从表。

在关系型数据库中，主表（父表）与从表（自表）之间，以关联值为关键字，建立相关表之间的联系。它是通过相容或相同的属性或属性组来表示的。子表的外键必须关联父表的主键，且关联字段的数据类型必须匹配，如果类型不一样，则创建子表时，就会出现错误提示。

由于子表和父表之间的外键约束关系，导致如下情况。

1）如果子表的记录"参照"了父表的某条记录，那么父表这一条记录的删除（DELETE）或修改（UPDATE）操作可能以失败告终。

2）如果试图直接插入（INSERT）或者修改（UPDATE）子表的"外键值"，子表中的"外键值"必须是父表中的"主键值"，要么是 NULL，否则插入（INSERT）或者修改（UPDATE）将操作失败。

例如，学生 student 表的班级号 class_no 字段的取值要么是 NULL，要么是来自于班级 classes 表的 class_no 字段的取值。也可以这样说，学生 student 表的 class_no 字段的取值必须参照（reference）班级 classes 表的 class no 字段的取值。

在表 A 中设置外键的也有两种方式：一种是在表级完整性下定义外键约束；另一种是在列级完整性下定义外键约束。

表级完整性语法规则如下。

> FOREIGN KEY（表 A 的字段名列表）REFERENCES 表 B（字段名列表）
> [ON DELETE {CASCADE| RESTRICT |SET NULL | NO ACTION}]
> [ON UPDATE {CASCADE| RESTRICT |SET NULL | NO ACTION}]

级联选项有 4 种取值，其意义如下。

1）CASCADE：父表记录的删除（DELETE）或者修改（UPDATE）操作，会自动删除或修改子表中与之对应的记录。

2）SET NULL：父表记录的删除（DELETE）或者修改（UPDATE）操作，会将子表中与之对应记录的外键值自动设置为 NULL 值。

3）NO ACTION：父表记录的删除（DELETE）或修改（UPDATE）操作，如果子表存在与之对应的记录，那么删除或修改操作将失败。

4）RESTRICT：与 NO ACTION 功能相同，且为级联选项的默认值。

如果表已经建好，那么可以通过 ALTER TABLE 命令添加。

语法格式如下。

```
ALTER TABLE table_name
    ADD［CONSTRAINT 外键名］FOREIGN KEY［id］(index_col_name, …)
    REFERENCES table_name(index_col_name, …)
    ［ON DELETE {cascade| RESTRICT |set null | no action}］
    [ON UPDATE {CASCADE| RESTRICT |SET NULL | NO ACTION}]
```

其中，"外键名"为定义的外键约束的名称，一个表中不能有相同名称的外键。

【例 7-22】将 sc 表的 sno 字段设置为外键，该字段的值参照（reference）班级 student 表的 sno 字段的取值。

代码如下所示，代码运行情况如图 7-26 所示。

```
ALTER TABLE sc ADD FOREIGN KEY
(sno) REFERENCES student(sno)
ON UPDATE restrict
ON DELETE restrict;
```

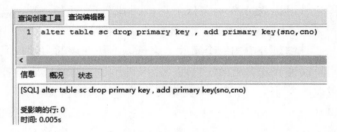

图 7-26　增加外键约束

如果表还没建立，那么可以在 CREATE TABLE 时指定。

【例 7-23】在创建 sc 表时使用下面的 SQL 代码指定外键 sno。

代码如下所示，代码运行情况如图 7-27 所示。

```
DROP TABLE IF EXISTS sc;
    CREATE TABLE SC (
        sno CHAR(10) NOT NULL,
        cno CHAR(10) NOT NULL,
        grade INT NOT NULL DEFAULT 0,
        PRIMARY KEY(sno,cno),
        FOREIGN KEY (sno) REFERENCES
student(sno)
    ) ENGINE = MyISAM DEFAULT CHARSET = utf8
COLLATE=utf8_bin;
```

图 7-27　建表时指定外键信息

或者在**列级完整性**上定义外键约束，就是直接在列的后面添加 references 命令。代码如下所示，代码运行情况如图 7-28 所示。

```
DROP TABLE IF EXISTS sc;
    CREATE TABLE SC (
        sno CHAR(10) NOT NULL REFERENCES student(sno),
        cno CHAR(10) NOT NULL,
        grade INT NOT NULL DEFAULT 0,
        PRIMARY KEY(sno,cno)
```

```
) ENGINE = MyISAM DEFAULT CHARSET = utf8 COLLATE = utf8_bin;
```

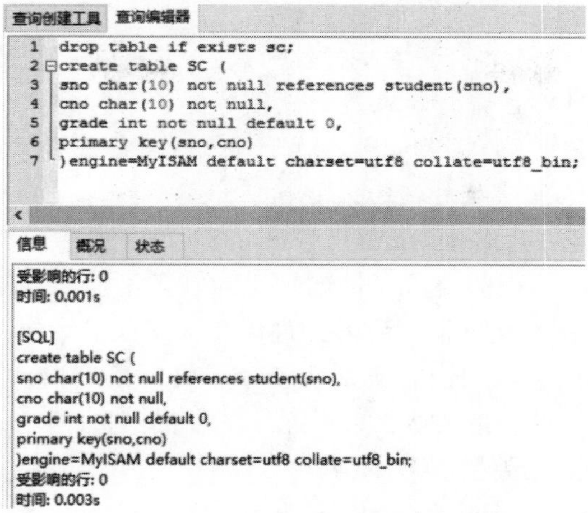

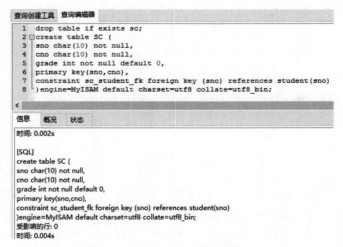

图 7-28　修改表已有主键信息

表级完整性约束和列级完整性约束都是在 CREATE TABLE 语句中定义。还有另外一种方式，就是使用完整性约束命名子句 CONSTRAINT 对完整性约束条件命名，从而可以灵活地增加、删除一个完整性约束条件。

完整性约束命名子句格式如下。

CONSTRAINT <完整性约束条件名> [PRIMARY KEY 短语| FOREIGN KEY 短语 | CHECK 短语]

【例 7-24】创建 sc 表，将 sno 字段设置为外键。

代码如下所示，代码运行情况如图 7-29 所示。

```
DROP TABLE IF EXISTS sc;
    CREATE TABLE sc (
        sno CHAR(10) NOT NULL,
        cno CHAR(10) NOT NULL,
        grade INT NOT NULL DEFAULT 0,
        PRIMARY KEY(sno,cno),
        CONSTRAINT sc_student_fk
FOREIGN KEY (sno) REFERENCES
student(sno)
    ) ENGINE = MyISAM DEFAULT
CHARSET = utf8 COLLATE = utf8_bin;
```

图 7-29　修改表已有主键信息

创建表时，建议先创建父表，然后再创建子表，并且建议子表的外键字段与父表的主键字段的数据类型（包括长度）相似或者可以相互转换（建议外键字段与主键字段数据类型相同）。

例如，选课 sc 表中 sno 字段的数据类型与学生 student 表中 sno 字段的数据类型完全相同，选课 sc 表中 sno 字段的值要么是 NULL，要么是来自于学生 student 表中 sno 字段的值。选课 sc 表为学生 student 表的子表，学生 student 表为选课 sc 表的父表。

除了外键约束外，主键约束以及唯一性约束也可以使用"CONSTRAINT 约束名约束条件"格式进行设置。

注意：MySQL 向 InnoDB 存储引擎支持外键约束；而 MySQL 的 MyISAM 存储引擎暂时不支持外键约束。如果在 MyISAM 存储引擎的表中设置外键约束，将产生类似"Can't create table 'studentinfo. SC'（erro：150）"的错误信息。对于 MyISAM 存储引擎的表而言，数据库开发人员可以使用触发器"间接地"实现外键约束。

3. 非空约束（NOT NULL Constraint）

如果某个字段满足非空约束的要求（例如学生的姓名不能取 NULL 值），则可以向该字段添加非空约束。若设置某个字段的非空约束，直接在该字段的数据类型后加上"not null"关键字即可。非空约束限制该字段的内容不能为空，但可以是空白。对于使用了非空约束的字段，如果用户在添加数据时没有指定值，数据库系统会报错。

语法格式为：字段名 数据类型 NOT NULL。

【**例 7-25**】将学生 student 表的姓名 sname 字段设置为非空约束。

代码如下所示，代码运行情况如图 7-30 所示。

```
ALTER TABLE student MODIFY sname CHAR(10) NOT NULL;
```

用 DESC 命令查看 student 的结构可以知道修改是否成功了，代码运行情况如图 7-31 所示。

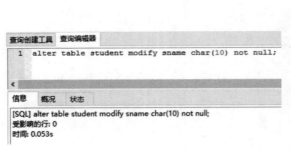

图 7-30　设置非空约束

图 7-31　查看 student 表结构

4. 唯一约束（UNIQUE Constraint）

唯一性约束要求该列唯一，允许为空，但只能出现一个空值。如果某个字段满足唯一性约束要求，则可以向该字段添加唯一性约束。与主键约束不同，一张表中可以存在多个唯一性约束，并且满足唯一性约束的字段可以取 NULL 值。

例如，班级 classes 表的班级名 class_name 字段的值不能重复，class_name 字段满足唯一性约束条件。若设置某个字段为唯一性约束，直接在该字段数据类型后加上"UNIQUE"关键字即可。

语法格式为：字段名 数据类型 UNIQUE。

【**例 7-26**】创建班级 classes 表，班级名 class_name 字段设置为非空约束以及唯一性约束，如图 7-32 所示。

代码如下所示，代码运行情况如图7-32所示。

```
CREATE TABLE classes (
class_name char(20) NOT NULL UNIQUE
) ENGINE = MyISAM DEFAULT CHARSET =
utf8 COLLATE = utf8_bin;
```

如果表已经存在，那么可以通过下面的语句命令进行操作。

```
ALTER TABLE classes MODIFY class_name
CHAR(20) NOT NULL UNIQUE
```

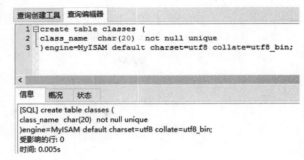

图7-32　建表时指定非空约束

如果某个字段存在多种约束条件，约束条件的顺序是随意的。唯一性约束实质上是通过唯一性索引实现的，因此唯一性约束的字段一旦创建，那么该字段将自动创建唯一性索引。如果要删除唯一性约束，只需要删除对应的唯一性索引即可。

UNIQUE 和 PRIMARY KEY 的区别：一个表中可以有多个字段声明为 UNIQUE，但只能有一个 PRIMARY KEY 声明；声明为 PRIMARY KEY 的列不允许有空值，但是声明为 UNIQUE 的字段允许空值的存在。

5. 默认约束（DEFAULT Constraint）

如果某个字段满足默认值约束要求，可以向该字段添加默认值约束，例如，可以将课程 course 表的人数上限 up_limit 字段设置默认值 60。若设置某个字段的默认值约束，直接在该字段数据类型及约束条件后加上"default 默认值"即可。

语法格式为：字段名 数据类型[其他约束条件] DEFAULT 默认值

【例7-27】创建课程 course 表，其 up_limit 字段设置默认值约束，且默认值为整数 60。

代码如下所示，代码运行情况如图7-33所示。

```
CREATE TABLE course (
  up_limit INT    DEFAULT 60
) ENGINE = MyISAM DEFAULT CHARSET = utf8
COLLATE = utf8_bin;
```

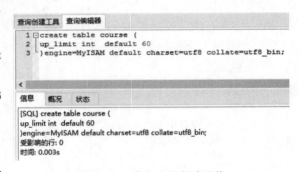

图7-33　建表时指定默认值

6. 自增约束（AUTO_INCREMENT Constraint）

在数据库应用中，经常希望在每次插入新记录时，系统自动生成字段的主键值。可以通过为表主键添加 AUTO_INCREMENT 关键字来实现。在 MySQL 中，在默认情况下 AUTO_INCREMENT 初始值为 1，每新增一条记录，字段自动加 1。一个表只能有一个字段使用 AUTO_INCREMENT 约束，且该字段必须为主键的一部分。AUTO_INCREMENT 约束的字段可以是任何整数类型（TINYINT、SMALLINT、INT、BIGINT）。由于设置 AUTO_INCREMENT 约束后的字段会生成唯一的 ID，所以该字段也经常会设置为 PK 主键。MySQL 中通过 SQL 语句的 AUTO_INCREMENT 来实现。

语法格式如下。

```
CREATE TABLE table_name(
    属性名 数据类型 AUTO_INCREMENT,
    …
);
```

上述语句中，属性名参数表示所要设置自动增加约束的字段名字，在默认情况下，该字段的值是从 1 开始增加，每增加一条记录，记录中该字段的值就会在前一条记录的基础上加 1。

【例 7-28】创建表 t_dept 时，设置 deptno 字段为 AUTO_INCREMENT 和 PK 约束。

代码如下所示，代码运行情况如图 7-34 所示。

```
CREATE TABLE t_dept(
    deptno INT PRIMARY KEY AUTO_INCREMENT
) ENGINE = InnoDB DEFAULT CHARSET = utf8
COLLATE = utf8_bin;
```

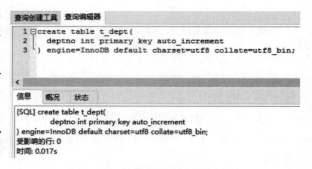

图 7-34　建表时指定自增长主键

7. 检查约束（CHECK Constraint）

检查约束是用来检查数据表中字段值有效性的一个手段，例如，学生信息表中的年龄字段是没有负数的，并且数值也是有限制的，当前大学生的年龄一般在 15～30 岁之间。其中，前面讲述的默认值约束和非空约束可以看作是特殊的检查约束。

在创建表时设置列的检查约束有两种：设置列级约束和表级约束。

【例 7-29】创建学生表 student 时，将 sage 年设置为 15 以上检查约束。

代码如下所示。

```
CREATE TABALE student
(
    Sno CHAR(8),
    Sname CHAR(10),
    sage INT CHECK(sage>=15)
);
```

7.5.3　删除约束

在 MySQL 数据库中，一个字段的所有约束都可以用 ALTER TABLE 命令删除。

【例 7-30】删除表 sc 中名称为 sc_studen_fk 的约束。

代码如下所示，代码运行情况如图 7-35 所示。

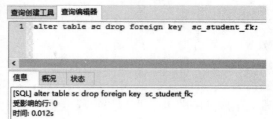

图 7-35　删除外键约束

```
ALTER TABLE sc DROP FOREIGN KEY sc_student_fk;
```

7.6 知识点小结

本章先讲述了表的基本概念，MySQL 支持的数据类型和运算符等一些基础性知识，接着又讲述了表的基本操作，有创建、查看、修改、复制、删除。最后讲述了 MySQL 的约束控制，如何定义和修改字段的约束条件。

7.7 思考与练习

1. MySQL 有哪些数据类型？有哪些运算符？

2. 数据类型选择的有哪些原则？

3. 如何创建数据库、使用数据库、删除数据库？

4. 如何创建表、修改表、删除表？

5. 常见的几种约束有哪些？分别代表什么意思？如何使用？

6. 下列（　　　）类型不是 MySQL 中常用的数据类型。

A. INT　　　　　　　B. VAR　　　　　　　C. TIME　　　　　　　D. CHAR

7. 当选择一个数值数据类型时，不属于应该考虑的因素是（　　　）。

A. 数据类型数值的范围。

B. 列值所需要的存储空间数量

C. 列的精度与标度（适用于浮点与定点数）

D. 设计者的习惯

8. 用一组数据"准考证号：200701001、姓名：刘亮、性别：男、出生日期：1993-8-1"来描述某个考生信息，其中"出生日期"数据可设置为（　　　）。

A. 日期/时间型　　B. 数字型　　　　C. 货币型　　　　　D. 逻辑型

9. MySQL 支持的数据类型主要分成（　　　）。

A. 1 类　　　　　　B. 2 类　　　　　　C. 3 类　　　　　　D. 4 类

10. 关系数据库中，外码（Foreign Key）是（　　　）。

A. 在一个关系中定义了约束的一个或一组属性

B. 在一个关系中定义了默认值的一个或一组属性

C. 在一个关系中的一个或一组属性是另一个关系的主码

D. 在一个关系中用于唯一标识元组的一个或一组属性

11. 关系数据库中，实现主键标识元组的作用是通过（　　　）来实现的。

A. 实体完整性规则　　　　　　　　B. 参照完整性规则

C. 用户自定义的完整性　　　　　　D. 属性的值域

12. 根据关系模式的完整性规则，一个关系中的主键（　　　）。

A. 不能由两列构成　　　　　　　　B. 不能成为另一个关系的外部键

C. 不允许空值　　　　　　　　　　D. 可以取空值

13. 若规定工资表中基本工资不得超过 5000 元，则这个规定属于（　　　）。

A. 关系完整性约束　　　　　　　　B. 实体完整性约束

C. 参照完整性约束　　　　　　　　D. 用户定义完整性

第8章 MySQL 数据操作管理

对数据库和数据库表中的数据执行添加、删除、修改和查询操作是必不可少的工作，查询是指从数据库中获取用户所需要的数据，查询操作在数据库操作中经常用到，而且也是最重要的操作之一。添加是向数据库表中添加不存在的记录，修改是对已经存在的记录进行更新，删除则是删除数据库中已存在的记录。

数据库查询是指数据库管理系统按照数据用户指定的条件，从数据库中相关表中找到满足条件的记录过程。查询数据库中的记录有多种方式，可以查询所有的数据，也可以根据自己的需要进行查询，还可以借助集合函数和正则表达式进行查询。通过不同的查询方式，可以获取不同的数据，本章将重要介绍如何查询 MySQL 数据库中的数据记查询数据外，还将介绍如何向数据库中添加记录以及删除和修改记录。

8.1 插入数据

插入数据是向表中插入新的记录。通过这种方式可以为表中增加新的数据。在 MySQL 中，通过 INSERT 语句来插入新的数据。使用 INSERT 语句可以同时为表的所有字段插入数据，也可以为表的指定字段插入数据，INSERT 语句还可以同时插入多条记录。

8.1.1 为表的所有字段插入数据

在通常情况下，插入的新记录要包含表的所有字段。INSERT 语句有两种方式可以同时为表的所有字段插入数据：第一种方式是不指定具体的字段名；第二种方式是列出表的所有字段。下面为读者详细讲解这两种方法。

（1）INSERT 语句中不指定具体的字段名

在 MySQL 中，可以通过不指定字段名的方式为表插入记录。

语法格式如下。

> INSERT INTO 表名 VALUES(值 1, 值 2, …, 值 n)

其中，"表名"参数指定记录插入到哪个表中；"值 n"参数表示要插入的数据。"值 1"到"值 n"分别对应着表中的每个字段。表中定义了几个字段，INSERT 语句中就应该对应有几个值。插入的顺序与表中字段的顺序相同。而且，取值的数据类型要与表中对应字段的数据类型一致。

【例 8-1】向 student 表中插入记录。

INSERT 语句代码如下所示，代码运行情况如图 8-1 所示。

> INSERT INTO student VALUES
> ('1418855233', '王一', '男', '1997-01-01', '1102', '商务 1301');

其中，student 表包含 6 个字段，那么 INSERT 语句中的值也应该是 6 个，而且数据类型也

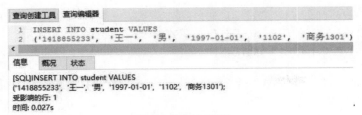

图 8-1 插入数据

应该与字段的数据类型一致。sno、sname、ssex、sbirth、zno 和 sclass 这 6 个字段是字符串类型，取值必须加上引号。如果不加上引号，数据库系统会报错。

（2）INSERT 语句中列出所有字段

INSERT 语句中可以列出表的所有字段，为这些字段来插入数据。

语法格式如下。

INSERT INTO 表名(字段名 1,字段名 2,…,字段名 n)VALUES(值 1,值 2,…,值 n);

其中，"字段名 n"参数表示表中的字段名称，此处必须列出表的所有字段的名称；"值 n"参数表示每个字段的值，每个值与相应的字段对应。

【例 8-2】向 student 表中插入一条新记录。

INSERT 语句的代码如下，代码运行情况如图 8-2 所示。

INSERT INTO student(sno,sname,ssex,sbirth,zno,sclass)
VALUES('1418855234','李三','男','1996-07-08','1102','商务 1301');

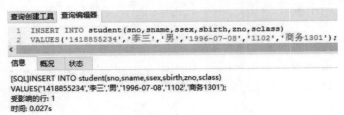

图 8-2 插入数据时指定字段

如果表的字段比较多，用第二种方法就比较麻烦。但是，第二种方法比较灵活。可以随意地设置字段的顺序，而不需要按照表定义时的顺序。值的顺序也必须跟着字段顺序的改变而改变。

【例 8-3】向 student 表中插入一条新记录。INSERT 语句中字段的顺序与表定义时的顺序不同。

INSERT 语句的代码如下，代码运行情况如图 8-3 所示。

INSERT INTO student(sno,sname,sbirth,ssex,zno,sclass)
VALUES('1418855235','张平','1996-03-15','女','1102','商务 1301');

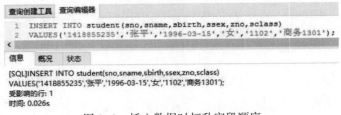

图 8-3 插入数据时打乱字段顺序

sbirth 字段和 ssex 字段的顺序发生了改变，对于值的位置也跟着发生了改变。

8.1.2 为表的指定字段插入数据

上面讲解的 INSERT 语句只是指定全部字段，这一节为表中的部分字段插入数据。
语法格式如下。

INSERT INTO 表名(字段名 1,字段名 2,…,字段名 m)
VALUES(值 1,值 2,…,值 n)

其中，"字段名 m"参数表示表中的字段名称，此处指定表的部分字段的名称；"值 n"
参数表示指定字段的值，每个值与相应的字段对应。

【例 8-4】向 student 表的 sno、sname
和 ssex 这 3 个字段插入数据。

语句的代码如下，代码运行情况如图 8-4
所法。

INSERT INTO student(sno,sname,ssex, sbirth)
VALUES('1418855236', '张强', '男', '1996-
03-15') ;

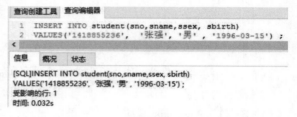

图 8-4　往指定字段插入数据

没有赋值的字段，数据库系统会为其插入默认值。这个默认值是在创建表的时候定义的。
如上面 zno 字段和 sclass 字段的默认值为 NULL。如果某个字段没有设置默认值，而且是非空，
就必须为其赋值，否则数据库系统会提示 "Field 'name' doesn't have a default value" 这样的
错误。

这种方式也可以随意地设置字段的顺序，而不需要按照表定义时的顺序。

【例 8-5】向 student 表的 sno、sname 和 ssex
字段插入数据。INSERT 语句中，这 3 个字段的顺
序可以任意排列。

INSERT 语句的代码如下，代码运行情况如
图 8-5所示。

INSERT INTO student(sno,ssex,sname, sbirth)
VALUES('1418855237','女','李苹', '1996-03-15');

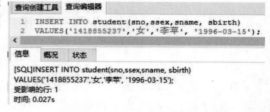

图 8-5　往指定字段插入数据时打乱字段顺序

8.1.3 同时插入多条记录

同时插入多条记录，是指一个 INSERT 语句插入多条记录。当用户需要插入多条记录，用
户可以使用上面两个小节中的方法逐条插入记录。但是，每次都要写一个新的 INSERT 语句，
这样比较麻烦。在 MySQL 中，一个 INSERT 语句可以同时插入多条记录。

语法格式如下。

INSERT INTO 表名[(字段名列表)]
VALUES(取值列表 1),(取值列表 2),…,(取值列表 n)

其中，"表名"参数指明向哪个表中插入数据；"字段名列表"参数是可选参数，指定哪

些字段插入数据，没有指定字段时向所有字段插入数据；"取值列表 n"参数表示要插入的记录，每条记录之间用逗号隔开。

向 MySQL 的某个表中插入多条记录时，可以使用多个 INSERT 语句逐条插入记录，也可以使用一个 INSERT 语句插入多条记录。选择哪种方式通常根据个人喜好来决定。如果插入的记录很多时，一个 INSERT 语句插入多条记录的方式的速度会比较快。

【例 8-6】向 student 表中插入 3 条新记录。

INSERT 语句的代码如下，代码运行情况如图 8-6 所示。

INSERT INTO 'student'
('sno', 'sname', 'ssex', 'sbirth', 'zno', 'sclass') VALUES
('1114070216', '欧阳贝贝', '女',
'1997-01-08', '1407', '工商 1401'),
('1207040237', '郑熙婷', '女', '1996-05-23', '
1214', '信管 1201'),
('1309070238', '孙一凯', '男', '1993-10-11', '1102', '商务 1301');

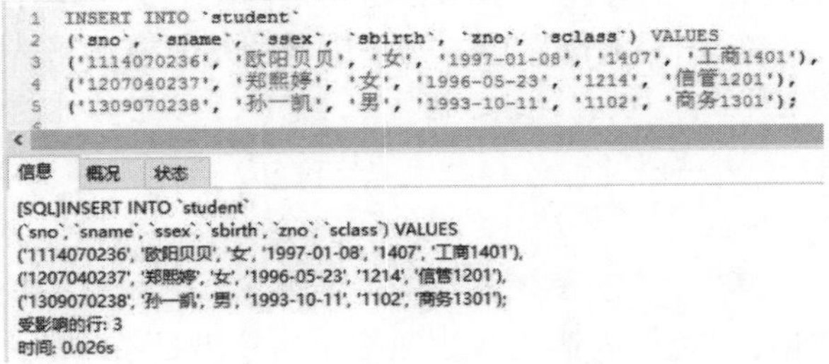

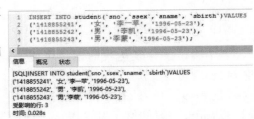

图 8-6　同时插入多条记录

不指定字段时，必须为每个字段都插入数据。如果指定字段，则只需要为指定的字段插入数据。

【例 8-7】向 student 表的 sno、sname 和 ssex 这 3 个字段插入数据。总共插入 3 条记录。

INSERT 语句的代码如下，代码运行情况如图 8-7 所示。

INSERT INTO student('sno','ssex','sname', 'sbirth') VALUES
('1418855241', '女', '李一苹', '1996-05-23'),
('1418855242', '男', '李凯', '1996-05-23'),
('1418855243', '男','李蒙', '1996-05-23');

图 8-7　同时插入多条记录并指定字段

8.1.4　从目标表中插入值

使用 INSERT INTO … SELECT…可以从一个表或者多个表向目标表中插入记录。SELECT 语句中返回的是一个查询到的结果集，INSERT 语句将这个结果插入到目标表中，结果集中记录的字段数和字段类型要与目标表完全一致。

语法格式为：INSERT INTO 表名 [列名列表] SELECT 列名列表 FROM 表名

8.1.5　REPLACE 语句

使用 REPLACE 语句也可以将一条或多条记录插入表中，或将一个表中的结果集插入到目标表中。其语法格式：REPLACE [INTO] 表名 VALUES(值列表)

使用 REPLACE 语句添加记录时，如果新记录的主键值或者唯一性约束的字段值与已经有记录相同，则已有记录被删除后再添加新记录。

8.2 修改数据

修改数据是更新表中已经存在的记录，通过这种方式可以改变表中已经存在的数据。例如，学生表中某个学生的家庭住址改变了，这就需要在学生表中修改该同学的家庭地址。在 MySQL 中，通过 UPDATE 语句来修改数据。本小节将详细讲解这些内容。

在 MySQL 中，UPDATE 语句的基本语法格式如下。

```
UPDATE 表名
SET 字段名 1＝取值 1,字段名 2＝取值 2,…,字段名 n＝取值 n
WHERE 条件表达式
```

其中，"字段名 n" 参数表示需要更新的字段的名称；"取值 n" 参数表示为字段更新的新数据；"条件表达式" 参数指定更新满足条件的记录。

【例 8-8】更新 student 表中 sno 值为 1418855243 的记录，将 sname 字段的值变为 "李壮"，将 sbirth 字段的值变为 "1996-03-23"。

代码如下所示，代码运行情况如图 8-8 所示。

```
UPDATE student
SET sname＝'李凯', sbirth＝'1996-03-23'
WHERE sno＝'1418855243' ;
```

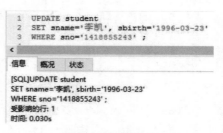

图 8-8　更新记录

表中满足条件表达式的记录可能不止一条。使用 UPDATE 语句会更新所有满足条件的记录。但在 MySQL 中是需要一条一条的执行。

【例 8-9】更新 student 表中 sname 值为李凯的记录。将 sbirth 字段的值变为 "1997-01-01"，将 ssex 字段的值变为 "女"。

代码如下所示，代码运行情况如图 8-9 所示。

```
UPDATE student
SET ssex＝'女', sbirth＝'1997-01-01'
WHERE sname＝'李凯';
```

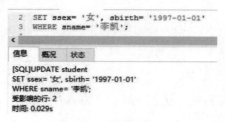

图 8-9　同时更新多条记录

结果显示更新了两条数据，原因是表中姓名为 "李凯" 有 2 个人。

8.3 删除数据

删除数据是删除表中已经存在的记录，通过这种方式可以删除表中不再使用的记录。例如，学生表中某个学生退学了，这就需要从学生表中删除该同学的信息。在 MySQL 中，通过 DELETE 语句来删除数据。如果完全清除某一个表可以使用 TRUNCATE 命令。

8.3.1 使用 DELETE 删除表数据

在 MySQL 中，DELETE 语句的基本语法格式如下。

```
DELETE FROM 表名 [WHERE 条件表达式]
```

其中，"表名"参数指明从哪个表中删除数据；"WHERE 条件表达式"指定删除表中的哪些数据。如果没有该条件表达式，数据库系统就会删除表中的所有数据。

【例 8-10】删除 student 表中 sno 值为 1418855243 的记录。

代码如下所示，代码运行情况如图 8-10 所示。

```
DELETE FROM student
WHERE sno='1418855243';
```

DELETE 语句可以同时删除多条记录。

【例 8-11】删除 student 表中 sclass 的值为'商务 1301'的记录。

代码如下所示，代码运行情况如图 8-11 所示。

```
DELETE FROM student
WHERE sclass='商务 1301';
```

图 8-10　删除记录　　　　　图 8-11　同时删除多条记录

DELETE 语句中如果不加上"WHERE 条件表达式"，数据库系统会删除指定表中的所有数据。请谨慎使用。

8.3.2　使用 TRUNCATE 清空表数据

TRUNCATE TABLE 用于完全清空一个表，基本语法格式如下。

```
TRUNCATE [TABLE] 表名
```

【例 8-12】清除 sc 表。

代码如下所示，代码运行情况如图 8-12 所示。

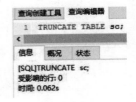

图 8-12　清空数据表

```
TRUNCATE TABLE sc;
```

说明：TRUNCATE TABLE 与 DELETE 的区别。

TRUNCATE TABLE 在功能上与不带 WHERE 子句的 DELETE 语句相同：二者均删除表中的全部行。但 TRUNCATE TABLE 比 DELETE 速度快，且使用的系统和事务日志资源少。DELETE 语句每次删除一行，并在事务日志中为所删除的每行记录一项。TRUNCATE TABLE 语句清空表记录后会重新设置自增型字段的计数起始值为 1；而使用 DELETE 语句删除记录后自增字段的值并没有设置为起始值，而是依次递增。

TRUNCATE TABLE 通过释放存储表数据所用的数据页来删除数据，并且只在事务日志中记录页的释放。

TRUNCATE、DELETE、DROP 放在一起比较：

- TRUNCATE TABLE：删除内容、释放空间但不删除定义。

- DELETE TABLE：删除内容不删除定义，不释放空间。
- DROP TABLE：删除内容和定义，释放空间。

8.4 单表查询

查询数据是指从数据库中获取所需要的数据。查询数据是数据库操作中最常用，也是最重要的操作。用户可能根据自己对数据的需求，使用不同的查询方式，可以获得不同的数据。在MySQL 中是使用 SELECT 语句来实现数据的查询。单表查询是指从一张表中查询所需的数据。

8.4.1 SELECT 语法

SELECT 语句是在所有数据库操作中使用频率最高的 SQL 语句。SELECT 语句执行过程：首先数据库用户编写合适的 SELECT 语句，通过 MySQL 的客户端将 SELECT 语句发送给 MySQL 服务实例，MySQL 服务器根据 SELECT 语句的要求进行解析、编译，然后选择合适的执行计划从表中查找满足特定条件的若干条记录，最后按照规定的格式整理成结果集返回给 MySQL 客户端。

SELECT 语句的语法格式如下。

```
SELECT 字段列
FROM <表名或视图名>
[WHERE <条件表达式>]
[GROUP BY <列名 1>]
[HAVING <条件表达式>]
[ORDER BY <列名 2>[ASC|DESC]]
[LIMIT 子句]
```

其中[]内的内容是可选的。

- SELECT 子句：指定要查询的列名称，列与列之间用逗号隔开，还可以为列指定新的别名，显示在输出的结果中。ALL 关键字表示显示所有的行，包括重复行，是系统默认的，DISTINCT 表示显示的结果要消除重复的行。
- FROM 子句：指定要查询的表，可以指定两个以上的表，表与表之间用逗号隔开。
- WHERE 子句：指定要查询的条件。如果有 WHERE 子句，就按照"条件表达式"指定的条件进行查询；如果没有 WHERE 子句，就查询所有记录。
- GROUP BY：用于对查询结构进行分组。按照"列名 1"指定的字段进行分组；如果 GROUP BY 子句后带着 HAVING 关键字，那么只有满足"条件表达式 2"中指定的条件才能够输出。GROUP BY 子句通常和 COUNT( )、SUM( )等聚合函数一起使用。
- HAVING 子句：指定分组的条件，通常放在 GROUP BY 字句之后。
- ORDER BY 子句：用于对查询结果的排序。排序方式由 ASC 和 DESC 两个参数指出：ASC 参数表示按升序进行排序；DESC 参数表示按降序的顺序进行排序。升序表示值按从小到大的顺序排列。例如，{1,2,3}这个顺序就是升序。降序表示值按从大到小的顺序排列。例如，{3,2,1}这个顺序就是降序。对记录进行排序时，如果没有指定是 ASC 还是 DESC，默认情况下是 ASC。
- LIMIT 子句：限制查询的输出结果的行数。

8.4.2 简单查询

为了演示一下的查询，我们需要创建以下 4 张表，如表 8-1~8-4 所示。

表 8-1 专业表 (specialty)

列名	专业号	专业名
列名	zno	zname
数据类型	VARCHAR	VARCHAR
长度	4	50
是否为空	NOT NULL	NOT NULL
是否主键	主键	
是否外键		

表 8-2 课程表 (course)

列名	课程号	课程名称	学分	开课院系
列名	cno	cname	ccredit	cdept
数据类型	VARCHAR	VARCHAR	INT	VARCHAR
长度	8	50	11	20
是否为空	NOT NULL	NOT NULL	NOT NULL	NOT NULL
是否主键	主键			
是否外键				

表 8-3 学生表 (student)

列名	学号	姓名	性别	出生日期	班级	专业号
列名	sno	sname	ssex	sbirth	sclass	zno
数据类型	VARCHAR	VARCHAR	ENUM	DATE	VARCHAR	VARCHAR
长度	10	20	{男，女}		10	4
是否为空	NOT NULL	NOT NULL	NOT NULL	NOT NULL	NOT NULL	NULL
是否主键	主键					
是否外键						外键

表 8-4 选修表 (sc)

列名	学号	课程号	成绩
列名	sno	cno	grade
数据类型	VARCHAR	VARCHAR	FLOAT
长度	10	8	4
是否为空	NOT NULL	NOT NULL	NOTNULL
是否主键	是	是	
是否外键	是	是	

1. 查询所有字段

查询所有字段是指查询表中的所有字段的数据，有两种方式：一种是列出表中的所有字段，不同字段之间用逗号（,）分隔，最后一列后面不需要加逗号；另一种是使用通配符 * 来查询。

【例 8-13】 查询学生的所有信息。

方式 1：使用 SELECT 语句。代码如下所示，代码运行情况如图 8-13 所示。

```
SELECT zno,sclass,sno,sname,ssex,sbirth FROM student;
```

返回的结果字段的顺序和 SELECT 语句中指定的顺序一致。

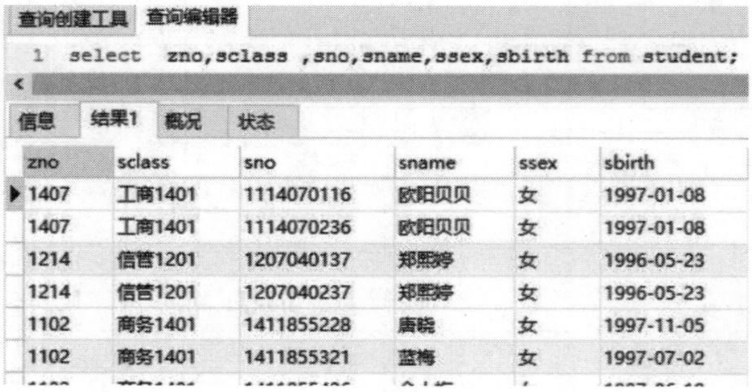

zno	sclass	sno	sname	ssex	sbirth
1407	工商1401	1114070116	欧阳贝贝	女	1997-01-08
1407	工商1401	1114070236	欧阳贝贝	女	1997-01-08
1214	信管1201	1207040137	郑熙婷	女	1996-05-23
1214	信管1201	1207040237	郑熙婷	女	1996-05-23
1102	商务1401	1411855228	唐晓	女	1997-11-05
1102	商务1401	1411855321	蓝梅	女	1997-07-02

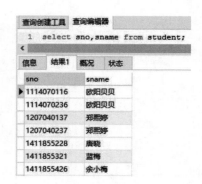

图 8-13　查询时指定所有字段

方式 2：使用 SELECT * FROM student;

返回的结果字段的顺序是固定的，和建立表时指定的顺序一致，如图 8-14 所示。

从上述结果中，可以知道通过使用通配符 * 查询表中所有字段的数据，这种方式比较简单，尤其是数据库表中的字段很多时，这种方式的优点更加明显。但是从显示结果顺序的角度来讲，使用通配符 * 不够灵活。如果要改变显示字段的顺序，可以选择使用第一种方式。

2. 指定字段查询

虽然通过 SELECT 语句可以查询所有字段，但有些时候，并不需要将表中的所有字段都显示出来，只需要查询我们需要的字段就可以了，这就需要我们在 SELECT 语句中指定需要的字段。当我们表中所有的字段都需要的时候，那命令就和上一节中的第一种方式一样。

【例 8-14】 查询学生的学号和姓名，只需要在 SELECT 语句中指定学号和姓名两个字段就可以了。

代码如下所示，代码运行情况如图 8-15 所示。

```
SELECT sno,sname FROM student;
```

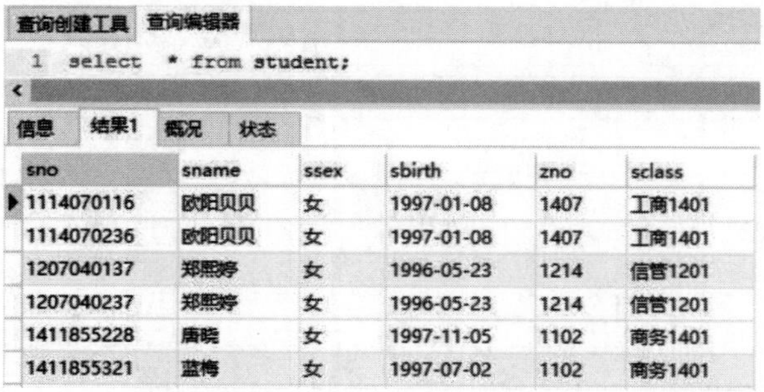

sno	sname	ssex	sbirth	zno	sclass
1114070116	欧阳贝贝	女	1997-01-08	1407	工商1401
1114070236	欧阳贝贝	女	1997-01-08	1407	工商1401
1207040137	郑熙婷	女	1996-05-23	1214	信管1201
1207040237	郑熙婷	女	1996-05-23	1214	信管1201
1411855228	唐晓	女	1997-11-05	1102	商务1401
1411855321	蓝梅	女	1997-07-02	1102	商务1401

图 8-14　通过通配符查询所有字段

sno	sname
1114070116	欧阳贝贝
1114070236	欧阳贝贝
1207040137	郑熙婷
1207040237	郑熙婷
1411855228	唐晓
1411855321	蓝梅
1411855426	余小梅

图 8-15　查询特定字段

3. 避免重复数据查询

DISTINCT 关键字可以去除重复的查询记录。和 DISTINCT 相对的是 ALL 关键字，即显示所有的记录（包括重复的），而 ALL 关键字是系统默认的，可以省略不写。

【例 8-15】查询在 student 表中的班级（不使用关键字和使用 DISTINCT 关键字查询）。

代码如下所示，代码运行情况如图 8-16 所示。

```
SELECT sclass FROM student;
SELECT DISTINCT sclass FROM student;
```

图 8-16 使用 DISTINCT 关键字查询返回的结果

从上面的结果，可知，用 DISTINCT 关键字后，结果中重复的记录只保留一条，这正是我们想要的结果。

注意：查询的字段必须包含在表中。如果查询的字段不在表中，系统会报错。例如，在 student 表中查询 weight 字段，系统会出现 "ERROR 1054（42522）：Unknown column 'weight' in 'field list'" 这样的错误提示信息。

4. 为表和字段取别名

当查询数据时，MySQL 会显示每个输出列的名称。在默认的情况下，显示的列名是创建表时定义的列名。例如，student 表的列名分别是 sno、sname、ssex、sbirth、zno 和 sclass。当查询 student 表时，就会相应显示这几个列名。有时为了显示结果更加直观，需要一个更加直观的名字来表示这一列，而不是用数据库中的列的名字。这时我们可以参照以下格式：

```
SELECT ［ALL｜DISTINCT］ <目标列表达式>［AS]［别名]［,<目标列表达式>［AS]［别名]
］…
FROM <表名或视图名>［别名]［,<表名或视图名>[别名]]…
```

【例 8-16】查询学生的学号、成绩。并指定返回的结果中的列名为学号、成绩，而不是 sno 和 grade。

代码如下所示，代码运行情况如图 8-17 所示。

```
SELECT sno'学号',grade '成绩' FROM sc;
```

在使用 SELECT 语句对列进行查询时，在结果集中可以输出对列值计算后的值。

【例 8-17】查询 sc 表中学生的的成绩提高 10%，对显示后的成绩列，显示为"修改后成绩"。

代码如下所示，代码运行情况如图 8-18 所示。

$$\text{SELECT sno, grade, grade} * 1.1 \quad \text{AS '修改后成绩' FROM sc;}$$

图 8-17　更改结果列名　　　　　　　　　图 8-18　对返回结果进行动态计算

8.4.3　条件查询

条件查询主要使用关键字 WHERE，指定查询的条件 WHERE 子句常用的查询条件有很多种，如表 8-5 所示。

表 8-5　查询条件

查询条件	符号或关键字
比较	=、<、<=、>、>=、! =、<>、! >、! <
匹配字符	LIKE、NOT LIKE
指定范围	BETWEEN AND、NOT BETWEEN AND
是否为空值	IS NULL、IS NOT NULL

表中，"<>"表示不等于，其作用等价于"! ="；"! >"表示不大于，等价于"<="；"! <"表示不小于，等价于">="；BETWEEN AND 指定了某字段的取值范围；"IN"指定了某字段的取值的集合；IS NULL 用来判断某字段的取值是否为空；AND 和 OR 用来连接多个查询条件。

注意：条件表达式中设置的条件越多，查询出来的记录就会越少。因为，设置的条件越多，查询语句的限制就越多，能够满足所有条件的记录就越少。为了使查询出来的记录正是自己想要查询的记录，可以在 WHERE 语句中将查询条件设置得更加具体。

1. 带关系运算符和逻辑运算符的查询

MySQL 中，可以通过关系运算符和逻辑运算符来编写"条件表达式"。MySQL 支持的比较运算符有>、<、=、! =、=（<>）、>=、<=；逻辑运算符有 AND（&&）、OR（||）、XOR、NOT（!）

这些运算符的具体含义在第 7.3 节有详细的讲解，这里不再说明，我们重点讲解怎么使用它们进行条件查询。

【例8-18】 查询成绩大于90分学生的学号和成绩。

代码如下所示，代码运行情况如图8-19所示。

```
SELECT sno,grade FROM sc WHERE grade>90；
```

【例8-19】 查询成绩在70分到80分之间（包含70分和80分）学生的学号和成绩。

代码如下所示，代码运行情况如图8-20所示。

```
SELECT sno,grade FROM sc WHERE grade>=70 and grade<=80；
```

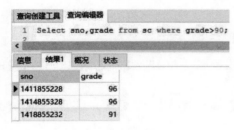
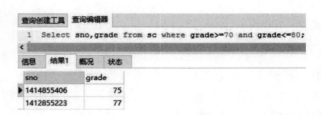

图8-19　指定查询条件　　　　　　　　　　图8-20　指定多个查询条件

2. 带IN关键字的查询

IN关键字可以判断某个字段的值是否在指定的集合中，如果字段的值在集合中，则满足查询条件，该记录将被查询出来；如果不在集合中，则不满足查询条件。

语法格式为：

［NOT］IN（元素1，元素2，元素3，…）

其中，NOT是可选参数，加上NOT表示不在集合内满足条件，字符型元素要加上单引号。

【例8-20】 查询成绩在集合（65，75，85，95）中的学生的学号和成绩。

代码如下所示，代码运行情况如图8-21所示。

```
SELECT sno,grade FROM sc WHERE grade IN（65,75,85,95）；
```

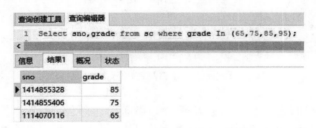

图8-21　IN查询条件

3. 带BETWEEN AND关键字的查询

BETWEEN AND关键字可以判断读某个字段的值是否在指定的范围内，如果在，则满足条件，否则不满足。

语法格式为：［ NOT ］BETWEEN 取值1 AND 取值2

其中，"NOT"是可选参数，加上NOT表示不在指定范内满足条件；"取值1"表示范围的起始值；"取值2"表示范围的终止值。

【例 8-21】 查询成绩在 70 分到 80 分之间（包含 70 分和 80 分）学生的学号和成绩。

代码如下所示，代码运行情况如图 8-22 所示。

```
SELECT sno,grade FROM sc WHERE grade BETWEEN 75 AND 80;
```

sno	grade
1414855406	75
1412855223	77

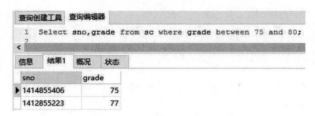

图 8-22 BETWEEN 查询条件

从结果中，我们可以知道 BETWEEN 75 AND 80 的返回是在 75 到 80 之间，包含两段的值。其实条件语句等价于 grade>=75 and grade<=80;。

【例 8-22】 使用 BETWEEN AND 关键字进行查询，查询条件是 sno 字段的取值为 1418855240~1418855242。

代码如下所示，代码运行情况如图 8-23 所示。

```
SELECT * FROM student WHERE sno BETWEEN '1411855240' AND '1418855242';
```

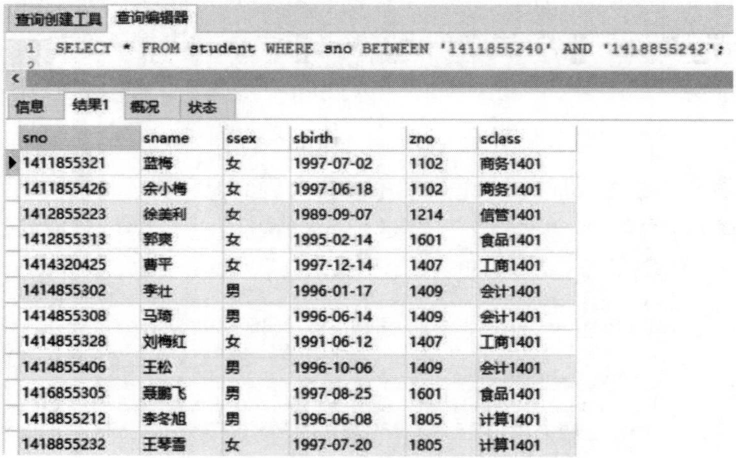

sno	sname	ssex	sbirth	zno	sclass
1411855321	蓝梅	女	1997-07-02	1102	商务1401
1411855426	余小梅	女	1997-06-18	1102	商务1401
1412855223	徐美利	女	1989-09-07	1214	信管1401
1412855313	郭爽	女	1995-02-14	1601	食品1401
1414320425	曹平	女	1997-12-14	1407	工商1401
1414855302	李壮	男	1996-01-17	1409	会计1401
1414855308	马琦	男	1996-06-14	1409	会计1401
1414855328	刘梅红	女	1991-06-12	1407	工商1401
1414855406	王松	男	1996-10-06	1409	会计1401
1416855305	聂鹏飞	男	1997-08-25	1601	食品1401
1418855212	李冬旭	男	1996-06-08	1805	计算1401
1418855232	王琴雪	女	1997-07-20	1805	计算1401

图 8-23 BETWEEN 查询条件

NOT BETWEEN AND 的取值范围是小于“取值 1”，而大于“取值 2”。

【例 8-23】 使用 NOT BETWEEN AND 关键字查询 student 表，查询条件是 sno 字段的取值不在 1418855240~1418855242 之间。

代码如下所示，代码运行情况如图 8-24 所示。

```
SELECT * FROM student WHERE sno NOT BETWEEN'1411855240 ' AND '1418855242';
```

技巧：BETWEEN AND 和 NOT BETWEEN AND 关键字在查询指定范围的记录时很有用。例如，查询学生成绩表的年龄段、分数段等，还有查询员工的工资水平时也可以使用这两个关键字。

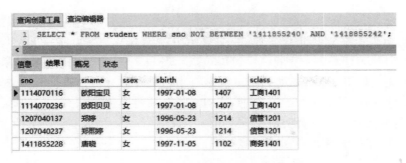

图 8-24 NOT BETWEEN 查询条件

4. 带 IS NULL 关键字的空值查询

IS NULL 关键字可以用来判断字段的值是否为空值（NULL），如果字段值为空值，则满足查询条件，否则不满足。

语法格式为：IS［ not ］NULL

【例 8-24】查询还没有分专业的学生的学号和姓名。

查询条件：没分专业说明专业号为空，即 zno IS NULL。代码如下所示，代码运行情况如图 8-25 所示。

SELECT sno,sname,zno FROM student WHERE zno IS NULL;

IS NULL 是一个整体，不能将 IS 换成"="。如果将 IS 换成"="，将查询不到我们想要的结果，如图 8-26 所示。

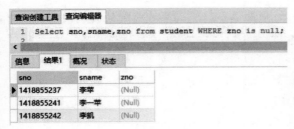

图 8-25 NULL 查询条件

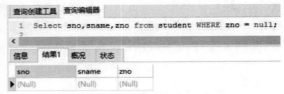

图 8-26 错误的 NULL 查询条件

zno=NULL 表示要查询的 zno 的值是字符串"NULL"，而不是空值。当然 IS NOT NULL 中的 IS NOT 也不可以换成！= 或者<>。

5. 带 LIKE 关键字的查询

LIKE 关键字可以匹配字符串是否相等。如果字段的值与指定的字符串相匹配，则满足条件，否则不满足。

语法格式为：［NOT］LIKE '字符串';

其中，"NOT"是可选参数，加上 NOT 表示与指定的字符串不匹配时满足条件；"字符串"表示指定用来匹配的字符串，该字符串必须加单引号或者双引号。"字符串"参数的值可以是一个完整的字符串，也可以是包含百分号（%）或者下划线(_)的通配字符。但是%和_有很大的差别。

1)"%"可以代表任意长度的字符串，长度可以为 0。例如，b%k 表示以字母 b 开头，以字母 k 结尾的任意长度的字符串。该字符串可以代表 bk、buk、book、break、bedrock 等字符串。

2）"_" 只能表示单个字符。例如，b_k 表示以字母 b 开头，以字母 k 结尾的 3 个字符。中间的 "_" 可以代表任意一个字符。字符串可以代表 bok、bak 和 buk 等字符串。

3）正则表达式是用某种模式去匹配一类字符串的一种方式，其查询能力要远在通配字符之上，而且相对更加灵活。在 MySQL 中使用 REGEXP 关键字来匹配查询正则表达式，基本形式如下：属性名 REGEXP '匹配方式'。

具体模式与描述如表 8-6 所示。

表 8-6 模式介绍

模 式	描 述
^	匹配以特定字符或者字符串开头的记录
$	匹配以特定字符或者字符串结尾的记录
.	匹配字符串中任意一个字符，包括 Enter 或者换行等
a *	匹配多个该字符之前的字符，包括 0 和 1 个
a+	匹配多个该字符之前的字符，包括 1 个
a?	匹配 0 个或 1 个 a 字符
de | abc	匹配序列 de 或 abc
[ ]	匹配字符集合中任意一个字符
字符串{N}	匹配方式中的 N 表示前面的字符串至少要出现 N 次
字符串{M,N}	匹配方式中的 M 和 N 表示前面的字符串出现至少 M 次，最多 N 次

注意： LIKE 和 REGEXP 具有以下区别：LIKE 匹配整个列，如果被匹配的文本仅在列值中出现，LIKE 并不会找到它，相应的行也不会返回；而 REGEXP 在列值内进行匹配，如果被匹配的文本在列值中出现，REGEXP 将会找到它，相应的行将被返回。

【例 8-25】使用 LIKE 关键字来匹配一个完整的字符串 '蓝梅'。

代码如下所示，代码运行情况如图 8-27 所示。

SELECT ＊ FROM student WHERE sname LIKE '蓝梅';

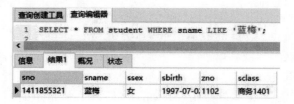

图 8-27 字符串 LIKE 查询条件

此处的 LIKE 与等号（＝）是等价的，可以直接换成 "＝"，查询结果是一样的。

SELECT ＊ FROM student WHERE sname ='蓝梅';

使用 LIKE 关键字和使用 "＝" 的效果是一样的。但是，这只对匹配一个完整的字符串的情况有效。如果字符串中包含了通配符，就不能这样进行替换了。

【例 8-26】使用 LIKE 关键字来匹配带有通配符 '%' 的字符串 '李%'，SELECT 语句的代码如下：代码执行结果如图 8-28 所示。

SELECT ∗ FROM student WHERE sname LIKE '李%';

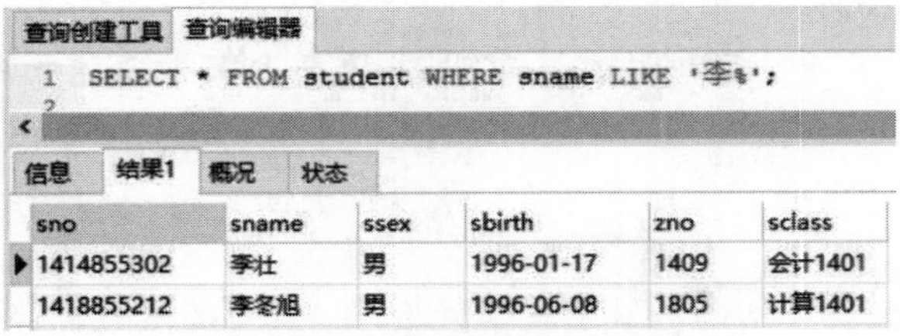

图 8-28　字符串模糊匹配条件

【例 8-27】使用 LIKE 关键字来匹配带有通配符'_ '的字符串。

代码如下所示，代码运行情况如图 8-29 所示。

SELECT ∗ FROM student WHERE sname LIKE '李_ _';

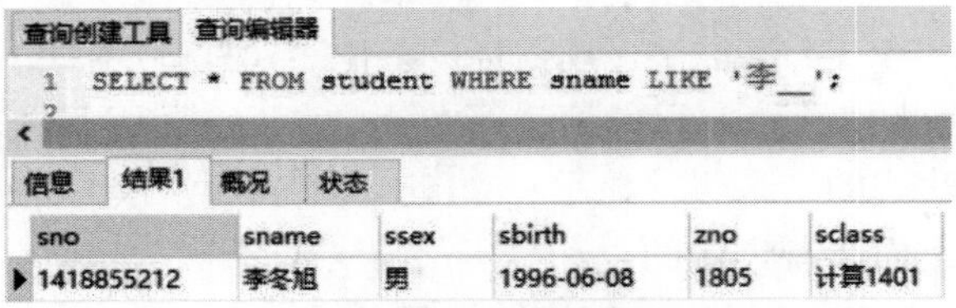

图 8-29　字符串模糊匹配条件

注意：需要匹配的字符串需要加引号，可以是单引号，也可以是双引号。如果要匹配姓张且名字只有两个字的人的记录，"张"字后面必须有两个"_"符号。因为一个汉字是两个字符，而一个"_"符号只能代表一个字符。因此，匹配的字符串应该为"张_ _"，必须是两个"_"符号。

NOT LIKE 表示字符串不匹配的情况下满足条件。

【例 8-28】使用 NOT LIKE 关键字来查询不是姓李的所有人的记录。

代码如下所示，代码运行情况如图 8-30 所示。

SELECT ∗ FROM student WHERE sname NOT LIKE '李%';

图 8-30　字符串 NOT LIKE 查询条件

使用 LIKE 和 NOT LIKE 关键字可以很好地匹配字符串。而且，可以使用 "%" 和 "_" 这两个通配字符来简化查询。

注意：如果 LIKE '字符串' 中的要匹配的字符串上就含有通配符百分号%或者下划线 "_"，那么我们可以使用 ESCAPE<转化码>短语，对通配符进行转移。例如 ESCAPE '/' 表示 '/' 为转码字符。这样匹配串中紧跟在 '/' 后面的字符 "_" 不再具有通配符的含义，转义为普通的 "_" 字符。

如果要查询以 "DB_" 开头的，且倒数第三个字符为 i 的课程的详细情况，可使用如下语句：SELECT * FROM course WHERE cname like 'DB_%i_ _'ESCAPE '\';

8.4.4　高级查询

1. 分组查询

GROUP BY 关键字可以将查询结果按某个字段或多个字段进行分组。字段中值相等的为一组。语法格式为：GROUP BY 字段名 [HAVING 条件表达式] [WITH ROLLUP]。

其中，"字段名" 是指按照该字段的值进行分组；"HAVING 条件表达式" 用来限制分组后的显示，满足条件表达式的结果将被显示；WITH ROLLUP 关键字将会在所有记录的最后加上一条记录，该记录是上面所有记录的总和。

如果单独使用 GROUP BY 关键字，查询结果只显示一个分组的一条记录。

【例 8-29】按 student 表的 ssex 字段进行分组查询。

代码如下所示，代码运行情况如图 8-31 所示。

```
SELECT * FROM student GROUP BY ssex;
```

GROUP BY 关键字加上 "HAVING 条件表达式"，可以限制输出的结果，只有满足条件表达式的结果才会显示。

【例 8-30】按 student 表的 ssex 字段进行分组查询，然后显示记录数大于等于 10 的分组（COUNT()用来统计记录的条数）。

代码如下所示，代码运行情况如图 8-32 所示。

```
SELECT ssex,COUNT(ssex)
FROM student
GROUP BY ssex
HAVING COUNT(ssex)>=10;
```

图 8-31　分组查询条件

图 8-32　having 过滤条件

说明："HAVING 条件表达式" 与 "WHERE 条件表达式" 都是用来限制显示的。但是，两者起作用的地方不一样："WHERE 条件表达式" 作用于表或者视图，是表和视图的查询条件；"HAVING 条件表达式" 作用于分组后的记录，用于选择满足条件的组。

2. 对查询结果排序

从表中查询出来的数据可能是无序的，或者其排列顺序不是用户所期望的顺序。为了使查询结果的顺序满足用户的要求，可以使用 ORDER BY 关键字对记录进行排序。

语法格式为：ORDER BY 字段名[ASC|DESC]

其中，“字段名”参数表示按照该字段进行排序；ASC 参数表示按升序的顺序进行排序；DESC 参数表示按降序的顺序进行排序。在默认的情况下，是按照 ASC 方式进行排序的。

【例 8-31】 查询 student 表中所有记录，按照 zno 字段进行排序。

代码如下所示，代码运行情况如图 8-33 所示。

```
SELECT * FROM student ORDER BY zno ;
```

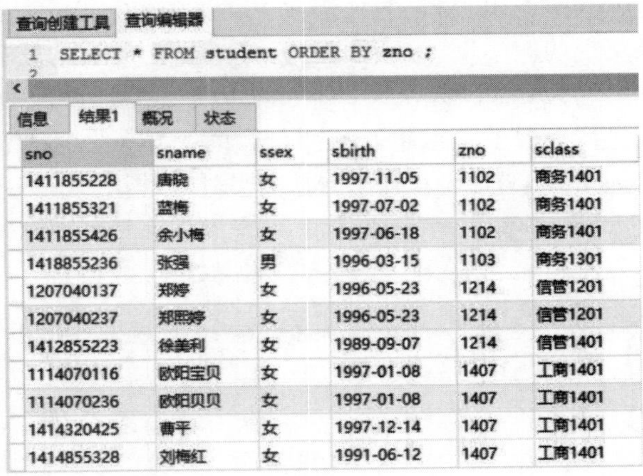

sno	sname	ssex	sbirth	zno	sclass
1411855228	唐晓	女	1997-11-05	1102	商务1401
1411855321	蓝梅	女	1997-07-02	1102	商务1401
1411855426	余小梅	女	1997-06-18	1102	商务1401
1418855236	张强	男	1996-03-15	1103	商务1301
1207040137	郑婷	女	1996-05-23	1214	信管1201
1207040237	郑熙婷	女	1996-05-23	1214	信管1201
1412855223	徐美利	女	1989-09-07	1214	信管1401
1114070116	欧阳宝贝	女	1997-01-08	1407	工商1401
1114070236	欧阳贝贝	女	1997-01-08	1407	工商1401
1414320425	曹平	女	1997-12-14	1407	工商1401
1414855328	刘梅红	女	1991-06-12	1407	工商1401

图 8-33　结果集排序

注意： 如果存在一条记录 zno 字段的值为空值（NULL）时，这条记录将显示为第一条记录。因为，按升序排序时，含空值的记录将最先显示。可以理解为空值是该字段的最小值。而按降序排列时，zno 字段为空值的记录将最后显示。

在 MySQL 中，可以指定按多个字段进行排序。例如，可以使 student 表按照 zno 字段和 sno 字段进行排序。排序过程中，先按照 zno 字段进行排序。遇到 zno 字段的值相等的情况时，再把 zno 值相等的记录按照 sno 字段进行排序。

【例 8-32】 查询 student 表中所有记录，按照 zno 字段的升序方式和 sno 字段的降序方式进行排序。代码如下所示，代码运行情况如图 8-34 所示。

```
SELECT * FROM student ORDER BY zno ASC,sno DESC;
```

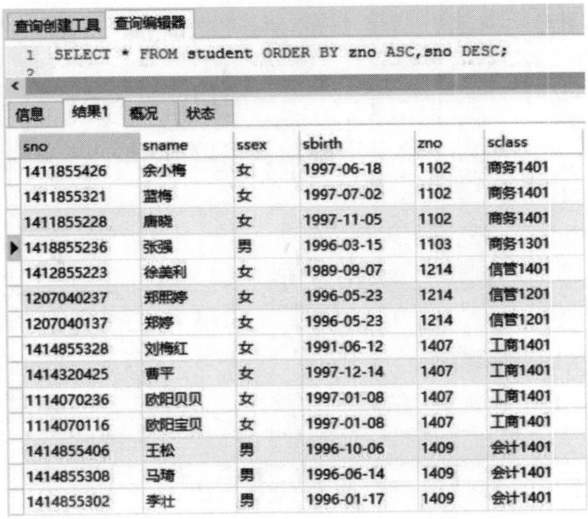

sno	sname	ssex	sbirth	zno	sclass
1411855426	余小梅	女	1997-06-18	1102	商务1401
1411855321	蓝梅	女	1997-07-02	1102	商务1401
1411855228	唐晓	女	1997-11-05	1102	商务1401
1418855236	张强	男	1996-03-15	1103	商务1301
1412855223	徐美利	女	1989-09-07	1214	信管1401
1207040237	郑熙婷	女	1996-05-23	1214	信管1201
1207040137	郑婷	女	1996-05-23	1214	信管1201
1414855328	刘梅红	女	1991-06-12	1407	工商1401
1414320425	曹平	女	1997-12-14	1407	工商1401
1114070236	欧阳贝贝	女	1997-01-08	1407	工商1401
1114070116	欧阳宝贝	女	1997-01-08	1407	工商1401
1414855406	王松	男	1996-10-06	1409	会计1401
1414855308	马琦	男	1996-06-14	1409	会计1401
1414855302	李壮	男	1996-01-17	1409	会计1401

图 8-34　结果集多条件排序

3. 限制查询结果数量

当使用 SELECT 语句返回的结果集中行数很多时，为了便于用户对结果数据的浏览和操作，可以使用 LIMIT 子句来限制被 SELECT 语句返回的行数。

语法格式为：LIMIT {[OFFSET,] row_count | row_count OFFSET OFFSET}

其中，OFFSET 为可选项，默认为数字 0，用于指定返回数据的第一行在 SELECT 语句结果集中的偏移量，必须是非负的整数常量。注意，SELECT 语句结果集中第一行（初始行）的偏移量为 0 而不是 1。row_count 用于指定返回数据的行数，也必须是非负的整数常量。若这个指定行数大于实际能返回的行数时，MySQL 将只返回它能返回的数据行。row_count OFFSET offset 是 MySQL 5.0 开始支持的另外一种语法，即从第 offset+1 行开始，取 row_count 行。

【例 8-33】在 student 表中查找从第 3 名同学开始的 3 位学生的信息。

代码如下所示，代码运行情况如图 8-35 所示。

```
SELECT * FROM student ORDER BY sno LIMIT 2,3;
```

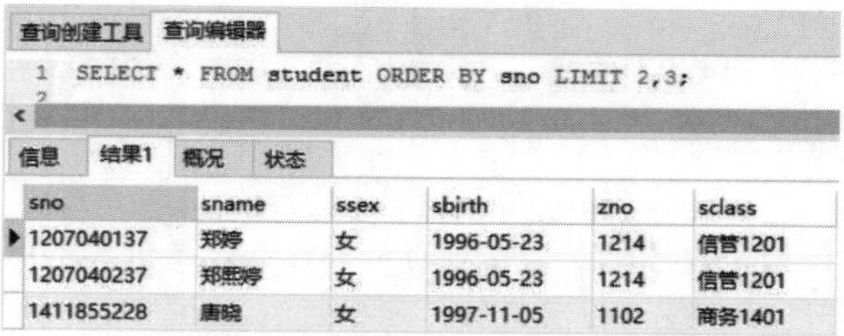

图 8-35　LIMIT 返回结果集

4. 聚合函数

集合函数包括 COUNT、SUM、AVG、MAX 和 MIN。其中：

- COUNT 用来统计记录的条数；
- SUM 用来计算字段的值的总和；
- AVG 用来计算字段的值的平均值；
- MAX 用来查询字段的最大值；
- MIN 用来查询字段的最小值。

当需要对表中的记录求和、求平均值、查询最大值和查询最小值等操作时，可以使用集合函数。例如，需要计算学生成绩表中的平均成绩，可以使用 AVG 函数。GROUP BY 关键字通常需要与集合函数一起使用。

SUM、AVG、MAX 和 MIN 都适用以下规则。

1）如果某个给定行中的一列仅包含 NULL 值，则函数的值等于 NULL 值。

2）如果一列中的某些值为 NULL 值，则函数的值等于所有非 NULL 值的平均值除以非 NULL 值的数量（不是除以所有值）。

3）对于必须计算的 SUM 和 AVG 函数，如果中间结果为空，则函数的值等于 NULL 值。

（1）COUNT 函数

COUNT 用于统计组中满足条件的行数或总行数，语法格式如下。

```
COUNT({[ ALL I DISTINCT]<表达式>|I*)
```

ALL、DISTINCT 的含义及默认值与 SUM/AVG 函数相同。选择 * 时将统计总行数。

COUNT 用于计算列中非 NULL 值的数量。如果要统计 student 表中有多少条记录，可以使用 COUNT 函数。

【例 8-34】使用 COUNT 函数统计 student 表的记录数。

代码如下所示，代码运行情况如图 8-36 所示。

```
SELECT COUNT( * ) AS  '学生总人数' FROM student;
```

【例 8-35】使用 COUNT 函数统计 student 表不同 zno 值的记录数。COUNT 函数与 GROUP BY 关键字一起使用。

代码如下所示，代码运行情况如图 8-37 所示。

```
SELECT zno,COUNT( * ) AS '专业人数'
FROM student
GROUP BY zno;
```

图 8-36　COUNT 统计函数　　　　　　　图 8-37　COUNT 统计函数结合 GROUP BY

（2）SUM 函数

SUM 函数是求和函数。使用 SUM 函数可以求表中某个字段取值的总和。例如，可以用 SUM 函数来求学生的总成绩。

【例 8-36】使用 SUM 函数统计 sc 表中学号为 1414855328 的同学的总成绩。

代码如下所示，代码运行情况如图 8-38 所示。

```
SELECT sno,SUM( grade )
FROM sc
WHERE sno='1414855328';
```

SUM 函数通常和 GROUP BY 关键字一起使用。这样可以计算出不同分组中某个字段取值的总和。

【例 8-37】将 sc 表按照 sno 字段进行分组。然后，使用 SUM 函数统计各分组的总成绩。

代码如下所示，代码运行情况如图 8-39 所示。

```
SELECT sno,SUM( grade )
FROM sc
GROUP BY sno ;
```

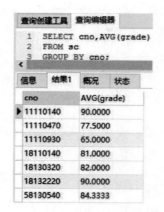

图 8-38　SUM 统计函数 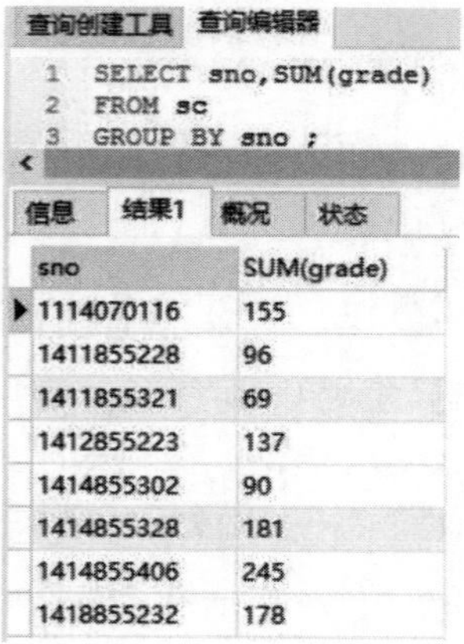　　　图 8-39　SUM 统计函数结合 GROUP BY

注意：SUM 函数只能计算数值类型的字段。包括 INT 类型、FLOAT 类型、DOUBLE 类型、DECIMAL 类型等。字符类型的字段不能使用 SUM 函数进行计算。使用 SUM 函数计算字符类型字段时，计算结果都为 0。

（3）AVG 函数

AVG 函数是求平均值的函数。使用 AVG 函数可以求出表中某个字段取值的平均值。例如，可以用 AVG 函数来求平均年龄，也可以使用 AVG 函数来求学生的平均成绩。

【例 8-38】 使用 AVG 函数计算 sc 表中平均成绩。

代码如下所示，代码运行情况如图 8-40 所示。

```
SELECT AVG(grade)
FROM sc;
```

【例 8-39】 使用 AVG 函数计算 sc 表中不同科目的平均成绩。

代码如下所示，代码运行情况如图 8-41 所示。

```
SELECT cno,AVG(grade)
FROM sc
GROUP BY cno;
```

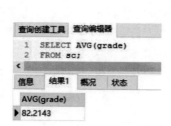

图 8-40　AVG 统计函数

图 8-41　AVG 统计函数结合 GROUP BY

使用 GROUP BY 关键字将 sc 表的记录按照 cno 字段进行分组。然后计算出每组的平均成绩。本例可以看出，AVG 函数与 GROUP BY 关键字结合后可以灵活地计算平均值。通过这种方式可以计算各个科目的平均分数，还可以计算每个人的平均分数。如果按照班级和科目两个字段进行分组，还可以计算出每个班级不同科目的平均分数。

（4）MAX 函数

MAX 函数是求最大值的函数。使用 MAX 函数可以求出表中某个字段取值的最大值。例如，可以用 MAX 函数来查询最大年龄，也可以使用 MAX 函数来求各科的最高成绩。

【例 8-40】使用 MAX 函数查询 sc 表中不同科目的最高成绩。

代码如下所示，代码运行情况如图 8-42 所示。

```
SELECT sno,cno,MAX(grade)
FROM sc
GROUP BY cno;
```

先将 sc 表的记录按照 cno 字段进行分组。然后查询出每组的最高成绩。本例可以看出，MAX 函数与 GROUP BY 关键字结合后可以查询出不同分组的最大值。通过这种方式可以计算各个科目的最高分。如果按照班级和科目两个字段进行分组，还可以计算出每个班级不同科目的最高分。

MAX 不仅仅适用于数值类型，也适用于字符类型。

【例 8-41】使用 MAX 函数查询 student 表中 sname 字段的最大值。SELECT 语句如下：

代码如下所示，代码运行情况如图 8-43 所示。

```
SELECT MAX(sname)
FROM student;
```

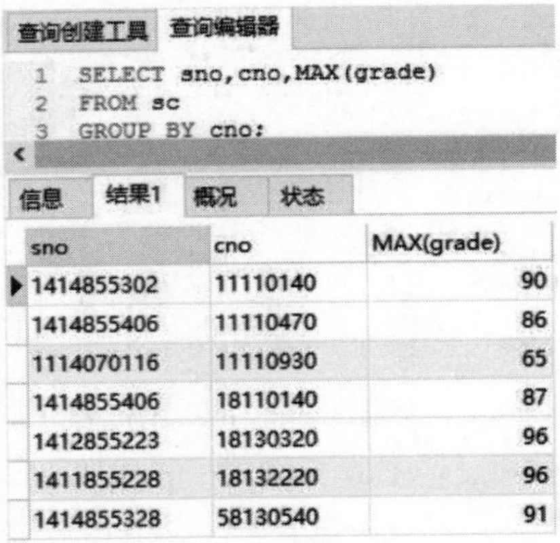

图 8-42　MAX 统计函数结合 GROUP BY

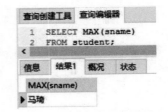

图 8-43　MAX 统计函数作用于字符类型

MAX 函数是使用字符对应的 ASCII 码进行计算的。

说明：在 MySQL 表中，字母 a 最小，字母 z 最大，因为 a 的 ASCII 码值最小。在使用 MAX 函数进行比较时，先比较第一个字母。如果第一个字母相等时，再继续往下一个字母进行比较。例如，hhc 和 hhz 只有比较到第 3 个字母时才能比出大小。

（5）MIN 函数

MIN 函数是求最小值的函数。使用 MIN 函数可以求出表中某个字段取值的最小值。例如，可以用 MIN 函数来查询最小年龄，也可以使用 MIN 函数来求各科的最低成绩。

【例 8-42】使用 MIN 函数查询 sc 表中不同科目的最低成绩。

代码如下所示，代码运行情况如图 8-44 所示。

```
SELECT cno,MIN( grade)
FROM sc
GROUP BY cno ;
```

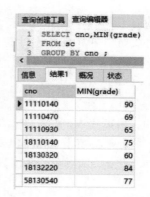

图 8-44　MIN 统计函数
集合 GROUP BY

先将 sc 表的记录按照 cno 字段进行分组，然后查询出每组的最低成绩。MIN 函数也可以用来查询字符类型的数据，基本方法与 MAX 函数相似。

5. 合并查询结果

MySQL 中使用 UNION 关键字，可以将多个 SELECT 结果集合并为单个结果集，但要求合并的结果集对应的列数和数据类型必须相同。在第一个 SELECT 语句中被使用的列名称也被用于结果的列名称。语法格式如下。

```
SELECT …
UNION [ ALL I DISTINCT]
SELECT …
[ UNION [ ALL I DISTINCT]
SELECT…
```

语法中不使用关键字 ALL，则所有返回的行都是唯一的，就好像对整个结果集合使用了 DISTINGT 一样。如果指定了 ALL，SELECT 语句中得到所有匹配的行都会出现。DISTINCT 关键词是一个自选词，不起任何作用，但是根据 SQL 标准的要求，在语法中允许采用。

【例 8-43】 查询女生的信息或出生日期 "1997-01-08" 以后出生的学生信息。

代码如下所示，代码运行情况如图 8-45 所示。

```
SELECT *
FROM student
WHERE ssex='女'
UNION
SELECT *
FROM student
WHERE sbirth>'1997-01-08';
```

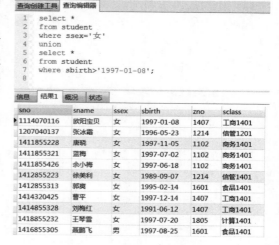

图 8-45　合并查询

8.5　多表查询

上一节讲述了单表查询，即在关键字 WHERE 子句中只涉及一张表。在具体应用中，经常需要实现一个查询语句中显示多张表的数据，这就是所谓的多表数据记录连接查询，简称连接查询。连接查询分为内连接查询和外连接查询。内连接查询和外连接查询的主要区别在于：内连接仅选出两张表中互相匹配的记录；而外连接会选出其他不匹配的记录。我们最常用的是内连接。常见的 3 种连接操作如下。

1) INNER JOIN 操作：用于组合两个表中的记录，只要在公共字段之中有相符的值，就可以在任何 ROM 子句中使用 INNER JOIN 运算，这是最普通的连接类型。只要在这两个表的公共字段之中有相符的值，内部连接将组合两个表中的记录。

2) LEFT JOIN 操作：用于在任何 FROM 子句中组合来源表的记录。使用 LEFT JOIN 运算来创建一个左边外部连接。左边外部连接将包含从第一个（左边）开始的两个表中的全部记录，即使在第二个（右边）表中并没有相符值的记录。

3) RIGHT JOIN 操作：用于在任何 FROM 子句中组合来源表的记录。使用 RIGHT JOIN 运算创建一个右边外部连接，右边外部连接将包含从第二个（右边）表开始的两个表中的全部记录，即使在第一个（左边）表中并没有匹配值的记录。

在具体应用中，如果需要实现多表数据记录查询，一般不使用连接查询，因为该操作效率比较低，于是 MySQL 又提供了连接查询的替代操作——子查询操作。

8.5.1 内连接查询

内连接查询是最常用的一种查询，也称为等同查询，就是在表关系的笛卡尔积数据记录中，保留表关系中所有相匹配的数据，而舍弃不匹配的数据。

按照匹配条件可以分为自然连接、等值连接和不等值连接。

1. 等值连接（INNER JOIN）

用来连接两个表的条件称为连接条件。如果连接条件中的连接运算符是=时，称为等值连接。

【例 8-44】对选修表和课程表做等值连接（返回的结果限制在 4 条以内）。

代码如下所示，代码运行情况如图 8-46 所示。

图 8-46 等值联合查询

```
SELECT *
    FROM sc INNER JOIN course
    ON sc. cno = course. cno
LIMIT 4;
```

从结果中可以看出，前 3 个字段来自于 sc 选修表，后面的 4 个字段来自于 course 表，并且选修表的课程号字段 cno 和课程表的课程号字段的值是相等的。

2. 自然连接（NATURAL JOIN）

自然连接操作就是表关系的笛卡尔积中选取满足连接条件的行。具体过程是，首先根据表关系中相同名称的字段进行记录匹配，然后去掉重复的字段。还可以理解为在等值连接中把目标列中重复的属性列去掉则为自然连接。

【例 8-45】对选修表和课程表做自然连接（返回的结果限制在 4 条以内）。

代码如下所示，代码运行情况如图 8-47 所示。

图 8-47 自然联合查询

```
SELECT  *
    FROM sc NATURAL JOIN course
LIMIT 4;
```

从结果中我们可以知道，cno 课程号列只出现一次。

在自然连接时，会自动判别相同名称的字段，然后进行数据的匹配。在执行完自然连接的新关系中，虽然可以指定包含哪些字段，但是不能指定执行过程中的匹配条件，即哪些字段的值进行匹配。在执行完自然连接的新关系中，执行过程中所有匹配的字段名只有一个，即会去掉重复字段。

3. 不等值连接（INNER JOIN）

在 WHERE 字句中用来连接两个表的条件称为连接条件。如果连接条件中的连接运算符是 =时，称为等值连接；如果是其他的运算符，则是不等值连接。

【例 8-46】对选修表和课程表做不等值连接（返回的结果限制在 4 条以内）。

代码如下所示，代码运行情况如图 8-48 所示。

```
SELECT  *
    FROM sc INNER JOIN course
    ON sc. cno！= course. cno
LIMIT 4;
```

图 8-48　不等值联合查询

可以看出前 3 个字段来自于 sc 选修表，后面的 4 个字段来自于 course 表，并且选修表的课程号字段 cno 和课程表的课程号字段的值是不相等的。本操作返回的结果数量较多，所以在这限制了返回的数量。

8.5.2　外连接查询

外连接可以查询两个或两个以上的表，外连接查询和内连接查询非常相似，也需要通过指定字段进行连接，当该字段取值相等时，可以查询出该表的记录。而且，该字段取值不相等的记录也可以查询出来。

外连接可分为左连接和右连接。基本语法如下。

SELECT 字段表 FROM 表 1 LEFT | RIGHT［OUTER］JOIN 表 2 ON 表 1. 字段=表 2. 字段

1. 左外连接（LEFT JOIN）

左外连接的结果集中包含左表（JOIN 关键字左边的表）中所有的记录，然后左表按照连接条件与右表进行连接。如果右表中没有满足连接条件的记录，则结果集中右表中的相应行数据填充为 NULL。

【例 8-47】利用左连接方式 查询课程表和选修表。

代码如下所示，代码运行情况如图 8-49 所示。

```
SELECT course. cno, course. cname,sc. cno,sc. sno
    FROM course LEFT JOIN sc
    ON course. cno = sc. cno
LIMIT 10;
```

```
select course.cno, course.cname,sc.cno,sc.sno
from course left join sc
on course.cno=sc.cno
limit 10;
```

cno	cname	cno1	sno
11110140	管理信息系统	11110140	1414855302
11110470	统计学A	11110470	1414855406
11110470	统计学A	11110470	1411855321
11110930	电子商务	11110930	1114070116
11111260	客户关系管理	(Null)	(Null)
11140260	网站规划与运营实训	(Null)	(Null)
18110140	C语言程序设计	18110140	1414855406
18110140	C语言程序设计	18110140	1418855232
18111850	数据库原理	(Null)	(Null)
18112820	网站设计与开发	(Null)	(Null)

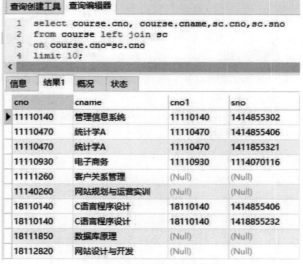

图 8-49　LEFT JOIN 查询

从结果中可以看出，系统查询的时候会扫面 course 表的每一条记录。每扫描一个记录 T，就开始扫描 sc 表中的每一个记录 S，查找到 S 的 sno 与 T 的 cno 相等的记录，就把 S 和 T 合并成一条记录，输出。如果对于记录 T，没找到记录 S 与之对应，则输出 T，并把 S 的所有字段用 NULL 表示。就像结果中的倒数第一条和第二条记录一样。

2. 右外连接（RIGHT JOIN）

右外连接的结果集中包含满足连接条件的所有数据和右表（JOIN 关键字右边的表）中不满足条件的数据，左表中的相应行数据为 NULL。

【例 8-48】利用左连接方式查询课程表和选修表。

代码如下所示，代码运行情况如图 8-50 所示。

```
SELECT course. cno, course. cname, sc. cno, sc. sno
    FROM course RIGHT JOIN sc
    ON course. cno=sc. cno
LIMIT 10;
```

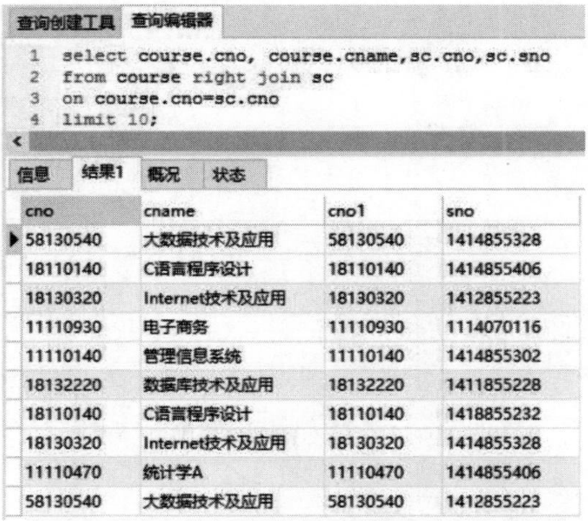


```
select course.cno, course.cname,sc.cno,sc.sno
from course right join sc
on course.cno=sc.cno
limit 10;
```

cno	cname	cno1	sno
58130540	大数据技术及应用	58130540	1414855328
18110140	C语言程序设计	18110140	1414855406
18130320	Internet技术及应用	18130320	1412855223
11110930	电子商务	11110930	1114070116
11110140	管理信息系统	11110140	1414855302
18132220	数据库技术及应用	18132220	1411855228
18110140	C语言程序设计	18110140	1418855232
18130320	Internet技术及应用	18130320	1414855328
11110470	统计学A	11110470	1414855406
58130540	大数据技术及应用	58130540	1412855223

图 8-50　RIGHT JOIN 查询

8.5.3 子查询

有时候，当进行查询的时候，需要的条件是另外一个 SELECT 语句的结果，这个时候，就要用到子查询。例如，现在需要从学生成绩表中查询计算机系学生的各科成绩。那么，首先就必须知道哪些课程是计算机系学生选修的。因此，必须先查询计算机系学生选修的课程，然后根据此课程来查询计算机系学生的各科成绩。通过子查询，可以实现多表之间的查询。子查询中可能包括 IN、NOT IN、ANY、EXISTS 和 NOT EXISTS 等关键字。子查询中还可能包含比较运算符，如“=”、“！=”、“>”和“<”等。

1. 带 IN 关键字的子查询

一个查询语句的条件可能落在另一个 SELECT 语句的查询结果中。这可以通过 IN 关键字来判断。例如，要查询哪些同学选择了计算机系开设的课程，先必须从课程表中查询出计算机系开设了哪些课程，然后再从学生表中进行查询。如果学生选修的课程在前面查询出来的课程中，则查询出该同学的信息，这可以用带 IN 关键字的子查询来实现。

【例 8-49】 查询还没选修过任何课程的 student 的记录。

也就是 student 符合条件记录的 sno 字段的值没有在 sc 表中出现过。

代码如下所示，代码运行情况如图 8-51 所示。

```
SELECT *
FROM student
WHERE sno NOT IN( SELECT sno FROM sc);
```

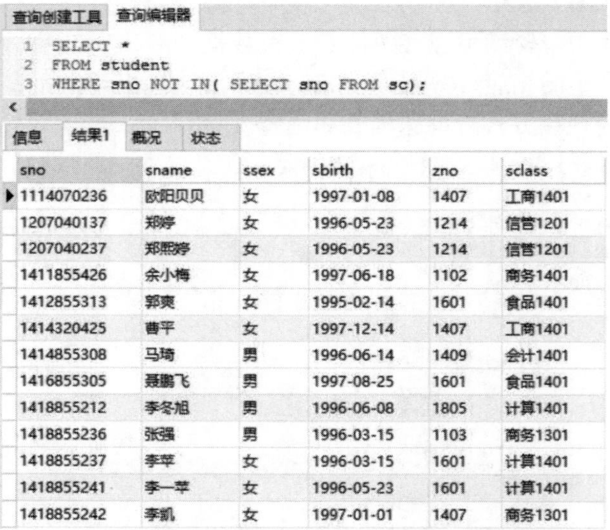

sno	sname	ssex	sbirth	zno	sclass
1114070236	欧阳贝贝	女	1997-01-08	1407	工商1401
1207040137	郑婷	女	1996-05-23	1214	信管1201
1207040237	郑熙婷	女	1996-05-23	1214	信管1201
1411855426	余小梅	女	1997-06-18	1102	商务1401
1412855313	郭爽	女	1995-02-14	1601	食品1401
1414320425	曹平	女	1997-12-14	1407	工商1401
1414855308	马琦	男	1996-06-14	1409	会计1401
1416855305	聂鹏飞	男	1997-08-25	1601	食品1401
1418855212	李冬旭	男	1996-06-08	1805	计算1401
1418855236	张强	男	1996-03-15	1103	商务1301
1418855237	李苹	女	1996-03-15	1601	计算1401
1418855241	李一苹	女	1996-05-23	1601	计算1401
1418855242	李凯	女	1997-01-01	1407	商务1301

图 8-51　含有 not in 的子查询

【例 8-50】 查询选修过课程的 student 的记录。

也就是 student 表中符合条件记录的在 sc 表中出现过，sno 字段的值。

代码如下所示，代码运行情况如图 8-52 所示。

```
SELECT *
FROM student
WHERE sno IN( SELECT sno FROM sc);
```

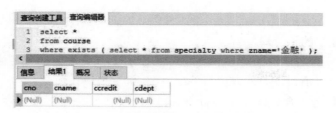

图 8-52　查询选修过课程的 student 的记录

2. 带 EXISTS 关键字的子查询

EXISTS 关键字表示存在，使用 EXISTS 关键字时，内查询语句不返回查询的记录。而是返回一个真假值。如果内层查询语句查询到满足条件的记录，就会返回一个真值 TRUE，否则返回 FALSE。当返回 TRUE 时，外查询进行查询，否则外查询不进行查询。

【例 8-51】如果存在"金融"这个专业，就查询所有的课程信息。

涉及 specialty 专业表和 course 课程表。代码如下所示，代码运行情况如图 8-53 所示。

```
SELECT *
FROM course
WHERE EXISTS ( SELECT * FROM specialty WHERE zname='金融' );
```

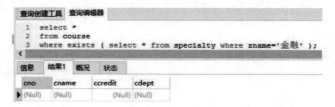

图 8-53　如果存在"金融"这个专业，就查询所有的课程信息

结果返回空，说明不存在金融这个专业，EXISTS（SELECT * FROM specialty WHERE zname='金融'）的值是 false，所以不指定外循环的查询操作。

【例 8-52】如果存在"计算机科学与技术"这个专业，就查询所有的课程信息。

涉及 specialty 专业表和 course 课程表。代码如下所示，代码运行情况如图 8-54 所示。

```
SELECT *
FROM course
WHERE EXISTS ( SELECT * FROM specialty WHERE zname='计算机科学与技术' )
LIMIT 2;
```

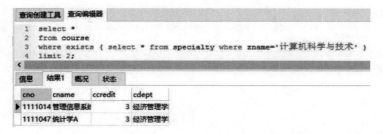

图 8-54　如果存在"计算机科学与技术"这个专业，就查询所有的课程信息

计算机科学与技术这个专业存在，所以 EXISTS（SELECT * FROM specialty WHERE zname

='计算机科学与技术'）的值是 true，所以继续外循环的查询操作，并把结果数量限制在两条。

3. 带 ANY 关键字的子查询

ANY 关键字表示满足其中任何一个条件。使用 ANY 关键字时，只要满足内查询语句返回结果中的一个，就可以通过该条件来执行外层查询语句。

【例 8-53】 查询比其他班级（比如计算 1401 班级）某一个同学年龄小的学生的姓名和年龄。

在 student 表中没有年龄，只有出生日期，年龄小的出生日期的值就会大，所以应结合 ANY 关键字。

代码如下所示，代码运行情况如图 8-55 所示。

```
SELECT sname , ( date_format( from_days( to_days( now( ) ) − to_days( sbirth ) ),'%Y' ) + 0) AS '年龄'
FROM student
WHERE sbirth > ANY (
SELECT sbirth
FROM student
WHERE sclass ='计算 1401'
）;
```

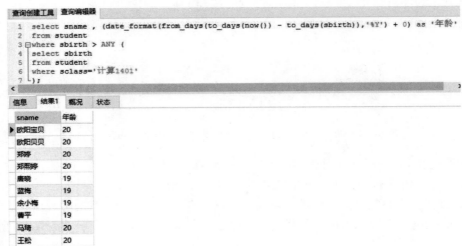

图 8-55　查询比其他班级（比如计算 1401 班级）某一个同学年龄小的学生的姓名和年龄

为了对照结果，我们给出计算 1401 班所有人的年龄的统计结果，如图 8-56 所示。

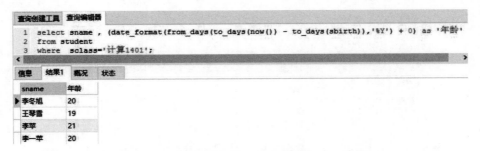

图 8-56　计算 1401 班所有人的年龄的统计结果

4. 带 ALL 关键字的子查询

ALL 关键字表示满足所有的条件。使用 ALL 关键字时，只有满足内层查询语句返回的所有结果，才能执行外层的查询语句。>ALL 表示大于所有的值，<ALL 表示小于所有的值。

ALL 关键字和 ANY 关键字的使用方式一样，但两者的差距很大，前者是满足所有的内层查询语句返回的所有结果，才执行外查询，后者是只需要满足其中一条记录，就执行外查询。

【例 8-54】 查询比其他班级（比如计算 1401 班级）所有同学年龄都大的学生的姓名和年龄。

代码如下所示，代码运行情况如图 8-57 所示。

```
SELECT sname ,
    (date_format(from_days(to_days(now()) - to_days(sbirth)),'%Y') + 0) AS '年龄'
FROM student
WHERE sbirth < ALL (
SELECT sbirth
FROM student
WHERE sclass='计算 1401'
);
```

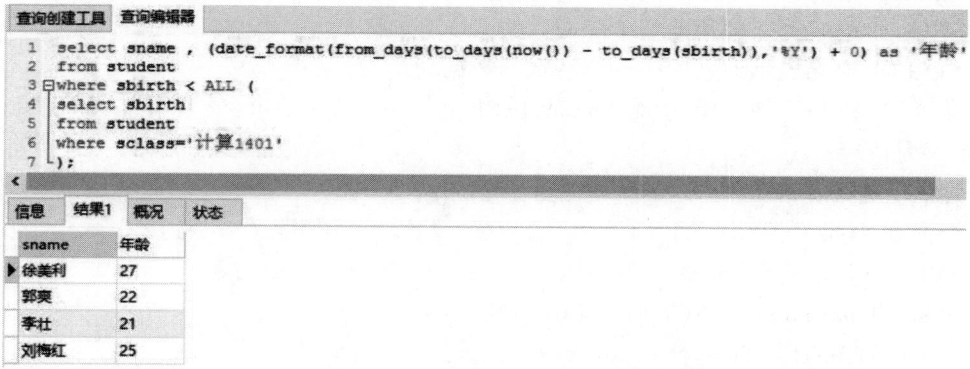

图 8-57　查询比其他班级所有同学年龄都大的学生的姓名和年龄

8.6　知识点小结

本章讲述了对数据的增删改查。在 MySQL 中，对数据库的查询是使用 SELECT 语句。本章主要介绍了 SELECT 语句的使用方法及语法要素，其中灵活运用 SELECT 语句对 MySQL 数据库进行各种方式的查询是学习重点。

8.7　思考与练习

1. 请使用 INSERT 语句向数据库 db_test 的表 content 中插入一行描述了下列留言信息的数据：

● 留言 ID 号由系统自动生成；

- 留言标题为"MySQL 问题请教";
- 留言内容为"MySQL 中对表数据的基本操作有哪些?";
- 留言人姓名为"MySQL 初学者";
- 脸谱图标文件名为"face. jpg";
- 电子邮件为"tom@ gmail. com";
- 留言创建日期和时间为系统当前时间。

2. 请使用 UPDATE 语句将数据库 db_test 的表 content 中留言人姓名为"MySQL 初学者"的留言内容修改为"如何使用 INSERT 语句?"。

3. 请使用 DELETE 语句将数据库 db_test 的表 content 中留言人姓名为"MySQL 初学者"的留言信息删除。

4. 简述 WHERE 子句与 HAVING 子句的区别。

5. 请简述 INSERT 语句与 REPLACE 语句的区别。

6. 请简述 DELETE 语句与 TRUNCATE 语句的区别。

7. 以下关于 SELECT 语句描述错误的是 (　　　)。

A. SELECT 语句用于查询一个表或多个表的数据

B. SELECT 语句属于数据操作语言 (DML)

C. SELECT 语句的列必须是基于表的列的

D. SELECT 语句表示数据库中一组特定的数据记录

8. 在语句 SELECT * FROM student WHERE s_name LIKE '%晓%';其中 WHERE 关键字表示的含义是 (　　　)。

A. 条件　　　　　　　B. 在哪里　　　　　　C. 模糊查询　　　　　　D. 逻辑运算

9. 查询 tb_book 表中 userno 字段的记录,并去除重复值的是 (　　　)。

A. SELECT DISTINCT userno FROM tb_book;

B. SELECT userno DISTINCT FROM tb_book;

C. SELECT DISTINCT(userno) FROM tb_book;

D. SELECT userno FROM DISTINCT tb_book;

10. 查询 tb001 数据表中的前 5 条记录,并升序排列,语法格式是 (　　　)。

A. SELECT * FROM tb001 WHERE ORDER BY id ASC LIMIT 0,5;

B. SELECT * FROM tb001 WHERE ORDER BY id DESC LIMIT 0,5;

C. SELECT * FROM tb001 WHERE ORDER BY id GROUP BY LIMIT 0,5;

D. SELECT * FROM tb001 WHERE ORDER BY id ORDER LIMIT 0,5;

11. 在 SQL 语言中,条件"BETWEEN 20 AND 30"表示年龄在 20 到 30 之间,且 (　　　)。

A. 包括 20 岁和 30 岁　　　　　　　　B. 不包括 20 岁和 30 岁

C. 包括 20 岁,不包括 30 岁　　　　　D. 不包括 20 岁,包括 30 岁

12. SQL 语言中,删除 EMP 表中全部数据的命令正确的是 (　　　)。

A. DELETE * FROM emp　　　　　　　B. DROP TABLE emp

C. TRUNCATE TABLE emp　　　　　　D. 没有正确答案

13. 下面正确表示 Employees 表中有多少非 NULL 的 Region 列的 SQL 语句是 (　　　)。

A. SELECT COUNT(*) FROM Employees

B. SELECT COUNT(ALL Region) FROM Employees

C. SELECT COUNT（DISTINCT Region）FROM Employees

D. SELECT SUM（ALL Region）FROM Employees

14. 下面可以通过聚合函数的结果来过滤查询结果集的 SQL 子句是（　　　）。

A. WHERE 子句

B. GROUP BY 子句

C. HAVING 子句

D. ORDER BY 子句

15. 数据库管理系统中负责数据模式定义的语言是（　　　）。

A. 数据定义语言　　B. 数据管理语言　　　C. 数据操纵语言　　　　D. 数据控制语言

16. 若要求查找 S 表中，姓名的第一个字为'王'的学生学号和姓名。下面列出的 SQL 语句中，正确的是（　　　）。

A. SELECT Sno,SNAME FROM S WHERE SNAME = '王%'

B. SELECT Sno,SNAME FROM S WHERE SNAME LIKE '王%'

C. SELECT Sno,SNAME FROM S WHERE SNAME LIKE '王_'

D. 全部正确

17. 若要求"查询选修了 3 门以上课程的学生的学生号"，正确的 SQL 语句是（　　　）。

A. SELECT Sno FROM SC GROUP BY Sno WHERE COUNT（＊）> 3

B. SELECT Sno FROM SC GROUP BY Sno HAVING（COUNT（＊）> 3）

C. SELECT Sno FROM SC ORDER BY Sno WHERE COUNT（＊）> 3

D. SELECT Sno FROM SC ORDER BY Sno HAVING COUNT（＊）>= 3

18. 对下面的查询语句描述正确的是（　　　）。

SELECT StudentID,Name,
（SELECT COUNT（＊）FROM StudentExam
WHERE StudentExam. StudentID = Student. StudentID）AS ExamsTaken
FROM Student
ORDER BY ExamsTaken DESC

A. 从 Student 表中查找 StudentID 和 Name，并按照升序排列

B. 从 Student 表中查找 StudentID 和 Name，并按照降序排列

C. 从 Student 表中查找 StudentID、Name 和考试次数

D. 从 Student 表中查找 StudentID、Name，并从 StudentExam 表中查找与 StudentID 一致的学生考试次数，并按照降序排列

19. 在学生选课表（SC）中，查询选修 20 号课程（课程号 CH）的学生的学号（XH）及其成绩（GD）。查询结果按分数的降序排列。实现该功能，正确的 SQL 语句是（　　　）。

A. SELECT XH,GD FROM SC WHERE CH='20' ORDER BY GD DESC；

B. SELECT XH,GD FROM SC WHERE CH='20' ORDER BY GD ASC；

C. SELECT XH,GD FROM　SC WHERE CH = '20' GROUP BY GD　DESC；

D. SELECT XH,GD　FROM　SC WHERE CH='20' GROUP BY GD　ASC；

20. 现要从学生选课表（SC）中查找缺少学习成绩（G）的学生学号和课程号，相应的 SQL 语句如下，将其补充完整：

SELECT S#, C# FROM SC WHERE（　　　）。

A. G = 0　　　　　　B. G<=0　　　　　　C. G= NULL　　　　　D. G IS NULL

21. SELECT ＊ FROM city LIMIT 5,10 描述正确的是（　　　）。

A. 获取第 6 条到第 10 条记录　　　　　B. 获取第 5 条到第 10 条记录

C. 获取第 6 条到第 15 条记录　　　　　D. 获取第 5 条到第 15 条记录

22. 若用如下的 SQL 语句创建一个表 S：

CREATE TABLE S(S# CHAR(16) NOT NULL,
Sname CHAR(8) NOT NULL,sex CHAR(2), age INT)

可向表 S 中插入的是（　　　）。

A. ('991001','李明芳',女,'23')　　　　　B. ('990746','张民',NULL, NULL)

C. (NULL,'陈道明','男',35)　　　　　D. ('992345',NULL,'女',25)

23. 删除 tb001 数据表中 id＝2 的记录，语法格式是（　　　）。

A. DELETE FROM tb001 VALUE id＝'2';

B. DELETE INTO tb001 WHERE id＝'2';

C. DELETE FROM tb001 WHERE id＝'2',

D. UPDATE FROM tb001 WHERE id＝'2';

24. UPDATE student SET s_name = '王军' WHERE s_id =1 该代码执行的是（　　　）。

A. 添加姓名叫王军的记录　　　　　B. 删除姓名叫王军的记录

C. 返回姓名叫王军的记录　　　　　D. 更新 s_id 为 1 的姓名为王军

25. 修改操作的语句 UPDATE student SET s_name =' 王军' ；该代码执行后的结果是（　　　）。

A. 只把姓名叫王军的记录进行更新　　　　　B. 只把字段名 s_name 改成 '王军'

C. 表中的所有人姓名都更新为王军　　　　　D. 更新语句不完整，不能执行

26. 以下指令无法增加记录的是（　　　）。

A. INSERT INTO… VALUES …　　　　　B. INSERT INTO … SELECT…

C. INSERT INTO… SET …　　　　　D. INSERT INTO … UPDATE…

27. 对于 REPLACE 语句描述错误的是（　　　）。

A. REPLACE 语句返回一个数字以表示受影响的行，包含删除行和插入行的总和

B. 通过返回值可以判断是否增加了新行还是替换了原有行

C. 因主键重复插入失败时直接更新原有行

D. 因主键重复插入失败时先删除原有行再插入新行

28. 关于 DELETE 和 TRUNCATE TABLE 区别描述错误的是（　　　）。

A. DELETE 可以删除特定范围的数据　　　　　B. 两者执行效率一样

C. DELETE 返回被删除的记录行数　　　　　D. TRUNCATE TABLE 返回值为 0

29. 在使用 SQL 语句删除数据时，如果 DELETE 语句后面没有 WHERE 条件值，那么将删除指定数据表中的（　　　）数据。

A. 部分　　　　　B. 全部　　　　　C. 指定的一条数据　　　　　D. 以上皆可

30. 若有关系 R(A,B,C,D)和 S(C,D,E)，则与表达式 $\prod_{3,4,7}(\delta_{4<5}(R×S))$ 等价的 SQL 语句如下：SELECT（ 1 ）FROM（ 2 ）WHERE（ 3 ）；

（1）A. A，B，C，D，E　　B. C，D，E　　C. R.A，R.B，R.C，R.D，S.E　　D. R.C，R.D，S.E

（2）A. R　　B. S　　C. R，S　　D. RS

（3）A. D<C   B. R. D<S. C   C. R. D<R. C   D. S. D<R. C

31. 某销售公司数据库的零件 P（零件号，零件名称，供应商，供应商所在地，单价，库存量）关系如表 8-7 所示，其中同一种零件可由不同的供应商供应，一个供应商可以供应多种零件。零件关系的主键为（1），该关系存在冗余以及插入异常和删除异常等问题。为了解决这一问题需要将零件关系分解为（2）。

表 8-7 关系表

零件号	零件名称	供应商	供应商所在地	单价（元）	库存量
010023	P2	S1	北京市海淀区 58 号	22.8	380
010024	P3	S1	北京市海淀区 58 号	280	135
010022	P1	S2	河北省保定市雄安新区 1 号	65.6	160
010023	P2	S2	河北省保定市雄安新区 1 号	28	1280
010024	P3	S2	河北省保定市雄安新区 1 号	260	3900
010022	P1	S3	天津市塘沽区 65 号	66.8	2860
…	…	…	…	…	…

（1）
A. 零件号，零件名称   B. 零件号，供应商
C. 零件号，供应商所在地   D. 供应商，供应商所在地

（2）
A. P1（零件号，零件名称，单价）、P2（供应商，供应商所在地，库存量）
B. P1（零件号，零件名称）、P2（供应商，供应商所在地，单价，库存量）
C. P1（零件号，零件名称）、P2（零件号，供应商，单价，库存量）、P3（供应商，供应商所在地）
D. P1（零件号，零件名称）、P2（零件号，单价，库存量）、P3（供应商，供应商所在地）、P4（供应商所在地，库存量）

对零件关系 P，查询各种零件的平均单价、最高单价与最低单价之间差价的 SQL 语句为：SELECT 零件号，（3）FROM P（4）；

（3）
A. 零件名称，AVG（单价），MAX（单价）−MIN（单价）
B. 供应商，AVG（单价），MAX（单价）−MIN（单价）
C. 零件名称，AVG 单价，MAX 单价 − MIN 单价
D. 供应商，AVG 单价，MAX 单价 − MIN 单价

（4）A. ORDER BY 供应商   B. ORDER BY 零件号   C. GROUP BY 供应商   D. GROUP BY 零件号

对零件关系 P，查询库存量大于等于 100 小于等于 500 的零件"P1"的供应商及库存量，要求供应商地址包含"雄安"。实现该查询的 SQL 语句为：SELECT 零件名称，供应商名，库存量 FROM P WHERE（5）AND（6）；

（5）

A. 零件名称 = 'P1' AND 库存量 Between 100 AND 500

B. 零件名称 = 'P1' AND 库存量 Between 100 TO 500

C. 零件名称 = 'P1' OR 库存量 Between 100 AND 500

D. 零件名称 = 'P1' OR 库存量 Between 100 TO 500

（6）

A. 供应商所在地 in '%雄安%'

B. 供应商所在地 like '＿＿雄安%'

C. 供应商所在地 like '%雄安%'

D. 供应商所在地 like '雄安%'

第9章 MySQL 索引

索引是一种特殊的数据库结构，其作用相当于一本书的目录，可以用来快速查询数据库表中的特定记录。索引是提高数据库性能的重要方式。

本章将介绍索引的含义和作用、索引定义的原则和创建索引的方法以及查看索引和删除索引的方法。

9.1 索引

9.1.1 索引概述

在 MySQL 中，索引其实与书的目录非常的相似，由数据表中一列或多列组合而成，创建索引的目的是为了优化数据库的查询速度，提高性能的最常用的工具。其中，用户创建的索引指向数据库中具体数据所在位置。当用户通过索引查询数据库中的数据时，不需要遍历所有数据库中的所有数据，这样会提高查询效率。

所有 MySQL 列类型都可以被索引，对相关列使用索引是提高 SELECT 操作性能的最佳途径。不同的存储引擎定义了每一个表的最大索引数量和最大索引长度，所有存储引擎对每个表至少支持 16 个索引，总索引长度至少为 256 字节。

索引有两种存储类型：**B 型树（BTREE）索引**和**哈希（HARSH）索引**。其中 B 型树为系统默认索引存储类型。InnoDB 和 MyISAM 存储引擎支持 B 类型索引，MEMORY 存储引擎支持 HASH 类型索引。

9.1.2 索引的作用

为什么要创建索引呢？所谓索引其实就是对数据库表中一列或多列的值进行排序的一种结构，使用索引可快速访问数据库表中的特定信息。

1. 索引优点

数据库对象索引其实与书的目录非常相似，主要是为了提高从表中检索数据的速度。创建索引可以大大提高系统的性能，其优点如下。

1) 通过创建唯一性索引，可以保证数据库表中每一行数据的唯一性。

2) 可以大大加快数据的检索速度，这也是创建索引的最主要的原因。

3) 可以加速表和表之间的连接，特别是在实现数据的参考完整性方面特别有意义。

4) 在使用分组和排序子句进行数据检索时，同样可以显著减少查询中分组和排序的时间。

5) 通过使用索引，可以在查询的过程中，使用优化隐藏器，提高系统的性能。

2. 索引缺点

索引有上述优点，但是也会存在如下不足。

1）创建索引和维护索引要耗费时间，这种时间随着数据量的增加而增加。

2）索引需要占物理空间，除了数据表占数据空间之外，每一个索引还要占一定的物理空间，如果要建立聚簇索引（聚簇索引也称为聚集索引、聚类索引、簇集索引，聚簇索引用于确定表中数据的物理顺序。聚簇索引类似于电话簿。由于聚簇索引规定数据在表中的物理存储顺序，因此一个表只能包含一个聚簇索引。但该索引可以包含多个列（组合索引），就像电话簿按姓氏和名字进行组织一样。汉语字典也是聚簇索引的典型应用，在汉语字典里，索引项是字母+声调，字典正文也是按照先字母再声调的顺序排列），那么需要的空间就会更大。

3）当对表中的数据进行增加、删除和修改的时候，索引也要动态的维护，这样就降低了数据的维护速度。

由于向有些索引的表中插入记录时，数据库系统会按照索引进行排序，这样就降低了插入记录的速度。所以可以先删除表中的索引，插入数据完成后，再创建索引。

3. 索引的特征

索引有两个特征，即**唯一性索引**和**复合索引**。

唯一性索引保证在索引列中的全部数据是唯一的，不会包含冗余数据。如果表中已经有一个主键约束或者唯一性键约束，那么当创建表或者修改表时，MySQL 自动创建一个唯一性索引。然而，如果必须保证唯一性，那么应该创建主键约束或者唯一性键约束，而不是创建一个唯一性索引。当创建唯一性索引时，应该认真考虑以下规则。

当在表中创建主键约束或者唯一性键约束时，MySQL 自动创建一个唯一性索引；如果表中已经包含有数据，那么当创建索引时，MySQL 会检查表中已有数据的冗余性；每当使用插入语句插入数据或者使用修改语句修改数据时，MySQL 会检查数据的冗余性，如果有冗余值，那么 MySQL 取消该语句的执行，并且返回一个错误消息；确保表中的每一行数据都有一个唯一值，这样可以确保每一个实体都可以唯一确认；只能在可以保证实体完整性的列上创建唯一性索引。例如，不能在人事表中的姓名列上创建唯一性索引，因为人们可以有相同的姓名。

复合索引就是一个索引创建在两个列或者多个列上。在搜索时，当两个或者多个列作为一个关键值时，最好在这些列上创建复合索引。当创建复合索引时，应该考虑以下规则。

1）最多可以把 16 个列合并成一个单独的复合索引，构成复合索引的列的总长度不能超过 900 字节，也就是说复合列的长度不能太长。

2）在复合索引中，所有的列必须来自同一个表中，不能跨表建立复合列。

3）在复合索引中，列的排列顺序是非常重要的，因此要认真排列列的顺序。原则上，应该首先定义最唯一的列，例如在（COL1、COL2）上的索引与在（COL2、COL1）上的索引是不相同的，因为两个索引的列的顺序不同；为了使查询优化器使用复合索引，查询语句中的 WHERE 子句必须参考复合索引中第一个列；当表中有多个关键列时，复合索引是非常有用的；使用复合索引可以提高查询性能，减少在一个表中所创建的索引数量。

9.1.3 索引的分类

MySQL 的索引包括**普通索引**、**唯一性索引**、**全文索引**、**单列索引**、**多列索引**和**空间索引**等。它们的含义和特点如下。

1. 普通索引

在创建普通索引时，不附加任何限制条件。这类索引可以创建在任何数据类型中，其值是否唯一和非空由字段本身的完整性约束条件决定。建立索引以后，查询时可以通过索引进行查询。例如，在 student 表的 sname 字段上建立一个普通索引。查询记录时，就可以根据该索引进行查询。

2. 唯一性索引

使用 UNIQUE 参数可以设置索引为唯一性索引。在创建唯一性索引时，限制该索引的值必须是唯一的。例如，在 student 表的 sno 字段中创建唯一性索引，那么 sno 字段的值就必须是唯一的。通过唯一性索引，可以更快速地确定某条记录。**主键就是一种特殊唯一性索引**。

3. 全文索引

使用 FULLTEXT 参数可以设置索引为全文索引。全文索引只能创建在 CHAR、VARCHAR 或 TEXT 类型的字段上。查询数据量较大的字符串类型的字段时，使用全文索引可以提高查询速度。例如，student 表的 information 字段是 TEXT 类型，该字段包含了很多的文字信息。在 information 字段上建立全文索引后，可以提高查询 information 字段的速度。MySQL 数据库从 3.23.23 版开始支持全文索引，但只有 MyISAM 存储引擎支持全文检索。直到 MySQL 5.6 版本，InnoDB 引擎也对 FULLTEXT 索引支持。在默认情况下，全文索引的搜索执行方式不区分大小写。但索引的列使用二进制排序后，可以执行区分大小写的全文索引。

4. 单列索引

在表中的单个字段上创建索引。单列索引只根据该字段进行索引。单列索引可以是普通索引，也可以是唯一性索引，还可以是全文索引。只要保证该索引只对应一个字段即可。

5. 多列索引

多列索引是在表的多个字段上创建一个索引。该索引指向创建时对应的多个字段，可以通过这几个字段进行查询。但是，只有查询条件中使用了这些字段中第一个字段时，索引才会被使用。例如，在表中的 sbirth 和 ssex 字段上建立多个列索引，那么，只有查询条件使用了 sbirth 字段时该索引才会被使用。

6. 空间索引

使用 SPATIAL 参数可以设置索引为空间索引。空间索引只能建立在空间数据类型上，这样可以提高系统获取空间数据的效率。MySQL 中的空间数据类型包括 GEOMETRY、POINT、LINESTRING 和 POLYGON 等。目前只有 MyISAM 存储引擎支持空间检索，而且索引的字段不能为空值。对于初学者来说，这类索引很少会用到。

9.2 索引的定义和管理

9.2.1 创建索引

创建索引是指在某个表的一列或多列上建立一个索引。创建索引方法主要直接创建索引和间接创建索引。

（1）直接创建索引

有以下 3 种方式。

1）在创建表的时候创建索引。语法格式如下。

```
CREATE TABLE table_name
(
    属性名,数据类型 [完整性约束],
```

属性名,数据类型 [完整性约束],

…

属性名,数据类型 [完整性约束],

INDEX │ KEY [索引名] (属性名 [(长度)] [ASC │ DESC])

);

其中 INDEX 或 KEY 参数用来指定字段为索引,索引名参数是用来指定要创建索引的名称。属性名参数用来指定索引索要关联的字段的名称,"长度"参数用来指定索引的长度,ASC 用来指定为升序,DESC 用来指定为降序。

2)在已存在的表上创建索引。语法格式如下。

CREATE INDEX 索引名 ON 表名 (属性名 [(长度)] [ASC │ DESC]);

使用 CREATE INDEX 语句创建索引,这是最基本的索引创建方式,并且这种方法最具有柔性,可以定制创建出符合自己需要的索引。在使用这种方式创建索引时,可以使用许多选项,例如指定数据页的充满度、进行排序、整理统计信息等,这样可以优化索引。使用这种方法,可以指定索引的类型、唯一性和复合性,也就是说,既可以创建聚簇索引,也可以创建非聚簇索引,既可以在一个列上创建索引,也可以在两个或者两个以上的列上创建索引。

3)使用 ALTER TABLE 语句来创建索引。语法格式如下。

ALTER TABLE table_name

ADD INDEX │ KEY [索引名] (属性名 [(长度)] [ASC │ DESC])

(2)间接创建索引

例如在表中定义主键约束或者唯一性键约束时,同时也创建了索引。

通过定义主键约束或者唯一性键约束,也可以间接创建索引。主键约束是一种保持数据完整性的逻辑,它限制表中的记录有相同的主键记录。在创建主键约束时,系统自动创建了一个唯一性的聚簇索引。虽然,在逻辑上,主键约束是一种重要的结构,但是,在物理结构上,与主键约束相对应的结构是唯一性的聚簇索引。换句话说,在物理实现上,不存在主键约束,而只存在唯一性的聚簇索引。同样,在创建唯一性键约束时,也同时创建了索引,这种索引则是唯一性的非聚簇索引。因此,当使用约束创建索引时,索引的类型和特征基本上都已经确定了,由用户定制的余地比较小。

当在表上定义主键或者唯一性键约束时,如果表中已经有了使用 CREATE INDEX 语句创建的标准索引时,那么主键约束或者唯一性键约束创建的索引覆盖以前创建的标准索引。也就是说,主键约束或者唯一性键约束创建的索引的优先级高于使用 CREATE INDEX 语句创建的索引。

1. 普通索引

创建一个普通索引时,不需要加任何 UNIQUE、FULLTEXT 或者 SPARIAL 参数。

【例 9-1】创建一个新表 newTable,包含 INT 型的 id 字段、VARCHAR (20) 类型的 name 字段和 INT 型的 age 字段。在表的 name 字段的前 10 个字符上建立普通索引。

代码如下所示,代码运行情况如图 9-1 所示。

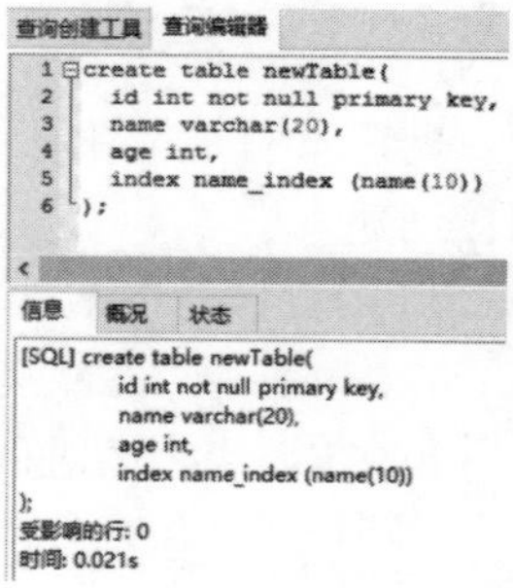

CREATE TABLE newTable(

图 9-1　建立普通索引

```
id INT NOT NULL PRIMARY KEY,
name VARCHAR(20),
age INT,
INDEX name_index (name(10))
);
```

创建完成后，可以通过 EXPLAIN 语句输出在表中查找 name = "abc" 的记录时，检查 name_index 索引是否被使用，如图 9-2 所示。

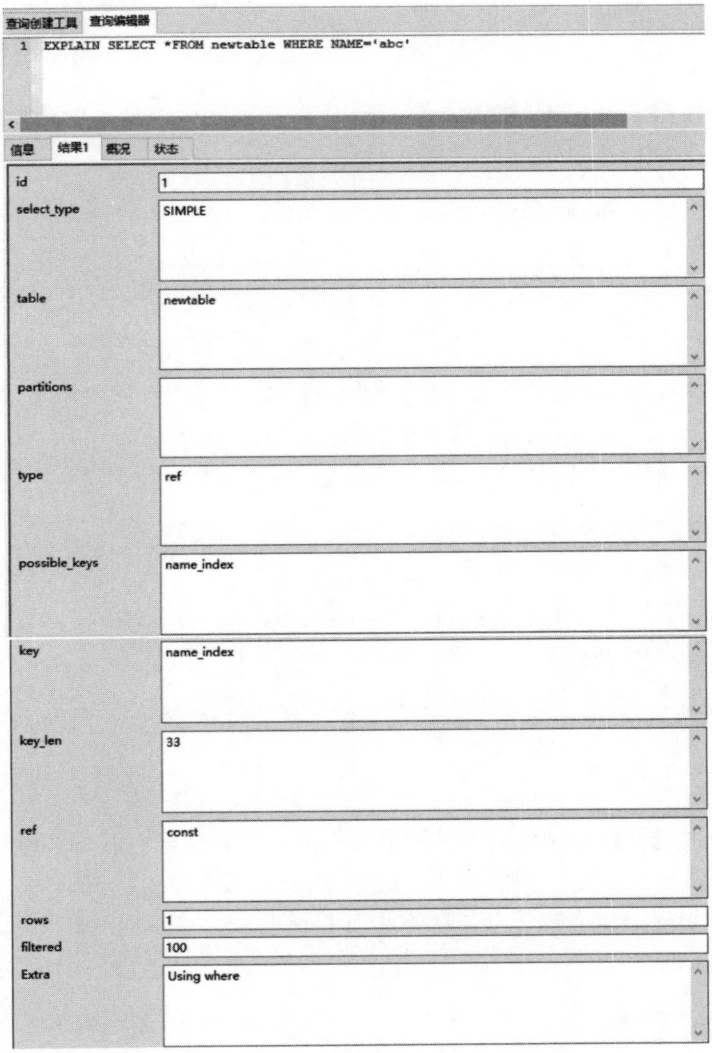

图 9-2　查询分析器

从图 9-2 中，我们可以看到 possible_keys 和 key 处的值都是 name_index。说明 name_index 索引被使用。

【例 9-2】使用 CREATE INDEX 命令在刚才新创建的 newTable 中添加 age 索引。

代码如下所示，代码运行情况如图 9-3 所示。

```
CREATE INDEX age_index ON newTable(age);
```

用 CREATE TABLE newTable \G 查看 newTable 的表结构，应该多了一个 age_index 索引，如图 9-4、图 9-5 所示。

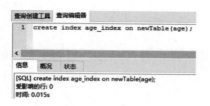

图 9-3　建立 age 索引

图 9-4　查看表结构信息

【例 9-3】使用 ALTER TABLE 命令在 name 字段的前 5 个字节上创建降序排序。代码如下所示，代码运行情况如图 9-6 所示。

ALTER TABLE newTable ADD INDEX name_index5（name（5）DESC）;

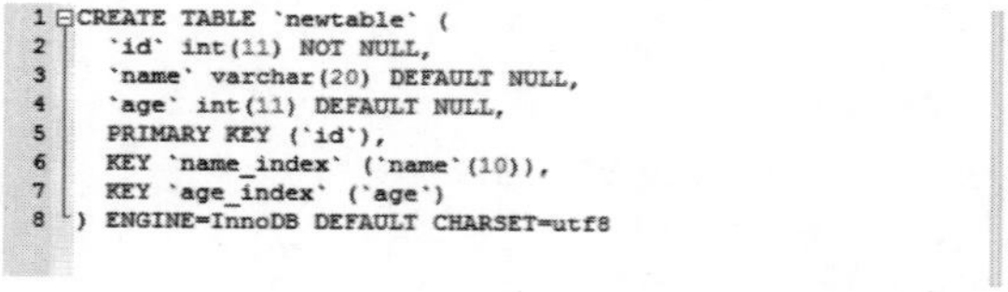

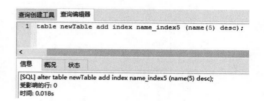

图 9-5　表结构详细信息

图 9-6　在 name 字段的前 5 个字节上创建降序排序

查看表结构如图 9-7、图 9-8 所示。

图 9-7　查看表结构信息

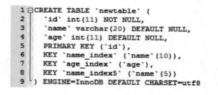

图 9-8　详细的建表 SQL

现在在 newTable 中的 name 字段上有两个索引，区别只是索引名称和索引长度的不同。那么查找 name = "abcdefg" 时将使用哪一个索引，可以通过如下命令检查。

由图 9-9 显示结果可以看出，使用的索引有 name_index 和 name_index5 两个索引。但数据库使用了 name_index 索引。

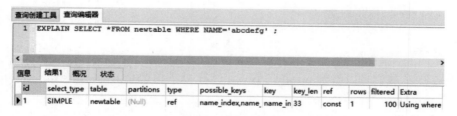

图 9-9　查询分析器

下面我们还可以指定使用的索引。

【例 9-4】指定使用 name_index5 索引用于 name 查询。

代码如下所示，代码运行情况如图 9-10 所示。

SELECT * FROM newTable USE INDEX FOR JOIN(name_index5) WHERE name='abcdefg'

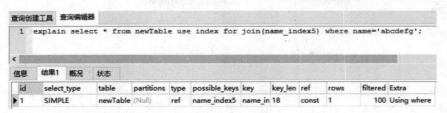

图 9-10　指定使用 name_index5 索引用于 name 查询

2. 唯一索引

创建唯一性索引时，需要使用 UNIQUE 参数进行约束。

【例 9-5】创建新表 newTable1，在表的 id 字段上建立名为 id_index 的唯一索引，以升序排列。

代码如下所示，代码运行情况如图 9-11 所示。

```
CREATE TABLE newTable1(
    id INT UNIQUE,
    name CHAR(20),
    age INT,
    UNIQUE INDEX id_index(id ASC)
);
```

其他两种方法与创建普通索引类似，只是要加 UNIQUE 关键字。

图 9-11　id 字段上创建唯一索引

【例 9-6】使用 CREATE INDEX 命令在表 newTable1 的 name 字段上创建唯一索引。

代码如下所示，代码运行情况如图 9-12 所示。

```
CREATE UNIQUE INDEX name_index ON newTable1 (name);
```

【例 9-7】使用 ALTER TABLE 命令在表 newTable1 的 age 上创建唯一性索引。

代码如下所示，代码运行情况如图 9-13 所示。

```
ALTER TABLE newTable1 ADD UNIQUE index (age);
```

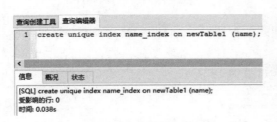

图 9-12　name 字段上创建唯一索引

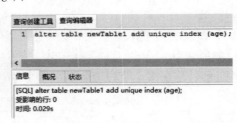

图 9-13　age 字段上创建唯一索引

最后查看表的结构，应该有 4 个唯一性索引，如图 9-14、图 9-15 所示。

图 9-14 查看表结构

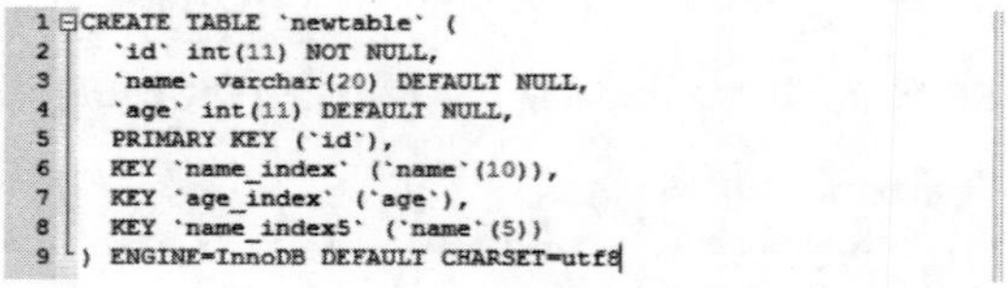

图 9-15 详细的建表 SQL

从结果可以看出，第一个 id 索引是系统创建的（当用 unqiue 限定 id 字段的时候，系统会默认创建一个唯一性索引），后面三个是自己创建的。由于在 id 字段上创建索引的时候，指定了索引名称 id_index，与系统在该字段上创建的 id 索引名称不一样，所以不会发生冲突。如果在创建表的时候就在 id 字段上创建索引，则会覆盖系统在该 id 字段上创建的唯一性索引。

3. 全文索引

全文索引只能创建在 CHAR、VARCHAR 或者 TEXT 类型的字段上。直到 MySQL 5.6 版本，InnoDB 引擎才开始对 FULLTEXT 索引支持，以前只有 MyISAM 存储引擎支持全文检索。

【例 9-8】创建表 newTable2，并指定 char(20)字段类型的字段 Info 为全文索引。

代码如下所示，代码运行情况如图 9-16 所示。

```
CREATE TABLE newTable2(
        id INT NOT NULL PRIMARY KEY AUTO_INCREMENT,
        info CHAR(20),
        FULLTEXT INDEX info_index(info)
    );
```

用 SHOW CREATE TABLE newTable2\G 命令查看表的结构，如图 9-17 所示。

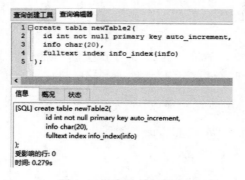

图 9-16 建立全文索引

图 9-17 查看表结构

如果 MySQL 的版本低于 5.6，就必须指明表的存储引擎为 MyISAM，否则会报错。

4. 多列索引

多列索引是在多个字段上创建一个索引，如图 9-18 所示。

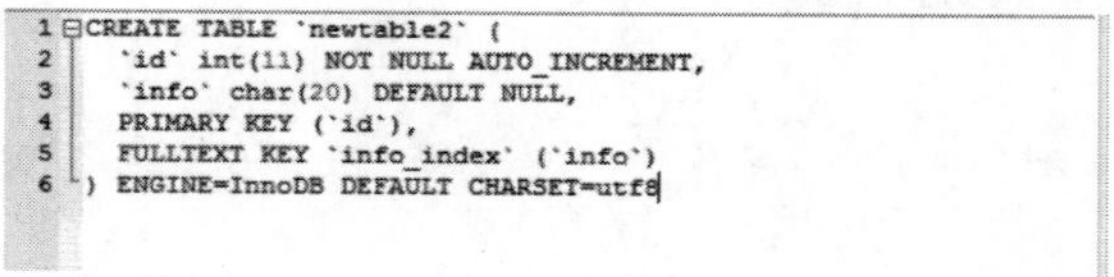

```
1 □CREATE TABLE `newtable2` (
2     `id` int(11) NOT NULL AUTO_INCREMENT,
3     `info` char(20) DEFAULT NULL,
4     PRIMARY KEY (`id`),
5     FULLTEXT KEY `info_index` (`info`)
6 ) ENGINE=InnoDB DEFAULT CHARSET=utf8
```

图 9-18 详细的建表 SQL

【例9-9】 创建表newTable3，在类型CHAR(20)的name字段上和INT类型的age字段上创建多列索引。

代码如下所示，代码运行情况如图9-19所示。

```
CREATE TABLE newTable3(
    id INT NOT NULL PRIMARY KEY,
    name CHAR(20),
    age INT,
    INDEX name_age_index(name,age)
);
```

用explain可以查看两种查询对索引的使用情况，如图9-20所示。

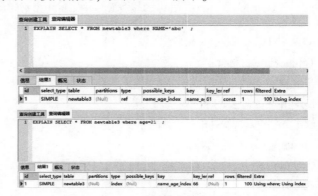

图9-19　建立多列索引　　　　　　　图9-20　用explain查看两种查询对索引的使用情况

9.2.2　查看索引

在实际使用索引的过程中，有时需要对表的索引信息进行查询，了解在表中曾经建立的索引。

语法格式如下。

SHOW INDEX FROM table_name [FROM db_name]

语法的另一种形式如下。

SHOW INDEX FROM mytable FROM mydb;
SHOW INDEX FROM mydb. mytable;

这两个语句是等价的。

SHOW KEYS是SHOW INDEX的同义词，也可以使用以下命令列举一个表的索引。

MySQL show -k db_name table_name

SHOW INNODB STATUS语法格式如下。

SHOW INNODB STATUS

【例9-10】 查看newTable中索引的详细信息。

代码如下所示，代码运行情况如图9-21所示。

SHOW INDEX FROM newTable;

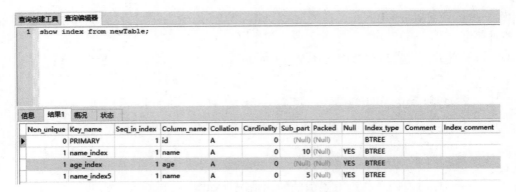

图 9-21　查看 newTable 中索引的详细信息

SHOW INDEX 会返回表索引信息，包含以下字段。

- Table 表的名称。
- Non_unique 索引是否可以包括重复词，不能则为 0。如果可以，则为 1。
- Key_name 索引的名称。
- Seq_in_index 索引中的列序列号，从 1 开始。
- Column_name 列名称。
- Collation 列以什么方式存储在索引中。在 MySQL 中，有值 'A'（升序）或 NULL（无分类）。
- Cardinality：索引中唯一值的数目的估计值。通过运行 ANALYZE TABLE 或 myisamchk -a 可以更新。基数根据被存储为整数的统计数据来计数，所以即使对于小型表，该值也没有必要是精确的。基数越大，当进行联合时，MySQL 使用该索引的机会就越大。
- Sub_part：如果列只是被部分地编入索引，则为被编入索引的字符的数目；如果整列被编入索引，则为 NULL。
- Packed：指示关键字如何被压缩。如果没有被压缩，则为 NULL。
- Null：如果列含有 NULL，则含有 YES。如果没有，则该列含有 NO。
- Index_type：用过的索引方法（BTREE, FULLTEXT, HASH, RTREE）。
- Comment：多种评注。可以使用 db_name、table_name 作为 table_name FROM db_name。

9.2.3　删除索引

在 MySQL 中，创建索引后，如果用户不再使用该索引，可以删除指定表的索引。因为这些已经被建立且不经常使用的索引，一方面可能会占有系统资源，另一方面也可能导致更新速度下降，会极大地影响数据表的性能。所以，在用户不需要该表的索引时，可以手动删除指定索引。

删除索引可以使用 ALTER TABLE 或 DROP INDEX 语句来实现。DROP INDEX 可以在 ALTER TABLE 内部作为一条语句处理。

语法格式如下。

```
DROP INDEX index_name ON table_name;
ALTER TABLE table_name DROP INDEX index_name;
ALTER TABLE table_name DROP PRIMARY KEY;
```

其中，在前面的两条语句中，都删除了 table_name 中的索引 index_name。而在最后一条语句中，只删除 PRIMARY KEY 索引，因为一个表只可能有一个 PRIMARY KEY 索引，因此不需要指定索引名。

【例 9-11】删除 newTable 中的索引的 name_index。

代码如下所示，代码运行情况如图 9-22 所示。

> DROP INDEX name_index ON newTable;

【例 9-12】删除 newTable3 上的 PRIMARY KEY 索引。

代码如下所示，代码运行情况如图 9-23 所示。

> ALTER TABLE newTable3 DROP PRIMARY KEY;

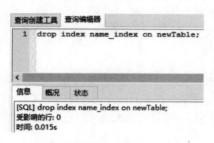
图 9-22　删除 name_index 索引

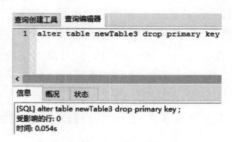
图 9-23　删除主键索引

再次使用 SHOW INDEX 命令查看 newTable 的索引时，会发现已经没有主键索引。

注意：如果从表中删除某列，则索引会受影响。对于多列组合的索引，如果删除其中的某列，则该列也会从索引中删除。如果删除组成索引的所有列，则整个索引将被删除。

9.3　设计原则和注意事项

1. 索引的设计原则

（1）选择唯一性索引

唯一性索引的值是唯一的，可以更快速地通过该索引来确定某条记录。例如，学生表中学号是具有唯一性的字段。为该字段建立唯一性索引可以很快地确定某个学生的信息。如果使用姓名，可能存在同名现象，从而降低查询速度。

（2）为经常需要排序、分组和联合操作的字段建立索引

经常需要 ORDER BY、GROUP BY、DISTINCT 和 UNION 等操作的字段，排序操作会浪费很多时间。如果为其建立索引，可以有效地避免排序操作。

（3）为常作为查询条件的字段建立索引

如果某个字段经常用来做查询条件，那么该字段的查询速度会影响整个表的查询速度。因此，为这样的字段建立索引，可以提高整个表的查询速度。

（4）限制索引的数目

索引的数目不是越多越好。每个索引都需要占用磁盘空间，索引越多，需要的磁盘空间就越大。修改表时，对索引的重构和更新很麻烦。越多的索引，会使更新表变得很浪费时间。

（5）尽量使用数据量少的索引

如果索引的值很长，那么查询的速度会受到影响。例如，对一个 CHAR(100)类型的字段进行全文检索需要的时间肯定要比对 CHAR(10)类型的字段需要的时间要多。

（6）尽量使用前缀来索引

如果索引字段的值很长，最好使用值的前缀来索引。例如，TEXT 和 BLOC 类型的字段，进行全文检索会很浪费时间。如果只检索字段的前面的若干字符，这样可以提高检索速度。

（7）删除不再使用或者很少使用的索引

表中的数据被大量更新，或者数据的使用方式被改变后，原有的一些索引可能不再需要。数据库管理员应当定期找出这些索引，将它们删除，从而减少索引对更新操作的影响。

2. 合理使用索引注意事项

索引是针对数据库表中的某些列。因此，在创建索引的时候，应该仔细考虑在哪些列上可以创建索引，在哪些列上不能创建索引。一般应该在下面这些列上创建索引。

1）在经常需要搜索的列上，可以加快搜索的速度。

2）在作为主键的列上，强制该列的唯一性和组织表中数据的排列结构。

3）在经常用在连接的列上，这些列主要是一些外键，可以加快连接的速度。

4）在经常需要根据范围进行搜索的列上创建索引，因为索引已经排序，其指定的范围是连续的。

5）在经常需要排序的列上创建索引，因为索引已经排序，这样查询可以利用索引的排序，加快排序查询时间。

6）经常使用在 WHERE 子句中的列上创建索引，加快条件的判断速度。

3. 不合理使用索引的注意事项

一般来说，不应该创建索引的列具有下列特点。

1）对于在查询中很少使用或者参考的列不应该创建索引。很少使用到的列，有索引或者无索引，并不能提高查询速度。相反，由于增加了索引，反而降低了系统的维护速度和增大了空间需求。

2）对于只有很少数据值的列也不应该增加索引。由于列的取值很少，例如学生表的性别列，在查询的结果中，结果集的数据行占了表中数据行的很大比例，即需要在表中搜索的数据行的比例很大。增加索引，并不能明显加快检索速度。

3）对于定义为 text、image 和 bit 数据类型的列不应该增加索引。主要是由于列的数据量要么相当大，要么取值很少。

4）当修改性能远远大于检索性能时，不应该创建索引。由于修改性能和检索性能是互相矛盾的：当增加索引时，会提高检索性能，但是会降低修改性能；当减少索引时，会提高修改性能，降低检索性能。因此，当修改性能远远大于检索性能时，不应该创建索引。

9.4　知识点小结

本章介绍了 MySQL 数据库的索引的基础知识、创建索引的方法和删除索引的方法。创建索引是本章的重点，应该重点掌握创建索引的方法，设计索引的基本原则是本章的难点。读者应该根据本章介绍的设计索引的基本原则，结合表的实际情况进行设计。

9.5 思考与练习

1. 请简述索引的概念及其作用。

2. 请列举索引的几种分类。

3. 请分别简述在 MySQL 中创建、查看和删除索引的 SQL 语句。

4. 请简述使用索引的弊端。

5. 下面关于创建和管理索引正确的描述是（   ）。

A. 创建索引是为了便于全表扫描

B. 索引会加快 DELETE、UPDATE 和 INSERT 语句的执行速度

C. 索引被用于快速找到想要的记录

D. 大量使用索引可以提高数据库的整体性能

6. 有关索引的说法错误的是（   ）。

A. 索引的目的是为增加数据操作的速度

B. 索引是数据库内部使用的对象

C. 索引建立得太多，会降低数据增加删除修改速度

D. 只能为一个字段建立索引

7. 以下不是 MySQL 索引类型的是（   ）。

A. 单列索引   B. 多列索引

C. 并行索引   D. 唯一索引

8. SQL 语言中的 DROP INDEX 语句的作用是（   ）。

A. 删除索引   B. 更新索引

C. 建立索引   D. 修改索引

9. 在 SQL 语言中支持建立聚簇索引，这样可以提高查询效率。下面属性列适宜建立聚簇索引的是（   ）。

A. 经常查询的属性列   B. 主属性

C. 非主属性   D. 经常更新的属性列

10. 在 score 数据表中给 math 字段添加名称为 math_score 索引的语句中，正确的是（   ）。

A. CREATE INDEX index_name ON score（math）;

B. CREATE INDEX score ON score（math_score）;

C. CREATE INDEX math_score ON studentinfo（math）;

D. CREATE INDEX math_score ON score（math）;

第 10 章 MySQL 视图

视图是从一个或多个表中导出的表，是一种虚拟存在的表。视图就像一个窗口，通过这个窗口可以看到系统专门提供的数据。这样，用户可以不用看到整个数据表中数据，而只关心对自己有用的数据。视图可以使用户的操作更方便，并且可以保障数据库系统安全性。

本章将介绍视图的含义和作用、视图定义的原则和创建视图的方法以及修改视图、查看视图和删除视图的方法。

10.1 视图

10.1.1 视图概述

作为常用的数据库对象，视图（View）为数据查询提供了一条捷径；视图是一个虚拟表，其内容由查询定义，即视图中的数据并不像表、索引那样需要占用存储空间，视图中保存的仅仅是一条 select 语句，其数据源来自于数据库表，或者其他视图。不过，它同真实的表一样，视图包含一系列带有名称的列和行数据。但是，视图并不在数据库中以存储的数据的形式存在。行和列数据来自于定义视图的查询所引用的表，并且在引用视图时动态生成。当基本表发生变化时，视图的数据也会随之变化。

视图是存储在数据库中的查询的 SQL 语句，使用它主要出于两种原因：第一是安全原因，视图可以隐藏一些数据，例如，学生信息表，可以用视图只显示学号、姓名、性别、班级，而不显示年龄和家庭住址信息等；第二是可使复杂的查询易于理解和使用。

视图与基本表之间的对应关系应用，如图 10-1 所示。

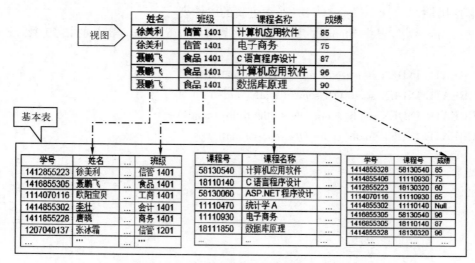

图 10-1 视图与基本表之间的对应关系

10.1.2 视图的优势

视图对其中所引用的基础表来说，视图的作用类似于筛选。定义视图的筛选可以来自当前或其他数据库的一个或多个表，或者其他视图。通过视图进行查询没有任何限制，通过它们进行数据修改时的限制也很少。视图的优势可以体现在如下几点。

1. 增强数据安全性

同一个数据库表可以创建不同的视图，为不同的用户分配不同的视图，这样就可以实现不同的用户只能查询或修改与之对应的数据，继而增强了数据的安全访问控制，即用户可以通过视图查看数据库表中的数据，但又不用考虑数据库表的结构关系，并且就算是对数据表做了修改，也不用修改前台程序代码，而只需要修改视图即可。

2. 提高灵活性，操作变简单

有灵活性的功能需求后，需要改动表的结构而导致工作量比较大。那么可以使用虚拟表的形式达到少修改的效果。例如：假如因为某种需要，T_A 表与 T_B 表需要进行合并起来组成一个新的表 T_C。最后，T_A 表与 T_B 表都不会存在了。而由于原来程序中编写 SQL 分别是基于 T_A 表与 T_B 表查询的，这就意味着需要重新编写大量的 SQL（改成向 T_C 表去操作数据）。而通过视图就可以做到不修改。定义两个视图名字还是原来的基本表名 T_A 和 T_B。T_A、T_B 视图完成从 T_C 表中取出内容。

使用视图可以简化数据查询操作，对于经常使用，但结构复杂的 SELECT 语句，建议将其封装为一个视图。

3. 提高数据的逻辑独立性

如果没有视图，应用程序一定是建立在数据库表上的；有了视图之后，应用程序就可以建立视图之上，从而使应用程序和数据库表结构在一定程度上逻辑分离。视图在以下两个方面使应用程序与数据逻辑独立。

1）使用视图可以向应用程序屏蔽表结构，此时即便表结构发生变化（例如表的字段名发生变化），只需重新定义视图或者修改视图的定义，无须修改应用程序即可使应用程序正常运行。

2）使用视图可以向数据库表屏蔽应用程序，此时即便应用程序发生变化，只需重新定义视图或者修改视图的定义，无须修改数据库表结构即可使应用程序正常运行。

10.1.3 视图的工作机制

当调用视图的时候，才会执行视图中的 SQL 语句，进行取数据操作。视图的内容没有存储，而是在视图被引用的时候才派生出数据。这样不会占用空间，由于是即时引用，视图的内容总是与真实表的内容是一致的。视图这样设计最主要的好处就是比较节省空间，当数据内容总是一样时，就不需要维护视图的内容，维护好真实表的内容，就可以保证视图的完整性。

10.2 视图定义和管理

10.2.1 创建与使用视图

创建视图需要具有 CREATE VIEW 的权限，同时应该具有查询涉及的列的 SELECT 权限。

在 MySQL 数据库下面的 user 表中保存这些权限信息，可以使用 SELECT 语句查询。具体方法，在第 13 章 MySQL 权限管理会讲到的。

视图的语法格式如下。

```
CREATE [ALGORITHM = {UNDEFINED | MERGE | TEMPTABLE}]
VIEW 视图名 [(视图列表)]
AS 查询语句
[WITH [CASCADED | LOCAL] CHECK OPTION]
```

其中：

1）"视图名"参数表示要创建的视图名称。表和视图共享数据库中相同的名称空间，因此，数据库不能包含具有相同名称的表和视图。视图必须具有唯一的列名，不得有重复，与基表类似。在默认情况下，由 SELECT 语句检索的列名将用作视图列名。要想为视图列定义明确的名称，可使用可选的查询语句的字段列表。查询语句的字段列表中的名称数目必须等于 SELECT语句检索的列数。

2）ALGORITHM 是可选参数，表示视图选择的算法；UNDEFINED 选项表示 MySQL 自动选择要使用的算法；MERGE 选项表示将使用视图的语句与视图的定义合起来，使得视图定义的某部分取代语句的对应部分；TEMPTABLE 选择表示将视图的结果存入临时表，然后使用临时表执行语句。

3）"查询语句"参数是一个完整的查询语句，表示从某个表中查出某些满足条件的记录，将这些记录导入视图中。

4）CASCADED 是可选参数，表示更新视图时要满足所有相关视图和表的条件，该参数为默认值；LOCAL 表示更新视图时，要满足该视图本身的定义条件即可。

5）WITH CHECK OPTION 是可选参数，表示更新视图时要保证在该视图的权限范围之内。虽是可选属性，但为了数据安全性建议大家使用。

【例 10-1】 在 student 表上创建一个简单的视图，视图名为 student_view1。

代码如下所示，代码运行情况如图 10-2 所示。

```
CREATE VIEW student_view1
AS SELECT * FROM student;
```

【例 10-2】 在 student 表上创建一个名为 student_view2 的视图，包含学生的姓名、课程名以及对应的成绩。

代码如下所示，代码运行情况如图 10-3 所示。

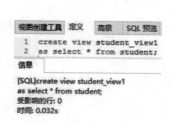

图 10-2　创建视图 student_view1

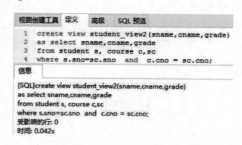

图 10-3　创建视图 student_view2

```
CREATE VIEW student_view2(sname,cname,grade)
```

```
AS SELECT sname,cname,grade
FROM student s, coursec,sc
WHERE s. sno=sc. sno    AND    c. cno = sc. cno;
```

视图定义后，就可以如同查询基本表那样对视图进行查询。

【例 10-3】在查询史琴雪的所有已修课程的成绩时，就可以借助视图很方便地完成查询。代码如下所示，代码运行情况如图 10-4 所示。

```
SELECT *
    FROM student_view2
    WHERE sname='王琴雪';
```

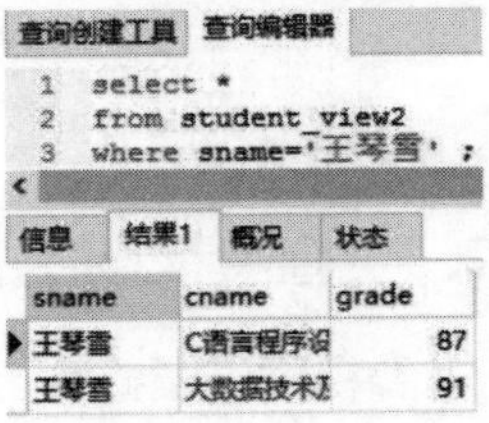

创建视图时需要注意以下几点。

1）运行创建视图的语句需要用户具有创建视图（CRATE VIEW）的权限，若加了［OR REPLACE］，则还需要用户具有删除视图（DROP VIEW）的权限。

图 10-4 基于视图 student_view2 进行查询

2）SELECT 语句不能包含 FROM 子句中的子查询。

3）SELECT 语句不能引用系统或用户变量。

4）SELECT 语句不能引用预处理语句参数。

5）在存储子程序内，定义不能引用子程序参数或局部变量。

6）在定义中引用的表或视图必须存在，但是，创建了视图后，能够舍弃定义引用的表或视图。要想检查视图定义是否存在这类问题，可使用 CHECK TABLE 语句。对于 SELECT 语句中不合格的表或视图，将根据默认的数据库进行解释。通过用恰当的数据库名称限定表或视图名，视图能够引用表或其他数据库中的视图。

7）在定义中不能引用 TEMPORARY 表，不能创建 TEMPORARY 视图。

8）在视图定义中命名的表必须已存在。

9）不能将触发器与视图关联在一起。

10）在视图定义中允许使用 ORDER BY，但是，如果从特定视图进行了选择，而该视图使用了具有自己 ORDER BY 的语句，它将被忽略。

注意：使用视图查询时，若其关联的基本表中添加了新字段，则该视图将不包括新字段。如果与视图相关联的表或视图被删除，则该视图将不能使用。

10.2.2 删除视图

删除视图时，只能删除视图的定义，不会删除数据。其次用户必须拥有 DROP 权限。语法格式如下。

```
DROP VIEW [IF EXISTS]
view_name[,view_name2]…
[RESTRICT | CASCADE]
```

其中，view_name 是视图名，声明了 IF EXISTS，若视图不存在，也不会出现错误信息。也可以声明 RESTRICT 和 CASCADE，但它们没什么影响。使用 DROP VIEW 可以一次删除多个视图。

【例 10-4】删除视图 student_view1。

代码如下所示，代码运行情况如图 10-5 所示。

DROP VIEW IF EXISTS student_view1;

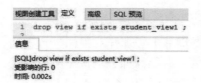

图 10-5　删除视图

10.2.3　查看视图定义

查看视图是指查看数据库中已经存在的视图的定义。查看视图必须要有 SHOW VIEW 的权限。查看视图的方法包括以下几条语句，它们从不同的角度显示视图的相关信息。

1）DESCRIBE 语句，语法格式：DESCRIBE 视图名称；或者 DESC 视图名称。

2）SHOW TABLE STATUS 语句，语法格式：SHOW TABLE STATUS LIKE '视图名'。

3）SHOW CREATE VIEW 语句，语法格式：SHOW CREATE VIEW '视图名'。

4）查询 information_schem 数据库下的 views 表。语法格式为：

SELECT ＊ FROM information_schema. views WHERE table_name ='视图名'

【例 10-5】查看 student_view2 视图的信息。

方式一的代码如下所示，代码运行情况如图 10-6 所示。

DESCRIBE student_view2；

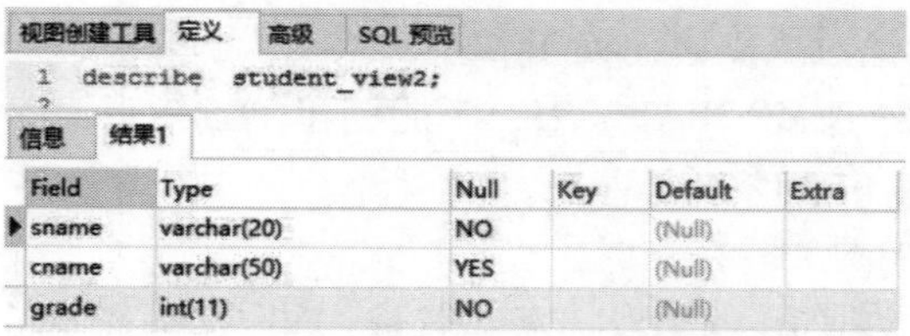

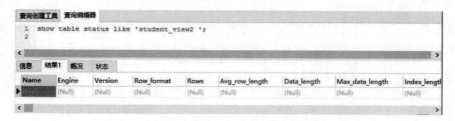

图 10-6　通过 DESCRIBE 查看视图定义

方式二的代码如下所示，代码运行情况如图 10-7 所示。

SHOW TABLE STATUS LIKE 'student_view2 '

图 10-7　通过 SHOW TABLE 查看视图定义

方式三的代码如下所示，代码运行情况如图 10-8 所示。

SHOW CREATE VIEW student_view2；

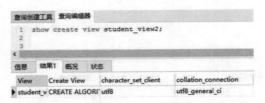

图 10-8　通过 SHOW CREATE 查看视图定义

方式四的代码如下所示，代码运行情况如图 10-9 所示。

SELECT * FROM information_schema. views WHERE table_name = student_view2;

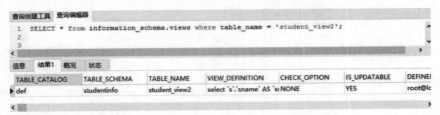

图 10-9　通过 information_schema. views 查看视图定义

10.2.4　修改视图定义

修改视图是指修改数据库中已经存在表的定义。当基本表的某些字段发生改变时，可以通过修改视图来保持视图和基本表之间的一致。MySQL 中通过 CREATE OR REPLACE VIEW 语句或者 ALTER 语句来修改视图。

（1）CREATE OR REPLACE VIEW 语句的语法格式

```
CREATE OR REPLACE　［ALGORITHM = {UNDEFINED｜MERGE｜TEMPTABLE}］
    VIEW 视图名［｛属性清单｝］
    AS SELECT 语句
    ［WITH［CASCADED｜LOCAL］CHECK OPTION］;
```

这里的所有参数都与创建视图的参数一样。

【例 10-6】使用 CREATE OR REPLACE VIEW 修改视图 student_view2 的列名为姓名、选修课、成绩。

代码如下所示，代码运行情况如图 10-10 所示。

```
CREATE OR REPLACE VIEW
student_view2(姓名,选修课,成绩)
AS SELECT sname,cname,grade
FROM student s, coursec,sc
WHERE s. sno=sc. sno　AND　c. cno = sc. cno;
```

用 DESC 再查看 student_view2 的描述，如图 10-11 所示。

（2）ALTER 语句的语法格式

```
ALTER　［ALGORITHM = {UNDEFINED｜MERGE｜TEMPTABLE}］
    VIEW 视图名［｛属性清单｝］
    AS SELECT 语句
    ［WITH［CASCADED｜LOCAL］CHECK OPTION］;
```

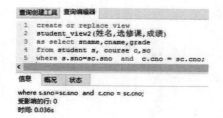

图 10-10　通过 CREATE OR REPLACE
　　　　　VIEW 修改视图定义

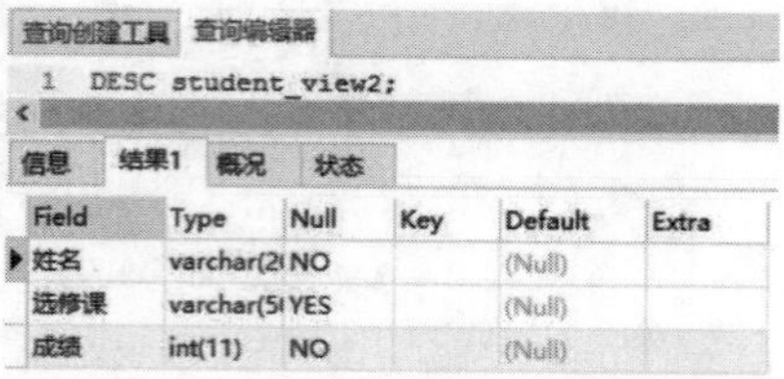

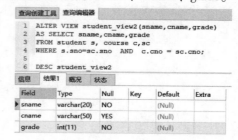

图 10-11　用 DESC 再查看 student_view2 定义

这里的所有参数都与创建视图的参数一样。

【例 10-7】把 student_view2 用 ALTER 命令把列的名称再改为 sname、cname、grade。

代码如下所示，代码执行完，我们在用 DESC 命令查看 student_view2 表，如图 10-12 所示。

```
ALTER VIEW
student_view2(sname,cname,grade)
AS SELECT sname,cname,grade
FROM student s, coursec,sc
WHERE s.sno=sc.sno AND c.cno = sc.cno;
```

图 10-12　通过 ALTER 修改列名后视图的变化

10.3　更新视图数据

对视图的更新其实就是对表的更新，更新视图是指通过视图来插入（INSERT）、更新（UPDATE）和删除（DELETE）表中的数据。因为视图是一个虚拟表，其中没有数据。通过视图更新时，都是转换到基本表来更新。更新视图时，只能更新权限范围内的数据，超出了范围，就不能更新。

【例 10-8】在视图 student_view3 中对视图进行更新。

代码如下所示，代码运行情况如图 10-13 所示。

```
CREATE VIEW student_view3(sno,sname,ssex,sbirth)
AS SELECT sno,sname,ssex,sbirth
FROM student
WHERE sno='1114070116';
```

查看视图会查询到这条更新的数据，如图 10-14 所示。

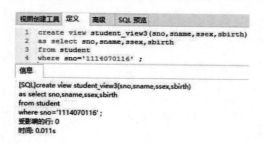

图 10-13　创建视图 student_view3

图 10-14　查询视图 student_view3

通过视图对 student 表进行更新，如图 10-15 所示。

```
UPDATE student_view3
SET sno='1114070118',sname='张三',ssex='男',sbirth='1997-02-09';
```

更新完后，用 SELECT * FROM student_view3 进行查询，会发现没有查询到任何数据，为什么会没有数据了呢？对检查视图进行更新操作时，只有满足检查条件的更新操作才能顺利执行。

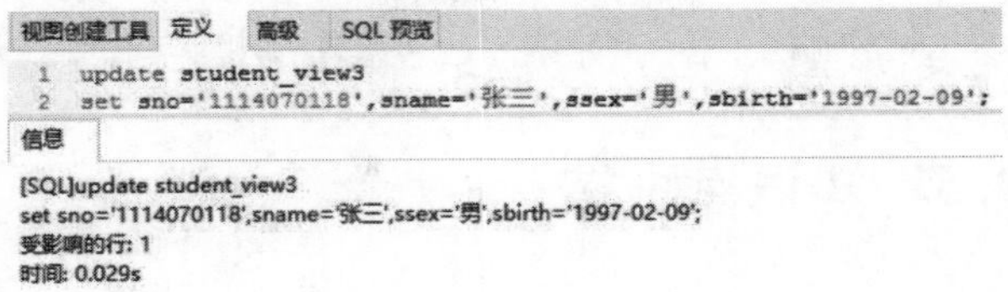

检查视图分为 LOCAL 检查视图与

图 10-15　基于视图 student_view3 更新数据

CASCADE 检查视图。WITH CHECK OPTION 的值为 1 时表示 LOCAL（LOCAL 视图），通过检查视图对表进行更新操作时，只有满足了视图检查条件的更新语句才能够顺利执行；值为 2 时表示 CASCADE（级联视图，在视图的基础上再次创建另一个视图），通过级联视图对表进行更新操作时，只有满足所有针对该视图的所有视图的检查条件的更新语句才能够顺利执行。

原则：尽量不要更新视图，并且更新视图的语法与 UPDATE 语法一样，以下情况视图无法更新。

1）视图中包含 SUM、COUNT 等聚集函数的。

2）视图中包含 UNION、UNION ALL、DISTINCT、GROUP BY、HAVING 等关键字的。

3）常量视图，比如：CREATE VIEW view_now AS SELECT NOW( )。

4）视图中包含子查询。

5）由不可更新的视图导出的视图。

6）创建视图时 ALGORITHM 为 TEMPTABLE 类型。

7）视图对应的表上存在没有默认值的列，而且该列没有包含在视图里。

8）WITH［CASCADED｜LOCAL］CHECK OPTION 也将决定视图是否可以更新，LOCAL 参数表示更新视图时要满足该视图本身定义的条件即可；CASCADED 参数表示更新视图时要满足所有相关视图和表的条件，是默认值。

10.4　对视图的进一步说明

视图是在原有的表或者视图的基础上重新定义的虚拟表，这可以从原有的表上选取对用户有用的信息。那些对用户没有用，或者用户没有权限了解的信息，都可以直接屏蔽掉。这样做既可以使应用简单化，也保证了系统的安全，视图起着类似于筛选的作用。视图的作用归纳为如下几点。

1. 使操作简单化

视图需要达到的目的就是所见即所需。也就是说，从视图看到的信息就是所需要了解的信息。视图可以简化对数据的操作。例如，可以为经常使用的查询定义一个视图，使用户不必为同样的查询操作指定条件。这样可以很大程度上方便用户的操作。

2. 增加数据的安全性

通过视图，用户只能查询和修改指定的数据。指定数据以外的信息，用户根本接触不到。数据库授权命令可以限制用户的操作权限，但不能限制到特定行和列上。使用视图后，可以简单方便地将用户的权限限制到特定的行和列上。这样可以保证敏感信息不会被没有权限的人看到，可以保证一些机密信息的安全。

3. 提高表的逻辑独立性

视图可以屏蔽原有表结构变化带来的影响。例如，原有表增加列和删除未被引用的列，对视图不会造成影响。同样，如果修改了表中的某些列，可以使用修改视图来解决这些列带来的影响。

10.5　知识点小结

本章介绍了 MySQL 数据库中视图的含义和作用，并且讲解了创建视图、修改视图和删除视图的方法。创建视图和修改视图是本章的重点，读者应该根据本章介绍的基本原则，结合表的实际情况，重点掌握创建视图的方法，尤其是在创建视图和修改视图后，一定要查看视图的结构，以确保创建和修改的操作是否正确。

10.6　思考与练习

1. 请解释视图与表的区别有哪些。

2. 请简述使用视图的优点有哪些。

3. 创建视图时应注意哪些问题。

4. 如何通过视图更新表，应该注意哪些问题。

5. 在数据库系统中，视图是一个（　　　）。

A. 真实存在的表，并保存了待查询的数据

B. 真实存在的表，只有部分数据来源于基本表

C. 虚拟表，查询时只能从一个基本表中导出

D. 虚拟表，查询时可以从一个或者多个基本表或视图中导出

6. 下面关于视图概念的优点中，叙述错误的是（　　　）。

A. 视图对于数据库的重构造提供了一定程度的逻辑独立性

B. 简化了用户观点

C. 视图机制方便不同用户以同样的方式看待同一数据

D. 对机密数据提供了自动的安全保护功能

7. 在下列关于视图的叙述中，正确的是（　　　）。

A. 当某一视图被删除后，由该视图导出的其他视图也将被删除

B. 若导出某视图的基本表被删除了，但该视图不受任何影响

C. 视图一旦建立，就不能被删除

D. 当修改某一视图时，导出该视图的基本表也随之被修改

8. 创建视图需要具有什么权限？（　　　）

A. CREATE VIEW　　　　B. SHOW VIEW　　　　C. DROP VIEW　　　　D. DROP

9. 不可对视图执行的操作有（　　　）。

A. SELECT　　　　　　B. INSERT　　　　　　C. DELETE　　　　　D. CREATE INDEX

10. 在 tb_name 表中创建一个名为 name_view 的视图，并设置视图的属性为 name、pwd、user，执行语句是什么？（　　　）

A. CREATE VIEW name_view(name,pwd,user) AS SELECT name,pwd,user FROM tb_name;

B. SHOW VIEW name_view(name,pwd,user) AS SELECT name,pwd,user FROM tb_name;

C. DROP VIEW name_view(name,pwd,user) AS SELECT name,pwd,user FROM tb_name;

D. SELECT * FROM name_view(name,pwd,user) AS SELECT name,pwd,user FROM tb_
   name;

11. 下面哪条语句创建的视图是不可以更新的？（　　）

A. CREATE VIEW book view1(a_sort,a_book) AS SELECT sort,books,count(name) FROM tb_
   book;

B. CREATE VIEW book view1(a_sort,a_book) AS SELECT sort,books,FROM tb_book;

C. CREATE VIEW book view1(a_sort,a_book) AS SELECT sort,books,WHERE FROM tb_
   book;

D. 以上都不对

12. 已知关系模式：图书（图书编号、图书类型、图书名称、作者、出版社、出版日期、ISBN），图书编号唯一识别一本图书。建立"计算机"类图书的视图 Computer_book，并要求进行修改、插入操作时保证该视图只有计算机类的图书。实现上述要求的 SQL 语句如下：

CREATE(1)

AS SELECT 图书编号，图书名称，作者，出版社，出版日期

FROM 图书

WHERE 图书类型 = '计算机'

（2）；

（1）

A. TABLE Computer_book   B. VIEW Computer_book

C. Computer_book TABLE   D. Computer_book VIEW

（2）

A. FORALL   B. PUBLIC

C. WITH CHECK OPTION   D. WITH GRANT OPTION

13. 根据题目要求，写出相应命令。要创建的表如下。学生表：Student（Sno, Sname, Ssex, Sage, Sdept）（学号，姓名，性别，年龄），所在系 Sno 为主键。

课程表：Course（Cno, Cname）（课程号，课程名），Cno 为主键。学生选课表：SC（Sno, Cno, Score）（号，课程号，成绩），Sno, Cno 为主键。

1）创建视图 stu_info，查询全体学生的姓名、性别、课程名、成绩。

2）创建视图 stu_info，查询全体学生的基本情况（包括学号、姓名、性别、年龄、所在系、课程号、课程名等字段），结果按所在系的升序排列，同一系的按年龄降序排列。

3）创建视图查询所有比"李四"年龄大的学生姓名、年龄和性别。

4）创建视图查询 student 表中成绩在前三位的学生的学号、姓名及所在系。

5）通过修改视图的方法给选修了 1 号课程且成绩低于 70 的学生每人成绩增加 5 分。

6）通过修改视图的方法向 Student 表添加一条纪录：201801，李一木，男，20，计算机。

7）删除以上创建的视图。

第 11 章　MySQL 存储过程与函数

存储过程和存储函数是在数据库中定义一些被用户定义的 SQL 语句集合。一个存储程序是可以被存储在服务器中的一套 SQL 语句。存储过程可以被程序、触发器或另一个存储过程调用。

存储过程和函数可以避免开发人员重复地编写相同的 SQL 语句，而且存储过程和函数是在 MySQL 服务器中存储和执行的，可以减少客户端和服务器端的数据传输，同时具有执行速度快，提高系统性能、确保数据库安全等诸多优点。

本章将介绍存储过程和函数的含义、作用以及创建、使用、查看、修改及删除存储过程及函数的方法。

11.1　存储过程与函数简介

11.1.1　概念

我们常用的操作数据库语言 SQL 语句在执行的时候需要先编译，然后执行，而存储过程（Stored Procedure）是一组为了完成特定功能的 SQL 语句集，经编译后存储在数据库中，用户通过指定存储过程的名字并给定参数（如果该存储过程带有参数）来调用执行它。

一个存储过程是一个可编程的函数，它在数据库中创建并保存。它可以由 SQL 语句和一些特殊的控制结构组成。当希望在不同的应用程序或平台上执行相同的函数，或者封装特定功能时，存储过程是非常有用的。数据库中的存储过程可以看作是对编程中面向对象方法的模拟，它允许控制数据的访问方式。

存储过程的优点如下。

1）存储过程增强了 SQL 语言的功能和灵活性。存储过程可以用流控制语句编写，有很强的灵活性，可以完成复杂的判断和较复杂的运算。

2）存储过程允许标准组件是编程。存储过程被创建后，可以在程序中被多次调用，而不必重新编写该存储过程的 SQL 语句。而且数据库专业人员可以随时对存储过程进行修改，对应用程序源代码毫无影响。

3）存储过程能实现较快的执行速度。如果某一操作包含大量的 transaction-SQL 代码或分别被多次执行，那么存储过程要比批处理的执行速度快很多。因为存储过程是预编译的。在首次运行一个存储过程时查询，优化器对其进行分析优化，并且给出最终被存储在系统表中的执行计划。而批处理的 transaction-SQL 语句在每次运行时都要进行编译和优化，速度相对要慢一些。

4）存储过程能过减少网络流量。针对同一个数据库对象的操作（如查询、修改），如果这一操作所涉及的 transaction-SQL 语句被组织成存储过程，那么当在客户计算机上调用该存储过程时，网络中传送的只是该调用语句，从而大大增加了网络流量并降低了网络负载。

5）存储过程可作为一种安全机制来充分利用。系统管理员通过执行某一存储过程的权限进行限制，能够实现对相应的数据访问权限的限制，避免了非授权用户对数据的访问，保证了数据的安全。

存储过程是数据库存储的一个重要的功能，但是 MySQL 在 5.0 以前并不支持存储过程，这使得 MySQL 在应用上大打折扣。好在 MySQL 5.0 终于开始已经支持存储过程，这样既可以大大提高数据库的处理速度，同时也可以提高数据库编程的灵活性。

6）存储过程是用户定义的一系列 SQL 语句的集合，涉及特定表或其他对象的任务，用户可以调用存储过程，而函数通常是数据库已定义的方法，它接收参数并返回某种类型的值并且不涉及特定用户表。

11.1.2 存储过程和函数区别

存储过程和函数存在以下几个区别。

1）一般存储过程实现的功能要复杂一点，而函数实现的功能针对性比较强。存储过程功能强大，可以执行包括修改表等一系列数据库操作；用户定义函数不能用于执行一组修改全局数据库状态的操作。

2）存储过程可以返回参数，如记录集，而函数只能返回值或者表对象。函数只能返回一个变量；而存储过程可以返回多个。存储过程的参数可以有 IN、OUT、INOUT 三种类型，而函数只能有 IN 类型。存储过程声明时不需要返回类型，而函数声明时需要描述返回类型，且函数体中必须包含一个有效的 RETURN 语句。

3）存储过程可以使用非确定函数，不允许在用户定义函数主体中内置非确定函数。

4）存储过程一般是作为一个独立的部分来执行（EXECUTE 语句执行），而函数可以作为查询语句的一个部分来调用（SELECT 调用），由于函数可以返回一个表对象，因此它可以在查询语句中位于 FROM 关键字的后面。SQL 语句中不可用存储过程，而可以使用函数。

11.2 存储过程与函数操作

11.2.1 创建和使用存储过程或函数

1. 存储过程

创建存储过程的语法格式如下。

```
CREATE PROCEDURE sp_name （[proc_parameter[,…]]）
[characteristic…] routine_body
```

其中，sp_name 参数是存储过程的名称；proc_parameter 表示存储过程的参数列表；characteristic 参数指定存储过程的特性；routine_body 参数是 SQL 代码的内容，可以用 begin…end 来标志 SQL 代码的开始和结束。

proc_parameter 中的每个参数由 3 部分组成。这 3 个部分分别是输入输出类型、参数名称和参数类型。其形式如下。

```
[ IN │ OUT │ INOUT ]param_name type
```

其中，IN 表示输入参数；OUT 表示输出参数；INOUT 表示既可以是输入，也可以是输出；

param_name 参数是存储过程的参数名称；type 参数指定存储过程的参数类型，该类型可以是 MySQL 数据库的任意数据类型。

characteristic 参数有多个取值。其取值说明如下。

- language SQL：说明 routine_body 部分是由 SQL 语言的语句组成的，这也是数据库系统默认的语言。
- [not] deterministic：指明存储过程的执行结果是否确定。deterministic 表示结果是确定的，每次执行存储过程时，相同的输入会得到相同的输出。not deterministic 表示结果是非确定的，相同的输入可能得到不同的输出。在默认情况下，结果是非确定的。
- {contains SQL │ no SQL │ reads SQL data │ modifies SQL data}：指明子程序使用 SQL 语句的限制。contains SQL 表示子程序包含 SQL 语句，但不包含读或写数据的语句；no SQL 表示子程序中不包含 SQL 语句；reads SQL data 表示子程序中包含读数据的语句；modifies SQL data 表示子程序中包含写数据的语句。在默认情况下，系统会指定为 contains SQL。
- SQL security {definer │ invoker}：指明谁有权限来执行。definer 表示只有定义者自己才能够执行；invoker 表示调用者可以执行。在默认情况下，系统指定的权限是 definer。
- comment 'string'：注释信息。

技巧：创建存储过程时，系统默认指定 CONTAINS SQL，表示存储过程中使用了 SQL 语句。但是，如果存储过程中没有使用 SQL 语句，最好设置为 NO SQL。而且，存储过程中最好在 comment 部分对存储过程进行简单的注释，以便以后在阅读存储过程的代码时更加方便。

调用存储过程的语法格式如下。

```
CALL sp_name([parameter[,…]])
```

说明：sp_name 为存储过程的名称，如果要调用某个特定数据库的存储过程，则需要在前面加上该数据库的名称。parameter 为调用该存储过程所用的参数，这条语句中的参数个数必须总是等于存储过程的参数个数。

2. 创建存储函数

创建存储函数语法格式如下。

```
CREATE FUNCTION sp_name ([func_parameter[,…]])
RETURNS type
[characteristic…] routine_body
```

其中，sp_name 参数是存储函数的名称；func_parameter 表示存储函数的参数列表；RETURNS type 指定返回值的类型；characteristic 参数指定存储函数的特性，该参数的取值与存储过程中的取值是一样的；routine_body 参数是 SQL 代码的内容，可以用 BEGIN…END 来标志 SQL 代码的开始和结束。

func_parameter 可以由多个参数组成，其中每个参数由参数名称和参数类型组成，其形式如下。

```
param_name type
```

其中，param_name 参数是存储函数的参数名称；type 参数指定存储函数的参数类型，该类型可以是 MySQL 数据库的任意数据类型。

调用存储函数语法格式如下。

SELECT sp_name([func_parameter[,…]])

在 MySQL 中，存储函数的使用方法与 MySQL 内部函数的使用方法是一样的。换言之，用户自己定义的存储函数与 MySQL 内部函数性质相同。区别在于，存储函数是用户自己定义的，而内部函数是 MySQL 的开发者定义的。

3. DELIMITER 命令

在 MySQL 命令行的客户端中，服务器处理语句默认是以分号（;）作为结束标志的，如果有一行命令以分号结束，那么按【Enter】键后，MySQL 将会执行该命令。但在存储过程中，可能要输入较多的语句，且语句中含分号。如果还以分号作为结束标志，那么执行完第一个分号语句后，就会认为程序结束，这显然不符合我们的要求。那么，我们可以用 MySQL DELIMITER 来改变默认的结束标志。

DELIMITER 格式语法为：

DELIMITER $$

其中，$$是用户定义的结束符，通常使用一些特殊的符号。当使用 DELIMITER 命令时，应该避免使用反斜杠 \ 字符，因为那是 MySQL 转移字符。

【例 11-1】 把结束符改为##，执行 SELECT 1+1##，如图 11-1 所示。

【例 11-2】 一个存储过程的简单例子，根据学号查询学生的姓名。

代码如下所示，代码运行情况如图 11-2 所示。

```
DELIMITER $$
  CREATE PROCEDURE getnamebysno(IN xh CHAR(10), OUT name CHAR(20))
  BEGIN
  SELECT sname INTO name FROM student WHERE sno=xh;
END $$
DELIMITER;
```

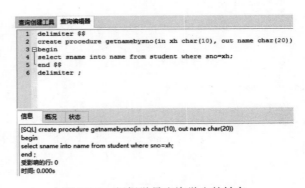

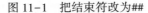

图 11-1 把结束符改为##　　　图 11-2 根据学号查询学生的姓名

说明： MySQL 中默认的语句结束符为分号（;）。存储过程中的 SQL 语句需要分号来结束。为了避免冲突，首先用 "DELIMITER $$" 将 MySQL 的结束符设置为 $$。最后再用 "DELIMITER;"将结束符恢复成分号。这与创建触发器时是一样的。

我们可以调用 getnamebysno 存储过程，首先我们定义一个用户变量@name，用 call 调用 getnamebysno 存储过程，结果放到@name 中，最后输出@name 的值，如图 11-3、11-4 所示。

图 11-3 定义 name 变量　　　　　　　　图 11-4 获取 name 变量的值

【例 11-3】 创建一个名为 name_from_student 的存储函数。

代码如下所示，代码运行情况如图 11-5 所示。

```
DELIMITER $$
CREATE FUNCTION numofstudent( )
returns    integer
BEGIN
return( SELECT COUNT( * ) FROM student);
END $$
DELIMITER；
```

说明：RUTURN 子句中包含 SELECT 语句时，SELECT 语句的返回结果只能是一行且只有一列值。存储函数的使用和 MySQL 内部函数的使用方法一样。

可以像调用系统函数一样，直接调用自定义函数，如图 11-6 所示。

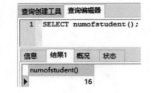

图 11-5 创建一个名为 name_from_student　　　图 11-6 调用名为 name_from_student
　　　　　的存储函数　　　　　　　　　　　　　　　的存储函数

11.2.2 变量

（1）DECLARE 语句申明局部变量

存储过程和函数可以定义和使用变量，它们可以用来存储临时结果。用户可以使用 DECLARE 关键字来定义变量，然后可以为变量赋值。DECLARE 语句申明局部的变量只适用于 BEGIN…END 程序段中。

DECLARE 语法格式为：

DECLARE var_name1［,var_name2］… type［ default value ］

其中 var_name1、var_name2 参数是声明的变量的名称，这里可以定义多个变量。type 参数用来指明变量的类型；defalut value 字句将变量默认值设置为 value，没有使用 default 字句，默认是 null。

可以用下列命令申明两个字符型变量：

DECLARE str1,str2 varchar(6);

（2）用 SET 语句给变量赋值

SET 格式为：

SET var_name = exper［,var_name = exper］

其中 var_name 参数是变量的名称；expr 参数是赋值的表达式，可以为多个变量赋值，用逗号隔开。

我们可以用下列命令在存储过程中给局部变量赋值：

SET str1 = ' abc ',str2 = ' 123 ';

SET 可以直接申明用户变量，不需要声明类型，DECLARE 必须指定类型。

SET 位置可以任意，DECLARE 必须在复合语句的开头，在任何其他语句之前。

DECLARE 定义的变量的作用范围是 BEGIN … END 块内，只能在块中使用。SET 定义的变量为用户变量。在变量定义时，变量名称前使用@ 符号修饰，如 SET @ var = 12。

（3）使用 SELECT 语句给变量赋值

语法格式为：

SELECT col_name［,… ］INTO var_name［,…］table_expr

其中 col_name 是列名，var_name 是要赋值的变量名称，table_var 是 select 语句中的 from 字句以及后面的部分。

【例 11-4】定义一个存储过程，作用是输出连字符串拼接后的值。

代码如下所示，代码运行情况如图 11-7 所示。

CREATE PROCEDURE myconcat( ) SELECT concat(@ str1,@ str2);

如果直接调用它，会输出 null，因为我们没有定义@ str1 和@ str2，如图 11-8 所示。

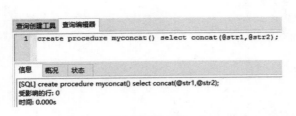

图 11-7　定义存储函数 myconcat　　　　图 11-8　调用存储函数 myconcat

如果定义@ str1 和@ str2 后再调用，就比较好了，如图 11-9、11-10 所示。

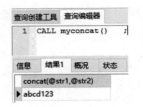

图 11-9　定义@ str1 和@ str2　　　　图 11-10　调用存储函数 myconcat

11.2.3　定义条件和处理

在高级编程语言中为了提高语言的安全性，提供了异常处理机制。对于 MySQL 软件，也提供了一种机制来提高安全性，那就是本章要介绍的条件。条件的定义和处理主要用于定义在处理过程中遇到问题时相应的处理步骤。

1. 定义条件

语法格式如下。

```
DECLARE condition_name CONDITION FOR condition_value
condition_value
SQLstate[value] SQLstate_value
  | MySQL_error_code
```

上述句型中，condition_name 参数表示的是所有定义的条件，condition_value 是用来实现设置条件的类型，SQLstate_value 和 MySQL_error_code 用来设置条件的错误。

【例 11-5】定义" error 1111（13d12）"这个错误，名称为 can_not_find。可以用两种不同的方法来定义，代码如下。

方法一：使用 SQLstate_value：

```
DECLARE can_not_find condition forSQLstate '13d12';
```

方法二：使用 MySQL_error_code：

```
DECLARE can_not_find CONDITION FOR 1111;
```

2. 定义处理程序

MySQL 中可以使用 DECLARE 关键字来定义处理程序，基本语法如下。

```
DECLARE handler_type HANDLER FOR
condition_value[ ,…] sp_statement
handler_type:
    CONTINUE  │ EXIT │ UNDO
condition_value:
    SQLstate [value] SQLstate_value │
condition_name │SQLwarning
      │ not found │SQLexception │ MySQL_error_code
```

其中，handler_type 参数指明错误的处理方式，该参数有 3 个取值。这 3 个取值分别是 CONTINUE、EXIT 和 UNDO。CONTINUE 表示遇到错误不进行处理，继续向下执行；EXIT 表示遇到错误后马上退出；UNDO 表示遇到错误后撤回之前的操作，MySQL 中暂时还不支持这种处理方式。

在通常情况下，执行过程中遇到错误应该立刻停止执行下面的语句，并且撤回前面的操作。但是，MySQL 中现在还不能支持 UNDO 操作。因此，遇到错误时最好执行 EXIT 操作。如果事先能够预测错误类型，并且进行相应的处理，那么可以执行 CONTINUE 操作。

condition_value 参数指明错误类型，该参数有 6 个取值。SQLstate_value 和 MySQL_error_code 与条件定义中的是同一个意思。condition_name 是 DECLARE 定义的条件名称。SQLwarning 表示所有以 01 开头的 SQLstate_value 值。not found 表示所有以 02 开头的 SQLstate_value 值。SQLexception 表示所有没有被 SQLwarning 或 not found 捕获的 SQLstate_value 值。sp_statement 表示一些存储过程或函数的执行语句。

下面是定义处理程序的几种方式。

1）方法一：捕获 SQLstate_value。

```
DECLARE CONTINUE HANDLER FOR SQLstate '42s02'
SET @ info='can not find';
```

2）方法二：捕获 MySQL_error_code。

```
DECLARE CONTINUE HANDLER FOR 1146 SET @ info='can not find';
```

3）方法三：先定义条件，然后调用。

```
DECLARE can_not_find CONDITION FOR 1146;
DECLARE continue HANDLER FOR can_not_find SET @ info='can not find';
```

4）方法四：使用 SQLwarning。

```
DECLARE EXIT HANDLER FOR SQLwarning SET @ info='error';
```

5）方法五：使用 not found。

```
DECLARE EXIT HANDLER FOR not found SET @ info='can not find';
```

6）方法六：使用 SQLexception。

```
DECLARE EXIT HANDLER FOR SQLexception SET @ info='error';
```

上述代码是 6 种定义处理程序的方法。第一种方法是捕获 SQLstate_value 值。如果遇到 SQLstate_value 值为 42s02，执行 CONTINUE 操作，并且输出" can not find"信息。第二种方法是捕获 MySQL_error_code 值。如果遇到 MySQL_error_code 值为 1146，执行 CONTINUE 操作，并且输出" can not find"信息。第三种方法是先定义条件，然后再调用条件。这里先定义 can_not_find 条件，遇到 1146 错误就执行 CONTINUE 操作。第四种方法是使用 SQLwarning。SQLwarning 捕获所有以 01 开头的 SQLstate_value 值，然后执行 EXIT 操作，并且输出" error"信息。第五种方法是使用 not found。not found 捕获所有以 02 开头的 SQLstate_value 值，然后执行 EXIT 操作，并且输出" can not find"信息。第六种方法是使用 SQLexception。SQLexception 捕获所有没有被 SQLwarning 或 not found 捕获的 SQLstate_value 值，然后执行 EXIT 操作，并且输出" error"信息。

11.2.4　游标的使用

在存储过程或自定义函数中的查询可能返回多条记录，可以使用光标来逐条读取查询结果集中的记录。光标也被称为游标。游标的使用包括游标的声明、打开游标、使用游标和关闭游标。需要注意的是，游标必须在处理程序之前声明，在变量和条件之后声明。

我们可以认为游标就是一个 CURSOR，就是一个标识，用来标识数据取到位置，也可以把它理解成数组中的下标。游标具有以下特性。

- 只读的，不能更新的。
- 不滚动的。
- 不敏感的，不敏感意为服务器可以或不可以复制它的结果表。

游标必须在声明处理程序之前被声明，并且变量和条件必须在声明游标或处理程序之前被声明。

（1）声明游标

语法格式如下。

DECLARE cursorname CURSOR FOR select _ statement

说明：cursorname 是游标的名称，游标名称使用与表名同样的规则。select_statement 是一个 SELECT 语句，返回的是一行或多行的数据。

这个语句声明一个游标，也可以在存储过程中定义多个游标，但是一个块中的每一个游标必须有唯一的名字。特别提醒，这里的 SELECT 子句不能有 INTO 子句。

（2）打开游标

声明游标后，要使用游标从中提取数据，就必须先打开游标。在 MySQL 中，使用 open 语句打开游标。

语法格式如下。

OPEN cursor_ name

在程序中，一个游标可以打开多次，由于其他的用户或程序本身已经更新了表，所以每次打开结果可能不同。

（3）读取数据

游标打开后，就可以使用 FETCH… INTO 语句从中读取数据了。

语法格式如下。

FETCH cursor_name INTO var_ name [, var_name] …

说明：var_name 是存储数据的变量名。FETCH…INTO 语句与 SELECT…INTO 语句具有相同的意义，FETCH 语句是将游标指向的一行数据赋给一些变量，子句中变量的数目必须等于声明游标时 SELECT 子句中列的数目。

（4）关闭游标

游标使用完以后，要及时关闭。关闭游标使用 CLOSE 语句。

语法格式如下。

CLOSE cursorname

语句参数的含义与 OPEN 语句中相同。

例如：关闭游标 scur2。

CLOSE scur2；

【例 11-6】 利用游标读取 student 表中总人数，此功能可以直接使用 count 函数直接完成，此实例主要为演示游标的使用方法。

代码如下所示，代码运行情况如图 11-11 所示。

```
DELIMITER $$
CREATE PROCEDURE studentcount( out num integer)
BEGIN
DECLARE temp CHAR(20);
DECLARE done INT default false;
DECLARE cur CURSOR FOR SELECT sno FROM student;
DECLARE CONTINUE HANDLER FOR not found SET
done=true;
SET num=0;
OPEN cur;
    read_loop: loop
        fetch cur into temp;
            if done then
                leave read_loop;
        END if;
        SET num=num+1;
END loop;
CLOSE cur;
END $$
DELIMITER;
```

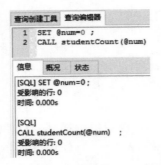

图 11-11　利用游标读取 student 表中总人数

注意：游标只能在存储过程或存储函数中使用，例中语句无法单独运行。

调用游标如图 11-12、11-13 所示。

图 11-12　游标只能在存储过程或存储函数中使用　　图 11-13　从变量中获取结果

11.2.5　流程的控制

存储过程和函数中可以使用流程控制来控制语句的执行。MySQL 中可以使用 IF 语句、CASE 语句、LOOP 语句、LEAVE 语句、ITEBATE 语句、REPEAT 语句和 WHILE 语句来进行流程控制。

（1）if 语句

if 语句用来进行条件判断。根据是否满足条件，将执行不同的语句。其语法的基本形式如下：

```
IF search_condition THEN statement_list
    [elseif search_condition then statement_list]
    …
    [else search_condition then statement_list]
END IF
```

其中 search_condition 参数表示条件判断语句；statement_list 参数表示不同条件的执行语句。

【例 11-7】 IF 语句的应用。

```
IF age>20 THEN SET @count=@count+1;
    ELSEIF age=20 THEN @count2=@count2+1;
    ELSE @count3=@count3+1;
    END IF
```

（2）CASE 语句

CASE 语句也用来进行条件判断，可以实现比 if 语句更为复杂的条件判断。CASE 语句的基本形式如下：

```
CASE case_value
        WHEN when_value THEN statement_list
        [when when_value then statement_list]
        …
        [else statement_list]
END CASE
```

其中，case_value 参数表示条件判断的变量；when_value 参数表示变量的取值；statement_list 参数表示不同条件的执行语句。

【例 11-8】 CASE 语句的应用。

```
CASE age
    WHEN 20 THEN set @count1=@count1+1;
    ELSE set @count2=@count2+1;
END CASE
```

（3）LOOP 语句

LOOP 语句可以使用某些特定的语句重复执行，实现简单的循环。LOOP 没有停止循环的语句，要结合 leave 离开退出循环，或是 iterate 继续迭代。LOOP 语句的基本语法形式如下。

```
[begin_label:] LOOP
    statement_list
END LOOP [end_label]
```

其中，begin_lable 和 end_label 是循环开始和结束标志，可以省略。statement_list 参数表示不同条件的执行语句。

【例 11-9】 LOOP 语句的应用。

```
add_num:LOOP
SET @count=@count+1;
END LOOP add_num
```

236

（4）LEAVE 语句

LEAVE 语句主要用于跳出循环。其语法形式如下。

```
LIAVE label
```

其中 label 参数表示循环标志。

【例 11-10】LEAVE 语句的应用。

```
add_num:LOOP
SET @count=@count+1;
IF @count=10 THEN LEAVE add_num;
END LOOP add_num
```

（5）ITEBATE 语句

ITEBATE 语句主要用于跳出本次循环，然后进入下一轮循环。基本语法格式如下。

```
ITEBATE label
```

其中 label 参数表示循环标志。

【例 11-11】itebate 语句的应用。

```
add_num:LOOP
SET @count=@count+1;
IF @count=10 then LEAVE add_num;
ELSEIF mod(@count,2)=0 THEN ITERATE add_num;
END LOOP add_num
```

（6）REPEAT 语句的应用

REPEAT 语句是有条件控制的循环语句。当满足特定条件时，就会跳出循环语句。基本语法格式如下。

```
[begin_label:] REPEAT
    statement_list
    UNTIL search_condition
END REPEAT [end_label]
```

其中 search_condition 参数表示条件判断语句；statement_list 参数表示不同条件的执行语句。

【例 11-12】REPEAT 语句的使用。

```
SET @count=@count+1;
until @count=10;
END REPEAT
```

（7）WHILE 语句的应用

WHILE 语句也是有条件控制的循环语句。WHILE 语句是当满足条件时，执行循环内的语句。语句基本形式如下。

```
[begin_label:] WHILE search_condition do
    statement_list
END WHILE [end_label]
```

其中 search_condition 参数表示条件判断语句满足该条件时循环执行，statement_list 参数表示循环时执行的语句。

【例 11-13】 WHILE 语句的应用。

```
WHILE @ count<10 do
SET @ count=@ count+1;
END WHILE
```

11.2.6 查看存储过程或函数

创建存储过程或函数后，用户可以查看存储过程或函数的状态和定义，下面介绍查看存储过程或函数的语句。

1. 查看存储过程或函数的状态

查看存储状态时需要通过 SHOW STATUS 语句，该语句还适用于查看自定义函数的状态。语法格式如下。

SHOW {PROCEDURE | FUNCTION} STATUS [LIKE 'pattern'];

参数说明如下：PROCEDURE 该关键字表示查询存储过程；FUNCTION 表示查询自定义函数；like'pattern'该参数用来匹配存储过程或自定义函数的名称，如果不指定该参数，则会查看所有的存储过程或自定义函数

【例 11-14】 查看 studentcount 存储过程的状态（表单查看）。

代码如下所示，代码运行情况如图 11-14 所示。

SHOW PROCEDURE STATUS like 'studentcount'

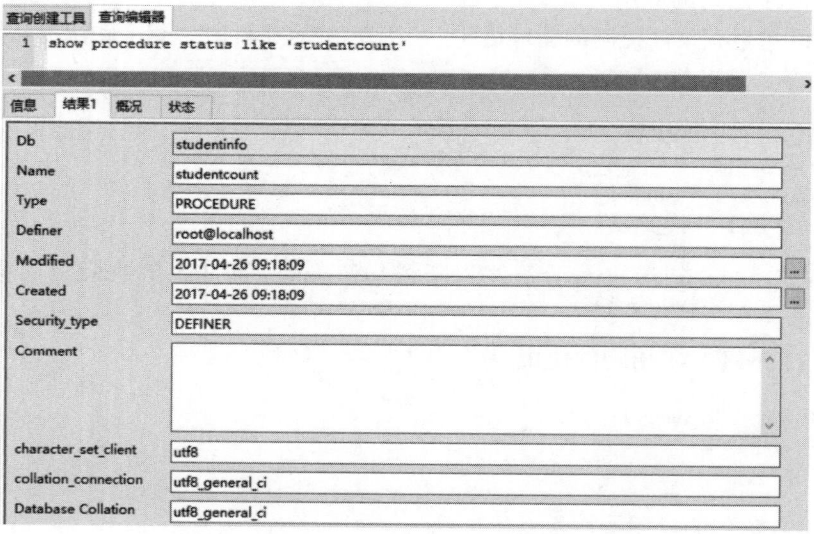

图 11-14 查看 studentcount 存储过程的状态

2. 查看存储过程或函数的具体信息

如果要查看存储过程或函数的详细信息，要使用 SHOW CREATE 语句。语法格式如下。

SHOW CREATE {PROCEDURE | FUNCTION} sp_name;

上述基本语法中，PROCEDURE 表示查询存储过程，FUNCTION 表示查询自定义函数，参数 sp_name 表示存储过程或自定义函数的名称。

【例 11-15】查看 numofstudent 自定义函数的具体信息，包含函数的名称、定义、字符集等信息（表单查看）。

代码如下所示，代码运行情况如图 11-15 所示。

```
SHOW CREATE FUNCTION numofstudent;
```

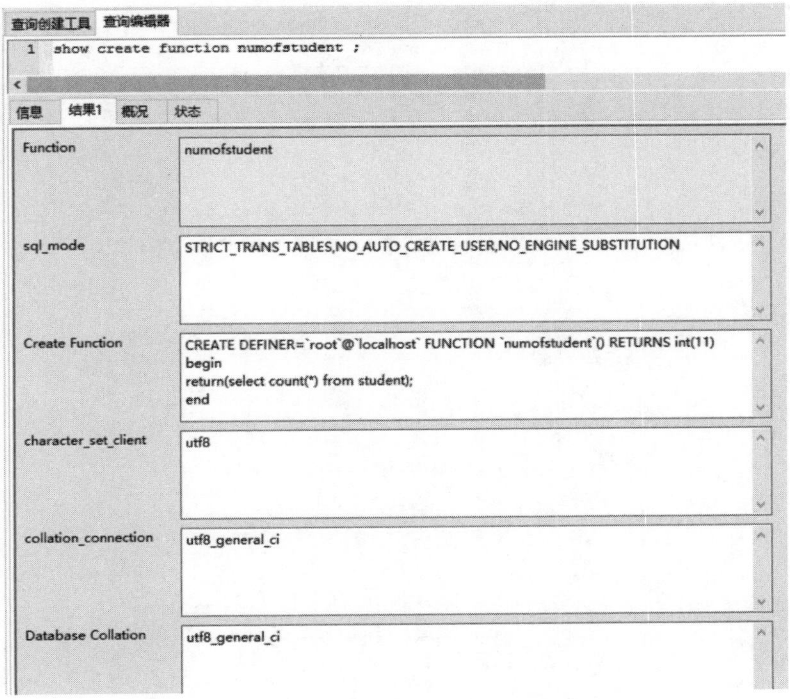

图 11-15　查看 numofstudent 自定义函数的具体信息

3. 查看所有的存储过程

创建存储过程或自定义函数成功后，这些信息会存储在 information_schema 数据库下的 routines 表中，routines 表中存储着所有的存储过程和自定义函数的信息。

用户可以通过执行 SELECT 语句查询该表中的所有记录，也可以查看单条记录的信息。查询单条记录的信息要用 routine_name 字段指定存储过程或自定义函数的名称，否则，将会查询出所有的存储过程和自定义函数的内容。

语法格式如下。

```
SELECT * FROM information_schema.routines [where routine_name = '名称'];
```

【例 11-16】通过 SELECT 语句查询出存储过程 studentcount 的信息。

代码如下所示，代码运行情况如图 11-16 所示。

```
SELECT * FROM information_schema.routines
    WHERE routine_name = 'studentcount'
```

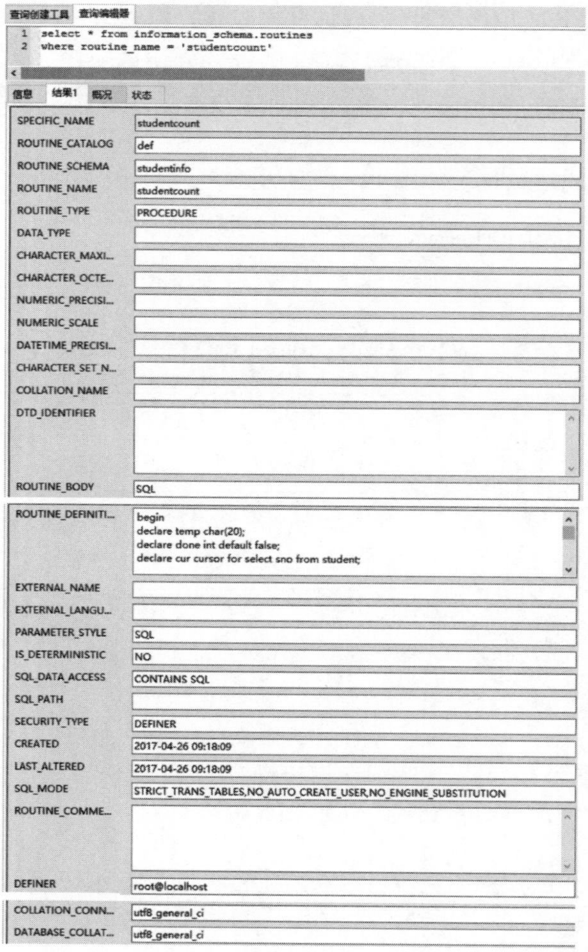

图 11-16　通过 SELECT 语句查询出存储过程 studentcount 的信息

4. 修改存储过程或函数

修改存储过程或函数是指修改已经定义好的存储过程和函数。MySQL 中通过 ALTER PRO-CEDURE 语句来修改存储过程。本节将详细讲解修改存储过程的方法。

MySQL 中修改存储过程语句的语法格式如下。

```
ALTER PROCEDURE sp_name [ characteristic… ]
characteristic：
  ｜ contains SQL ｜ no SQL ｜ reads SQL data ｜ modifies SQL data ｝
  ｜ SQL security ｛ definer ｜ invoker ｝
  ｜ comment 'string'
```

其中，sp_name 参数表示存储过程的名称；characteristic 参数指定存储函数的特性。contains SQL 表示子程序包含 SQL 语句，但不包含读或写数据的语句；no SQL 表示子程序中不包含 SQL 语句；reads SQL data 表示子程序中包含读数据的语句；modifies SQL data 表示子程序中包含写数据的语句。SQL security ｛ definer ｜ invoker ｝ 指明谁有权限来执行；definer 表示只有定义者自己才能够执行；invoker 表示调用者可以执行。comment 'string'是注释信息。

【例 11-17】修改存储过程 studentcount 的定义，将读写权限改为 modifies SQL data，并指

明调用者可以执行。

代码如下所示，代码运行情况如图 11-17 所示。

```
ALTER PROCEDURE studentcount
modifies SQL data
SQL security invoker;
```

【例 11-18】 使用先删除后修改的方法修改存储过程。

代码如下所示，代码运行情况如图 11-18 所示。

```
DROP PROCEDURE IF exists studentcount;
delimiter $$
CREATE PROCEDURE studentcount（）
BEGIN
SELECT count（＊）FROM student;
END $$
DELIMITER;
```

图 11-17　修改存储过程 studentcount 的定义　　　图 11-18　使用先删除后修改的方法修改存储过程

11.2.7　删除存储过程或函数

存储过程创建后删除时需要使用 DROP PROCEDURE 语句。在此之前，必须确认该存储过程没有任何依赖关系，否则会导致其他与之管理的存储过程无法运行。删除的存储过程指删除数据库中已经存在的存储过程。

语法格式如下。

```
DROP PROCEDURE [if exists]sp_name;
```

其中，sp_name 参数表示存储过程的名称。IF EX-ISTS 子句是 MySQL 的扩展，如果程序或函数不存在，防止删除命令发生错误。

【例 11-19】 删除存储过程 studentcount。

代码如下所示，代码运行情况如图 11-19 所示。

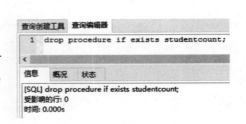

图 11-19　删除存储过程

```
DROP PROCEDURE IF exists studentcount；
```

11.3　系统函数

MySQL 数据库中提供了很丰富的函数，包括数学函数、字符串函数、日期和时间函数、系统信息函数、加密函数等。通过这些函数，可以简化用户的操作。

11.3.1　数学函数

数学函数是用来处理数值数据方面的运算，主要用于处理数字，包括整型、浮点型等。数学函数包括绝对值、正弦函数、余弦函数等，如表 11-1 所示。

表 11-1　数学函数

函 数 名	功 能 介 绍
abs(n)	返回 n 的绝对值
sign(n)	返回参数的符号（为-1、0 或 1）
mod(n,m)	取模运算，返回 n 被 m 除的余数（同%操作符）
floor(n)	返回不大于 n 的最大整数值
ceiling(n)	返回不小于 n 的最小整数值
round(n, d)	返回 n 的四舍五入值，保留 d 位小数（d 的默认值为 0）
exp(n)	返回值 e 的 n 次方（自然对数的底）
log(n)	返回 n 的自然对数
log10(n)	返回 n 以 10 为底的对数
pow(x,y)或 power(x,y)	返回值 x 的 y 次幂
sqrt(n)	返回非负数 n 的平方根
pi()	返回圆周率
cos(n)	返回 n 的余弦值
sin(n)	返回 n 的正弦值
tan(n)	返回 n 的正切值
acos(n)	返回 n 反余弦（n 是余弦值，在-1 到 1 的范围，否则返回 null）
asin(n)	返回 n 反正弦值
atan(n)	返回 n 的反正切值
atan2(x,y)	返回两个变量 x 和 y 的反正切（类似 y/x 的反正切，符号决定象限）
cot(n)	返回 x 的余切
rand()或 rand(n)	返回在范围 0 到 1.0 内的随机浮点值（可以使用数 n 作为初始值）
degrees(n)	把 n 从弧度变换为角度并返回
radians(n)	把 n 从角度变换为弧度并返回
truncate(n,d)	保留数字 n 的 d 位小数并返回
least(x,y,…)	返回最小值（如果返回值被用在整数（实数或大小敏感字串）上下文或所有参数都是整数（实数或大小敏感字串），则它们作为整数（实数或大小敏感字串）比较，否则按忽略大小写的字符串被比较）
greatest(x,y,…)	返回最大值（其余同 least()）

11.3.2 字符串函数

字符串函数主要用来处理字符串数据，MySQL 中字符串函数主要有计算字符长度函数、字符串合并函数、字符串转换函数、字符串比较函数、查找指定字符串位置函数等，如表 11-2 所示。

表 11-2 字符串函数

函 数 名	功 能 介 绍
ascii(char)	返回字符的 ASCII 码值
bit_length(str)	返回字符串的比特长度
concat(s1,s2···,sn)	将 s1,s2···,sn 连接成字符串
concat_ws(sep,s1,s2···,sn)	将 s1,s2···,sn 连接成字符串，并用 sep 字符间隔
insert(str,x,y,instr)	将字符串 str 从第 x 位置开始，y 个字符长的子串替换为字符串 instr，返回结果
find_in_set(str,list)	分析逗号分隔的 list 列表，如果发现 str，返回 str 在 list 中的位置
lcase(str) 或 lower(str)	返回将字符串 str 中所有字符改变为小写后的结果
left(str,x)	返回字符串 str 中最左边的 x 个字符
length(s)	返回字符串 str 中的字符数
ltrim(str)	从字符串 str 中切掉开头的空格
position(substr,str)	返回子串 substr 在字符串 str 中第一次出现的位置
quote(str)	用反斜杠转义 str 中的单引号
repeat(str,srchstr,rplcstr)	返回字符串 str 重复 x 次的结果
reverse(str)	返回颠倒字符串 str 的结果
right(str,x)	返回字符串 str 中最右边的 x 个字符
rtrim(str)	返回字符串 str 尾部的空格
strcmp(s1,s2)	比较字符串 s1 和 s2
trim(str)	去除字符串首部和尾部的所有空格
ucase(str) 或 upper(str)	返回将字符串 str 中所有字符转变为大写后的结果
lower(str)	返回字符串 str 所有字符转换为小写后的结果

11.3.3 日期和时间函数

日期和时间函数主要用来处理日期和时间的值，一般的日期函数除了使用 DATE 类型的参数外，也可以使用 DATETIME 或 TIMESTAMP 类型的参数，只是忽略了这些类型值的时间部分。类似的情况还有以 TIME 类型为参数的函数，可以接受 TIMESTAMP 类型的参数，只是忽略了日期部分，许多日期函数可以同时接受数值和字符串类型的参数，如表 11-3 所示。

表 11-3 日期和时间函数

函 数 名	功 能 介 绍
curdate() 或 current_date()	返回当前的日期
curtime() 或 current_time()	返回当前的时间

函　数　名	功　能　介　绍
date_add(date, interval int keyword)	返回日期 date 加上间隔时间 int 的结果（int 必须按照关键字进行格式化）
date_format(date, fmt)	依照指定的 fmt 格式格式化日期 date 值
date_sub(date, interval int keyword)	返回日期 date 加上间隔时间 int 的结果（int 必须按照关键字进行格式化），如：selectdate_sub(current_date, interval 6 month);
dayofweek(date)	返回 date 所代表的一星期中的第几天（1~7）
dayofmonth(date)	返回 date 是一个月的第几天（1~31）
dayofyear(date)	返回 date 是一年的第几天（1~366）
dayname(date)	返回 date 的星期名，如：select dayname(current_date)
from_unixtime(ts, fmt)	根据指定的 fmt 格式，格式化 UNIX 时间戳 ts
hour(time)	返回 time 的小时值（0~23）
minute(time)	返回 time 的分钟值（0~59）
month(date)	返回 date 的月份值（1~12）
now()	返回当前的日期和时间
quarter(date)	返回 date 在一年中的季度（1~4）
week(date)	返回日期 date 为一年中第几周（0~53）
year(date)	返回日期 date 的年份（1000~9999）

11.3.4　系统信息函数

MySQL 的系统信息包含数据库的版本号、当前用户名和连接数、系统字符集、最后一个自动生成的值等，如表 11-4 所示。

表 11-4　信息系统函数

函　数　名	功　能　介　绍
database()	返回当前数据库名
benchmark(count, expr)	将表达式 expr 重复运行 count 次
connection_id()	返回当前客户的连接 id
found_rows()	返回最后一个 select 查询进行检索的总行数
user() 或 system_user()	返回当前登录用户名
version()	返回 MySQL 服务器的版本
last_insert_id()	获取最后一个自动生成的 ID 值函数。返回结果与 table 无关，如果向表 1 中插入数据后，再向表 2 中插入数据，该函数返回结果是表 2 中的 ID 值

11.3.5　加密函数

MySQL 中加密函数用来对数据进行加密和解密的处理，以保证数据表中某些重要数据不被别人窃取，这些函数能保证数据库的安全，如表 11-5 所示。

表 11-5　加密函数

函　数　名	功　能　介　绍
aes_encrypt(str,key)	返回用密钥 key 对字符串 str 利用高级加密标准算法加密后的结果, 调用 aes_encrypt 的结果是一个二进制字符串, 以 blob 类型存储
aes_decrypt(str,key)	返回用密钥 key 对字符串 str 利用高级加密标准算法解密后的结果
decode(str,key)	使用 key 作为密钥解密加密字符串 str
encrypt(str,salt)	使用 unixcrypt( )函数, 用关键词 salt（一个可以唯一确定口令的字符串, 就像钥匙一样）加密字符串 str
encode(str,key)	使用 key 作为密钥加密字符串 str, 调用 encode( )的结果是一个二进制字符串, 它以 blob 类型存储
md5( )	计算字符串 str 的 md5 校验和
password(str)	返回字符串 str 的加密版本, 这个加密过程是不可逆转的, 和 UNIX 密码加密过程使用不同的算法。函数在 MySQL 服务器的鉴定系统中使用, 不应将其用在个人的应用程序中
sha( )	计算字符串 str 的安全散列算法（sha）校验和

11.3.6　控制流函数

控制流函数也称为条件判断函数。函数根据满足的条件不同, 执行相应的流程。MySQL 中的控制流函数有 IF、IFNULL 和 CASE, 如表 11-6 所示。

表 11-6　控制流函数

函　数　名	功　能　介　绍
if(expr,v1,v2)	返回表达式 expr 得到不同运算结果时对应的值。若 expr 是 TRUE（ expr<>0 and expr<>NULL ）, 则 IF( )的返回值为 v1, 否则返回值为 v2
ifnull(v1,v2)	返回参数 v1 或 v2 的值。假如 v1 不为 NULL, 则返回值为 v1, 否则返回值为 v2
case	同 case 语句的用法

11.4　知识点小结

本章详细地讲述了存储过程和存储函数, 以及两者的优缺点和区别, 存储过程和存储函数都是用户自定义的 SQL 语句的集合。它们都存储在服务器端, 只要调用就可以在服务器端执行。在创建存储过程或函数过程中涉及变量、游标的定义和使用, 以及对流程的控制, 这些都是本章的重点。接着还介绍了如何查看、修改以及删除存储过程或函数。最后列举了一些常用的系统函数, 希望读者能够有所了解。

11.5　思考与练习

1. 什么是存储过程、存储函数？两者有何异同点？
2. 举例说明存储过程和存储函数的定义与调用。
3. 存储过程有哪些优点？
4. 查看存储函数状态的方法有哪些？

5. 请简述游标在存储过程中的作用。

6. 游标有什么用？有什么特性？如何声明、打开、关闭游标？

7. 在数据库 db_test 中创建一个存储过程，用于实现给定表 content 中一个留言人的姓名即可修改表 content 中该留言人的电子邮件地址为一个给定的值。

8. 在 MySQL 中创建存储过程，以下正确的是（　　　）。

A. CREATE PROCEDURE

B. CREATE FUNCTION

C. CREATE DATABASE

D. CREATE TABLE

9. 以下光标的使用步骤中正确的是（　　　）。

A. 声明光标 使用光标 打开光标 关闭光标

B. 打开光标 声明光标 使用光标 关闭光标

C. 声明光标 打开光标 选择光标 关闭光标

D. 声明光标 打开光标 使用光标 关闭光标

10. MySQL 存储过程的流程控制中 IF 必须与下面（　　　）成对出现。

A. ELSE   B. ITERATE

C. LEAVE   D. ENDIF

11. 下列控制流程中，MySQL 存储过程不支持（　　　）。

A. WHILE   B. FOR

C. LOOP   D. REPEAT

12. 基于雇员表 emp，表中的字段分别为 empno（雇员编号）、empname（雇员姓名）、empsex（雇员性别）、empage（雇员年龄）、dno（雇员所在的部门编号），创建如下要求的存储过程。

（1）创建存储过程，查询每个部门的雇员人数。

（2）创建存储过程，查询某个部门的雇员信息。

（3）创建存储过程，查询女雇员的人数，要求输出人数。

（4）创建存储过程，查询某个部门的平均年龄，然后调用该存储过程。

（5）创建存储过程，查看某个年龄段的雇员人数，并统计年龄的和。

（6）调用（5）中创建的存储过程，然后删除。

（7）创建自定义函数，实现查询某雇员的姓名。

（8）创建可以通过自定义函数来实现查看某个年龄段的雇员人数。

（9）调用（8）创建的函数 emp_age_count，然后删除。

第 12 章　MySQL 触发器与事件调度器

MySQL 数据库管理系统中关于触发器、事件调度器的操作，主要包含触发器和事件的创建、使用、查看和删除。触发器是由事件来触发某个操作，这些事件包括 INSERT 语句、UPDATE 语句和 DELETE 语句。当数据库系统执行这些事件时，就会激活触发器执行相应的操作，本章将介绍触发器的含义、作用，创建触发器、查看触发器和删除触发器的方法，以及各种事件的触发器的执行情况。事件调度器（event scheduler），可以用作定时执行某些特定任务（例如：删除记录、对数据进行汇总等），来取代原先只能由操作系统的计划任务来执行的工作。

12.1　触发器

触发器（Trigger）是用户定义在数据表上的一类由事件驱动的特殊过程。一旦定义，任何用户对表的增（INSERT）、删（DELETE）、改（UPDATE）操作均由服务器自动激活相应的触发器。触发器是一个功能强大的工具，可以使每个站点在有数据修改时自动强制执行其业务规则。通过触发器，可以使多个不同的用户能够在保持数据完整性和一致性的良好环境进行修改操作。

12.1.1　概念

触发器（Trigger）是一种特殊的存储过程，它的执行不是由程序调用，也不是手工启动，而是通过事件进行触发来被执行的，当对一个表进行操作（INSERT、DELETE、UPDATE）时就会激活它并执行。触发器经常用于加强数据的完整性约束和业务规则等。触发器类似于约束，但比约束更灵活，具有更精细和更强大的数据控制能力。

数据库触发器有以下的作用。

1. 安全性

可以基于数据库的值使用户具有操作数据库的某种权利。可以基于时间限制用户的操作，例如不允许下班后和节假日修改数据库数据。可以基于数据库中的数据限制用户的操作，例如不允许学生的分数大于满分。

2. 审计

可以跟踪用户对数据库的操作，审计用户操作数据库的语句，把用户对数据库的更新写入审计表。

3. 实现复杂的数据完整性规则

实现非标准的数据完整性检查和约束。触发器可产生比规则更为复杂的限制，与规则不同，触发器可以引用列或数据库对象。

4. 实现复杂的非标准的数据库相关完整性规则

触发器可以对数据库中相关的表进行连环更新。在修改或删除时级联修改或删除其他表中的与之匹配的行。在修改或删除时把其他表中的与之匹配的行设成 null 值。在修改或删除时把其他表中的与之匹配的行级联设成默认值。

触发器能够拒绝或回退那些破坏相关完整性的变化，取消试图进行数据更新的事务。当插入一个与其主键不匹配的外部键时，这时触发器会起作用。

触发器可以同步实时地复制表中的数据。

触发器可以自动计算数据值，如果数据的值达到了一定的要求，则进行特定的处理。

12.1.2　创建使用触发器

触发器是与表有关的命名数据库对象，当表上出现特定事件时，将激活该对象。在 MySQL 中，创建触发器的基本语法格式如下。

```
CREATE TRIGGER trigger_name trigger_time trigger_event
ON tbl_name FOR EACH ROW trigger_stmt
```

触发器与命名为 tbl_name 的表相关。tbl_name 必须引用永久性表，不能将触发器与 temporary 表或视图关联起来。

trigger_time 是触发器的动作时间，它可以是 before 或 after，以指明触发器是在激活它的语句之前或之后触发。

trigger_event 指明了激活触发器的语句的类型，trigger_event 可以是下述值之一。

1）insert：将新行插入表时激活触发器，例如，通过 INSERT、LOAD DATA 和 REPLACE 语句。

2）update：更改某一行时激活触发器，例如，通过 UPDATE 语句。

3）delete：从表中删除某一行时激活触发器，例如，通过 delete 和 replace 语句。

特别提醒，trigger_event 与以表操作方式激活触发器的 SQL 语句并不相同，这点很重要。例如，关于 INSERT 的 BEFORE 触发器不仅能被 INSERT 语句激活，也能被 LOAD DATA 语句激活。

对于具有相同触发器动作时间和事件的给定表，不能有两个触发器。

例如，对于某一表，不能有两个 before update 触发器。但可以有 1 个 before update 触发器和 1 个 before insert 触发器，或 1 个 before update 触发器和 1 个 after update 触发器。

trigger_stmt 是当触发器激活时执行的语句。如果打算执行多个语句，可使用 begin…end 复合语句结构。这样，就能使用存储子程序中允许的相同语句。

【例 12-1】创建一个表 tb，其中只有一列 a。在表上创建一个触发器，每次插入操作时，将用户变量 count 的值加一。

程序代码如下所示，代码运行情况如图 12-1 所示。

```
CREATE TABLE tb( a INT) ;
SET @ count =0;
CREATE TRIGGER tb1_insert AFTER INSERT
ON tb FOR EACH row
SET @ count =@ count+1;
```

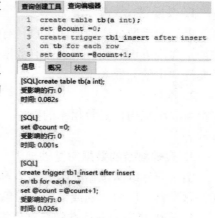

图 12-1　在表上创建触发器

如图 12-2 所示，向 tb 中插入一行数据：INSERT INTO tb VALUES（11）；SELECT @count；

如图 12-3 所示，再向 tb 中插入一行数据：INSERT INTO tb VALUES（21）；SELECT @count；

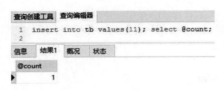

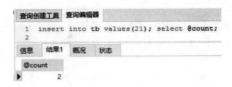

图 12-2　向表中插入数据　　　　　　图 12-3　插入数据并获取计数器

可以看出，每次插入数据都会触发 SET @count＝@count+1；语句，使得@count 自增 1。触发器的使用比较简单，不过仍有些需要我们注意的地方。

触发器不能调用将数据返回客户端的存储程序，也不能使用采用 CALL 语句的动态 SQL（允许存储程序通过参数将数据返回触发器）。

触发器不能使用以显式或隐式方式开始或结束事务的语句，如 START TRANSACTION、COMMIT 或 ROLLBACK。使用 OLD 和 NEW 关键字，能够访问受触发器影响的行中的列（OLD 和 NEW 不区分大小写）。

在 INSERT 触发器中，仅能使用 NEW. col_name，没有旧行。在 DELETE 触发器中，仅能使用 OLD. col_name，没有新行。

在 UPDATE 触发器中，可以使用 OLD. col_name 来引用更新前的某一行的列，也能使用 NEW. col_name 来引用更新后的行中的列。用 OLD 命名的列是只读的，可以引用它，但不能更改它。对于用 NEW 命名的列，如果具有 SELECT 权限，可引用它。

在 BEFORE 触发器中，如果具有 UPDATE 权限，可使用 "SET NEW. col_name = value" 更改它的值。这意味着，可以使用触发器来更改将要插入到新行中的值，或用于更新行的值。

在 BEFORE 触发器中，AUTO_INCREMENT 列的 NEW 值为 0，不是实际插入新记录时将自动生成的序列号。

通过使用 BEGIN…END 结构，能够定义执行多条语句的触发器。在 BEGIN 块中，还能使用存储子程序中允许的其他语法，如条件和循环等。但是，正如存储子程序那样，定义执行多条语句的触发器时，如果使用 MySQL 程序来输入触发器，需要重新定义语句分隔符，以便能够在触发器定义中使用字符 ";"。

图 12-4　创建一个由 DELETE 触发多个执行语句的触发器

【例 12-2】创建一个由 delete 触发多个执行语句的触发器 tb_delete，每次删除记录时，都把删除记录的 a 字段的值赋值给用户变量@old_value，@count 记录删除的个数。

代码如下所示，代码运行情况如图 12-4 所示。

```
SET @old_value＝NULL, @count＝0;
DELIMITER ##
CREATE trigger tb_delete AFTER DELETE
```

```
ON tb FOR EACH ROW
BEGIN
SET @ old_value = OLD. a;
SET @ count =@ count+1;
END ##
DELIMITER ;
```

我们用 DELETE 删除所有数据 a＝21 后，查看@ old_value 和@ count，代码如下所示，程序运行结果如图 12-5 所示，结果符合预期。

```
DELETE FROM tb WHERE a＝21;SELECT @ old_value,@ count;
```

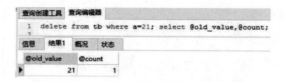

图 12-5　执行 DELETE 操作并获取触发器中变量的值

如图 12-5 所示，结果符合预期。

【例 12-3】定义了一个 update 触发器，用于检查更新每一行时将使用的新值，并更改值，使之位于 0～100 的范围内。它必须是 before 触发器，这是因为，需要在将值用于更新行之前对其进行检查。

代码如下所示，代码运行情况如图 12-6 所示。

```
DELIMITER //
CREATE trigger upd_check BEFORE UPDATE ON tb
FOR EACH ROW
  BEGIN
    IF new. a < 0 THEN
    SET new. a = 0;
    ELSEIF new. a > 100 THEN
    SET new. a = 100;
    END IF;
END;//
DELIMITER ;
```

图 12-6　定义一个 update 的触发器

当我们把数据都更新为 102 后查看数据，返回的结果应该还是 100，代码如下所示，代码运行结果如图 12-7 所示。

```
UPDATE tb SET a＝102;SELECT ＊ FROM tb;
```

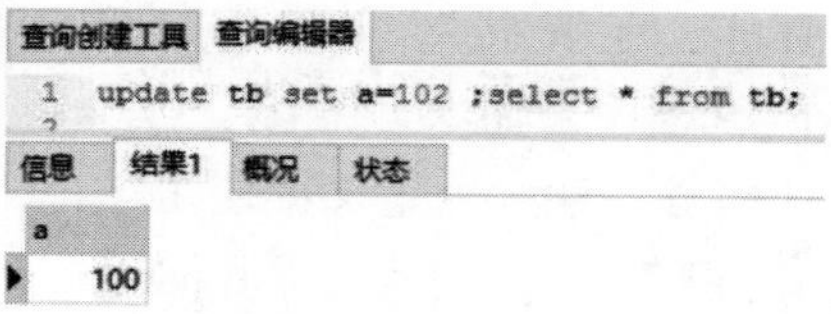

图 12-7　执行 update 操作并获取
触发器中变量的值

12.1.3　查看触发器

可以通过执行以下命令查看触发器的状态、语法等信息，但是因为不能查看指定的触发器，所以每次都返回所有的触发器信息，使用起来不是很方便。

```
SHOW TRIGGERS
```

250

另一种方法是查询系统表 information_schema. triggers，这个方式可以查询指定触发器的指定信息，操作起来明显方便得多。

【例 12-4】查询名称为 tb1_insert 的触发器。

代码如下所示，代码运行结果如图 12-8 所示。

SELECT * FROM information_schema. triggers WHERE trigger_name = 'tb1_insert';

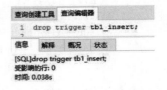

图 12-8　查询名称为 tb1_insert 的触发器

12.1.4　删除触发器

在 MySQL 中，删除触发器的语句基本语法格式如下。

DROP TRIGGER［schema_name.］trigger_name 触发器

数据库（schema_name）是可选的，如果省略了 schema，将从当前数据库中删除触发器。

【例 12-5】删除触发器 tb1_insert。

代码如下所示，代码运行情况如图 12-9 所示。

DROP TRIGGER tb1_insert；

图 12-9　删除触发器

12.1.5　对触发器的进一步说明

下面是使用触发器的一些限制。

触发器不能调用将数据返回客户端的存储过程，也不能使用采用 CALL 语句的动态 SQL（允许存储过程通过参数将数据返回触发器）。

触发器不能使用以显式或隐式方式开始或结束事务的语句，如 START TRANSACTION、COMMIT 或 ROLLBACK。需要注意以下两点。

1) MySQL 触发器针对行来操作，因此当处理大数据集的时候可能效率很低。

2）触发器不能保证原子性，例如在 MYISAM 中，当一个更新触发器在更新一个表后，触发对另外一个表的更新，若触发器失败，不会回滚第一个表的更新。INNODB 中的触发器和操作则是在一个事务中完成的，是原子操作。

12.2 事件

12.2.1 事件的概念

自 MySQL 5.1.0 起，增加了一个非常有特色的功能——事件调度器（event scheduler），可以用作定时执行某些特定任务（例如：删除记录、对数据进行汇总等），来取代原先只能由操作系统的计划任务来执行的工作。更值得一提的是，MySQL 的事件调度器可以精确到每秒钟执行一个任务，而操作系统的计划任务（如 Linux 下的 cron 或 Windows 下的任务计划）只能精确到每分钟执行一次。对于一些对数据实时性要求比较高的应用（例如：股票、赔率、比分等）就非常适合。

事件调度器有时也可称为临时触发器（temporal triggers），因为事件调度器是基于特定时间周期触发来执行某些任务，而触发器是基于某个表所产生的事件触发的。

12.2.2 创建事件

在 MySQL 中，创建事件的基本语法格式如下。

```
CREATE EVENT [IF NOT EXISTS] event_name
ON SCHEDULE schedule
[ON COMPLETION [NOT] PRESERVE]
[ENABLE | DISABLE]
[COMMENT 'comment']
DO sql_statement;
schedule:
AT TIMESTAMP [+ INTERVAL INTERVAL]
  | EVERY INTERVAL [STARTS TIMESTAMP] [ENDS TIMESTAMP]
INTERVAL:
quantity {YEAR | QUARTER | MONTH | DAY | HOUR | MINUTE |
          WEEK | SECOND | YEAR_MONTH | DAY_HOUR | DAY_MINUTE |
          DAY_SECOND | HOUR_MINUTE | HOUR_SECOND | MINUTE_SECOND}
```

参数详细说明如下。

1）[IF NOT EXISTS]：使用 IF NOT EXISTS，只有在同名 event 不存在时才创建，否则忽略。建议不使用这个参数，以保证 event 创建成功。

2）event_name：event_name 的最大长度可以是 64 个字节。event_name 必须是当前 Dateabase 中唯一的，同一个数据库不能有同名的 event。使用 event 常见的工作是创建表、插入数据、删除数据、清空表、删除表。

3）ON SCHEDULE：ON SCHEDULE：计划任务，有两种设定计划任务的方式：

- AT 时间戳，用来完成单次的计划任务。
- EVERY 时间（单位）的数量时间单位 [STARTS 时间戳] [ENDS 时间戳]，用来完成重复的计划任务。

在两种计划任务中，时间戳可以是任意的 TIMESTAMP 和 DATETIME 数据类型，时间戳需要大于当前时间。

在重复的计划任务中，时间（单位）的数值可以是任意非空（Not Null）的整数形式，时间单位是关键词：YEAR、MONTH、DAY、HOUR、MINUTE 或者 SECOND。

其他的时间单位也是合法的，如：QUARTER、WEEK、YEAR_MONTH、DAY_HOUR、DAY_MINUTE、DAY_SECOND、HOUR_MINUTE、HOUR_SECOND、MINUTE_SECOND，不建议使用这些不标准的时间单位。

4）ON COMPLETION：这个参数表示"当这个事件不会再发生的时候"，即当单次计划任务执行完毕后或当重复性的计划任务执行到了 ENDS 阶段。而 PRESERVE 的作用是使事件在执行完毕后不会被 DROP 掉，建议使用该参数，以便于查看 event 具体信息。

5）［ENABLE | DISABLE］：参数 ENABLE 和 DISABLE 表示设定事件的状态。ENABLE 表示系统将执行这个事件。DISABLE 表示系统不执行该事件。

可以用如下命令关闭或开启事件：ALTER EVENT event_name ENABLE/DISABLE。

6）［COMMENT ' comment'］：' comment' 注释会出现在元数据中，它存储在 information_schema 表的 COMMENT 列，最大长度为 64 个字节。' comment' 表示将注释内容放在单引号之间，建议使用注释以表达更全面的信息。

7）DO sql_statement：这个字段表示该 event 需要执行的 SQL 语句或存储过程。这里的 SQL 语句可以是复合语句。

【例 12-6】创建一个立即启动的事件，创建后查看学生信息。

代码如下所示，代码运行结果如图 12-10 所示。

```
CREATE EVENT direct
ON schedule AT now( )
DO INSERT INTO student values('1414855323','刘美丽', '女','1992-06-12','1407','工商 1401');
SELECT * FROM student WHERE sno ='1414855323';
```

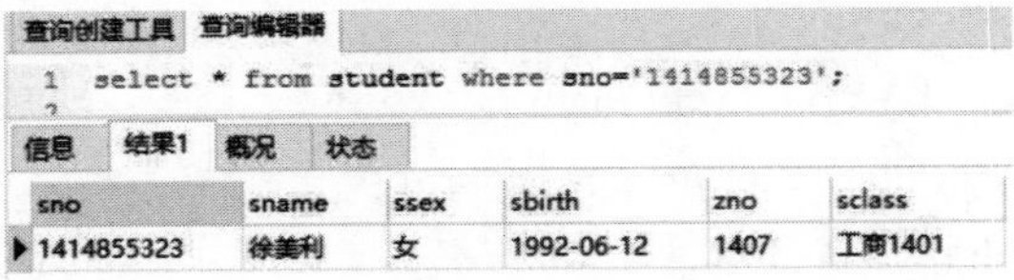

图 12-10　创建一个立即启动的事件

注意：在使用时间调度器这个功能之前必须确保 event_scheduler 已开启，可执行 set global event_scheduler = 1；或者我们可以在配置 my. ini 文件中加上 event_scheduler = 1 或 set global event_scheduler = on；来开启，也可以直接在启动命令加上"-event_scheduler=1"。

【例 12-7】创建一个 30 秒后启动的事件，创建后查看学生信息。

代码如下所示，代码运行结果如图 12-11 所示。

```
CREATE EVENT thirtyseconds
    ON SCHEDULE AT current_timestamp+interval 30 second
    DO INSERT INTO student values('1414855329','刘红','女','1993-06-12','1407','工商 1401');
SELECT * FROM student WHERE sno ='1414855329';
```

30 秒后再查询 SELECT * FROM student WHERE sno ='1414855329';结果如图 12-12 所示。

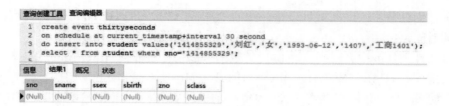

图 12-11　创建一个 30 秒后启动的事件

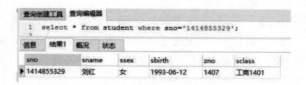

图 12-12　30 秒后查询数据

12.2.3　修改事件

在 MySQL 中，修改事件的语句基本语法格式如下。

```
ALTER EVENT event_name
[ ON SCHEDULE schedule ]
[ RENAME TO new_event_name ]
[ ON COMPLETION [ NOT ] PRESERVE ]
[ COMMENT 'comment' ]
[ ENABLE | DISABLE ]
[ DO sql_statement ]
```

1）临时关闭事件："ALTER EVENT event_name DISABLE；"。

如果 event_name 执行了 "ALTER EVENT event_name DISABLE；"，那么重新启动 MySQL
服务器后，该 event_name 将被删除。

2）开启事件："ALTER EVENT event_nam ENABLE；"。

【例 12-8】将事件 direct 的名字改成 firstdirect。

代码如下所示，代码运行情况如图 12-13 所示。

　　　　ALTER EVENT DIRECT RENAME TO firstdirect；

图 12-13　修改事件名称

12.2.4　删除事件

删除事件语句很简单，代码如下所示。

　　　　DROP EVENT [IF EXISTS] event_name

如果事件不存在，会产生 error 1513（hy000）：unknown event 错
误，因此最好加上 IF EXISTS。

【例 12-9】删除名为 thirtyseconds 的事件。

代码如下所示，代码运行情况如图 12-14 所示。

　　　　DROP EVENT thirtyseconds；

图 12-14　删除事件

12.3　知识点小结

本章介绍了在 MySQL 数据库管理系统中关于触发器、事件调度器的操作，主要包含触发器和事件的创建、使用、查看和删除。通过本章的学习，读者不仅可以掌握触发器和时间的基本概念，还能通过练习对其进行各种熟练的操作。

12.4　思考与练习

1. 什么是触发器？
2. 如何定义、删除和查看触发器？
3. 使用触发器有哪些限制？
4. 请解释什么是事件。
5. 请简述事件的作用。
6. 如何创建、修改和删除事件？
7. 请简述事件与触发器的区别。
8. 在数据库 db_test 的表 content 中创建一个触发器 content_delete_trigger，用于每次当删除表 content 中一行数据时，将用户变量 str 的值设置为"old content deleted"。
9. 数据库 db_test 中创建一个事件，用于每个月将表 content 中姓名为"MySQL 初学者"的留言人所发的全部留言信息删除，该事件开始于下个月并且在 2013 年 12 月 31 日结束。
10. 关于 CREATE TRIGGER 的作用描述正确的是（　　　）。
A. 创建触发器　　　　　　　　　　B. 查看触发器
C. 应用触发器　　　　　　　　　　D. 删除触发器
11. 下列语句中用于查看触发器的语句是（　　　）。
A. SELECT ＊ FROM TRIGGERS　　B. SELECT ＊ FROMinformation_schema；
C. SHOW TRIGGERS　　　　　　　D. SELECT ＊ FROMstudents. triggers；
12. 删除触发器的指令是（　　　）。
A. CREATE TRIGGER 触发器名称　　B. DROP DATABASE 触发器名称
C. DROP TRIGGERS 触发器名称　　　D. SHOW TRIGGERS 触发器名称
13. 应用触发器的执行顺序是（　　　）。
A. 表操作、BEFORE 触发器、AFTER 触发器
B. BEFORE 触发器、表操作、AFTER 触发器
C. BEFORE 触发器、AFTER 触发器、表操作
D. AFTER 触发器、BEFORE 触发器、表操作
14. 使用触发器可以实现数据库的审计操作，记载数据的变化、操作数据库的用户、数据库的操作、操作时间等。请完成如下任务。
（1）使用触发器审计雇员表的工资变化，并验证之。
1）创建雇员表 empsa。其中，empno 为雇员编号；empname 为雇员姓名；empsal 雇员的工资字段。
2）创建审计表 ad。其中，oempsal 字段记录更新前的工资旧值；nempsa1 字段记录更改后

的工资新值；user 为操作的用户；time 字段保存更改的时间。

3）创建审计雇员表的工资变化的触发器。

4）验证触发器。

（2）触发器可以实现删除主表信息时，级联删除子表中引用主表的相关记录。要求创建一个部门表 dept 和雇员表 emp，当删除 dept 中的一个部门信息后，级联删除 emp 表中属于该部门的雇员信息的触发器，并验证。

1）创建部门表 dept（dno,dname），字段分别为部门编号和部门名称，并插入 3 行数据：（1,'工程部'），（2,'财务部'），（3,'后勤部'）。

2）创建雇员表 emp（eno,ename,dno），字段分别为雇员编号、雇员姓名、部门编号，并插入 3 行数据：（'1', '王明', '1'），（'2', '张梅', '1'），（'3', '丁一凡', '2'）。

3）创建一个部门表 dept 和雇员表 emp，当删除 dept 中的一个部门信息后，级联删除 emp 表中属于该部门的雇员信息的触发器。

4）验证触发器，删除 dept 表中 dno 为 1 的部门，查看 emp 中的数据。

第 13 章　MySQL 权限管理

对于任何一种数据库来讲，安全性在实际应用中最重要。MySQL 数据库也不例外，如果安全性得不到保证，那么数据库将面临各种各样的威胁，例如数据丢失，严重时会直接导致系统瘫痪。为了保证数据库的安全，MySQL 数据库提供了完善的管理机制和操作手段。MySQL 数据库中的用户分为普通用户和 root 用户，用户类型不同，其具体的权限也会有所不同。root 用户是超级管理员，拥有所有的权限；普通用户只能拥有创建用户时赋予它的权限。

本章介绍 MySQL 数据库中的用户权限管理，主要包括 3 部分内容，它们分别是权限管理表、用户管理和权限管理。

13.1　MySQL 权限系统

一般在 MySQL 数据库中可以使用 3 种不同类型的安全检查。

1）登录验证：也就是最常用的用户名和密码验证。一旦输入了正确的用户名和密码，这个验证就可通过。

2）授权：在登录成功后，就要求对这个用户设置它的具体权限，如是否可以删除数据库中的表等。

3）访问控制：这个安全类型更具体。它涉及用户可以对数据表进行什么样的操作，如是否可以编辑数据库，是否可以查询数据等。访问控制由一些特权组成，这些特权涉及如何操作 MySQL 中的数据。它们都是布尔型，即要么允许，要么不允许。

MySQL 权限系统用于对用户执行的操作进行限制。用户的身份由用户用于连接的主机名和使用的用户名来决定。连接后，对于用户的每一个操作，系统都会根据用户的身份判断该用户是否有执行该操作的权限，如 SELECT、INSERT、UPDATE 和 DELETE 权限。MySQL 权限系统附加的功能包括匿名的用户对于 MySQL 特定的功能（例如 LOAD DATA INFILE）进行授权及管理操作的能力。

13.1.1　MySQL 权限系统工作原理

MySQL 存取控制包含两个阶段。

阶段 1：服务器检查是否允许连接。

阶段 2：假定允许连接，服务器需要检查用户发出的每个请求，判断是否有足够的权限。例如，如果用户从数据库表中选择行或从数据库删除表，服务器需确定用户对表有 SELECT 权限或对数据库有 DROP 权限。

服务器在存取控制的两个阶段使用 MySQL 数据库中的 user、db 和 host 表。user 表中范围列决定是否允许或拒绝到来的连接，对于允许的连接，user 表授予的权限指出用户的全局（超级用户）权限，这些权限适用于服务器上的所有数据库。db 表中范围列决定用户能从哪个主机存取哪个数据库，权限列决定允许哪个操作，授予的数据库级别的权限适用于数据库和它的表。除了 user、db 和 host 授权表，如果请求涉及表，服务器还可以参考 tables_priv 和 columns_priv 表。tables_priv 和 columns_priv 表类似于 db 表，但是更精致，它们是在表和列级应用而非在数据库级，授予表级别的权限适用于表和它的所有列，授予列级别的权限只适用于专用列。另外，为了对涉及保存程序的请求进行验证，服务器将查阅 procs_priv 表。procs_priv 表适用于保存程序，授予程序级别的权限只适用于单个程序。

为满足 MySQL 服务器的安全基础，需要考虑以下情况。

1）多数用户只需要对表进行读和写，但少数用户需要能创建和删除表。

2）某些用户需要读表，但可能不需要更新表。

3）可能想允许用户添加数据，但不允许他们删除数据。

4）某些用户（管理员）可能需要处理用户账号的权限，但多数用户不需要。

5）可能想让用户通过存储过程访问数据，但不允许他们直接访问数据。

6）可能想根据用户登录的地点限制对某些功能的访问。

以上各种情况，需要给用户提供所需的访问权，且仅提供所需的访问权。这就是所谓的访问控制，管理访问控制需要创建和管理用户账号。因此访问控制不仅可以防止用户的恶意企图，而且也可以保证用户不出现无意的错误。

特别提醒：在执行数据库操作时，需要通过 root 的用户账号，登录 MySQL，对整个 MySQL 服务器具有完全控制。应该严肃对待 root 登录的使用，即在绝对需要的时候才使用，不应该在日常的 MySQL 操作中使用 root 账号。

13.2 权限表

MySQL 服务器通过 MySQL 权限来控制用户对数据库的访问，MySQL 数据库安装成功后，会自动安装多个数据库。MySQL 权限表存储在名为 MySQL 的数据库里。常用到的表有 user、db、table_priv、columns_priv、column_priv 和 procs_priv。

13.2.1 user 表

use 表示 MySQL 中最终的一个权限表。读者可以使用 desc 语句来查看 user 的基本结构。user 列主要分为 4 个部分：用户列、权限列、安全列和资源控制列。

通常用得比较多的是用户列和权限列，其中权限又分为普通权限和管理权限：普通权限主要用于对数据库的操作；而管理权限主要是对数据库进行管理的操作。

当用户进行连接时，权限表的存取过程有以下两个阶段。

先从 user 表中的 host、user 和 password 这 3 个字段中判断连接的 ip、用户名称和密码是否存在于表中，如果存在，则通过身份验证，否则拒绝连接。

如果通过身份验证，按照以下权限的顺序得到数据库权限：user、db、table_priv、colums_priv。这几个表的权限依次递减，全局权限覆盖局部权限。

（1）用户字段

用户字段 user 表中的 host、user 和 password 字段都属于用户字段。

【例 13-1】查询 user 表的相关用户字段。

代码如下所示，代码运行情况如图 13-1 所示。

```
SELECT Host,User,'Password' From mysql.'user'
```

图 13-1　查询 user 表的相关用户字段

从图 13-1 中可以看出，查询字段 user 字段的值为 root 的用户有 3 个，但是主机名称有所不同。在 localhost 主机下有两个用户，一个是 root，一个是 lili。当添加、删除或是修改用户信息的时候，其实就是对 user 进行操作的。

（2）权限字段

user 表中包含几十个与权限有关以 priv 结尾的字段，这些权限字段决定了用户的权限，这些权限不仅包括基本权限、修改和添加权限等，还包含关闭服务器权限、超级权限和加载权限等。不同用户所拥有的权限可能会有所不同。

这些字段的值只有 y 或 n，表示有权限和无权限。它们默认值是 n，可以使用 grant 语句为用户赋予一些权限。

【例 13-2】查看 localhost 主机下的用户的 select、insert、update 权限。

代码如下所示，代码运行情况如图 13-2 所示。

```
SELECT select_priv,insert_priv ,update_priv ,user,host
FROM mysql. user
WHERE host='localhost';
```

图 13-2　查询用户的 select、insert、update 权限

（3）安全字段

安全列只有 6 个字段，其中两个是与 ssl 相关的：ssl_type 和 ssl_cipher，两个是与 x509 相关的：x509_issuer 和 x509_subject，另外两个是与授权插件相关的。

ssl 可用于加密；x509 标准可用于标识用户；plugin 字段标识可用于验证用户身份的插件，如果该字段为空，服务器使用内建授权验证机制验证用户身份。

【例 13-3】可用 SHOW VARIABLES LIKE 'have_openssl';语句可以查看 have_openssl 是否具有 ssl 功能。

如图 13-3 所示，很明显不支持此功能。

（4）资源控制列

资源控制列的字段用来限制用户使用的资源，包含以下 4 个字段。

- max_questions：用户每小时允许执行的查询操作次数。
- max_updates：用户每小时允许执行的更新操作次数。
- max_connections：用户每小时允许执行的连接操作次数。
- max_user_connections：单个用户可以同时具有的连接次数。

这些字段的默认值为 0，表示没有限制。

一个小时内用户查询或者连接数量超过资源控制限制，用户将被锁定，直到下一个小时，才可以再次执行对应的操作。

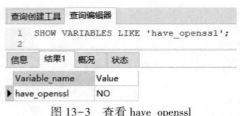

图 13-3　查看 have_openssl
是否具有 ssl 功能

13.2.2　db 表和 host 表

db 表和 host 表也是 MySQL 数据库中非常重要的权限表。db 表中存储了用户对某个数据库的操作权限，决定用户能从哪个主机存取哪个数据库；host 表中存储了某个主机对数据库的操作权限，配合 db 权限表对给定主机上数据库级操作权限做更细致的控制。

这两个权限表不受 GRANT 和 REVOKE 语句的影响。db 表比较常用，host 表一般很少使用。db 表和 host 表结构相似，可以使用 DESC 语句来查看这两个表的基本结构。字段大致可以分为两类：用户列和权限列。

（1）用户列

db 表的用户列有 3 个字段：host、db 和 user。这 3 个字段分别表示主机名、数据库名和用户名；host 表的用户列有两个字段：host 和 db，这两个字段分别表示主机名和数据库名。

host 表是 db 表的扩展。如果 db 表中找不到 host 字段的值，就需要到 host 表中去寻找。但是 host 表很少用到，通常 db 表的设置已经可以满足权限控制的要求。

（2）权限列

db 表和 host 表的权限列大致相同，表中 create_routine_priv 和 alter_routine_priv 这两个字段表明用户是否有创建和修改存储过程的权限。

user 表中的权限是针对所有数据库的。如果 user 表中的 select_priv 字段取值为 y，那么该用户可以查询所有数据库中的表；如果为某个用户只设置了查询 test 表的权限，那么 user 表的 select_priv 字段的取值为 n。而这个 select 权限则记录在 db 表中，db 表中 select_priv 字段的取值将会是 y。由此可知，用户先根据 user 表的内容获取权限，然后再根据 db 表的内容获取权限。

我们知道，user 表中的权限是针对所有数据库的。所以，如果希望用户只对某个数据库有操作权限，那么需要将 user 表中对应的权限设置为 n，然后在 db 表中设置对应数据库的操作权限。例如，有一个名称为 lili 的用户分别从名称为 www.test1.com 和 www.test2.com 的两个主机连接到数据库，并需要操作 student 数据库。这时，可以将用户名称 lili 添加到 db 表中，而 db 表中的 host 字段值为空，然后将两个主机地址分别作为两条记录的 host 字段值添加到 host 表中，并将两个表的数据库字段设置为相同的值 student。当有用户连接到 MySQL 服务器时，

db 表中没有用户登录的主机名称，则 MySQL 会从 host 表中查找相匹配的值，并根据查询的结果决定用户的操作是否被允许。

13.2.3 tables_priv 表

tables_priv 表可以对单个表进行权限设置，用来指定表级权限，这里指定的权限适用于一个表的所有列。用户可以用 desc 语句查看表结构。

tables_priv 表有 8 个字段：host、db、user、table_name、grantor、timestamp、table_priv 和 column_priv。各个字段说明如下。

- host、db、user 和 table_name 4 个字段分别表示主机名、数据库名、用户名和表名。
- grantor 表示修改该记录的用户。
- timestamp 字段表示修改该记录的时间。
- table_priv 字段表示对表进行操作的权限，这些权限包括 select、insert、update、delete、create、drop、grant、references、index 和 alter。
- column_priv 字段表示对表中的列进行操作的权限，这些权限包括 select、insert、update 和 references。

【例 13-4】用 DESC tables_priv 命令查看结构，代码及运行结果如图 13-4 所示。

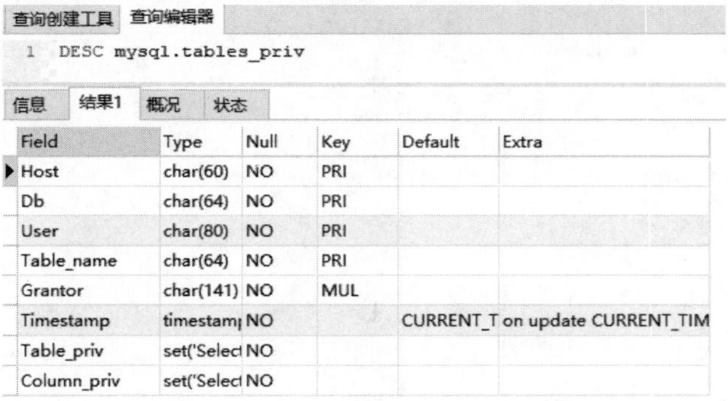

Field	Type	Null	Key	Default	Extra
Host	char(60)	NO	PRI		
Db	char(64)	NO	PRI		
User	char(80)	NO	PRI		
Table_name	char(64)	NO	PRI		
Grantor	char(141)	NO	MUL		
Timestamp	timestam	NO		CURRENT_T	on update CURRENT_TIM
Table_priv	set('Selec	NO			
Column_priv	set('Selec	NO			

图 13-4　查看 tables_priv 表结构

13.2.4 columns_priv 表

columns_priv 表可以对表中的某一列进行权限设置。

columns_priv 表只有 7 个字段，分别是 host、db、user、table_name、column_name、timestamp 和 column_priv。其中，column_name 用来指定对哪些数据列具有操作权限。

MySQL 中权限的分配是按照 user 表、db 表、tables_priv 表和 columns_priv 表的顺序进行分配的。在数据库系统中，先判断 user 表中的值是否为 y，如果 user 表中的值是 y，就不需要检查后面的表了；如果 user 表中的值为 n，则依次检查 db 表、tables_priv 表和 columns_priv 表。

13.2.5 procs_priv 表

procs_priv 表可以对存储过程和存储函数进行权限设置，可以使用 desc 语句来查看 procs_priv 表的基本结构。

procs_priv 表包含 8 个字段：host、db、user、routine_name、routine_type、grantor、proc_ priv 和 timestamp 等。各个字段的说明如下。

- host、db 和 user 字段分别表示主机名、数据库名和用户名。
- routine_name 字段表示存储过程或存储函数的名称。
- routine_type 字段表示存储过程或存储函数的类型。该字段有两个值，分别是 function 和 procedure。function 表示是一个存储函数；procedure 表示是一个存储过程。
- grantor 字段存储插入或修改该记录的用户。
- proc_priv 字段表示拥有的权限，包括 execute、alter routine、grant 一共 3 种。
- timestamp 字段存储记录更新的时间。

13.3 用户管理

以 Navicat for MySQL 为例简单介绍如何给用户账号授权。打开"用户"界面，如图 13-5 所示。

图 13-5 "用户"界面

选择某用户，如"admin"，假定后面的代码需要对数据库"jxgl"插入数据，故需要授予用户"Insert"权限。单击"编辑用户"按钮，打开"权限"页面，如图 13-6 所示。

直接勾选"Insert"列，或者可以单击"添加权限"按钮打开添加权限窗口进行设置。设置完成后单击"保存"按钮保存权限设置。如果应用程序需要更多的权限，如"UPDATE"和"DELETE"等，可以用同样的方法授予权限，但要注意的是，权限越多，安全性越低，必须对每个用户都实行权限控制。

MySQL 用户账号和信息存储在名为"mysql"的 MySQL 数据库中。这个数据库里有一个名为 user 的数据表，包含了所有用户账号，并且它用一个名为 user 的列存储用户的登录名。一般不需要直接访问 MySQL 数据库和表，但有时需要直接访问。在需要获得所有用户账号列表时，可使用以下代码实现：

```
USE mysql;
SELECT user FROM user;
```

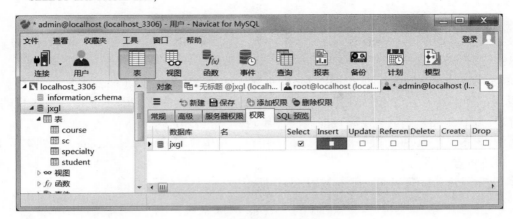

图 13-6　权限编辑界面

13.3.1　添加用户

作为一个新安装的 MySQL 数据库系统，当前只有一个名为 root 的用户。这个用户是在成功安装 MySQL 服务器后，由系统创建的，并且被赋予了操作和管理 MySQL 的所有权限。因此，root 用户有对整个 MySQL 服务器完全控制的权限。

在对 MySQL 的日常管理和实际操作中，为了避免恶意用户冒名使用 root 账号操控数据库，通常需要创建一系列具备适当权限的账号，而尽可能地不用或少用 root 账号登录系统，以此来确保数据的安全访问。因此日常对 MySQL 管理时需要对用户账号的管理。

1. 使用 CREATE USER 语句创建用户账号

可以使用 CREATE USER 语句来创建一个或多个 MySQL 账户，并设置相应的口令。

语法格式如下。

```
CREATE USER < User_name > [ IDENTIFIED BY <password> ]
    [ LOGIN POLICY <policy_name> ]
    [ FORCE PASSWORD CHANGE { ON | OFF } ]
```

语法说明如下。

- User_name：指定创建用户账号，其格式为'user_name'@ 'host name'。这里，user_name 是用户名，host_name 为主机名，即用户连接 MySQL 时所在主机的名字。如果在创建的过程中，只给出了账中的用户名，而没指定主机名，则主机名会默认为是"%"，表示一组主机。
- IDENTIFIED BY：用于指定用户账号对应的口令，若该用户账号无口令，则可省略此子句。
- policy_name：指派给用户的登录策略的名称。如果未指定登录策略，则不进行任何更改。
- FORCE PASSWORD CHANGE：控制用户登录时是否必须指定新口令。此设置将覆盖用户登录策略中的 PASSWORD_EXPIRY_ON_NEXT_LOGIN 选项设置。
- password：为用户指定口令。没有口令的用户不能连接到数据库。如果要创建角色，但不希望任何人使用角色用户 ID 连接到数据库，则这很有用。用户 ID 必须是有效的标识符。用户 ID 和口令不能出现以下情况：

1）以空格、单引号或双引号开头；

2）以空格结尾；

3）含有分号；

口令可以是有效的标识符，也可以是以单引号括起来的字符串（最多255个字符）。口令区分大小写。口令应由 7 位 ASCII 字符组成，因为如果数据库服务器不能将其从客户端的字符集转换为 UTF-8，则其它字符可能无法正常显示。

【例 13-5】在 MySQL 服务器中添加新的用户，其用户名分别为 zhangmei，主机名为 localhost，口令设置为明文 123。

代码如下所示，代码运行情况如图 13-7 所示。

CREATE USER 'zhangmei'@ 'localhost' IDENTIFIED BY '123';

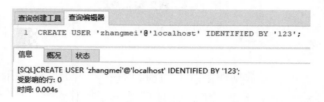

图 13-7　添加新的用户

CREATE USER 语句的使用说明如下。

1）要使用 CREATE USER 语句，必须拥有 MySQL 中 MySQL 数据库的 INSERT 权限或全局 CREATE USER 权限。

2）使用 CREATE USER 语句创建一个用户账号后，会在系统自身的 MySQL 数据库的 user 表添加一条新记录。如果创建的账户已经存在，则语句执行会出现错误。

3）如果两个用户具有相同的用户名和不同的主机名，MySQL 会将它们视为不同的用户，并允许为这两个用户分配不同的权限集合。

4）如果 CREATE USER 语句的使用中，没有为用户指定口令，那么 MySQL 允许该用户可以不使用口令登录系统，然而从安全的角度而言，不推荐这种做法。

5）新创建的用户拥有的权限很少，可以登录到 MySQL，只允许进行不需要权限的操作，如使用 SHOW 语句查询所有存储引擎和字符集的列表等，不能使用 use 语句来让其他用户已经创建的任何数据库成为当前数据库，因而无法访问相关数据库的表。

2. 使用 INSERT 语句新建普通用户

可以使用 INSERT 语句直接将用户信息添加到 mysql. user 表中，但需要有对 user 表的插入权限。由于 user 表中的字段非常多，在插入数据时，要保证没有默认值的字段一定要给出值，所以插入数据时，至少要插入以下 6 个字段的值，即 host、user、password、ssl_cipher、x09_issuer、x509_subject。

【例 13-6】插入 xiaohong 用户，主机名为 localhost，密码是 password(123)。

代码如下所示，代码运行情况如图 13-8 所示。

```
INSERT INTO mysql. user( host,user,password,ssl_cipher,x509_issuer,x509_subject)
    VALUES('localhost', 'xiaohong', password( 123 ), '', '', '');
```

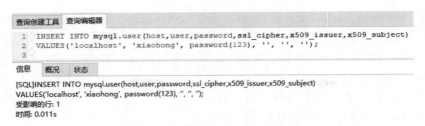

图 13-8　插入 xiaohong 用户

执行完后，要使用"FLUSH PRIVILEGES;"命令来使用户生效，这个命令需要 reload 权限。代码运行结果如图 13-9 所示。

3. 使用 GRANT 语句来新建普通用户

可以使用 GRANT 语句来创建新的用户，在创建用户时可以为用户授权。GRANT 语句是 MySQL 中非常重要的一个命令，不仅可以创建用户、授予权限，还可以修改密码。我们将在下一节权限授予章节中具体讲解。

图 13-9　reload 权限

4. 使用图形化管理工具 Navicat 创建用户

连接到 MySQL 之后，单击"用户"，然后选择"新建用户"，如图 13-10 所示。

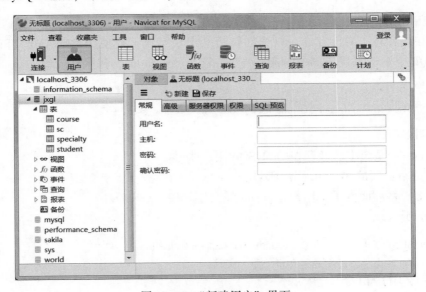

图 13-10　"新建用户"界面

设置好相关属性，单击"保存"即可。同样可以在 Navicat for MySQL 中执行删除用户的操作，仍然是单击"用户"，打开用户管理界面，然后选择某用户，单击"删除用户"即可。

13.3.2　查看用户

语法格式如下。

SELECT　＊　FROM mysql. user
WHERE host＝'host_name' AND user＝'user_name'

其中，'＊'代表 MySQL 数据库中 user 表的所有列，也可以指定特定的列。常用的列名有 host、user、password、select_priv、insert_priv、update_priv、delete_priv、create_priv、drop_priv、grant_priv、references_priv、index_priv 等。

WHERE 后面紧跟的是查询条件，WHERE 语句可有可无，视情况而定，这里列举的条件是 host 和 user 两列。

【例 13-7】查看本地主机上的所有用户名。

代码如下所示，代码运行情况如图 13-11 所示。

```
SELECT host,user FROM user;
```

```
mysql> select host,user from user;
+-----------+-----------+
| host      | user      |
+-----------+-----------+
| localhost | admin     |
| localhost | mysql.sys |
| localhost | root      |
+-----------+-----------+
3 rows in set
```

图 13-11　查看本地主机上的所有用户名

13.3.3　修改用户账号

可以使用 RENAME USER 语句修改一个或多个已经存在的 MySQL 用户账号。倘若系统中旧账户不存在或者新账户已存在，则语句执行会出现错误。要使用 RENAME USER 语句，必须拥有 MySQL 中 MySQL 数据库的 update 权限或全局 create user 权限。

语法格式如下。

```
RENAME USER old_user TO new_user [ ,old_user TO new_user] …
```

语法说明如下。

1）old_user：系统中已经存在的 MySQL 用户账号。

2）new_user：新的 MySQL 用户账号。

【例 13-8】将前面例子中用户 zhangmei 的名字修改成 wangwu。

代码如下所示。

```
RENAME USER 'zhangmei'@ 'localhost' TO 'wangwu'@ 'localhost';
```

13.3.4　修改用户口令

1）使用 mysqladmin 命令来修改密码。

```
mysqladmin -u username p password
```

其中 password 为关键字。

【例 13-9】修改 root 密码为"123456"。

输入命令 mysqladmin -u username p password 后，先根据提示输入旧密码，再输入新密码和确认新密码。

2）使用 set 语句来修改密码。

```
SET PASSWORD [ FOR 'username'@ 'hostname' ] = password( 'new_password') ;
```

如果不加［FOR 'username'@ 'hostname'］，则修改当前用户密码。

【例 13-10】修改 xiaohong 密码为'123'。

代码如下所示。

```
SET PASSWORD FOR 'xiaohong'@ 'localhost' = password('123');
```

3）修改 MySQL 数据库下的 user 表，需要对 mysql. user 表的修改权限，一般情况我们可以使用 root 用户登录后，修改自己或普通用户的密码。代码如下所示。

```
UPDATE mysql. user
    SET password = password('new_password')
WHERE user = 'user_name' AND host = 'host_name';
```

【例 13-11】使用 UPDATE 修改 xiaohong 的密码为"123456"。

代码如下所示。

```
UPDATE mysql. user
SET PASSWORD = password('123456')
WHERE user = 'xiaohong' AND host = 'localhost';
```

修改后，还是需要使用 flush 命令重新加载权限。

注意：当使用 set password、insert 或 update 指定账户的密码时，必须用 password 函数对它进行加密，唯一的特例是如果密码为空时，不需要使用 password 函数。之所以要加密，是因为当用户登录服务器时，密码值会被加密后再与 user 表中相应的密码比较，如果 user 表中的密码不加密，那么比较就会失败，服务器拒绝连接。

13.3.5 删除用户

在 MySQL 数据库中，可以用 DROP USER 语句来删除普通用户，也可以直接在 mysql. user 表中删除用户。

1. 使用 DROP USER 语句删除普通用户

使用 DROP USER 语句删除用户，必须有 drop user 权限。

```
DROP USER user[ ,user]…
```

其中 user 参数是需要删除的用户，由用户名和主机组成。DROP USER 语句可以同时删除多个用户，各个用户用逗号隔开。

【例 13-12】删除名为 xiaohong 用户，其 host 值为 localhost。

代码如下所示。

```
DROP USER xiaohong @ localhost;
```

2. 使用 DELETE 语句删除普通用户

【例 13-13】删除名为 xiaohong 用户，主机名为 localhost。

代码如下所示。

```
DELETE FROM mysql. user WHERE user = 'xiaohong' AND host = 'localhost';
```

执行完毕，显示操作成功后，我们还要用 FLUSH PRIVILEGES 命令重新装载权限。

13.4　账户权限管理

13.4.1　权限授予

新建的 MySQL 用户必须被授权，可以使用 GRANT 语句来实现。
语法格式如下。

```
GRANT
priv_type[（column_list）] [，priv_type[（column_list）]]…
ON [object_type] priv_level
TO user_specification[，user_specification]…
[WITH with_option…]
```

语法说明如下。

1）priv_type：用于指定权限的名称，如 SELECT、UPDATE、DELETE 等数据库操作。

2）选项 column_list：用于指定权限要授予该表中哪些具体的列。

3）ON 子句：用于指定权限授予的对象和级别，如可在 on 关键字后面给出要授予权限的数据库名或表名等。

4）可选项 object_type：用于指定权限授予的对象类型，包括表、函数和存储过程，分别用关键字 table、function 和 procedure 标识。

5）priv_level：用于指定权限的级别。可以授予的权限有如下几组。

① 列权限，和表中的一个具体列相关。例如，可以使用 update 语句更新表 student 中 cust_name 列的值的权限。

② 表权限，和一个具体表中的所有数据相关。例如，可以使用 select 语句查询表 customers 的所有数据的权限。

③ 数据库权限，和一个具体的数据库中的所有表相关。例如，可以在已有的数据库中 studentinfo 创建新表的权限。

④ 用户权限，其和 MySQL 中所有的数据库相关。例如，可以删除已有的数据库或者创建一个新的数据库的权限。

对应地，在 GRANT 语句中可用于指定权限级别的值有如下几类格式。

- ＊：表示当前数据库中的所有表。
- ＊.＊：表示所有数据库中的所有表。
- db_name.＊：表示某个数据库中的所有表，db_name 指定数据库名。
- db_name.tbl_name：表示某个数据库中的某个表或视图，db_name 指定数据库名，tbl_name 指定表名或视图名。
- tbl_name：表示某个表或视图，tbl_name 指定表名或视图名。
- db_name.routine_name：表示某个数据库中的某个存储过程或函数，routine_name 指定存储过程名或函数名。

6）TO 子句：用来设定用户的口令，以及指定被授予权限的用户 user。若在 TO 子句中给系统中存在的用户指定口令，则新密码会将原密码覆盖；如果权限被授予给一个不存在的用户，MySQL 会自动执行一条 CREATE USER 语句来创建这个用户，但同时必须为该用户指定口令。由此可见，GRANT 语句亦可以用于创建用户账号。

7）user_specification：TO 子句中的具体描述部分，与 CREATE USER 语句中的 user_specification 部分一样。

8）WITH 子句：GRANT 语句的最后可以使用 WITH 子句，为可选项，其用于实现权限的转移或限制。

GRANT 命令要求至少提供以下信息。

- 要授予的权限。
- 被授予访问权限的数据库或表。
- 用户名。

【例 13-14】 授予用户 lili 在数据库 studentinfo 的表 student 上拥有对列 sno 和列 sname 的 select 权限。

代码如下所示。

```
GRANT select(sno,sname)ON student TO 'lili'@'localhost';
```

这条权限授予语句成功执行后，使用用户 lili 的账户登录 MySQL 服务器，就可以使用 SELECT 语句来查看表 student 中列 sno 和列 sname 的数据了，而且目前仅能执行这项操作，如果执行其他的数据库操作，则会出现错误，如下所示。

```
SELECT * FROM student;
error 1142（42000）: select command denied to user 'lili'@'localhost' for table 'student'
```

【例 13-15】 当前系统中不存在用户 liming 和用户 huang，要求创建这两个用户，并设置对应的系统登录口令，同时授予他们在数据库 studentinfo 的表 student 上拥有 SELECT 和 UPDATE 的权限。

代码如下所示。

```
GRANT select, update ON studentinfo. student
TO 'liming'@'localhost' IDENTIFIED BY '123',
'huang'@'localhost' IDENTIFIED BY '789';
```

语句成功执行后，即可分别使用 liming 和 huang 的账户登录 MySQL 服务器，验证这两个用户是否具有了对表 student 可以执行 SELECT 和 UPDATE 操作的权限。

【例 13-16】 授予系统中已存在用户 lili 可以在数据库 studentinfo 中执行所有数据库操作的权限。

代码如下所示。

```
GRANT ALL ON studentinfo. * TO 'lili'@'localhost';
```

GRANT 语句中 priv_type 的使用说明如下。

授予表权限时，priv_type 可以指定为以下值。

- select：表示授予用户可以使用 SELECT 语句访问特定表的权限。
- insert：表示授予用户可以使用 INSERT 语句向一个特定表中添加数据行的权限。
- delete：表示授予用户可以使用 DELETE 语句从一个特定表中删除数据行的权限。
- update：表示授予用户可以使用 UPDATE 语句修改特定数据表中值的权限。
- references：表示授予用户可以创建一个外键来参照特定数据表的权限。

- create：表示授予用户可以使用特定的名字创建一个数据表的权限。
- alter：表示授予用户可以使用 ALTER TABLE 语句修改数据表的权限。
- index：表示授予用户可以再表上定义索引的权限。
- drop：表示授予用户可以删除数据表的权限。
- all 或 all privileges：表示所有的权限名。

授予列权限时，priv_type 的值只能指定为 select、insert 和 update，同时权限的后面还需要加上列名列表 colimn_list。

授予数据库权限时，priv_type 可以指定为以下值：select、insert、delete、update 等。

13.4.2　权限的转移和限制

权限的转移与限制可以通过在 GRANT 语句中使用 WITH 子句来实现。

（1）转移权限

如果将 WITH 子句指定为 WITH GRANT OPTION，则表示 TO 子句中所指定的所有用户都具有把自己所拥有的权限授予其他用户的权利，而无论那些其他用户是否拥有该权限。

【例 13-17】授予当前系统中一个不存在的用户 zhou 在数据库 studentinfo 的表 student 上拥有 SELECT 和 UPDATE 的权限，并允许其可以将自身的这个权限授予其他用户。

首先，使用 root 登录 MySQL 服务器，并在 MySQL 的命令行客户端输入下面的 sql 语句。

```
GRANT select,update
ON studentinfo. student
TO 'zhou'@ 'localhost' IDENTIFIED BY '123'
WITH GRANT OPTION；
```

这条语句成功执行之后，会在系统中创建一个新的用户账号 zhou，其口令为 123。以该账户登录 MySQL 服务器即可根据需要将其自身的权限授予其他指定的用户。

（2）限制权限

如果 WITH 子句中 WITH 关键字后面紧跟的是 max_queries_per_hour count、max_updates_per_hour count、max_connections_per_hour count 或 max_user_connections count 中的某一项，则该 GRANT 语句可用于限制权限。

其中：

- max _queries _per_hour count 表示限制每小时可以查询数据库的次数。
- max_updates_per_hour count 表示限制每小时可以修改数据库的次数。
- max_ccconnections_per_hour count 表示限制每小时可以连接数据库的次数。
- max_user_connections count 表示限制同时连接 MySQL 的最大用户数。这里，count 用于设置一个数值，对于前 3 个指定，count 如果为 0 则表示不起限制作用。

【例 13-18】授予系统中的用户 huang 在数据库 studentinfo 的表 student 上每小时只能处理一条 delete 语句的权限。

使用 root 登录 MySQL 服务器，并在 MySQL 的命令行客户端输入下面的 sql 语句即可。

```
GRANT delete ON studentinfo. student TO 'huang'@ 'localhost'
WITH max_queries_per_hour 1；
```

13.4.3　权限的撤销

当需要撤销一个用户的权限，而又不希望将该用户从系统 user 表中删除时，可以使用

REVOKE 语句来实现。

语法格式如下。

> REVOKE priv_type[(column_list)]　[,priv_type[(column_list)]]…
> ON[object_type]priv_level
> FROM user[,user]…
> REVOKE ALL PRIVILEGES,GRANT OPTION
> FROM user[,user]…

使用说明如下。

- REVOKE 语句和 GRANT 语句的语法格式相似，但具有相反的效果。
- 第一种语法格式用于回收某些特定的权限。
- 第二种语法格式用于回收特定用户的所有权限。
- 要使用 REVOKE 语句，必须拥有 MySQL 数据库的全局 CREATE user 权限或 UPDATE 权限。

【例 13-19】 回收系统中已存在的用户 zhou 在数据库 studentinfo 的表 student 上的 SELECT 权限。

使用 root 登录 MySQL 服务器，并在 MySQL 的命令行客户端输入下面的 sql 语句即可。

> REVOKE select
> ON studentinfo. student
> FROM 'zhou'@ 'localhost';

13.5　知识点小结

本章介绍了 MySQL 数据库中数据访问的安全控制机制，主要包括支持 MySQL 访问控制的用户账号管理和账户权限管理。

13.6　思考与练习

1. 如何登录和退出 MySQL 服务器？
2. 与用户权限管理有关的授权表有哪些？
3. 在 MySQL 中可以授予的权限有哪几组？
4. 数据库角色分为哪几类？每类又有哪些操作权限？
5. 如何添加、查看和删除用户信息？
6. 如何修改用户密码？
7. 如何对权限进行授予、查看和收回？
8. MySQL 采用哪些措施实现数据库的安全管理？
9. 忘记 MySQL 管理员 root 的密码如何解决？写出步骤和指令。
10. 假定当前系统中不存在用户 wanming，请编写一段 SQL 语句，要求创建这个新用户，并为其设置对应的系统登录口令 "123"，同时授予该用户在数据库 db_ test 的表 content 上拥有 SELECT 和 UPDATE 的权限。
11. 设有如下语句：

> CREATE USER newuser;

执行该语句后，如下叙述中正确的是（　　　）。

A. 未授权之前，newuser 没有访问数据库的权限

B. 语句有错，没有指定用户口令

C. 语句有错，没有指定主机名

D. newuser 用户能够执行 USE 命令，打开指定的用户数据库

12. 在 DROP USER 语句的使用中，若没有明确指定账户的主机名，则该账户的主机名默认为是（　　　）。

  A. %   B. localhost   C. root   D. super

13. 在 MySQL 中，使用 GRANT 语句给 MySQL 用户授权时，用于指定权限授予对象的关键字是（　　　）。

  A. ON   B. TO   C. WITH   D. FROM

14. 在使用 CREATE USER 创建用户时设置口令的命令是（　　　）。

  A. IDENTIFIEDBY   B. IDENTIFIED WITH

  C. PASSWORD   D. PASSWORD BY

15. 用户刚创建后，只能登录、服务，而无法执行任何数据库操作的原因是（　　　）。

A. 用户还需要修改密码

B. 用户尚未激活

C. 用户还没有任何数据库对象的操作权限

D. 以上皆有可能

16. 把对 Student 表和 Course 表的全部操作权授予用户 User1 和 User2 的语句是（　　　）。

A. GRANT All ON Student，Course TO User1，User2；

B. GRANT Student，Course ON A TO User1，User2；

C. GRANT All TO Student，Course ON User1，User2；

D. GRANT All TO User1，User2 ON Student，Course；

17. 在 MySQL 中，删除用户的命令是（　　　）。

  A. DROP USER   B. REVOKE USER

  C. DELETE USER   D. DELETE USER

18. 创建 MySQL 账户的方式包括（　　　）。

  A. 使用 GRANT 语句   B. 使用 CREATE USER 语句

  C. 直接操作 MySQL 授权表   D. 以上方法皆可以

19. 新创建一个用户账号，还未授权，则该用户可执行的操作是（　　　）。

  A. 登录 MySQL 服务器   B. SELECT

  C. INSERT   D. UPDATE

20. 欲回收系统中已存在用户 xiaoming 在表 tb_course 上的 SELECT 权限，以下正确的 SQL 语句是（　　　）。

A. REVOKE SELECT ON tb_course FROM xiaoming @ localhost

B. REVOKE SELECT ON xiaoming FROM tb_course

C. REVOKE xiaoming ON SELECT FROM tb_course

D. REVOKE xiaoming @ locallost ON SELECT FROM tb_course

第14章　事务与MySQL的多用户并发控制

数据库与文件系统在数据管理上的优势在于数据库实现了数据的一致性以及并发性。对于数据库管理系统而言，事务与锁是实现数据一致性与并发性的基石。本章主要介绍MySQL数据库中事务与锁的必要性，讲解如何在数据库中使用事务与锁实现数据的一致性以及并发性，使用事务以及锁实现多用户并发访问。

14.1　事务

14.1.1　事务的概念

在现实生活中，事务就在我们周围——银行交易、股票交易、网上购物、库存品控制，到处都有事务存在。在所有这些例子中，事务的成功取决于这些相互依赖的行为是否能够被成功执行，是否互相协调。其中的任何一个失败都将取消整个事务，系统返回到事务处理以前的状态。

使用一个简单的例子来帮助理解事务：向公司添加一名新的雇员。

这个过程由三个基本步骤组成：

第一步，在雇员数据库中为雇员创建一条记录；

第二步，为雇员分配部门；

第三步，建立雇员的工资记录。

如果这三步中的任何一步失败，如为新成员配的雇员ID已经被其他人使用或者输入到工资系统中的值太大，系统就必须撤销在失败之前所有的变化，删除所有不完整记录的踪迹，避免以后的不一致和计算失误。前面的三项任务构成了一个事务，任何一个任务的失败都会导致整个事务被撤销，系统返回到以前的状态。

在MySQL操作过程中，对于一般简单的业务逻辑或中小型程序而言，无须考虑应用MySQL事务。但在比较复杂的情况下，用户在执行某些数据操作过程中，往往需要通过一组SQL语句执行多项并行业务逻辑或程序，这样，就必须保证所有命令执行的同步性，使执行序列中产生依靠关系的动作能够同时操作成功或同时返回初始状态。在此情况下，就需要用户优先考虑使用MySQL事务处理。

事务通常包含一系列更新操作（UPDATE、INSERT和DELETE等操作语句），这些更新操作是一个不可分割的逻辑工作单元。如果事务成功执行，那么该事务中所有的更新操作都会成功执行，并将执行结果提交到数据库文件中，成为数据库永久的组成部分。如果事务中某个更新操作执行失败，那么事务中的所有更新操作均被撤销，所有影响到的数据将返回到事务开始以前的状态。简言之：事务中的更新操作要么都执行，要么都不执行，这个特征叫作事务的原子性。

并不是所有的存储引擎都支持事务，如InnoDB和BDB支持事务，但MyISAM和MEMORY

就不支持。MySQL 从 4.1 版本开始支持事务，事务是构成多用户使用数据库的基础。

14.1.2 事务的 ACID 特性

术语"ACID"是一个简称，每个事务的处理必须满足 ACID 原则，即原子性（A）、一致性（C）、隔离性（I）和持久性（D）。

1. 原子性（Atomicity）

原子性意味着每个事务都必须被认为是一个不可分割的单元。假设一个事务由两个或者多个任务组成，其中的语句必须同时成功才能认为事务是成功的。如果事务失败，系统将会返回到事务以前的状态。

在添加雇员这个例子中，原子性是指如果没有创建雇员相应的工资表和部门记录，就不可能向雇员数据库添加雇员。

原子的执行是一个或者全部发生或者什么也没有发生的命题。在一个原子操作中，如果事务中的任何一个语句失败，前面执行的语句都将返回，以保证数据的整体性没有受到影响。这在一些关键系统中尤其重要，现实世界的应用程序（如金融系统）执行数据输入或更新，必须保证不出现数据丢失或数据错误，以保证数据的安全性。

2. 一致性（Consistency）

不管事务是完全成功完成还是中途失败，当事务使系统处于一致的状态时都存在一致性。参照前面的例子，一致性是指如果从系统中删除了一个雇员，则所有和该雇员相关的数据，包括工资数据和组的成员资格也要被删除。

在 MySQL 中，一致性主要由 MySQL 的日志机制处理，它记录了数据库的所有变化，为事务恢复提供了跟踪记录。如果系统在事务处理中间发生错误，MySQL 恢复过程将使用这些日志来发现事务是否已经完全成功地执行，是否需要返回。因而一致性属性保证了数据库从不返回一个未处理完的事务。

3. 隔离性（Isolation）

隔离性是指每个事务在它自己的空间发生，和其他发生在系统中的事务隔离，而且事务的结果只有在它完全被执行时才能看到。即使在这样的一个系统中同时发生了多个事务，隔离性原则保证某个特定事务在完全完成之前，其结果是看不见的。

当系统支持多个同时存在的用户和连接时（如 MySQL），这就尤其重要，如果系统不遵循这个基本原则，就可能导致大量数据的破坏，如每个事务的各自空间的完整性很快地被其他冲突事务所侵犯。

获得绝对隔离性的唯一方法是保证在任意时刻只能有一个用户访问数据库。当处理像 MySQL 这样多用户的 RDBMS 时，这不是一个实际的解决方法。但是，大多数事务系统使用页级锁定或行级锁定隔离不同事务之间的变化，这是以降低性能为代价的。例如，MySQL 的 BDB 表处理程序使用页级锁定来保证处理多个同时发生的事务的安全，InnoDB 表处理程序则使用更好的行级锁定。

4. 持久性（Durability）

持久性是指即使系统崩溃，一个提交的事务仍然存在。当一个事务完成，数据库的日志已经被更新时，持久性就开始发生作用。大多数 RDBMS 产品通过保存所有行为的日志来保证数据的持久性，这些行为是指在数据库中以任何方法更改数据。数据库日志记录了所有对于表的更新、查询、报表等。

如果系统崩溃或者数据存储介质被破坏，通过使用日志，系统能够恢复在重启前进行的最后一次成功的更新，反映了在崩溃时处于过程的事务的变化。

MySQL 通过保存一条记录事务过程中系统变化的二进制事务日志文件来实现持久性。如果遇到硬件破坏或者突然的系统关机，在系统重启时，通过使用最后的备份和日志就可以很容易地恢复丢失的数据。

在默认情况下，InnDB 表是 100%持久的（所有在崩溃前系统所进行的事务在恢复过程中都可以可靠地恢复）。MyISAM 表提供部分持久性，所有在最后一个 flush tables 命令前进行的变化都能保证被存盘。

举一个例子，假设数据有两个域：A 和 B，在两个记录里，一个完整约束需要 A 值和 B 值必须相加得 100。

下面以 SQL 代码创建上面描述的表：

```
CREATE TABLE acidtest ( A INTEGER b INTEGER CHECK( A + B = 100));
```

一个事务从 A 减 10 并且加 10 到 B，如果成功，它将有效，因为数据继续满足约束。而假设从 A 减去 10 后，这个事务中断而不去修改 B，如果这个数据库保持 A 的新值和 B 的旧值，则原子性和一致性将都被违反。原子性要求这两部分事务都完成或两者都不完成。

一致性要求数据符合所有的验证规则。在此例子中，验证是要求 A+B = 100。同样，它可能暗示两者 A 和 B 必须是整数，一个对 A 和 B 有效的范围也可能是可取的，所有验证规则必须被检查，以确保一致性。假设另一个事务尝试从 A 减 10 而不改变 B，因为一致性在每个事务后被检查，众所周知在事务开始之前 A+B = 100。如果这个事务从 A 转移 10 成功，原子性将达到。然而，一个验证将显示 A+B = 90，而这根据数据库规则是不一致的。下面再解释隔离性。为展示隔离，我们假设两个事务在同一时间执行，每个都是尝试修改同一个数据，这两个中的一个必须为保证隔离，必须等待直到另一个完成。

考虑这两个事务，T1 从 A 转移 10 到 B。T2 从 B 转移 10 到 A。为完成这两个事物，一共有 4 个步骤：

1）从 A 减 10；

2）加 10 到 B；

3）从 B 减 10；

4）加 10 到 A。

如果 Tl 在一半的时候失败，那么数据库会消除 T1 的效果，并且 T2 只能看见有效数据。事务的执行可能交叉，实际执行顺序可能是：A-10，B-10，B+10，A+10。如果 T1 失败，T2 不能看到 T1 的中间值，因此 T1 必须回滚。

14.1.3　MySQL 事务控制语句

MySQL 中可以使用 BEGIN 开始事务，使用 COMMINT 结束事务，中间可以使用 ROLLBACK 回滚事务。MySQL 通过 SET AUTOCOMMIT、START TRANSACTION、COMMIT 和 ROLLBACK 等语句支持本地事务。

语法格式如下。

```
SET COMMINT ｜ BEGIN ［WORK］
COMMIT ［WORK］［AND ［NO］CHAIN］［［NO］RELEASE］
```

ROLLBACK［WORK］［AND［NO］CHAIN］［［NO］RELEASE］

SET AUTOCOMMIT = ｛0 ｜ 1｝

在默认情况下，MySQL 是 AUTOCOMMIT 的，如果需要通过明确的 COMMIT 和 ROLLBACK 来提交和回滚事务，那么需要通过事务控制命令来控制。

SET COMMINT 或 BEGIN 语句可以开始一项新的事务。

COMMIT 和 ROLLBACK 用来提交或者回滚事务。

CHAIN 和 RELEASE 子句分别用来定义在事务提交或者回滚之后的操作，CHAIN 会立即启动一个新事务，并且和刚才的事务具有相同的隔离级别，RELEASE 则会断开和客户端的连接。

SET AUTOCOMMIT 可以修改当前连接的提交方式，如果设置了 SET AUTOCOMMIT=0，则设置之后的所有事务都需要通过明确的命令进行提交或者回滚。

如果只是对某些语句需要进行事务控制，则使用 SET COMMINT 开始一个事务比较方便，这样事务结束之后可以自动回到自动提交的方式，如果我们希望所有的事务都不是自动提交的，那么通过修改 AUTOCOMMIT 来控制事务比较方便，这样不用在每个事务开始的时候再执行 SET COMMINT。

14.1.4　事务的隔离性级别

每一个事务都有一个所谓的隔离级，它定义了用户彼此之间隔离和交互的程度。前面曾提到，事务型 RDBMS 的一个最重要的属性就是它可以"隔离"在服务器上正在处理的不同的会话。在单用户的环境中，这个属性无关紧要：因为在任意时刻只有一个会话处于活动状态。但是在多用户环境中，许多 RDBMS 会话在任一给定时刻都是活动的。在这种情况下，RDBMS 能够隔离事务是很重要的，这样它们不互相影响，同时保证数据库性能不受到影响。

为了了解隔离的重要性，有必要花些时间来考虑如果不强加隔离会发生什么。如果没有事务的隔离性，不同的 SELECT 语句将会在同一个事务的环境中检索到不同的结果，因为在这期间，数据基本上已经被其他事务所修改。这将导致不一致性，同时很难相信结果集，从而不能利用查询结果作为计算的基础。因而隔离性强制对事务进行某种程度的隔离，保证应用程序在事务中看到一致的数据。

基于 ANSI/ISO SQL 规范，MySQL 提供了下面 4 种隔离级：序列化（Serializable）、可重复读（Repeatable read）、提交读（Read committed）、未提交读（Read uncommitted）。

只有支持事务的和存储引擎（比如，InnoDB）才可以定义一个隔离级。定义隔离级可以使用 SET TRANSACTION 语句。其中语句中如果指定 GLOBAL，那么定义的隔离级将适用于所有的 SQL 用户；如果指定 SESSION，则隔离级只适用于当前运行的会话和连接。MySQL 默认为 REPEATABLE READ 隔离级。

（1）序列化

语法格式如下。

SET［GLOBAL｜SESSION］TRANSACTION ISOLATION LEVEL　SERIAIZABLE

如果隔离级为序列化，用户之间通过一个接一个顺序地执行当前事务提供的事务之间最大限度的隔离。

（2）可重复读

语法格式如下。

SET [GLOBAL | SESSION] TRANSACTION ISOLATION LEVEL REPEATABLE READ

在这一级上，事务不会被看成是一个序列。不过，当前在执行事务的变化时仍然不能看到，也就是说，如果用户在同一个事务中执行同条 SELECT 语句数次，结果总是相同的。

（3）提交读

语法格式如下。

SET [GLOBAL | SESSION] TRANSACTION ISOLATION LEVEL READ COMMITTED

READ COMMITTED 隔离级的安全性比 REPEATABLE READ 隔离级的安全性要差。不仅处于这一级的事务可以看到其他事务添加的新记录，而且其他事务对现存记录做出的修改一旦被提交也可以看到。也就是说，这意味着在事务处理期间，如果其他事务修改了相应的表，那么同一个事务的多个 SELECT 语句可能返回不同的结果。

（4）未提交读

语法格式如下。

SET [GLOBAL | SESSION] TRANSACTION ISOLATION LEVEL READ UNCOMMITTED

提供了事务之间最小限度的隔离。除了容易产生虚幻的读操作和不能重复的读操作外，处于这个隔离级的事务可以读到其他事务还没有提交的数据，如果这个事务使用其他事务不提交的变化作为计算的基础，然后那些未提交的变化被它们的父事务撤销，这就导致了大量的数据变化。

系统变量 tx_isolation 中存储了事务的隔离级，可以使用 SELECT 随时获得当前隔离级的值，如下所示。

SELECT @ @ tx_isolation；

代码运行结果如下。

@ @ tx_isolation
repeatable-read

在默认情况下，这个系统变量的值是基于每个会话设置的，但是可以通过向 set 命令行添加 GLOBAL 关键字修改该全局系统变量的值。

当用户从无保护的 read uncommitted 隔离级别转移到更安全的 serializable 级别时，RDBMS 的性能也要受到影响。原因很简单：用户要求系统提供越强的数据完整性，它就越要做更多的工作，运行的速度也就越慢。因此，需要在 RDBMS 的隔离性需求和性能之间协调。

MySQL 默认为 repeatable read 隔离级，这个隔离级适用于大多数应用程序，只有在应用程序有具体的对于更高或更低隔离级的要求时才需要改动。在多数情况下没有一个标准公式来决定哪个隔离级适用于应用程序，这是一个主观的决定，它是基于应用程序的容错能力和应用程序开发者对于潜在数据错误影响的判断。隔离级的选择对于每个应用程序也是没有标准的。例如，同一个应用程序的不同事务基于执行的任务需要不同的隔离级。

14.2 MySQL 的并发控制

在单处理机系统中，事务的并行执行实际上是这些并行事务轮流交叉进行的，这种并行执行方式称为交叉并发方式。

在多处理机系统中，每个处理机可以运行一个事务，多个处理机可以同时运行多个事务，实现事务真正的并发运行，这种并发执行方式称为同时并发方式。

14.2.1 并发概述

当多个用户并发地存取数据库时就会产生多个事务同时存取同一数据的情况。若对并发操作不加控制可能会存取和存储不正确的数据，就会出现数据的不一致问题。

1. 丢失更新（lost update）问题

当两个或多个事务选择同一行，然后基于最初选定的值更新该行时，由于每个事务都不知道其他事务的存在，就会发生丢失更新问题——最后的更新覆盖了由其他事务所做的更新。例如，两个编辑人员制作了同一文档的电子副本。每个编辑人员独立地更改其副本，然后保存更改后的副本，这样就覆盖了原始文档。最后保存其更改副本的编辑人员覆盖另一个编辑人员所做的更改。如果在一个编辑人员完成并提交事务之前，另一个编辑人员不能访问同一文件，则可避免此问题。

2. 脏读（dirty read）问题

一个事务正在对一条记录做修改，在这个事务完成并提交前，这条记录的数据就处于不一致状态；这时，另一个事务也来读取同一条记录，如果不加控制，第二个事务读取了这些"脏"数据，并据此做进一步的处理，就会产生未提交的数据依赖关系，这种现象被形象地叫作"脏读"。

3. 不可重复读（unrepeatable read）问题

当一个事务多次访问同一行而且每次读取不同的数据时，会发生不可重复读问题。不可重复读与脏读有相似之处，因为该事务也是正在读取其他事务正在更改的数据。当一个事务访问数据时，另外的事务也访问该数据并对其进行修改，因此就发生了由于第二个事务对数据的修改而导致第一个事务两次读到的数据不一样的情况，这就是不可重复读。

4. 幻读（phantom read）问题

当一个事务对某行执行插入或删除操作，而该行属于某个事务正在读取的行的范围时，会发生幻读问题。事务第一次读的行范围显示出其中一行已不复存在于第二次读或后续读中，因为该行已被其他事务删除。同样，由于其他事务的插入操作，事务的第二次读或后续读显示有一行已不存在于原始读中。

14.2.2 锁的概述

当用户对数据库并发访问时，为了确保事务完整性和数据库一致性，需要对其进行锁定，它是实现数据库并发控制的主要手段。锁定可以防止用户读取正在由其他用户更改的数据，并可以防止多个用户同时更改相同数据。如果不使用锁定，则数据库中的数据可能在逻辑上不正确，并且对数据的查询可能会产生意想不到的结果。具体地说，锁定可以防止丢失更新、脏读、不可重复读和幻读。

锁是一种用来防止多个客户端同时访问数据而产生问题的机制。相对其他数据库而言，MySQL 的锁机制比较简单，其最显著的特点是不同的存储引擎支持不同的锁机制。例如：

MyISAM 和 MEMORY 存储引擎采用的是表级锁（TABLE-LEVEL LOCKING）。

BDB 存储引擎采用的是页面锁（PAGE-LEVEL LOCKING），但也支持表级锁。

InnoDB 存储引擎既支持行级锁（ROW-LEVEL LOCKING），也支持表级锁，但在默认情况下是采用行级锁。

MySQL 这 3 种锁的特点如下。

1）表级锁：一个特殊类型的访问，整个表被客户锁定。根据锁定的类型，其他客户不能向表中插入记录，甚至从中读数据也受到限制。其特点是：开销小，加锁快；不会出现死锁；锁定力度大，发生锁冲突的概率最高，并发度最低。

2）页面锁：MySQL 将锁定表中的某些行称为页。被锁定的行只对锁定最初的线程是可行的。如果另外一个线程想要向这些行写数据，它必须等到锁被释放。不过，其他页的行仍然可以使用。其特点是：开销和加锁时间界于表级锁和行级锁之间；会出现死锁；锁定力度界于表级锁和行级锁之间，并发度一般。

3）行级锁：在锁定过程中行级锁比表级锁或页面锁提供了更精细的控制。在这种情况下，只有线程使用的行是被锁定的。表中的其他行对于其他线程都是可用的。在多用户的环境中，行级锁降低了线程间的冲突，可以使多个用户同时从一个相同表读数据甚至写数据。其特点是：开销大，加锁慢；会出现死锁；锁定力度最小，发生锁冲突的概率最低，并发度也最高。

从上述特点可见，很难笼统地说哪种锁更好，只能就具体应用的特点来说哪种锁更合适。仅从锁的角度来说：表级锁更适合于以查询为主、只有少量按索引条件更新数据的应用，如 Web 应用；而行级锁则更适合于有大量按索引条件并发更新少量不同的数据，同时又有并发查询的应用，如一些在线事务处理（OLTP）系统。由于 BDB 已经被 InnoDB 取代，在此就不做进一步的讨论了。

14.2.3　MyISAM 表的表级锁

MyISAM 在执行查询语句（SELECT）前，会自动给涉及的所有表加读锁，在执行更新操作（UPDATE、DELETE、INSERT 等）前，会自动给涉及的表加写锁，这个过程并不需要用户干预，因此，用户一般不需要直接用 lock tables 命令给 MyISAM 表显示加锁。

所以对 MyISAM 表进行操作，会有以下情况。

1）对 MyISAM 表的读操作（加读锁），不会阻塞其他进程对同一表的读请求，但会阻塞对同一表的写请求。只有当读锁释放后，才会执行其他进程的写操作。

2）对 MyISAM 表的写操作（加写锁），会阻塞其他进程对同一表的读和写操作，只有当写锁释放后，才会执行其他进程的读写操作。

1. 查询表级锁争用情况

例如，查看系统上的表锁定情况。

```
SHOW STATUS like'table%'
```

可以通过查看 table_locks_waited 和 table_locks_immediate 状态变量的值，来分析系统上的表锁定情况，如果 table_locks_waited 的值比较高，则说明存在着较严重的表级锁争用情况。

2. MySQL 表级锁的锁模式

MySQL 的表级锁有两种模式：表共享读锁（table read lock）和表独占写锁（table write lock）。

3. 表级锁的加锁方法

因为 MyISAM 不支持 InnoDB 格式的 COMMIT 和 ROLLBACK 语法，所以每次数据库的变化都被立即保存在磁盘上，在单用户的环境中没有问题，但是在多用户的环境中，就会导致很多问题。因为它不能创建事务来使用户所做的变化隔离于其他用户所做的变化。在这种情况下，唯一一种保证不同用户能够看到一致数据的方法是强制方法：在变化的过程中阻止其他用户访问正在变化的表（通过锁定表），只在变化完成后才允许访问。

MySQL 提供了 LOCK TABLES 语句来锁定当前线程。

语法格式如下。

```
LOCK TABLES
tbl_name[[AS] ALIAS] READ[LOCAL] | [low_priority] WRITE
[,tbl_name [[AS] ALIAS] READ[LOCAL] | [low_priority] WRITE]
...
UNLOCK TABLES
```

具体的说明如下：

表锁定支持以下类型的锁定。

- READ：读锁定，确保用户可以读取表，但是不能修改表。加上 LOCAL 后允许表锁定后用户可以进行非冲突的 INSERT 语句，只适用于 MyISAM 类型的表。
- WRITE：写锁定，只有锁定该表的用户可以修改表，其他用户无法访问该表。加上 low_priority 后允许其他用户读取表，但是不能修改它。
- 当用户在一次查询中多次使用到一个锁定了的表，需要在锁定表的时候用 AS 子句为表定义一个别名，ALIAS 表示表的别名。
- 表锁定只用于防止其他客户端进行不正当地读取和写入。保持锁定（即使是读取锁定）的客户端可以进行表层级的操作，如 DROP TABLE。

在对一个事务表使用表锁定的时候需要注意以下几点。

1）在锁定表时会隐式地提交所有事务，在开始一个事务时，如 SET COMMINT，会隐式解开所有表锁定。

2）在事务表中，系统变量 AUTOCOMMIT 值必须设为 0，否则，MySQL 会在调用 LOCK TABLES 之后立刻释放表锁定，并且很容易形成死锁。

14.2.4　InnoDB 表的行级锁

InnoDB 与 MyISAM 的最大不同有两点：一是支持事务（transaction）；二是采用了行级锁。行级锁与表级锁本来就有许多不同之处，另外，事务的引入也带来了一些新问题。

（1）获取 InnoDB 行锁争用情况

可以通过检查 InnoDB_row_lock 状态变量来分析系统上的行锁的争用情况。

例如，查看系统上的行锁的争夺情况。

```
SHOW STATUS LIKE 'innoDB_rowiock%';
```

如果发现 innoDB_row_lock_waits 和 innoDB_row_lock_time_avg 的值比较高，则说明锁争用比较严重。

（2）InnoDB 的行级锁的锁模式

InnoDB 实现了以下两种类型的行锁。

共享锁（S）：允许一个事务去读一行，阻止其他事务获得相同数据集的排他锁。

排他锁（X）：允许获得排他事务更新数据，阻止其他事务取得相同数据集的共享读锁和排他写锁。

另外，为了允许行锁和表锁共存，实现多粒度锁机制，InnoDB 还有两种内部使用的意向锁（Intention Locks），这两种意向锁都是表锁。

- 意向共享锁（IS）：事务打算给数据行加行共享锁，事务在给一个数据行加共享锁前必须先取得该表的 IS 锁。
- 意向排他锁（IX）：事务打算给数据行加行排他锁，事务在给一个数据行加排他锁前必须先取得该表的 IX 锁。

如果一个事务请求的锁模式与当前的锁兼容，InnoDB 就将请求的锁授予该事务；反之，如果两者不兼容，该事务就要等待锁释放。

意向锁是 InnoDB 自动加的，不需用户干预。对于 update、delete 和 insert 语句，InnoDB 会自动给涉及数据集加排他锁（X）；对于普通 select 语句，InnoDB 不会加任何锁。

共享锁、排他锁的语法格式如下。

- 共享锁（S）：

    SELECT ＊ FROM table_name WHERE … LOCK IN SHARE MODE

- 排他锁（X）：

    SELECT ＊ FROM table_name WHERE … FOR UPDATE

具体说明如下：

用 SELECT … IN SHARE MODE 获得共享锁，主要用在需要数据依存关系时来确认某行记录是否存在，并确保没有人对这个记录进行 UPDATE 或者 DELETE 操作。但是如果当前事务也需要对该记录进行更新操作，则很有可能造成死锁，对于锁定行记录后需要进行更新操作的应用，应该使用 SELECT…FOR UPDATE 方式获得排他锁。

（3）InnoDB 行级锁的加锁方法

InnoDB 行锁是通过给索引上的索引项加锁来实现的，这一点 MySQL 与 Oracle 不同，后者是通过在数据块中对相应数据行加锁来实现的。InnoDB 这种行锁实现特点意味着：只有通过索引条件检索数据，InnoDB 才使用行级锁，否则，InnoDB 将使用表锁。在实际应用中，要特别注意 InnoDB 行锁的这一特性，否则可能会导致大量的锁冲突，从而影响并发性能。

14.2.5　死锁

如果事务 T1 封锁了数据 R1，T2 封锁了数据 R2，然后 T1 又请求封锁 R2，因 T2 已封锁了 R2，于是 T1 等待 T2 释放 R2 上的锁。接着 T2 又申请封锁 R1，因 T1 已封锁了 R1，T2 也只能等待 T1 释放 R1 上的锁。这样就出现了 T1 在等待 T2，而 T2 又在等待 T1 的局面，T1 和 T2 两个事务永远不能结束，形成死锁。

通常来说，死锁都是应用设计的问题，通过调整业务流程、数据库对象设计、事务大小，以及访问数据库的 SQL 语句，绝大部分死锁都可以避免。下面就介绍几种避免死锁的常用方法。

1）在应用中，如果不同的程序会并发存取多个表，应尽量约定以相同的顺序来访表，这样可以大大降低产生死锁的机会。

2）在程序以批量方式处理数据的时候，如果事先对数据排序，保证每个线程按固定的顺序来处理记录，也可以大大降低出现死锁的可能。

3）在事务中，如果要更新记录，应该直接申请足够级别的锁，即排他锁，而不应先申请共享锁，更新时再申请排他锁，因为当用户申请排他锁时，其他事务可能又已经获得了相同记录的共享锁，从而造成锁冲突，甚至死锁。

4）在 repeatably read 隔离级别下，如果两个线程同时对相同条件记录用 SELECT…FOR UPDATE 加排他锁，在没有符合该条件记录情况下，两个线程都会加锁成功。程序发现记录尚不存在，就试图插入一条新记录，如果两个线程都这么做就会出现死锁。这种情况下，将隔离级别改成 read committed，就可避免问题。

5）当隔离级别为 read committed 时，如果两个线程都先执行 SELECT…FOR UPDATE，判断是否存在符合条件的记录，如果没有，就插入记录。此时，只有一个线程能插入成功，另一个线程会出现锁等待，当第 1 个线程提交后，第 2 个线程会因主键重出错，虽然这个线程出错了，却会获得一个排他锁，这时如果有第 3 个线程又来申请排他锁，也会出现死锁。

对于这种情况，可以直接做插入操作，然后再捕获主键重异常，或者在遇到主键重错误时，总是执行 ROLLBACK 释放获得的排他锁。

14.3　知识点小结

本章介绍了事务的概念、事务的 ACID 特性以及事务的隔离级别。随后讲述了 MySQL 对并发事务的控制、死锁的概念以及如何避免死锁的方法。希望读者能够理解并掌握。

14.4　思考与练习

1. 什么是事务？
2. 哪些引擎支持事务？
3. 事务的 ACID 特性是什么？
4. 事务的开始和结束命令分别是什么？
5. 事务的隔离性级别有哪些？
6. 如果没有并发控制会出现什么问题？
7. MySQL 创建事务的一般步骤分为哪些？
8. 如何查看行级锁、表级锁争用情况？
9. 怎么预防死锁？
10. （　　）是 DBMS 的基本单位，它是用户定义的一组逻辑一致的程序序列。
    A. 程序　　　　　　B. 命令　　　　　　C. 事务　　　　　　D. 文件
11. 事务是数据库进行的基本工作单位。如果一个事务执行成功，则全部更新提交；如果一个事务执行失败，则已做过的更新被恢复原状，好像整个事务从未有过这些更新，这样保持了数据库处于（　　）状态。
    A. 安全性　　　　　B. 一致性　　　　　C. 完整性　　　　　D. 可靠性
12. 对并发操作若不加以控制，可能会带来数据的（　　）问题。
    A. 不安全　　　　　B. 死锁　　　　　　C. 死机　　　　　　D. 不一致
13. 事务中能实现回滚的命令是（　　）。

A. TRANSACTION
B. COMMIT
C. ROLLBACK
D. SAVEPOINT

14. 下面选项中（　　）不是 RDBMS 必须具有的特征。

A. 原子性　　　　B. 一致性　　　　C. 孤立性　　　　D. 适时性

15. 对事务的描述中不正确的是（　　）。

A. 事务具有原子性　　　　　　　B. 事务具有隔离性

C. 事务回滚使用 COMMIT 命令　　　D. 事务具有可靠性

16. MySQL 创建事务的一般步骤是（　　）。

A. 初始化事务、创建事务、应用 SELECT 查看事务、提交事务

B. 初始化事务、应用 SELECT 查看事务、应用事务、提交事务

C. 初始化事务、创建事务、应用事务、提交事务

D. 创建事务、应用事务、应用 SELECT 查看事务、提交事务

17. 事务的开始和结束命令分别是（　　）。

A. START TRANSACTION…ROLLBACK

B. START TRANSACTION…COMMIT

C. START TRANSACTION…END

D. START TRANSACTION…BREAK

18. 若事务 T1 对数据 A 已加排他锁，那么其他事务对数据（　　）。

A. 加共享锁成功，加排他锁失败　　B. 加排他锁成功，加共享锁失败

C. 加共享锁、加排他锁都成功　　　D. 加共享锁、加排他锁都失败

第 15 章　MySQL 数据库备份与还原

为了保证数据的安全，需要定期对数据进行备份。备份的方式有很多种，效果也不一样。如果数据库中的数据出现了错误，就需要使用备份好的数据进行数据还原，这样可以将损失降至最低。而且，可能还会涉及数据库之间的数据导入与导出。

MySQL 数据库备份的方法多种多样（例如完全备份、增量备份等），无论使用哪一种方法，都要求备份期间的数据库必须处于数据一致状态，即数据备份期间，尽量不要对数据进行更新操作。本章将对备份和还原的方法，MySQL 数据库的备份与恢复的方法等内容进行讲解。

15.1　备份与还原概述

15.1.1　备份的重要性与常见故障

数据丢失对大小企业来说都是个噩梦，业务数据与企业日常业务运作唇齿相依，损失这些数据，即使是暂时性，亦会威胁到企业辛苦赚来的竞争优势，更可能摧毁公司的声誉，或可能引致昂贵的诉讼和索偿费用。

在震惊世界的美国"9·11"恐怖事件发生后，许多人将目光投向金融界巨头摩根士丹利公司。这家金融机构在世贸大厦租有 25 个楼层，惨剧发生时有 2000 多名员工正在楼内办公，公司受到重创。可是正当大家扼腕痛惜时，该公司宣布，全球营业部第二天可以照常工作。其主要原因是它在新泽西州建立了灾备中心，并保留着数据备份，从而保障公司全球业务的不间断运行。

为保证数据库的可靠性和完整性，数据库管理系统通常会采取各种有效的措施来进行维护。尽管如此，在数据库的实际使用过程中，仍然存在着一些不可预估的因素，会造成数据库运行事务的异常中断，从而影响数据的正确性，甚至会破坏数据库，使数据库中的数据部分或全部丢失。这些可能因素如下。

计算机硬件故障：由于用户使用的不当，或者硬件产品自身的质量问题等原因，计算机硬件可能会出现故障，甚至不能使用，如硬盘损坏会导致存储的数据丢失。

计算机软件故障：由于用户使用的不当，或者软件设计上的缺陷，计算机软件系统可能会误操作数据，从而引起数据破坏。

病毒：破坏性病毒会破坏计算机硬件、系统软件和数据。

人为误操作：例如，用户误使用了 DELETE、UPDATE 等命令而引起数据丢失或破坏；一个简单的 DROP TABLE 或者 DROP DATABASE 语句，就会让数据表化为乌有；更危险的是 DELETE ＊ FROM table_name 能轻易地清空数据表，这些人为的误操作是很容易发生的。

自然灾害：火灾、洪水、地震等这些不可抵挡的自然灾害会对人类生活造成极大的破坏，也会毁坏计算机系统及其数据。

盗窃：一些重要数据可能会被窃或人为破坏。

随着服务器海量数据的不断增长，数据的体积变得越来越庞大。同时，各种数据的安全性和重要程度也越来越被人们所重视。对数据备份的认同涉及两个主要问题，一是为什么要备份，二是为什么要选择磁带作为备份的介质。

大到自然灾害，小到病毒、电源故障乃至操作员意外操作失误，都会影响系统的正常运行，甚至造成整个系统完全瘫痪。数据备份的任务与意义就在于，当灾难发生后，通过备份的数据完整、快速、简捷、可靠地恢复原有系统。针对现有的对备份的误解，必须了解和认识一些典型的事例，从而认清备份方案的一些误区。

首先，有人认为复制就是备份，其实单纯复制数据无法使数据留下历史记录，也无法留下系统的 NDS 或者 Registry 等信息。完整的备份包括自动化的数据管理与系统的全面恢复，因此，从这个意义上说，备份=复制+管理。

其次，以硬件备份代替备份。虽然很多服务器都采取了容错设计，即硬盘备份（双机热备份、磁盘阵列与磁盘镜像等），但这些都不是理想的备份方案。比如双机热备份中，如果两台服务器同时出现故障，那么整个系统便陷入瘫痪状态，因此存在的风险还是相当大的。

此外，只把数据文件作为备份的目标。有人认为备份只是对数据文件的备份，系统文件与应用程序无须进行备份，因为它们可以通过安装盘重新进行安装。事实上，考虑到安装和调试整个系统的时间可能要持续好几天，其中花费的投入是十分不必要的，因此，最有效的备份方式是对整个 IT 架构进行备份。备份的目的主要有：做灾难恢复：对损坏的数据进行恢复和还原。需求改变：因需求改变而需要把数据还原到改变以前。测试：测试新功能是否可用。

面对着造成数据丢失或被破坏的风险，数据库系统提供了备份和恢复策略来保证数据库中数据的可靠性和完整性。

数据库备份是指通过导出数据或者复制表文件的方式来制作数据库的副本。

15.1.2　备份的策略与常用方法

备份需要考虑的问题有：可以容忍丢失多长时间的数据；恢复数据要在多长时间内完成；恢复的时候是否需要持续提供服务；恢复的对象是整个库，多个表，还是单个库，单个表等因素。可以考虑的合理的备份策略如下。

1）数据库要定期做备份，备份的周期应当根据应用数据系统可承受的恢复时间，而且定期备份的时间应当在系统负载最低的时候进行。对于重要的数据，要保证在极端情况下的损失都可以正常恢复。

2）定期备份后，同样需要定期做恢复测试，了解备份的正确可靠性，确保备份是有意义的、可恢复的。

3）根据系统需要来确定是否采用增量备份，增量备份只需要备份每天的增量数据，备份花费的时间少，对系统负载的压力也小。缺点就是恢复的时候需要加载之前所有的备份数据，恢复时间较长。

4）确保 MySQL 打开了 log-bin 选项，MySQL 在做完整恢复或者基于时间点恢复的时候都需要 BINLOG。

5）可以考虑异地备份。

在 MySQL 数据库中具体实现备份数据库的类型很多，可以分为以下几种。

1. 根据是否需要数据库离线划分

● 冷备（cold backup）：需要关闭 MySQL 服务，读写请求均不允许状态下进行。

- 温备（warm backup）：服务在线，但仅支持读请求，不允许写请求。
- 热备（hot backup）：备份的同时，业务不受影响。

注意：MyISAM 不支持热备，InnoDB 支持热备，但是需要专门的工具。

2. 根据要备份的数据集合的范围划分

- 完全备份（full backup）：备份全部字符集。
- 增量备份（incremental backup）：上次完全备份或增量备份以来改变了的数据，不能单独使用，要借助完全备份，备份的频率取决于数据的更新频率。
- 差异备份（differential backup）：上次完全备份以来改变了的数据。

建议的恢复策略：完全+增量+二进制日志和完全+差异十二进制日志两种恢复策略。

3. 根据备份数据或文件划分

- 物理备份：直接备份数据文件。优点：备份和恢复操作都比较简单，能够跨 MySQL 的版本，恢复速度快，属于文件系统级别的。建议：不要假设备份一定可用，要通过"mysql→check tables"命令进行测试。
- 检测表是否可用逻辑备份：备份表中的数据和代码。优点：恢复简单，备份的结果为 ASCII 文件，可以编辑，与存储引擎无关，可以通过网络备份和恢复。缺点：备份或恢复都需要 MySQL 服务器进程参与，备份结果占据更多的空间，浮点数可能会丢失，精度还原之后缩影需要重建。

总之，备份的对象主要有数据、配置文件、代码（存储过程、存储函数、触发器）、操作系统相关的配置文件、复制相关的配置、二进制日志等方面。

15.1.3　数据库的还原

数据库的恢复（也称为数据库的还原）是将数据库从某一种"错误"状态（如硬件故障、操作失误、数据丢失、数据不一致等状态）恢复到某一已知的"正确"状态。

数据库的恢复是以备份为基础的，它是与备份相对应的系统维护和管理操作。系统进行恢复操作时，先执行一些系统安全性的检查，包括检查所要恢复的数据库是否存在、数据库是否变化及数据库文件是否兼容等，然后根据所采用的数据库备份类型采取相应的恢复措施。

另外，通过备份和恢复数据库，也可以实现将数据库从一个服务器移动或复制到另一个服务器的目的。

15.2　通过文件备份和还原

文件备份是将数据库中的数据备份为一个文本文件，而备份的大小取决于文件大小。并且该文本文件是可以移植到其他机器上的，甚至是不同硬件结构的机器。

由于 MySQL 服务器中的数据文件是基于磁盘的文本文件，所以最简单、最直接的备份操作就是把数据库文件直接复制出来。由于 MySQL 服务器的数据文件在服务运行期间，总是处于打开和使用状态，因此文本文件副本备份不一定总是有效。为了解决该问题，在复制数据库文件时，需要先停止 MySQL 数据库服务器。

为了保证所备份数据的完整性，在停止 MySQL 数据库服务器之前，需要先执行 FLUSH TABLES 语句将所有数据写入到数据文件的文本文件中。

虽然停止 MySQL 数据库服务器，可以解决复制数据库文件实现数据备份的问题，但是这种方法不是最好的备份方法。这是因为在实际情况下，MySQL 数据库服务器不允许被停止，同时该方式对 InnoDB 储存引擎的表不适合，只适合 MyISAM 引擎。

通过复制文件实现数据还原，除了保证存储类型为 MyISAM，还必须保证 MySQL 数据库的主版本号一致，因为只有 MySQL 数据库主版本号相同，才能保证两个 MySQL 数据库的文件类型是相同的。

15.3 通过命令 mysqldump 备份与还原

MySQL 提供了许多免费的客户端实用程序，且存储于 MySQL 安装目录下的 bin 子目录中。这些客户端实用程序可以连接到 MySQL 服务器进行数据库的访问，或者对 MySQL 执行不同的管理任务。其中，mysqldump 程序和 mysqlimport 程序就分别是两个常用的、用于实现 MySQL 数据库备份和恢复的实用工具。

15.3.1 应用 mysqldump 命令备份数据

1. 使用 MySQL 客户端实用程序的方法

打开计算机中的 DOS 终端，进去 MySQL 安装目录下的 bin 子目录，如 C：\Program Files\MySQL\MySQL 5.7\bin，出现 MySQL 客户端实用程序运行界面，由此可输入所需的 MySQL 客户端实用程序的命令。

2. 使用 mysqldump 程序备份数据

可以使用客户端实用程序 mysqldump 来实现 MySQL 数据库的备份，它除了可以与前面使用 SQL 语句备份表数据一样导出备份的表数据文件之外，还可以在导出的文件中包含数据库中表结构的 SQL 语句。因此，mysqldump 程序可以备份数据库表的结构，还可以备份一个数据库，甚至整个数据库系统，只需在 MySQL 客户端实用程序的运行界面中输入 mysqldump-help 命令，即可查看到 mysqldump 程序对应的命令。

（1）备份表

语法格式如下。

    mysqldump [options] database [tables] > filename

语法说明如下。

- options：mysqldump 命令支持的选项，可以通过执行 mysqldump -help 命令得到 mysqldump 选项表及更多帮助信息。
- database：指定数据库的名称，后面可以加上需要备份的表名。若在命令中没有指定表名，则该命令会备份整个数据库。
- filename：指定最终备份的文件名，如果该命令语句中指定了需要备份的多个表，那么备份后都会保存在这个文件中。文件默认的保存地址是 MySQL 安装目录下的 bin 目录中。如果需要保存在特定位置，可以指定其具体路径。需要注意的是，文件名在目录中不能已经存在，否则新的备份文件会将原文件覆盖。

与其他的 MySQL 客户端实用程序一样，使用 mysqldump 备份数据时，需要使用一个用户账号连接到 MySQL 服务器，这可以通过用户手工提供参数或在选项文件中修改有关值的方式来实现。使用参数的格式是：-h［hostname］-u［username］-p［password］。其中，-h 选项后面是主机名，如果是本地服务器，-h 选项可以省略；-u 选项后面是用户名；-p 选项后面是用户密码，-p 选项和密码之间不能有空格。

【例 15-1】 使用 mysqldump 备份数据库 mysql_test 中的表 customers。

mysqldump -hlocalhost -uroot -p123456 mysql_test customers > c:\backup\file. sql;

命令成功执行完毕后，会在指定的目录 c:\backup 下生成一个表 customers 的备份文件 file. sql，该文件中存储了创建表 customers 的一系列 SQL 语句以及该表中所有的数据。

（2）备份数据库

mysqldump 程序还可以将一个或多个数据库备份到一个文件中。

语法格式如下。

mysqldump［options］—databases［options］db1［db2 db3…］> filename

例如 备份数据库 mysql_test 和数据库 MySQL 到 C 盘 backup 目录下。

mysqldump -hlocalhost-uroot -p123456 -databases mysql_test MySQL > c:\backup\data. sql;

按〈Enter〉键即可执行这条命令。命令成功执行完毕后，会在指定的目录 c:\backup 下生成一个包含两个数据库 mysql_test 和 MySQL 的备份文件 data. sql，该文件中存储了创建这两个数据库及其内部数据表全部 SQL 语句以及两个数据库中所有的数据。

（3）备份整个数据库系统

mysqldump 程序还能够备份整个数据库系统，即系统中的所有数据库。

语法格式如下。

mysqldump［options］-all-databases［options］> filename;

【例 15-2】 备份 MySQL 服务器上所有数据库。

mysqldump -u root -p123456 -all-databases > c:\backup\alldata. sql;

需要注意的是，尽管使用 mysqldump 程序可以有效地导出表的结构，但在恢复数据的时候，倘若所需恢复的数据量很大，备份文件中众多的 SQL 语句会使恢复的效率降低。因此，可以在 mysqldump 命令中使用"—tab ="选项来分开数据和创建表的 SQL 语句。"—tab ="选项会在选项中"="后面指定的目录里，分别创建存储数据内容的 txt 格式文件和包含创建表结构的 SQL 语句的 . sql 格式文件。另外，该选项不能与—databases 选项或—all-databases 选项同时使用，并且 mysqldump 必须运行在服务器的主机上。

【例 15-3】 将数据库 mysql_test 中所有表的表的结构和数据分别备份到 c 盘的 backup 目录下。代码如下所示。

mysqldump -u root -p123456—tab=c:/backup/mysql_test;

这里由于数据库 mysql_test 中仅包含表 customers 和表 cus-tomers_copy 两张数据表，那么该命令成功执行完成后，会在 C 盘的 backup 目录中生成 4 个文件，分布是 customers. txt、cus-tomers. sql、customers_copy. txt 和 customuers_copy. sql。

15.3.2 应用 mysqldump 命令还原数据

1. 使用 MySQL 命令将 mysqldump 程序备份的文件中全部的 SQL 语句还原到 MySQL 中

【例 15-4】假设数据库 mysql_test 遭遇损坏，试用该数据库的备份文件 mysql_test. sql 将其恢复。代码如下所示。

```
mysql -u root -p123456 mysql_test< mysql_test. sql;
```

如果是数据库中表的结构发生了损坏，也可以使用 MySQL 命令对其单独做恢复处理，但是表中原有的数据将会全部被清空。

【例 15-5】假设数据库 mysql_test 中表 customers 的表结构被损坏，试将存储表 customers 结构的备份文件 customers. sql 恢复到服务器中，其中该备份文件存储在 C 盘的 backup 目录中。代码如下所示。

```
mysql -u root -p123456 customers < c: \backup\customers. sql;
```

2. 使用 mysqlimport 程序恢复数据

倘若只是为了恢复数据表中的数据，可以使用 mysqlimport 客户端实用程序来完成。这个程序提供了 load data…infile 语句的一个命令行接口，它发送一个 load data infile 命令到服务器来运作，其大多数选项直接对应 load data. infile 语句。运行 mysqlimport 程序。

语法格式如下。

```
mysqlimport[ options ]database textfile…;
```

语法说明如下。

- options：mysqlimport 命令支持的选项，可以通过执行 mysqlimport -help 命令查看这些选项的内容和作用。常用的选项如下。
- -d，--delete：在导入文本文件之前清空表中所有的数据行。
- -l，--lock-tables：在处理任何文本文件之前锁定所有的表，以保证所有的表在服务器上同步，但对于 innoDB 类型的表则不必进行锁定。
- --low-priority、--local、- - replace、- -ignore：分别对应 load data…infile 语句中的 low_priority、local、replace 和 ignore 关键字。
- database：指定欲恢复的数据库名称。
- textfile：存储备份数据的文本文件名。使用 mysqlimport 命令恢复数据时，mysqlimport 会剥去这个文件名的扩展名，并使用它来决定向数据库中哪个表导入文件的内容。例如，"file. txt" "file. sql" "file" 都会被导入名为 file 的表中，因此备份的文件名应根据需要恢复表命名。另外，在该命令中需要指定备份文件的具体路径，若没有指定，则选取文件的默认位置，即 MySQL 安装目录的 DATA 目录下。

与 mysqldump 程序一样，使用 mysqlimport 恢复数据时，也需要提供-h、-u、-p 选项来连接 MySQL 服务器。

【例 15-6】使用存储在 C 盘 backup 目录下的备份数据文件 customers. txt，恢复数据库 mysql_test 中表 customers 的数据。代码如下所示。

```
mysqlimport -hlocalhost -uroot -p123456 -low-priority -replace mysql_test c :\backup\customers. Txt;
```

15.4 从文本文件导出和导入表数据

在 MySQL 中，可以使用 SELECT INTO…OUTFILE 语句把表数据导出到一个文本文件中进行备份，并可使用 LOAD DATA…INFILE 语句来恢复先前备份的数据。

这种方法有一点不足，就是只能导出或导入数据的内容，而不包括表的结构，若表的结构文件损坏，则必须先设法恢复原来表的结构。

1. MySQL 使用 SELECT…INTO OUTFILE 语句导出文本文件

MySQL 中，可以使用 SELECT…INTO OUTFILE 语句将表的内容导出为一个文本文件。其基本的语法格式如下。

```
SELECT [列名] FROM table [WHERE 语句]
        INTO OUTFILE '目标文件' [OPTION];
```

该语句分为两个部分。前半部分是一个普通的 SELECT 语句，通过这个 SELECT 语句来查询所需要的数据；后半部分是导出数据的。其中，"目标文件" 参数指出将查询的记录导出到哪个文件中；"OPTION" 参数为可选参数选项，其可能的取值如下。

- FIELDS TERMINATED BY '字符串'：设置字符串为字段之间的分隔符，可以为单个或多个字符。默认值是 "\t"。
- FIELDS ENCLOSED BY '字符'：设置字符来括住字段的值，只能为单个字符。默认情况下不使用任何符号。
- FIELDS OPTIONALLY ENCLOSED BY '字符'：设置字符来括住 CHAR、VARCHAR 和 TEXT 等字符型字段。默认情况下不使用任何符号。
- FIELDS ESCAPED BY '字符'：设置转义字符，只能为单个字符。默认值为 "\"。
- LINES STARTING BY '字符串'：设置每行数据开头的字符，可以为单个或多个字符。默认情况下不使用任何字符。
- LINES TERMINATED BY '字符串'：设置每行数据结尾的字符，可以为单个或多个字符。默认值是 "\n"。
- FIELDS 和 LINES 两个子句都是自选的，但是如果两个子句都被指定了，FIELDS 必须位于 LINES 的前面。

提示：该语法中的 "目标文件" 被创建到服务器主机上，因此必须拥有文件写入权限（FILE 权限）后，才能使用此语法。同时，"目标文件" 不能是一个已经存在的文件。

SELECT…INTO OUTFILE 语句可以非常快速地把一个表转储到服务器上。如果想要在服务器主机之外的部分客户主机上创建结果文件，则不能使用 SELECT…INTO OUTFILE 语句。

【例 15-7】 使用 SELECT…INTO OUTFILE 语句来导出 jxgl 数据库下 student 表的记录。其中，字段之间用 "、" 隔开，字符型数据用双引号括起来。每条记录以 ">" 开头。SQL 代码如下：

```
SELECT * FROM jxgl. student INTO OUTFILE 'd:/backup/tb_student. txt'
    FIELDS
        TERMINATED BY '\、'
        OPTIONALLY ENCLOSED BY '\"'
    LINES
```

```
        STARTING BY '\>'
        TERMINATED BY '\r\n';
```

FIELDS 必须位于 LINES 的前面，多个 FIELDS 子句排列在一起时，后面的 FIELDS 必须省略；同样，多个 LINES 子句排列在一起时，后面的 LINES 也必须省略。如果在 student 表中包含了中文字符，使用上面的语句则会输出乱码。此时，加入 CHARACTER SET gbk 语句即可解决这一个问题，如下所示。

```
SELECT * FROMjxgl. student INTO OUTFILE 'd:/backup/tb_student. txt'
CHARACTER SET gbk
    FIELDS
        TERMINATED BY '\,'
        OPTIONALLY ENCLOSED BY '\"'
    LINES
        STARTING BY '\>'
        TERMINATED BY '\r\n';
```

"TERMINATED BY '\r\n'" 可以保证每条记录占一行。因为 Windows 操作系统下 "\r\n" 才是回车换行。如果不加这个选项，默认情况只是 "\n"。

2. MySQL 使用 LOAD DATA…INFILE 导入文本文件

LOAD DATA…INFILE 语句用于高速地从一个文本文件中读取行，并写入一个表中。文件名称必须为一个文字字符串。

LOAD DATA…INFILE 与 SELECT INTO…OUTFILE 的功能正相反，把表的数据备份到文件使用 SELECT INTO…OUTFILE，从备份文件恢复表数据，使用 LOAD DATA…INFILE。

LOAD DATA…INFILE 其语法结构如下所示。

```
LOAD DATA [LOW_PRIORITY | CONCURRENT] [LOCAL] INFILE 'file_name. txt'
    [REPLACE | IGNORE]
    INTO TABLE tbl_name
    [FIELDS
        [TERMINATED BY 'string']
        [[OPTIONALLY] ENCLOSED BY 'char']
        [ESCAPED BY 'char']
    ]
    [LINES
        [STARTING BY 'string']
        [TERMINATED BY 'string']
    ]
    [IGNORE number LINES]
    [(col_name_or_user_var,...)]
    [SET col_name = expr,...)]
```

其中，各关键字的说明如下。

1）LOW_PRIORITY | CONCURRENT 关键字。

● LOW_PRIORITY：该参数适用于表锁存储引擎，比如 MyISAM、MEMORY，和 MERGE，在写入过程中如果有客户端程序读表，写入将会延后，直至没有任何客户端程序读表再继续写入。

● CONCURRENT：使用该参数，允许在写入过程中其他客户端程序读取表内容。

2）LOCAL 关键字。LOCAL 关键字影响数据文件定位和错误处理。只有当 mysql-server 和

mysql-client 同时在配置中指定允许使用，LOCAL 关键字才会生效。如果 mysqld 的 local_infile 系统变量设置为 disabled，LOCAL 关键字将不会生效。

3）REPLACE ｜ IGNORE 关键字。REPLACE 和 IGNORE 关键字控制对现有的唯一键记录的重复值进行处理。如果指定了 REPLACE，新行将代替有相同的唯一键值的现有行。如果指定了 IGNORE，跳过有唯一键的现有行的重复行的输入。如果不指定任何一个选项，当找到重复键时，会出现一个错误提示，并且文本文件的余下部分被忽略。

【例 15-8】使用 LOAD DATA…INFILE 语句将"tb_student. txt"导入 jxgl 数据库下 student 表。SQL 代码如下。

```
LOAD DATA LOCAL INFILE ' tb_student. txt ' INTO TABLE student
FIELDS TERMINATED BY ','
OPTIONALLY ENCLOSED BY'"'
LINES TERMINATED BY '\n'
```

若只载入一个表的部分列，可以采用：LOAD DATA LOCAL INFILE ' tb_student. txt ' INTO TABLE student(sno,sname)。

不适合使用 LOAD DATA INFILE 的情况如下。

1）使用固定行格式（即 FIELDS TERMINATED BY 和 FIELDS ENCLOSED BY 均为空），列字段类型为 BLOB 或 TEXT。

2）指定分隔符与其他选项前缀一样，LOAD DATA INFILE 不能对输入做正确的解释。例如：FIELDS TERMINATED BY '"' ENCLOSED BY '"'。

3）如果 FIELDS ESCAPED BY 为空，字段值包含 FIELDS ENCLOSED BY 指定字符，或者 LINES TERMINATED BY 的字符在 FIELDS TERMINATED BY 之前，都会导致过早的停止 LOAD DATA INFILE 操作。因为 LOAD DATA INFILE 不能准确地确定行或列的结束。

15.5　知识点小结

本章主要讲述了备份数据库、还原数据库、导入表和导出表的内容。数据库的备份和还原是本章的重点内容。在实际应用中，通常使用 mysqldump 命令备份数据库。

15.6　思考与练习

1. 为什么在 MySQL 中需要进行数据库的备份与还原操作？
2. 备份的方法有哪些？
3. 完全备份需要注意什么？
4. 还原的基础是什么？
5. mysqlLdump、mysqlimport 命令如何使用？
6. 加载数据最快的方法是什么？
7. 使用直接复制方法实现数据库备份与恢复时，需要注意哪些事项？
8. 请使用 select into…outfile 语句，备份数据库 db_test 中表 content 的全部数据到 C 盘的 BACKUP 目录下一个名为 backupcontent. txt 的文件中，要求字段值如果是字符则用双引号标注，字段值之间用逗号隔开，每行以问号为结束标志。

9. MySQL 中，备份数据库的命令是（   ）。

A. MySQLdump   B. MySQL   C. backup   D. copy

10. 实现批量数据导入的命令是（   ）。

A. MySQLdump   B. MySQL   C. backup   D. return

11. 软硬件故障常造成数据库中的数据破坏，数据库恢复就是（   ）。

A. 重新安装数据库管理系统和应用程序

B. 重新安装应用程序，并将数据库做镜像

C. 重新安装数据库管理系统，并将数据库做镜像

D. 在尽可能短的时间内，把数据库恢复到故障发生前的状态

12. MySQL 中，还原数据库的命令是（   ）。

A. MySQLdump   B. MySQL   C. backup   D. return

13. 备份是在某一次完全备份的基础，（   ）只备份其后数据的变化。

A. 比较   B. 检查   C. 增量   D. 二次

14. 导出数据库正确的方法为（   ）。

A. MySQLdump 数据库名>文件名

B. MySQLdump 数据库名>>文件名

C. MySQLdump 数据库名文件名

D. MySQLdump 数据库名=文件名

第 16 章　MySQL 日志管理

日志是 MySQL 数据库的重要组成部分，日志文件中记录着 MySQL 数据库运行期间发生的变化。例如，数据库出现错误时可以通过查看日志文件找出原因。MySQL 数据库中包含多种不同类型的日志文件，这些文件记录了 MySQL 数据库的日常操作和错误信息，分析这些日志文件可以了解 MySQL 数据库的运行情况、日常操作、错误信息以及哪些地方需要进行优化。本章将介绍 MySQL 数据库中常见的几种日志文件，包括错误日志、通用查询日志、慢查询和二进制日志文件。

16.1　MySQL 的日志

MySQL 日志是记录 MySQL 数据库的日常操作和错误信息的文件。例如，一个名为 cau 的用户登录到 MySQL 服务器，日志中就会记录这个用户的登录时间、执行的操作等。再例如，MySQL 服务在某个时间出现异常，异常信息会被记录到日志文件中。当数据库遭到意外的损害时，可以通过日志文件来查询出错原因，并且可以通过日志文件进行数据恢复。MySQL 日志可以分为错误日志、二进制日志、慢查询日志和通用查询日志。分析这些日志文件，可以了解 MySQL 数据库的运行情况、日常操作、错误信息和哪些地方需要进行优化。

- 二进制日志：以二进制文件的形式记录了数据库中的操作，但不记录查询语句。
- 错误日志：记录 MySQL 服务器的启动、关闭、运行错误等信息。
- 通用查询日志：记录用户登录和记录查询的信息。
- 慢查询日志：记录执行时间超过指定时间的操作。

除二进制日志外，其他日志都是文本文件。日志文件通常存储在 MySQL 数据库的数据目录下。在默认情况下，MySQL 数据库只启动了错误日志的功能。其他 3 类日志都需要数据库管理员进行设置。

说明：如果 MySQL 数据库系统意外停止服务，可以通过错误日志查看出现错误的原因。并且，可以通过二进制日志文件来查看用户执行了哪些操作、对数据库文件做了哪些修改。然后，可以根据二进制日志中的记录来修复数据库。

但是，启动日志功能会降低 MySQL 数据库的执行速度。例如，一个查询操作比较频繁的 MySQL 中，记录通用查询日志和慢查询日志需要很多的时间。并且，日志文件会占用大量的硬盘空间。对于用户量非常大、操作非常频繁的数据库，日志文件需要的存储空间甚至比数据库文件需要的存储空间还要大。

16.2　错误日志管理

在 MySQL 数据库中，错误日志记录着 MySQL 服务器的启动和停止过程中的信息、服务器在运行过程中发生的故障和异常情况的相关信息、事件调度器运行一个事件时产生的信息、在从服务器上启动服务器进程时产生的信息等。错误日志记录的并非全是错误信息，如 MySQL 如何启动 InnoDB 的表空间文件、如何初始化自己的存储引擎等信息也记录在错误日志文件中。

16.2.1　启动错误日志

在 MySQL 数据库中，错误日志功能默认状态下是开启的，并且不能被禁止。错误日志信息也可以自行配置，通过修改 my.ini 文件即可。错误日志所记录的信息是可以通过 log-error 和 log-warnings 来定义的，其中 log-err 定义是否启用错误日志的功能和错误日志的存储位置，log-warnings 定义是否将警告信息也定义至错误日志中。log-error = [file-name] 用来指定错误日志存储的位置。如果没有指定 [file-name]，默认 hostname.err 作为文件名，默认存储在 DATADIR 目录中。笔者的配置信息如下。

```
# Error Logging.
log-error = "CAULIHUI-PC. err"
```

16.2.2　查看错误日志

错误日志中记录着开启和关闭 MySQL 服务的时间以及服务运行过程中出现哪些异常等信息。如果 MySQL 服务出现异常，可以到错误日志中查找原因。

错误日志是以文本文件的形式存储的，直接使用普通文本工具就可以查看。

【例 16-1】 下面是笔者 MySQL 服务器的错误日志的部分内容。

```
2018-10-06T11:41:15.664842Z 0 [Note] InnoDB: Setting file '.\ibtmp1' size to 12 MB. Physically
writing the file full; Please wait ...
2018-10-06T11:41:15.699844Z 0 [Note] InnoDB: File '.\ibtmp1' size is now 12 MB.
2018-10-06T11:41:15.701844Z 0 [Note] InnoDB: 96 redo rollback segment(s) found. 96 redo rollback
segment(s) are active.
2018-10-06T11:41:15.701844Z 0 [Note] InnoDB: 32 non-redo rollback segment(s) are active.
2018-10-06T11:41:15.702844Z 0 [Note] InnoDB: Waiting for purge to start
2018-10-06T11:41:15.752847Z 0 [Note] InnoDB: 5.7.10 started; log sequence number 11077842
2018-10-06T11:41:15.753847Z 0 [Note] Plugin 'FEDERATED' is disabled.
2018-10-06T11:41:15.756847Z 0 [Note] InnoDB: Loading buffer pool(s) from C:\ProgramData\MySQL
\MySQL Server 5.7\Data\ib_buffer_pool
2018-10-06T11:41:15.756847Z 0 [Note] InnoDB: not started
2018-10-06T11:41:15.760848Z 0 [Note] InnoDB: Buffer pool(s) load completed at 181006 19:41:15
```

通过以上信息可以看出错误日志记载了系统的一些错误和警告错误。

16.2.3　删除错误日志

数据库管理员可以删除很长时间之前的错误日志，以保证 MySQL 服务器上的硬盘空间。在 MySQL 数据库中，可以使用 mysqladmin 命令来开启新的错误日志。mysqladmin 命令的语法如下。

```
mysqladmin -u root -p flush-logs
```

执行该命令后，数据库系统会自动创建一个新的错误日志。旧的错误日志仍然保留着，只是已经更名为 filename.err-old。

除了 mysqladmin 命令外，也可以使用 flush logs 语句来开启新的错误日志。使用该语句之前必须先登录到 MySQL 数据库中。创建好新的错误日志之后，数据库管理员可以将旧的错误日志备份到其他的硬盘上。如果数据库管理员觉得 filename.en.-old 已经没有存在的必要，可以直接删除。

在通常情况下，管理员不需要查看错误日志。但是，MySQL 服务器发生异常时，管理员可以从错误日志中找到发生异常的时间、原因，然后根据这些信息来解决异常。对于很久以前的错误日志，管理员查看这些错误日志的可能性不大，可以将这些错误日志删除。

16.3 二进制日志管理

二进制日志也叫作变更日志（update log），MySQL 数据库的二进制日志文件是用来记录所有用户对数据库的操作。当数据库发生意外时，可以通过此文件查看在一定时间段内用户所做的操作，结合数据库备份技术，即可再现用户操作，使数据库恢复。二进制日志文件开启后，所有对数据库操作的记录均会被记录到此文件，所以当长时间开启之后，日志文件会变得很大，占用磁盘空间。

16.3.1 启动二进制日志

二进制日志记录了所有对数据库数据的修改操作，所以 MySQL 数据库默认情况下是不开启二进制日志文件的，可通过查看命令（mysql> show variables like 'log_bin';）查看。

在默认情况下，二进制日志功能是关闭的。通过 my. ini 的 log-bin 选项可以开启二进制日志。将 log-bin 选项加入到 my. ini 文件的 [mysqld] 组中，语法格式如下。

> log-bin [=DIR \ [filename]]

其中，DIR 参数指定二进制文件的存储路径；filename 参数指定二进制文件的文件名，其形式为 filename. number，number 的形式为 000001、000002 等。每次重启 MySQL 服务后，都会生成一个新的二进制日志文件，这些日志文件的 number 会不断递增。除了生成上述文件外，还会生出一个名为 filename. index 的文件，这个文件中存储所有二进制日志文件的清单。如果没有 DIR 参数和 filename 参数，二进制日志将默认存储在数据库的数据目录下。默认的文件名为 hostname-bin. number，其中 hostname 表示主机名。

技巧：二进制日志与数据库的数据文件最好不要放在同一块硬盘上，即使数据文件所在的硬盘被破坏，也可以使用另一块硬盘上的二进制日志来恢复数据库文件。两块硬盘同时坏了的可能性要小得多，这样可以保证数据库中数据的安全。

16.3.2 查看二进制日志

使用二进制格式可以存储更多的信息，并且可以使写入二进制日志的效率更高。但是，不能直接打开并查看二进制日志。如果需要查看二进制日志，必须使用 mysqlbinlog 命令。mysqlbinlog 命令的语法格式如下。

> mysqlbinlog filename. number

mysqlbinlog 命令将在当前文件夹下查找指定的二进制日志。因此需要在二进制日志 filename. number 所在的目录下运行该命令，否则将会找不到指定的二进制日志文件。

16.3.3 删除二进制日志

二进制日记会记录大量的信息，如果很长时间不清理二进制日志，将会浪费很多的磁盘空间。

1. 删除所有二进制日志

使用 reset master 语句可以删除所有二进制日志。该语句的形式如下。

```
reset master;
```

登录 MySQL 数据库后，可以执行该语句来删除所有二进制日志。删除所有二进制日志后，MySQL 将会重新创建新的二进制日志。新二进制日志的编号从 000001 开始，如主机名 -bin. 000001

2. 根据编号来删除二进制日志

每个二进制日志文件后面有一个六位数的编号，如 000001。使用 purge masterlogs to 语句可以删除编号小于这个二进制日志的所有二进制日志。该语句的基本语法格式如下。

```
purge master logs to 'filename. number';
```

【例 16-2】 删除 mylog. 000005 之前的二进制日志。代码如下所示。

```
purge master logs to 'CAULIHUI-bin. 000005';
```

3. 根据创建时间来删除二进制日志

使用 purge master logs to 语句可以删除指定时间之前创建的二进制日志。该语句的基本语法格式如下。

```
purge master logs before   'yyyy-mm-dd hh:mm;ss';
```

【例 16-3】 删除 2018-10-20 11：31：00 之前创建的二进制日志。代码如下所示。

```
purge master logs before '2018-10-20 11:31:00';
```

代码执行完成后，2018-10-20 11:31:00 之前创建的所有二进制日志将被删除。

16.3.4 二进制日志还原数据库

二进制日志记录了用户对数据库中数据的改变，如 INSERT 语句、UPDATE 语句、CREATE 语句等都会记录到二进制日志中。一旦数据库遭到破坏，可以使用二进制日志来还原数据库。本小节将介绍使用二进制日志还原数据库的方法。

如果数据库遭到意外损坏，首先应该使用最近的备份文件来还原数据库。备份之后，数据库可能进行了一些更新，这可以使用二进制日志来还原。因为二进制日志中存储了更新数据库的语句，如 UPDATE 语句、INSERT 语句等。二进制日志还原数据库的命令如下。

```
mysqlbinlog filename. number ｜ mysql -u root -p
```

这个命令可以这样理解：使用 mysqlbinlog 命令来读取 filename. number 中的内容，然后使用 MySQL 命令将这些内容还原到数据库中。

二进制日志虽然可以用来还原 MySQL 数据库，但是其占用的磁盘空间也是非常大的。因此，在备份 MySQL 数据库之后，应该删除备份之前的二进制日志。如果备份之后发生异常，造成数据库的数据丢失，可以通过备份之后的二进制日志进行还原。

使用 mysqlbinlog 命令进行还原操作时，必须是编号（number）小的先还原。例如，CAULIHUI-bin. 00000 1 必须在 CAULIHUI-bin. 000002 之前还原。

在配置文件中设置了 log-bin 选项以后，MySQL 服务器将会一直开启二进制日志功能。删除该选项后就可以停止二进制日志功能。如果需要再次启动这个功能，又需要重新添加 log-bin 选项。MySQL 中提供了暂时停止二进制日志功能的语句。

如果用户不希望自己执行的某些 SQL 语句记录在二进制日志中，那么需要在执行这些 SQL 语句之前暂停二进制日志功能。用户可以使用 set 语句来暂停二进制日志功能，代码如下。

```
set sql_log_bin = 0;
```

执行该语句后，MySQL 服务器会暂停二进制日志功能。但是，只有拥有 super 权限的用户才可以执行该语句。如果用户希望重新开启二进制日志功能，可以使用下面的 set 语句。

```
set sql_log_bin = 1;
```

在二进制日志文件中，对数据库的 DML 操作和 DDL 都记录到了 binlog 中了，而 SELECT 并没有记录。如果用户想记录 SELECT 和 SHOW 操作，就只能使用查询日志，而不是二进制日志。此外，二进制日志还包括了执行数据库更改操作的时间等其他额外信息。

总之，开启二进制日志可以实现以下几个功能。

1）恢复（Recovery）：某些数据的恢复需要二进制日志，例如，在一个数据库全备文件恢复后，用户可以通过二进制日志进行 point-in-time 的恢复。

2）复制（Replication）：其原理与恢复类似，通过复制和执行二进制日志使一台远程的 MySQL 数据库（一般称为 Slave 或 Standby）与一台 MySQL 数据库（一般称为 Master 或 Primary）进行实时同步。

3）审计（Audit）：用户可以通过二进制日志中的信息来进行审计，判断是否有对数据库进行注入的攻击。

16.4　慢查询日志管理

优化 MySQL 最重要的一部分工作就是先确定"有问题"的查询语句。只有先找出这些查询较慢的 SQL 查询，才可以进一步分析原因并且优化它。慢查询日志就记录了执行时间超过了特定时长的查询，即记录所有执行时间超过最大 SQL 执行时间（long_query_time）或未使用索引的语句。

16.4.1　启动慢查询日志

在默认情况下，慢查询日志功能是关闭的。可以通过 "mysql> show variables like 'slow_%';" 查看慢查询日志是否开启。在 Windows 下，通过修改 my. ini 文件的 slow_query_log 选项可以开启慢查询日志，或者通过命令行 "mysql> set global slow_query_log = on;" 开启。在 [mysqld] 组，把 slow-query-log 的值设置为 1（默认是 0），slow_query_log_file 设置慢查询日志路径，long_query_time 设置时间值，超过这个时间值就被记录到慢查询日志。重新启动 MySQL 服务即可开启慢查询日志。其中 slow_query_log_file 格式如下。

```
slow_query_log_file[ = DIR\[ filename] ]
```

其中，DIR 参数指定慢查询日志的存储路径；filename 参数指定日志的文件名，生成日志文件的完整名称为 filename-slow. log。如果不指定存储路径，慢查询日志将默认存储到 MySQL 数据库的数据文件夹下。如果不指定文件名，默认文件名为 hostname-slow. log, hostname 是

MySQL 服务器的主机名。long_query_time 参数是设定的时间值，该值的单位是秒。如果不设置 long_query_time 选项，默认时间为 10 秒。笔者的配置如下。

```
slow_launch_time        2
slow_query_log          ON
slow_query_log_file     CAULIHUI-PC-slow.log
```

16.4.2　查看慢查询日志

执行时间超过指定时间的查询语句会被记录到慢查询日志中。如果用户希望查询哪些查询语句的执行效率低，可以从慢查询日志中获得想要的信息。慢查询日志也是以文本文件的形式存储的。可以使用普通的文本文件查看工具来查看。

16.4.3　删除慢查询日志

慢查询日志的删除方法可以使用 mysqladmin 命令来删除，也可以使用手工方式来删除。mysqladmin 命令的语法如下。

```
mysqladmin -u root -p flush-logs
```

执行该命令后，命令行会提示输入密码。输入正确密码后，将执行删除操作。新的慢查询日志会直接覆盖旧的查询日志，不需要再手动删除了。数据库管理员也可以手工删除慢查询日志，删除之后需要重新启动 MySQL 服务，重启之后就会生成新的慢查询日志，如果希望备份旧的慢查询日志文件，可以将旧的日志文件改名，然后重启 MySQL 服务。

16.5　通用查询日志管理

查询日志记录了用户的所有操作，包括对数据库的增、删、改、查等信息，在并发操作多的环境下会产生大量的信息，从而导致不必要的磁盘 IO，会影响 MySQL 的性能。如不是为了调试数据库的目的建议不要开启查询日志。查询日志包含日期和时间、服务器线程 ID、事件类型以及特定事件信息的列。

16.5.1　启动通用查询日志

在默认情况下，通用查询日志功能是关闭的。在 Windows 下，通过修改 my.ini 文件的 log 选项可以开启通用查询日志。在［mysqld］组，把 general-log 的值设置为 1（默认是 0），重新启动 MySQL 服务即可开启查询日志，general_log_file 表示日志的路径，语法格式如下。

```
general_log_file [=DIR\[filename]]
```

其中，DIR 参数指定通用查询日志的存储路径；filename 参数指定日志的文件名。如果不指定存储路径，通用查询日志将默认存储到 MySQL 数据库的数据文件夹下。如果不指定文件名，默认文件名为 hostname.Log，hostname 是 MySQL 服务器的主机名。

也可以通过命令行来启动通用查询日志，命令如下：

```
set global general_log=1;
```

16.5.2　查看通用查询日志

用户的所有操作都会记录到通用查询日志中。如果希望了解某个用户最近的操作，可以查看通用查询日志，通用查询日志是以文本文件的形式存储的。

【例16-4】下面是笔者 MySQL 服务器的通用查询日志的部分内容。

```
C:\Program Files\MySQL\MySQL Server 5.7\bin\mysqld.exe, Version: 5.7.10-log (MySQL Community
Server (GPL) ). started with:
TCP Port: 3306, Named Pipe:MySQL
Time                    Id Command        Argument
2018-10-06T12:13:47.716493Z      2 Queryset global general_log=1
2018-10-06T12:13:54.647890Z      2 Queryset global general_log=1
```

如果想停止通用日志，只需要把 my.ini 文件中的 general-log 设置为 0，重新启动 MySQL 服务即可关闭通用日志。

16.5.3　删除通用查询日志

通用查询日志会记录用户的所有操作。如果数据库的使用非常频繁，那么通用查询日志将会占用非常大的磁盘空间。数据库管理员可以删除很长时间之前的通用查询日志，以保证 MySQL 服务器上的硬盘空间。

在 MySQL 数据库中，也可以使用 mysqladmin 命令来开启新的通用查询日志。新的通用查询日志会直接覆盖旧的查询日志，不需要再手动删除了。mysqladmin 命令的语法如下。

```
mysqladmin -u root -p flush-logs
```

如果希望备份旧的通用查询日志，那么就必须先将旧的日志文件复制出来或者改名，然后再执行上面的 mysqladmin 命令。

除了上述方法以外，可以手工删除通用查询日志。删除之后需要重新启动 MySQL 服务，重启之后就会生成新的通用查询日志。如果希望备份旧的日志文件，可以将该文件改名，然后重启 MySQL 服务。

最后，删除通用查询日志和慢查询日志都是使用这个命令，使用时一定要注意，一旦执行这个命令，通用查询日志和慢查询日志都只存在新的日志文件。如果希望备份旧的慢查询日志，必须先将旧的日志文件复制出来或者改名，然后再执行上面的 mysqladmin 命令。

由于 log 日志记录了数据库所有操作，对于访问频繁的系统，此种日志会造成性能影响，建议关闭。

16.6　知识点小结

本章首先介绍了日志的含义、作用和优缺点，然后介绍了二进制日志、错误日志、通用日志和慢查询日志的内容，其中二进制日志是本章的重点。二进制日志的查询方法与其他日志不同，需要读者特别注意，二进制日志可以用于还原数据库。

16.7　思考与练习

1. MySQL 日志的功能有哪些？

2. MySQL 日志可分为哪些类型？

3. 对于 MySQL 通常应该开启哪些日志？

4. 如何使用二进制日志和慢查询日志？

5. 二进制日志文件的用途是什么？

6. MySQL 日志文件的类型包括错误日志、查询日志、更新日志、二进制日志和（　　　）。

A. 慢日志　　　　　B. 索引日志　　　　　C. 权限日志　　　　　D. 文本日志

7. 在 MySQL 日志中，错误日志记载着 MySQL 数据库系统的诊断和出错信息，存储文件的名称是（　　　）。

A. error log　　　B. MySQL. log　　　C. access. log　　　D. errors. log

8. 以下关于二进制日志文件的叙述中，错误的是（　　　）。

A. 使用二进制日志文件能够监视用户对数据库的所有操作

B. 二进制日志文件记录所有对数据库的更新操作

C. 启用二进制日志文件，会使系统性能有所降低

D. 启用二进制日志文件，会浪费一定的存储空间

9. 以下关于 MySQL 二进制日志文件的叙述中，正确的是（　　　）。

A. 二进制日志文件以二进制形式存储数据库的更新信息

B. 使用二进制日志文件，能够提高系统的运行效率

C. 清除所有二进制日志文件的 SQL 命令是 REMOVE

D. 二进制日志文件保存在 mysqlbinlog 表中

10. 下列关于 MySQL 二进制日志的叙述中，错误的是（　　　）。

A. 二进制日志包含了数据库中所有操作语句的执行时间信息

B. 二进制日志用于数据恢复

C. MySQL 默认是不开启二进制日志功能的

D. 启用二进制日志，系统的性能会有所降低

11. 以下关于 MySQL 二进制日志文件的叙述中，正确的是（　　　）。

A. 二进制日志文件用于数据库恢复

B. 二进制日志文件记录了对数据表的全部操作

C. 二进制日志功能默认是开启的

D. 启用二进制日志文件，对系统运行性能没有影响

12. 在使用 MySQL 时，要实时记录数据库中所有修改、插入和用删除操作，需要启用（　　　）。

A. 二进制日志　　　B. 查询日志　　　　C. 错误日志　　　　D. 恢复日志

13. 下列文件名属于 MySQL 服务器生成的二进制日志文件是（　　　）。

A. bin_log_000001　B. bin_log_txt　　　C. bin_log_sql　　　D. errors. log

14. 下列关于 MySQL 二进制日志文件的描述错误的是（　　　）。

A. 开启日志功能后，系统自动将主机名作为二进制日志文件名，用户不能指定文件名

B. MySQL 默认不开启二进制日志功能

C. MySQL 开启日志功能后，在安装目录的 DATA 文件夹下会生成两个文件，即二进制日志文件和二进制日志索引文件

D. 用户可以使用 mysqbinlog 命令将二进制日志文件保存为文本文件

第 17 章 分布式数据库与 MySQL 的应用

随着数据库技术的日趋成熟和计算机网络通信技术的快速发展，传统集中式数据库系统显现出一些自身的弱点和不足。分布式数据库系统（Distributed DataBase System，DDBS）是地理上分散而逻辑上集中的数据库系统，即通过计算机网络将地理上分散的各局域节点连接起来共同组成一个逻辑上统一的数据库系统。因此，分布式数据库系统是数据库技术和计算机网络技术相结合的产物。

分布式数据库系统有两种：一种是物理上分布的，但逻辑上却是集中的。这种分布式数据库只适宜用途比较单一的、不大的单位或部门；另一种分布式数据库系统在物理上和逻辑上都是分布的，也就是所谓联邦式分布数据库系统。由于组成联邦的各个子数据库系统是相对"自治"的，这种系统可以容纳多种不同用途的、差异较大的数据库，比较适宜于大范围内数据库的集成。

由于物理上分散的公司、团体和组织对数据库更为广泛的应用需求，作为数据库技术和网络技术相互渗透、有机结合的分布计算和分布式数据库受到人们广泛关注，成为数据库发展的一个重要方向。本章主要介绍分布式数据库系统以及 MySQL 的切分、复制、群集、缓存等高级技术。

17.1 分布式数据库系统

分布式数据库是数据库技术与网络技术相结合的产物，始于 20 世纪 70 年代中期。20 世纪 90 年代以来，分布式数据库进入到商品化应用阶段，传统关系数据库产品都已发展成以计算机网络和多任务操作系统为核心的分布式数据库产品，同时分布式数据库也逐步向着客户机/服务器模式发展。

分布式数据库是指利用高速计算机网络将物理上分散的多个数据存储单元连接起来组成一个逻辑上统一的数据库。分布式数据库的基本思想是将原来集中式数据库中的数据分散存储到多个通过网络连接的数据存储节点上，以获取更大的存储容量和更高的并发访问量。近年来，随着数据量的高速增长，分布式数据库技术也得到了快速的发展，传统的关系型数据库开始从集中式模型向分布式架构发展，基于关系型的分布式数据库在保留了传统数据库的数据模型和基本特征下，从集中式存储走向分布式存储，从集中式计算走向分布式计算。

分布式数据库系统的主要目的是容灾、异地数据备份，并且通过就近访问原则，用户可以就近访问数据库节点，这样就实现了异地的负载均衡。同时，通过数据库之间的数据传输同步，可以保持分布式数据的一致性，通过这个过程完成数据备份，异地存储数据在单点故障的时候不影响服务的访问，只需要将访问流量切换异地镜像即可。

分布式数据库应用的优势如下。

1）适合分布式数据管理，能够有效提高系统性能。分布式数据库系统的结构更适合具有地理分布特性的组织或机构使用，允许分布在不同区域、不同级别的各个部门对其自身的数据实行局部控制。

2）系统经济性和灵活性好。传统的数据库系统一般是通过高端设备，例如小型机或者高端存储来保证数据库完整性，或者通过增加内存或 CPU 来提高数据库的处理能力。这种集中式的数据库架构越来越不适合海量数据库处理，而且也得付出高额的费用。而由超级微型计算机或超级小型计算机支持的分布式数据库系统往往具有更高的性价比和实施灵活性。

3）系统可靠性高和可用性强。由于存在冗余数据，个别场地或个别链路的故障不会导致整个系统的崩溃。同时，系统可自动检测故障所在，并利用冗余数据恢复出故障的场地，这种检测和修复是在联机状态下完成的。

17.1.1 集中式与分布式

传统数据库系统作为一种主机/终端式系统，表现出明显的集中式数据库体系结构。集中式数据库基本特征是"单点"数据存取与"单点"数据处理。数据库管理系统、所有用户数据以及所有应用程序都安装和存储在同一个"中心"计算机系统当中。这个中心计算机通常是大型机，也称为主机。用户通过终端发出存取数据请求，由通信线路传输到主机。主机予以响应并加以相应处理，然后再通过通信线路将处理结果返回到用户终端。集中式数据库结构如图 17-1 所示。

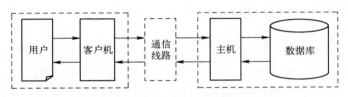

图 17-1　集中式数据库结构

进入 21 世纪，数据库技术和应用已经普遍建立在计算机网络基础之上，通常集中式数据库难以满足网络环境下数据存储与处理的基本需求，主要表现在下述几个方面。

1）通信开销巨大。数据按照实际需要在网络上分布存储，集中式处理将会带来巨大通信开销。

2）故障影响系统。应用程序在网络情况下集中在一台机器上运行，一旦发生故障，将造成整个系统受到影响。

3）灵活扩展不足。数据的系统规模和处理配置不够灵活，整个系统可扩展性较差。

为了解决集中式数据库不能适应网络环境的现实问题，人们引入了分布式计算概念。分布计算先后经历了"处理分布""功能分布"和"数据分布"的演变过程。其中功能分布产生客户机/服务器结构应当遵循的基本的原则，而数据分布就导入了分布式数据库概念。

在网络环境下，"分布式计算"具有下述三种主要含义。

1. 处理分布

处理分布的基本特征是数据集中、处理分布。网络中各个节点用户的应用程序向同一数据库存取数据，然后在相应的各自节点进行数据处理。处理分布作为一种单点数据、多点处理方式，只是在相当于智能终端的用户计算机上具有应用处理能力，同时增加了网络接口，能够在网络环境中运行，其本质仍然属于集中式数据库范畴，本章不讨论这种情形。

2. 功能分布

在分布式数据库系统中，网络中每个节点都是一个通用计算机，同时执行分布式数据库功能和应用程序。随着工作站功能的日益增强和广泛应用，为了解决计算机瓶颈问题，需要将数据库管理系统功能和应用处理机制分开。网络中某些节点上的计算机专门执行数据库管理系统功能，并将其称之为数据库服务器（DB Server），例如，在服务器上安装 MySQL 等，用于事务处理和数据访问的控制；另外一些节点上的计算机则专门处理用户应用程序，并称之为客户机（Client）。人们通常在客户机上安装数据库系统应用开发工具，实现用户界面和前端处理。例如，在客户机上安装 C# 或 Java，用以支持用户和运行应用程序。这种客户机和数据库服务器架构的技术就是功能分布。

3. 数据分布

数据分布基本特征是数据物理分布在不同节点上，但在逻辑上构成一个整体，是一个逻辑数据库。网络中每个节点都可以执行局部应用，具有独立处理本地数据库中数据能力；同时也可以执行全局应用，存取和处理其他站点数据库中数据。数据分布的实现途径就是分布式数据库技术，这是本章讨论的重点部分。

17.1.2　分布式数据库的基本概念

分布式数据库（Distributed Database，DDB）作为数据库技术与计算机网络技术相结合的产物，在本质上是一种虚拟的数据库，整个系统由一些松散耦合的站点构成，系统中的数据都物理地存储在不同地理站点的不同数据库（站点）中，而系统中每个站点上运行的数据库系统之间实现着真正意义下的相互对立性。

在实际应用中，由于各个单位（例如一些大型企业和连锁店等）自身经常就是分布式的，在逻辑上分成公司、部门、工作组，在物理上也被分成诸如车间、实验室等，这就意味着各种数据是分布式的。单位中各个部门都维护着自身的数据，单位的整个信息就被分解成了“信息孤岛”，分布式数据库正是针对这种情形建立起来的“信息桥梁”。

分布式数据库的研制开始于 20 世纪 70 年代中期。在 1976 年到 1979 年间，美国计算机公司（CCA）开发出第 1 个分布式数据库系统 SDD-1。进入 20 世纪 80 年代，分布式数据库技术成为数据库研究的主要方向并取得了显著成果。到了 20 世纪 90 年代，国内外一批分布式数据库系统进入商品化应用阶段，传统关系数据库产品都已发展成为以计算机网络和多任务操作系统为核心的分布式数据库系统，同时分布式数据库也逐步向客户机/服务器模式演进和发展。下面给出分布式数据库系统的基本概念。

分布式数据库系统（Distributed Database Systems，DDBS）是由一组地理上分布在网络中的不同节点而在逻辑上属于同一系统的数据库子系统组成的，这些数据库子系统分散在计算机网络中不同计算实体之中，网络中每个节点都具有独立处理数据的能力，是站点自治的。既可以执行局部应用，同时也可以通过网络通信系统执行全局应用。

按照上述概念，可以得到分布式数据库具有如下基本特征。

（1）物理分布性

数据库中数据不是存储在同一站点的，数据是存储在不同计算机的存储设备当中的，而不是集中存储于一个节点上。

（2）逻辑整体性

尽管数据在物理上是分散存储的，但在逻辑上相互关联，构成整体，数据被所有用户（全局用户）共享，由一个 DDBMS 统一管理，这不同于由网络连接的多个独立的数据库。

（3）站点自治性

各个站点数据都有独立的计算实体（计算机系统）、数据库和数据库管理系统（局部数据库管理系统，Located DBMS，LDBMS），具有自治处理能力，能够独立实现本站点数据库的局部管理。

（4）站点协作

各个站点既高度自治，又相互协作，构成一个整体。站点数据库中的数据可以为本站点内用户使用，也可以通过提供给其他站点上的用户以实现全局应用。而且对于各个站点用户来说，如同使用集中式数据库一样，可以在任何一个站点执行全局任务。

一个具有 3 个站点的分布式数据库系统如图 17-2 所示。

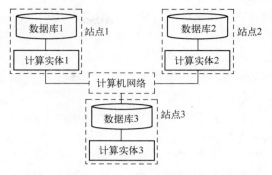

图 17-2　具有三个站点的分布式数据库系统

17.1.3　分布式数据库的模式结构

集中式数据库具有三层模式结构、两级映射和由此带来的数据逻辑与物理独立的性质。分布式数据库是基于网络连接的集中式数据库的逻辑集合，其模式结构既保留了集中式数据库模式特色，又具有更为复杂结构的特色。

1. 六层模式结构

图 17-3 是一种分布式数据库的分层模式结构，这个结构可以从整体上分为两个部分，最底部的两层是集中式数据库原有模式结构部分，代表各个站点局部分布式数据库结构；上面四层是分布式数据库系统新增加的结构部分。

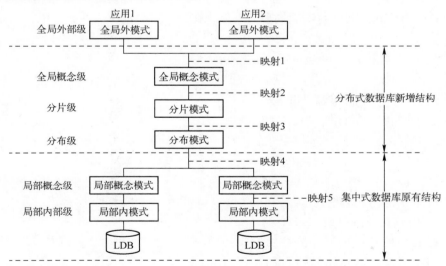

图 17-3　分布式数据库系统分层模式结构图

由图 17-3 可以看出分布式数据库框架体系具有六级模式结构。

（1）全局外模式结构

全局外部级（全局外模式）是全局应用的用户视图，可以看作是全局模式的一个子集。一个分布式数据库可以有多个全局外模式。

（2）基于分布的模式结构

该层是基于分布式数据库基本要求而构建的，其中包括三个结构层面。

1）全局概念级（全局模式）类似于集中式数据库的模式，它定义了分布式数据库中全体数据的逻辑结构，是整个分布式数据库所有全局关系的描述。全局模式提供了分布式系统中数据的物理独立性，而全局外模式提供了数据的逻辑独立性。

2）分片级（分片模式）（Fragmentation Schema）描述了数据在逻辑上是怎样进行划分的。每一个全局关系可以划分为若干互不相交的片（Fragment），片是全局关系的逻辑划分，在物理上位于网络的若干节点上。全局关系和片之间的映射在分片模式中定义，这种映射通常是一对多的。一个全局关系可以对应多个片，而一个片只能来自于一个全局关系。

3）分布级（分布模式）（Allocation Schema）定义了片的存储节点，即定义了一个片位于哪一个节点或哪些节点。

（3）局部数据库模式结构

1）局部概念级（局部概念模式）下，全局关系被逻辑划分成为一个或多个逻辑分片，每个逻辑分片被放置在一个或多个站点，称为逻辑分片在某站点的物理映像或分片。分配在同一站点的同一全局模式的若干片段（物理片段）构成该全局模式在该站点的一个物理映像。一个站点局部模式是该站点所有全局模式在该处物理映像的集合。全局模式与站点独立，局部模式与站点相关。

2）局部内部级（局部内模式）是分布式数据库中关于物理数据库的描述，与集中式数据库内模式相似，但描述内容不仅包含局部本站点数据存储，也包含全局数据在本站点存储描述。

2. 五级映射与分布透明

在集中式数据库中，数据独立性通过两级映射实现，其中外模式与模式之间映射实现逻辑独立性，模式与内模式之间映射实现物理独立性。在分布式数据库体系结构中，六层模式之间存在着五级映射，它们分别为：

- 映射1：全局外模式层到全局模式层之间的映射。
- 映射2：局部模式层到分片层之间的映射。
- 映射3：分片层到分配层之间的映射。
- 映射4：分配层到局部模式层之间的映射。
- 映射5：局部概念层到局部内模式层之间的映射。

这里映射1和映射5类似于集中式数据库中体现逻辑独立性与物理独立性的相应"两级映射"。而映射2、映射3和映射4是分布式数据库中所特有的。在分布式数据库中，人们为了突出其基本特点，通常数据独立性主要是指数据的"分布透明性"。映射2、映射3和映射4体现的相应独立性分别称为数据的"分片透明性""位置透明性"和"模型透明性"，三者就组成了数据的"分布透明性"。分布透明性实际上属于物理独立性范畴。分布式数据库中映射和相应数据独立性如图17-4所示。

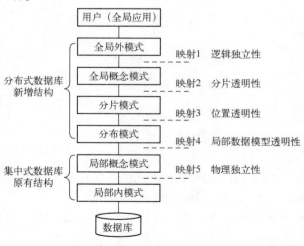

图17-4　五级映射与数据独立性

（1）分片透明性

分片透明性（Fragmentation Transparency）是最高层面的分布透明性，由位于全局概念层和分片层之间的映射 2 实现。当分布式数据库具有分片透明性时，应用程序只需要对全局关系操作，不必考虑数据分片及其存储站点。当分片模式改变时，只需改变映射 2 即可，不会影响全局模式和应用程序，从而完成分片透明性。

（2）位置透明性

位置透明性（Location Transparency）由位于分片层和分配层的映射 3 实现。当分布式数据库不具有分片透明性但具有位置透明性时，编写程序需要指明数据片段名称，但不必指明片段存储站点。当存储站点发生改变时，只需改变分片模式到分配模式之间映射 3，而不会影响分片模式、全局模式和应用程序。

（3）局部数据模型透明性

局部数据模型透明性（Local Data Transparency）也称为局部映像透明性或模型透明性，由位于分配模式和局部模式之间的映射 4 实现。当分布式数据库不具有分片透明性和位置透明性，但具有模型透明性时，用户编写的程序需要指明数据片段名称和片段存储站点，但不必指明站点使用的是何种数据模型，而模型转换和查询语言转换都由映射 4 完成。

分布式数据库的分层、映射模式结构为分布式数据库提供了一种通用的概念结构，这种框架具有较好的数据管理优势，其主要表现在如下几个方面。

1）数据分片与数据分配分离，形成了"数据分布独立性"的状态。

2）数据冗余的显式控制，数据在不同站点分配情况在分配模式中易于理解和把握，便于系统管理。

3）局部 DBMS 独立性，也就是通常所说"局部映射透明性"，这就允许人们在不考虑局部 DBMS 专用数据模型情况下，研究分布式数据库管理相关问题。

17.1.4　分布式数据库管理系统

分布式数据库管理系统（Distributed Database Management System，DDBMS）是一组负责管理分布式环境下逻辑集成数据存取、一致性和完备性的软件系统。由于数据是分布的，所以 DDBMS 在管理机制上还必须具有计算机网络通信协议的分布管理特性。

1. DDBMS 基本功能

分布式数据库管理系统基本功能表现在如下方面。

1）接受用户请求，并判定将其发送到何处，或必须访问哪些计算实体才能满足要求。

2）访问网络数据字典，了解如何请求和使用其中的信息。

3）如果目标数据存储于系统的多台计算机上，对其进行必需的分布式处理。

4）在用户、局部 DBMS 和其他计算实体的 DBMS 之间进行协调，发挥接口功能。

5）在异构分布式处理器环境中提供数据和进行移植的支持，其中异构是指各个站点的软件、硬件之间存在着差别。

2. DDBMS 组成模块

DDBMS 由本地 DBMS 模块、数据连接模块、全局系统目录模块和分布式 DBMS 模块 4 个基本模块组成。

（1）本地 DBMS 模块

本地 DBMS 模块 L-DBMS 是一个标准的 DBMS，负责管理本站点数据库中数据，具有自身的系统目录表，其中存储的是本站点上数据的总体信息。在同构系统中，每个站点的 L-DBMS 实现相同，而在异构系统中则不相同。

（2）数据连接模块

数据连接模块（Data Communication，DC）作为一种可以让所有站点与其他站点相互连接的软件，包含了站点及其连接方面的信息。

（3）全局系统目录模块

全局系统目录模块（Global System Catalog，GSC）除了具有集中式数据库的数据目录（数据字典）内容之外，还包含数据分布信息，例如，分片、复制和分配模式，其本身可以像关系一样被分片和复制分配到各个站点。一个全复制的 GSC 允许站点自治（Site Autonomy），但如果某个站点的 GSC 改动，其他站点的 GSC 也需要相应变动。

（4）分布式 DBMS 模块

分布式 DBMS 模块（D-DBMS）是整个系统的控制中心，主要负责执行全局事务，协调各个局部 DBMS 以完成全局应用，保证数据库的全局一致性。

D-DBMS 简化的组成模块如图 17-5 所示。

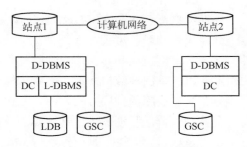

图 17-5　D-DBMS 组成模块

3. 同构系统与异构系统

分布式数据库可以根据各个站点的数据库管理系统是否相同划分为同构（Homogeneous）系统和异构（Heterogeneous）系统。

1）同构系统。同构系统中所有站点都使用相同的数据库管理系统，相互之间彼此熟悉，合作处理客户需求。在同构系统中，各个站点都无法独自更改模式或数据库管理系统。为了保证涉及多个站点的事务顺利执行，数据库管理系统还需要和其他站点合作以交换事务信息。同构系统又可以分为两种类型：

- 同构同质系统。各站点采用同一数据模型（例如关系数据模型）和同一型号 DBMS。
- 同构异质系统。各站点采用同一数据模型（例如关系数据模型），但采用不同型号 DBMS。

2）异构系统。异构系统中不同站点有不同模式和数据库管理系统，各个站点之间可能彼此并不熟悉，在事务处理过程中，它们仅仅提供有限功能。模式差别是查询处理中难以解决的问题，而软件的差别则成为全局应用的主要障碍。

本章主要讨论同构同质的分布式数据库系统。

17.1.5　分布式数据库系统

1. 分布式数据库系统基本概念

分布式数据系统（Distributed Database System，DDBS）由分布式数据库和分布式数据库管理系统组成，其要点是系统中的数据在物理上分布存储在通过计算机网络连接的不同站点计算机中，这些数据在逻辑上是一个整体，由系统统一管理并被全体用户共享，每一个站点都有自治即独立处理能力以完成局部应用，而每一个站点也参与至少一种全局应用，并且通过网络通信子系统执行全局应用。

集中式数据库系统由计算机系统（硬件和操作系统及应用软件系统）、数据库、数据库管理系统和用户（一般用户与数据库管理人员）组成。分布式数据库系统在此基础上结合自身特点进行了扩充。

1）数据库分为局部数据库（LDB）和全局数据库（GDB）。

2）数据库管理系统分为局部数据库管理系统（LDBMS）和全局数据库管理系统（GDBMS）。

3）用户分为局部用户和全局用户。

4）数据库管理人员分为局部数据库管理人员（LDBA）和全局数据库管理人员（GDBA）。

DDBS 的基本组成框架示意图如图 17-6 所示。

其中，GDD 为全局数据字典，提供全局数据的描述和管理的相关信息，如数据的结构定义，分片、分布处理、授权、事务恢复等必要信息；LDD 为局部数据字典，提供局部数据的描述和管理的相关信息。

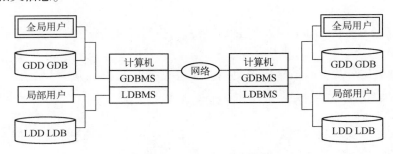

图 17-6　DDBS 组成示意图

2. DDBS 基本性质

由分布式数据库系统概念可以得到分布式数据库系统的一些基本性质。

（1）数据分布透明性质

数据独立性是数据库技术需要实现的基本目标之一。在集中式数据库中，数据独立性主要分为数据的逻辑独立性和物理独立性，要求应用程序与数据逻辑结构和物理结构无关。在分布式数据库系统中，数据独立性包括数据的逻辑独立性、数据的物理独立性和数据的分布透明性，因而更具有广泛含义。数据分布透明性要求用户或应用程序不必关心数据的逻辑分片、数据物理位置分配细节以及各个站点数据库使用何种数据模型，可以像使用集中式数据库一样对物理上分布的数据库进行数据操作。

（2）集中与自治相结合控制机制

在分布式数据库系统中，数据共享有两个层面：一是局部共享，即每个站点上各个用户可以共享本站点上局部数据库中的数据，以完成局部应用；二是全局共享，即系统中用户可以共享各个站点上存储的数据，以完成全局应用。相应控制机构也就分为两个层面：集中控制和自治控制。局部分布式数据库系统独立管理局部数据库，具有自治功能，同时系统也设有集中控制机制，协调各个局部分布式数据库系统工作，执行全局管理功能。

（3）适度数据冗余性质

在集中式数据库中，由于冗余消耗存储空间，可能引起数据不一致等一系列问题，除非特别需要，总是追求尽量减少数据冗余。在分布式数据库系统中，数据冗余却可以作为提高系统可靠性、可用性和改善其性能的基本技术手段。当一个站点出现故障时，通过数据冗余，系统就可以对另一个站点相同副本进行操作，从而避免了因个别站点故障而使得整个系统出现瘫痪。同时，系统也可通过选择距用户最近的数据副本进行操作，减少通信代价，改善整个系统性能。当然，由于分布式数据库系统是集中式数据库的拓广，数据冗余也会带来各个冗余副本之间数据可能不一致的问题，设计时需要权衡利弊，优化选择。

（4）事务管理分布性质

数据分布引发事务执行和管理分布，一个全局事务执行能够分解为在若干站片点上子事务（局部事务）的执行。事务的 ACID 性质和事务恢复具有分布性特点。

17.1.6　分布式数据存储方法

虽然分布式数据库系统各个站点的数据在逻辑上是一个整体，但是数据的存储却是分散的。对于关系数据库中的关系 R，通常使用"数据复制"和"数据分片"来存储数据库。

- 数据复制（Data Replication），即将关系 R 的若干完全相同的副本分别存储在不同的站点中。
- 数据分片（Data Fragmentation），即将关系 R 分割成几个部分，每个部分存储在不同站点中。

数据复制和数据分片可以结合起来使用，即将关系 R 分割成几个片之后，每个分片再拥有几个副本，分别存储在不同的站点之中。

1. 数据复制方法

数据复制有部分复制和全部复制两种方式。部分复制是指在某些站点存储一个副本，而全部复制是在系统每个站点都存储一个副本。

（1）数据复制

在分布式数据库系统中存在着数据分片情况，数据分布在各个站点上，此时采用数据复制技术则具有"连续操作性增强"和"本地自治性提高"的优势。

1）连续操作性。设某数据在不同站点存有副本，当某一个全局事务在某一站点涉及此数据时，只要此站点存在数据副本，就能够"就地"读取和进行操作，不会因为该站点没有相应数据而影响这一个全局事务的连续执行。

2）系统自治性。本地自治性部分事务可以在本地副本上进行，而不需要通过网络和远程的站点进行通信，从而提高系统自治性能，同时也减少信息传输开销。

采用数据复制技术也会带来如下需要考虑的问题。

1）更新传播。由于存在多个副本，一旦某个副本发生改动操作，如何进行操作使得所有副本保持一致，这个问题实质上就是传播更新的问题。

2）冗余控制。数据复制就是数据冗余，数据冗余可以分为完全冗余、部分冗余和非冗余分配三类，其中完全冗余和非冗余分配是极端的冗余方式。完全冗余是指每个站点上都配置一个完整的数据库，由于存在大量副本，所以可连续操作性强，同时由于查询操作所需要的数据如果均在本地，则查询效率高，但这种冗余方式会导致传播更新困难。而非冗余分配是指每个片段只存在于一个唯一站点上，所有的片段都不相交（除垂直片段的关键字属性）。而部分冗余是介于两者之间的一种方式，某些片段只存在于一个站点，没有冗余，有些片段存在于多个站点，至少有一个副本。采用什么样的冗余方式来平衡效率和传播更新的困难则取决于系统的目标以及系统内全局事务的类型和一些频率特点。

3）数据独立。复制独立性是指用户操作时感觉不到副本的存在，数据就好像没有复制过一样。

（2）更新传播

当数据存在大量的副本时，可能会出现的问题是：一个副本发生了更新，这种更新必须及时地传播到所有的副本上，以保证数据的一致性。更新传播有两种方式。

1）一个数据对象更新时将更新内容传播到该对象所有副本。这种方法有两个缺陷：一是如果一个副本当时的状态是不可修改的（站点故障、站点关闭和通信故障等），则导致对此对象的修改宣告失败，涉及对象修改的事务也相应宣告失败；二是如果所有副本的状态都可以修改，则整个修改的性能将取决于速度最慢的站点。从实际应用的角度来说，这种方法的可用性很差。另外，此方法也使得更新操作的开销大大增加。

2）将对象的一个副本指定为主副本，其他副本指定为从属副本。一旦完成了对主副本的更新，更新操作就认为是在逻辑上完成了，拥有主副本的站点要负责事务在 Commit 之间的这段时间内将改变传播到所有的从属副本上，此时各副本的修改不是同步进行的，是异步的，也就是说各副本不能保证在某一时刻数据库各副本之间的绝对一致性。例如，在银行系统中，每个人的账户可以同其开户站点联系起来，将其开户站点上的数据作为主副本。当用户异地存取资金时，首先更新其开户站点上的数据，再更新其他副本上数据。这种方法可以应用于一些对数据一致性要求不是很高的应用中，而一些对数据一致性要求很高的应用则不适合采用这种方法。

2. 数据分片方法

为了能将数据存储到不同物理位置的物理存储器上，要首先将数据分片，即将给定的关系分割为若干片段，但用户感觉不到数据分片，用户能感觉到的仍然是一个完整的数据视图，故而在数据分片时要注意这样几个问题：分片存储的数据重构后仍然是完整的；由于数据存储在不同的存储器上，在数据传输时网络开销很大，所以在数据分片时要根据用户的需求较好地组织数据的分布，尽量将经常使用的数据放在本地存储，这样大部分的数据存储操作在本地站点进行，能减少大量的网络开销。

数据分片有"水平分片""垂直分片""导出分片"和"混合分片"四种基本方式。无论哪种分片技术都应当满足下述条件。

1）完备性条件。要求必须将全局关系的所有数据都映射到分片中，在划分片段时不允许存在这样的属性，属于全局关系但不属于任何一个数据分片。

2）不相交条件。要求一个全局关系被分片后所得到的各个数据分片互不重叠，但对垂直分片的主键除外。

3）可重构条件。要求划分后的数据分片可以通过一定的操作重新构建全局关系。对于水平分片可以通过并操作重构全局关系，对于垂直分片可以通过连接操作构建全局关系。

（1）水平分片

水平分片是指按照一定条件把全局关系分成若干不相交的元组子集，每个子集均为关系的一个片段，都有一定的逻辑意义。水平分片可以对关系进行选择运算实现。行的方向（水平的方向）将关系分为若干不相交的元组子集，每一个子集都有一定的逻辑意义。

【例 17-1】设有图 17-7 所示的学生信息关系表 S(Sno,Sn,Sa,Sd)。

Sno	Sname	Sage	Sdept
20160101	周冬元	19	CS
20160102	王芮	20	CS
20160103	王梦瑶	19	CS
20160104	史丹妮	19	IS
20160105	廖文璇	20	IS

图 17-7　学生信息关系 S

按照系别进行水平分片，将 S 关系水平分片为 S-CS 和 S-IS，如图 17-8 和图 17-9 所示。

（2）垂直分片

垂直分片是指按照列的方向（垂直的方向）将关系分为若干子集，每一个子集保留了关系的某些属性。

Sno	Sname	Sage	Sdept
20160101	周冬元	19	CS
20160102	王芮	20	CS
20160103	王梦瑶	19	CS

图 17-8　学生信息关系 S-CS

Sno	Sname	Sage	Sdept
20160104	史丹妮	19	IS
20160105	廖文璇	20	IS

图 17-9　学生信息关系 S-IS

【例 17-2】将学生信息关系 S 按照垂直分片分解为 S-1（Sno，Sname，Sage）和 S-2（Sno，Grade），如图 17-10 和图 17-11 所示。

Sno	Sname	Sage
20160101	周冬元	19
20160102	王芮	20
20160103	王梦瑶	19
20160104	史丹妮	19
20160105	廖文璇	20

图 17-10　学生信息关系 S-1

Sno	Sdept
20160101	CS
20160102	CS
20160103	CS
20160104	IS
20160105	IS

图 17-11　学生信息关系 S-2

（3）导出分片

导出分片是指导出水平分片，即定义水平分片的选择条件不是本身属性的条件，而是其他关系属性的条件。设有图 17-12 所示的学生选课关系表 SC（Sno，Cno，Grade）。

如果不是按照 Sno、Cno 或 Grade 的某个条件分片，而是按照学生年龄小于 20 和大于等于 19 分片，此时由于 Sage 不是 SC 的属性，由此得到的水平分片就是导出分片。我们用 SQL 语句表示上述两个数据分片。

学生年龄小于 20 的学生课程关系分片 SC-1（Sno，Cno，Grade）是下述查询的结果。

```
SELCET Sno ,Cno ,Grade
    FROM Student, SC
WHERE Student. Sno = SC. Sno AND Student. Sage<20;
```

Sno	Cno	Grade
20160101	01	A
20160102	01	A
20160103	01	C
20160104	01	B

图 17-12　学生课程关系 SC

学生年龄大于或等于 19 的学生课程关系分片 SC-1（Sno，Cno，Grade）是下述查询的结果。

```
SELCET Sno ,Cno ,Grade
    FROM Student, SC
WHERE Student. Sno = SC. Sno AND Student. Sage =>19;
```

（4）混合分片

混合分片就是交替使用水平分片和垂直分片，比如先用水平分片的方式得到某一个分片，再采用垂直分片的方式对这个分片进行再分片。这种分片方式由于在实际操作中具有较大的复杂性，因此很少使用。

【例 17-3】先进行水平分片（分片 R_1 和 R_2），再进行垂直分片（对 R_1 进行垂直分片：R_{11}，和 R_{12}），如图 17-13 所示；先进行垂直分片（分片 R_1 和 R_2），再进行水平分片（对 R_2 进行垂直分：R_{21}、R_{22} 和 R_{23}），如图 17-14 所示。

图 17-13　混合分片（1）　　　　　　图 17-14　混合分片（2）

17.2　MySQL 数据切分技术

数据切分（Sharding）是指通过某种特定的条件，将存储在同一个数据库中的数据分散存储到多个数据库（主机）上面，以达到分散单台设备负载的效果。数据切分还可以提高系统的总体可用性，因为单台设备崩溃之后，只有总体数据的某部分不可用，而不是所有的数据。

根据数据切分规则的类型，可以分为两种切分模式：一种是按照不同的表（或者 Schema）来切分到不同的数据库（主机）之上，这种切分称为数据的垂直（纵向）切分；另一种则是根据表中数据的逻辑关系，将同一个表中的数据按照某种条件拆分到多台数据库（主机）上面，这种切分称之为数据的水平（横向）切分。垂直切分的最大特点就是规则简单，实施也更为方便，尤其适合各业务之间耦合度低、相互影响小、业务逻辑非常清晰的系统。

在这种系统中，可以很容易做到将不同业务模块所使用的表拆分到不同的数据库中。根据不同的表来进行拆分，对应用程序的影响也更小，拆分规则也会比较简单清晰。水平切分比垂直切分相对复杂一些。因为要将同一个表中的不同数据拆分到不同的数据库中，对于应用程序来说，拆分规则本身比较复杂，后期的数据维护也会更加复杂一些。

MySQL 5.1 以上的版本都支持数据表分区功能。数据库中的数据在经过垂直和（或）水平切分被存储在不同的数据库主机之后，应用系统面临的最大问题就是如何让这些数据源得到较好的整合，有以下两种解决思路。

- 方案一：在每个应用程序模块中配置管理自己需要的一个（或者多个）数据源，直接访问各个数据库，在模块内完成数据的整合。通过中间代理层来统一管理所有的数据源，后端数据库集群对前端应用程序透明。
- 方案二：利用 MySQL Proxy 实现数据切分及整合。MySQL Proxy 是在客户端请求与 MySQL 服务器之间建立一个连接池，所有客户端请求都发送到 MySQL Proxy，由 MySQL Proxy 进行相应的分析，判断是读操作还是写操作，然后分别发送到对应的 MySQL 服务器上。对于多节点 Slave 集群，也可以做到负载均衡的效果。

17.3　MySQL 复制技术

数据库的复制技术是提高数据库系统并发性、安全性和容错性的重要技术，是构建大型、高性能应用程序的基础。通过复制技术可以将数据存储在一个分布式的网络环境中，由多个数据库系统来提供数据访问服务，可以提高数据库的响应速度和并发能力。

17.3.1　MySQL 复制的概念

MySQL 从 3.25.15 版本开始提供数据库复制（Replication）功能。MySQL 复制是指从一个 MySQL 主服务器（Master）将数据复制到另一台或多台 MySQL 从服务器（Slaves）的过程，将主数据库的 DDL 和 DML 操作通过二进制日志传到复制服务器上，然后在从服务器上对这些日志重新执行，从而使得主从服务器的数据保持同步。

复制过程中，一个服务器充当主服务器（Master），而一个或多个其他服务器充当从服务器（Slaves）。主服务器将更新写入二进制日志文件，并维护文件的一个索引以跟踪日志循环，这些日志可以记录发送到从服务器的更新。当一个从服务器连接主服务器时，它会通知主服务器，从服务器在日志中读取的最后一次成功更新的位置。从服务器接收从那时起发生的任何更新，然后封锁并等待主服务器通知新的更新。

在 MySQL 中，复制操作是异步进行的，即在进行复制时，所有对复制中的表的更新必须在主服务器上进行。从服务器不需要持续地保持连接来接受主服务器的数据，以避免用户对主服务器上的表进行的更新与对从服务器上的表所进行的更新之间的冲突。

MySQL 支持一台主服务器同时向多台从服务器进行复制操作，从服务器同时可以作为其他从服务器的主服务器，如果 MySQL 主服务器访问量比较大，可以通过复制数据给从服务器，然后在从服务器上进行查询操作，从而降低主服务器的访问压力，同时从服务器作为主服务器的备份，可以避免主服务器因为故障数据丢失的问题。

一般而言，数据库复制技术可以从以下 3 个方面改善分布式数据库集群系统的功能和性能。

1）可用性：数据库集群系统具有多个数据库节点，在单个或多个节点出现故障的情况下，其他正常节点可以继续提供服务。

2）性能：多个节点一般可以并行处理请求，从而避免单节点的性能瓶颈，一般至少可以提高读操作的并发性能。

3）可扩展性：单个数据库节点的处理能力毕竟有限，增加节点数量可以显著提高整个集群系统的吞吐率。

17.3.2　MySQL 复制的优势

MySQL 作为目前世界上使用最广泛的开源数据库之一，相信很多从事相关工作的工程师都接触过。但在实际的生产环境中，无论是安全性、高并发性以及高可用性等方面，由单台 MySQL 作为独立的数据库是不能完全满足实际需求的。因此，一般来说都是需要通过主从复制（Master-Slave）的方式来同步数据，再通过读写分离（MySQL-Proxy）来提升数据库的并发负载能力，或者是通过主备机的设计，保证当主机停止响应之后在很短的时间内就可以将应用切换到备机上继续运行。

通过复制可以带来以下几个方面的优势：MySQL 数据库集群系统具有多个数据库节点，在单个或多个节点出现故障的情况下，其他正常节点可以继续提供服务；如果主服务器上出现了问题可以切换到从服务器上；通过复制可以在从服务器上执行查询操作，降低主服务器的访问压力，实现数据分布和负载平衡；可以在从服务器上进行备份，以避免备份期间影响主服务器的服务。

17.3.3　MySQL 复制的实现原理

MySQL 的复制技术主要有以下 3 种。

- DRBD（Distributed Replicated Block Device）。DRBD 是一种用软件实现的、无共享的、服务器之间镜像块设备内容的存储复制解决方案。
- MySQL Cluster（又称 MySQL 簇，一种 MySQL 集群的技术）。
- MySQL Replication（复制）本身是一个比较简单的方式，即一台从服务器（Slave）从另一台主服务器（Master）上读取二进制日志，然后再解析并应用到自身。
- 一个最简单复制环境只需要两台运行有 MySQL 的主机即可，甚至可以在同一台物理服务器主机上面启动两个 mysqlld 实例。一个作为 Master，而另一个作为 Slave 来完成复制环境的搭建。但是在实际应用环境中，可以根据实际的业务需求利用 MySQL 复制的功能自己定制搭建出其他多种更利于扩展的复制架构，如最常用的主从架构。

主从架构指的是使用一台 MySQL 服务器作为 Master，一台或多台 MySQL 服务器作为 Slave，将 Master 的数据复制到 Slave 上。在实际的应用场合中，主从架构模式是 MySQL 复制最常用的。一般在这种架构下，系统的写操作都在 Master 中进行，而读操作则分散到各个 Slave 中进行，因此这种架构特别适合于解决目前互联网高读写比的问题。

MySQL 数据库复制操作由以下几个步骤。

1）Master 启动二进制日志后，主服务器将数据的改变记录到二进制日志（binlog）中。主服务器会记录二进制日志，每个事务更新数据完成之前，主服务器将这些操作的信息记录在二进制日志里面，在事件写入二进制日志完成后，主服务器通知存储引擎提交事务。

2）从服务器将主服务器的 binary log events 复制到它的中继日志（relaylog）中。Slave 上面的 I/O 进程连接上 Master，并发出日志请求，Master 接收到来自 Slave 的 I/O 进程的请求后，通过负责复制的 I/O 进程根据请求信息读取与制定日志 f1 指定位置之后的日志信息，返回给 Slave 的 I/O 进程。返回信息中除了日志所包含的信息之外，还包括本次返回的信息已经到 Master 端的 binlog 文件的名称以及 binlog 的位置。

3）从服务器重做中继日志中的事件，将数据的改变与从服务器保持同步。Slave 的 I/O 进程接收到信息后，将接收到的日志内容依次添加到 Slave 端的 relaylog 文件的最末端，并将读取到 Master 端的 binlog 的文件名和位置记录到 master-info 文件中。

4）Slave 的 SQL 进程检测到 relaylog 中新增加了内容后，会马上解析 relaylog 的内容成为在 Master 端真实执行时候的那些可执行的内容，并在自身执行。

MySQL 复制环境 90% 以上都是一个 Master 带一个或者多个 Slave 的架构模式。如果 Master 和 Slave 的压力不是很大，异步复制的延时一般都很少。尤其是 Slave 端的复制方式改成两个进程处理之后，更是减小了 Slave 端的延时。

对于数据实时性要求不是特别严格的应用，只需要通过廉价的计算机服务器来扩展 Slave 的数量，将读压力分散到多台 Slave 的机器上面，即可解决数据库端的读压力瓶颈。这在很大程度上解决了目前很多中小型网站的数据库压力瓶颈的问题，甚至有些大型网站也在使用类似方案。

17.3.4　MySQL 复制的模式

MySQL 5.1 之后的版本中，在复制方面的改进就是引进了新的复制技术——基于行的复制。这种新技术就是关注表中发生变化的记录，而非以前的照抄 binlog 模式。从 MySQL

5.1.12 开始，可以用以下 3 种模式来实现：

1. 基于 SQL 语句的复制（Statement-Based Replication，SBR）

所谓基于语句的复制，就是指从库（Slave）基于产生变化的 SQL 语句从主库（Master）进行复制。在 MySQL5.1.4 版本之前是 binlog 和复制唯一支持的模式，也是 MySQL5.5 中默认的格式。

（1）SBR 的优点
- 历史悠久，技术成熟。
- 产生的 binlog 文件较小，比较节省空间。
- binlog 中包含了所有数据库更改信息，可以据此来审核数据库的安全等情况。
- binlog 可以用于实时的还原，而不仅仅用于复制。
- 主从版本可以不一样，从服务器版本可以比主服务器版本高。

（2）SBR 的缺点
- 不是所有的 UPDATE 语句都能被复制，尤其是包含不确定操作的时候。
- 调用具有不确定因素的用户自定义函数时复制也可能出问题。
- 使用以下函数的语句也无法被复制：LOAD_FILE、UUID、USER 等。

2. 基于行的复制（Row-Based Replication，RBR）

所谓基于行的复制，就是指基于行的复制不复制 SQL 语句，而是将插入，删除或更新操作的各行进行复制。master 的 binlog 记录的是各个表中行的变化。

（1）RBR 的优点
- 任何情况都可以被复制，这对复制来说是最安全可靠的。
- 多数情况下，从服务器上的表如果有主键的话，复制就会快了很多。

（2）RBR 的缺点
- binlog 文件太大。
- 复杂的回滚时 binlog 中会包含大量的数据。
- 主服务器上执行 UPDATE 语句时，所有发生变化的记录都会写到 binlog 中，而 SBR 只会写一次，这会导致频繁发生 binlog 的并发写问题。
- 用户自定义函数产生的大 BLOB 值会导致复制变慢。
- 无法从 binlog 中看到都复制了写什么语句，无法进行审计。

3. 混合模式复制（Mixed-Based Replication，MBR）

所谓基于混合模式的复制，就是指根据事件的类型实时的改变 binlog 的格式。当设置为混合模式时，默认为基于语句的格式，但在特定的情况下它会自动的转变为基于行的模式。它是上面两种方式的折中。

17.4 MySQL 集群技术

目前企业的数据量越来越大，所以对 MySQL 的要求进一步提高。以前的大部分高可用方案通常存在一定的缺陷，例如 MySQL Replication 方案中，主服务器是否存活的检测需要一定的时间，主从切换也需要一定的时间，因此高可用很大程度上依赖于监控软件和自动化管理工具。随着 MySQL 集群技术（MySQL Cluster）的不断发展，MySQL 在性能和高可用上得到了很大的提高。

MySQL 集群技术在分布式系统中为 MySQL 数据提供了冗余特性，增强了安全性，使得单个 MySQL 服务器故障不会对系统产生巨大的负面效应，系统的稳定性得到保障。

17.4.1　MySQL Cluster 基本概念

MySQL Cluster 简单地讲是一种 MySQL 集群的技术，是由一组计算机构成的，每台计算机可以存储一个或者多个节点，其中包括 MySQL 服务器、DNB Cluster 的数据节点、其他管理节点，以及专门的数据访问程序，这些节点组合在一起，就可以为应用提供高性能、高可用性和可缩放性的 Cluster 数据管理。

MySQL Cluster 的访问过程大致是这样的，应用通常使用一定的负载均衡算法将对数据的访问分散到不同的 SQL 节点，SQL 节点对数据节点进行数据访问并从数据节点返回数据结果，管理节点仅仅只是对 SQL 节点和数据节点进行配置管理。

17.4.2　理解 MySQL Cluster 节点

MySQL Cluster 采用 Shared-Nothing（无共享）架构。MySQL Cluster 主要利用了 NDB 存储引擎来实现，NDB 存储引擎是一个内存式存储引擎，要求数据必须全部加载到内存之中。数据被自动分布在集群中的不同存储节点上，每个存储节点只保存完整数据的一个分片（Fragment）。同时，用户可以设置同一份数据保存在多个不同的存储节点上，以保证单点故障不会造成数据丢失。

MySQL Cluster 需要有一组计算机，每台计算机的角色可能是不一样的。MySQL Cluster 按照节点类型可以分为 3 种类型的节点，分别是管理节点、SQL 节点、数据节点，所有的这些节点构成了一个完整的 MySQL 集群体系。事实上，数据保存在 NDB 存储服务器的存储引擎中，表结构则保存在 MySQL 服务器中，应用程序通过 MySQL 服务器访问数据，而集群管理服务器则通过管理工具 ndb_mgmd 来管理 NDB 存储服务器。

下面先了解一下 MySQL Cluster 中 3 种不同类型的节点。

1. 管理节点

管理节点主要用来对其他节点进行管理。通常通过配置 config. ini 文件来配置集群中有多少需要维护的副本，配置每个数据节点上为数据和索引分配多少内存、IP 地址，以及在每个数据节点上保存数据的磁盘路径。

管理节点通常管理 Cluster 配置文件和 Cluster 日志。Cluster 中的每个节点从管理服务器检索配置信息，并请求确定管理服务器所在位置的方式。如果节点内出现新的事件时，节点将这类事件的信息传输到管理服务器，将这类信息写入到 Cluster 日志中。

一般在 MySQL Cluster 体系中至少需要一个管理节点，另外值得注意的是，因为数据节点和 SQL 节点在启动之前需要读取 Cluster 的配置信息，所以通常管理节点是最先启动的。

2. SQL 节点

SQL 节点简单地讲就是 MySQL 服务器，应用不能直接访问数据节点，只能通过 SQL 节点访问数据节点来返回数据。任何一个 SQL 节点都是连接到所有的存储节点的，所以当任何一个存储节点发生故障的时候，SQL 节点都可以把请求转移到另一个存储节点执行。通常来说，SQL 节点越多越好，SQL 节点越多，分配到每个 SQL 节点的负载就越小，系统的整体性能就越好。

3. 数据节点

数据节点用来存储 Cluster 里面的数据，MySQL Cluster 在各个数据节点之间复制数据，任何一个节点发生了故障，始终会有另外的数据节点存储数据。

通常这 3 种不同逻辑的节点可以分布在不同的计算机上面，集群最少有 3 台计算机，为了保证能够正常维护整个集群服务，通常将管理节点放在一个独立的主机上。

17.5　MySQL 的缓存机制

在 MySQL 服务器高负载的情况下，必须采取一种措施给服务器减轻压力，减少服务器的 I/O 操作。一般采用的方法是优化 SQL 操作语句，优化服务器的配置参数，从而提高服务器的性能。MySQL 缓存机制即缓存 SQL 文本及缓存结果，用 KV（Key-value）形式保存在服务器内存中，如果运行相同的 SQL，服务器直接从缓存中去获取结果，不需要再去解析、优化、执行 SQL。

MySQL 缓存主要包括关键字缓存（KEY CACHE）和查询缓存（QUERY CACHE）。在 MySQL 的性能优化方面经常涉及缓冲区（Buffer）和缓存（Cache），MySQL 通过在内存中建立缓冲区和缓存来提升 MySQL 的性能。对于 InnoDB 数据库，MySQL 采用缓冲池（Buffer Pool）的方式来缓存数据和索引；对于 MyISAM 数据库，MySQL 采用缓存的方式来缓存数据和索引。

MySQL 查询缓存机制（Query Cache）简单地说就是缓存 SQL 语句及查询结果，如果运行相同的 SQL，服务器直接从缓存中取到结果，而不需要再去解析和执行 SQL。而且这些缓存能被所有的会话共享，一旦某个客户端建立了查询缓存，其他发送同样 SQL 语句的客户端也可以使用这些缓存。

如果表更改了，那么使用这个表的所有缓冲查询将不再有效，查询缓存值的相关条目被清空。更改指的是表中任何数据或是结构的改变，包括 INSERT、UPDATE、DELETE、TRUNCATE、ALTER TABLE、DROP TABLE 或 DROP DATABASE 等，也包括那些映射到改变表的使用 MERGE 表的查询。显然，这对于频繁更新的表，查询缓存是不适合的，而对于一些不常改变数据且有大量相同 SQL 查询的表，查询缓存会节约很大的性能。

查询必须是完全相同的（逐字节相同）才能够被认为是相同的，字符的大小写也被认为是不同的。另外，同样的查询字符串由于其他原因可能认为是不同的。使用不同的数据库、不同的协议版本或者不同默认字符集的查询被认为是不同的查询并且分别进行缓存。但在多个 MySQL 服务器更新相同的 MyISAM 表时，查询缓存是不会生效的。

17.6　知识点小结

本章主要介绍了分布式数据库系统、MySQL 的复制技术，MySQL 集群技术，以及 MySQL 的缓存机制的基本概念。

17.7　思考与练习

1. 分布式数据库系统有什么特点？

2. 分布式数据库具有怎样的模式结构？

3. 在分布式数据库系统中，（　　）是指用户无须知道数据存储的物理位置。

A. 分片透明　　　　B. 复制透明　　　　C. 逻辑透明　　　　D. 位置透明

4. 在分布式数据库中有分片透明、复制透明、位置透明和逻辑透明等基本概念，其中：（1）是指局部数据模型透明，即用户或应用程序无须知道局部使用的是哪种数据模型；（2）是指用户或应用程序不需要知道逻辑上访问的表具体是如何分块存储的。

A. 分片透明　　　　B. 复制透明　　　　C. 位置透明　　　　D. 逻辑透明

5. 分布式数据库系统与并行数据库系统的主要区别是（　　）。

A. 数据结构不同，数据操纵不同，数据约束不同

B. 数据库管理系统不同

C. 应用目标不同，实现方式不同，查询效率不同

D. 应用目标不同，实现方式不同，各节点地位不同

6. 数据切分技术有哪两类，各有什么优缺点？

7. 简述 MySQL 复制技术原理。

8. MySQL Cluster 中有哪 3 种不同类型的节点？

第18章　MySQL 在 Web 开发中的应用

目前 MySQL 已经成为世界上最受欢迎的数据库管理系统之一，它是一个稳定、可靠、快速、可信的数据库系统，胜任各类数据存储业务的需要。

PHP 所支持的数据库类型较多，在这些数据库中，MySQL 数据库与 PHP 的兼容最好，与 Linux 系统、Apache 服务器和 PHP 语言构成了当今主流的 LAMP 网站架构模式，并且 PHP 提供了多种操作 MySQL 数据库的方式，可以适合不同需求和不同类型项目的需要。

本章将介绍 PHP 的工作原理，以及 HTML 与表单的知识，最后，详细介绍了 PHP 对 MySQL 数据库的操作。

18.1　PHP 概述

18.1.1　何谓 PHP

PHP 是 Hypertext Preprocessor（超文本预处理器）的缩写，是一种服务器端、跨平台、简单、面对象、解释型、高性能、独立于框架、动态、可移植、HTML 嵌入式等特点的脚本语言。其独特的语法吸收了 C 语言、Java 语言和 Perl 语言的特点，是一种被广泛应用的开源式的多用途脚本语言，易于学习，使用广泛，主要适用于 Web 开发领域，成为当前世界上最流行的构建 B/S 模式 Web 应用程序的编程语言之一。PHP 的文件后缀名为 PHP。

18.1.2　PHP 优势

PHP 起源于 1995 年，由 Rasmus Lerdorf 开发。它是目前动态网页开发中使用最为广泛的语言之一。在国内外有数以千计的个人和组织的网站在以各种形式和各种语言学习、发展和完善它，并不断地公布最新的应用和研究成果。PHP 能运行在包括 Windows、Linux 等在内的绝大多数操作系统环境，它对数据库强大的操作能力以及操作的简便性，使其可以方便快捷地操作几乎所有流行的数据库，更为突出的是其中 PHP 搭配 MySQL 数据库是目前 Web 应用开发的最佳组合。常与免费 Web 服务器软件 Apache 和免费数据库 MySQL 配合使用于 Linux 和 Windows 平台上，具有最高的性价比，这 3 种技术号称 Web 开发的"黄金组合"（LAMP）。

PHP 具有如下优势。

1. 开放源代码

事实上所有的 PHP 源代码都可以得到。

2. 免费性

和其他技术相比，PHP 本身免费且是开源的。

3. 快捷性

PHP 程序开发快，运行快，技术易学习掌握，可嵌入于 HTML。因为 PHP 可以被嵌入于 HTML 语言，它相对于其他语言，编辑简单，实用性强，更适合初学者。

4. 跨平台性强

由于 PHP 是运行在服务器端的脚本，可以运行在 UNIX、Linux、Windows、Mac OS 下。

5. 效率高

PHP 消耗相当少的系统资源，运行效率高。

6. 图像处理

用 PHP 可动态创建图像，PHP 图像处理默认使用 GD2（注：GD 库的扩展文件，帮助用户处理图片，如生成图片、图片裁剪压缩、给图片打水印等操作），且也可以配置为使用 Image Magick 进行图像处理。

7. 面向对象

在 PHP4、PHP5 中，面向对象方面都有了很大的改进，PHP 完全可以用来开发大型商业程序。

18.1.3　PHP 的工作原理

一个完整的 PHP 系统由以下几个部分构成。

1）**操作系统**：网站运行服务器所使用的操作系统。PHP 不要求操作系统的特定性，其跨平台的特性允许 PHP 运行在任何操作系统上，例如，Windows、Linux 等。

2）**服务器**：搭建 PHP 运行环境时所选择的服务器。PHP 支持多种服务器软件，包括 Apache、IIS 等。

3）**PHP 包**：实现对 PHP 文件的解析和编译。

4）**数据库系统**：实现系统中数据的存储。PHP 支持多种数据库系统，包括 MySQL、SQL Server、Oracle 及 DB2 等。

5）**浏览器**：浏览网页。由于 PHP 在发送到浏览器的时候已经被解析器编译成其他的代码，所以 PHP 对浏览器没有任何限制。

18.1.4　PHP 结合数据库应用的优势

在实际应用中，PHP 的一个最常见的应用就是与数据库结合。无论是建设网站还是设计信息系统，都少不了数据库的参与。广义的数据库可以理解成关系型数据库管理系统、XML 文件，甚至文本文件等。

PHP 支持多种数据库，而且提供了与诸多数据库连接的相关函数或类库。一般来说，与 MySQL 组合是比较流行的。该组合的流行不仅仅是因为它们都可以免费获取，更多的是因为 PHP 内部对 MySQL 数据库的完美支持。

当然，除了使用 PHP 内置的连接函数以外，还可以自行编写函数来间接存取数据库，这种机制给程序员带来了很大的灵活性。

18.2　HTML 与表单

18.2.1　HTML 基础知识

HTML 是一种简单、通用的标记语言，之所以叫标记语言，是因为 HTML 通过不同的标签来标记文档的不同部分。用户看到的每个 Web 页面，都是由 HTML 通过一系列定义好的标签生成的。

从简单的文本编辑器，如 Windows 的记事本，到专业化的编辑工具，如 Dreamweaver，都可以用来编辑 HTML 文档，编辑好的 HTML 文档必须按后缀 . html 或 . htm 来保存，最后，通过浏览器打开 HTML 文档，来查看页面效果。

在 HTMl 文档中，标签是包含在 "<" 和 ">" 之间的部分，如<p>就是一个标签。标签一般是成对使用的，如<b>和</b>会同时使用，其中<b>是开始标签，</b>是结束标签。HTML 的标签**不区分大小写**，因此<B>和<b>表示的含义相同。

HTML 元素由标签定义，标签所定义的内容就叫 "元素"，元素包含在开始标签和结束标之间。

每一种 HTML 元素一般都会有一个或数个属性，属性用来设置或表示元素的一些特性、名称或显示效果等。属性放在元素标签中，紧跟标签名称之后，它和标签名称之间有一个或数个空格。元素的每个属性都有一个值，属性值的设定使用 "属性 = "值"" 的格式，可以为属性的值加上引号或不加引号。下面的 HTML 代码为标签<form>设置了 name 属性，其值为 login，表示这个表单的名称为 login，如下所示。

    <formname = " login" >

1. 标头元素

HTML 使用标签<head>定义一个标头，结束标签是</head>。一般在<head>标签中设置文档的全局信息，如 HTML 文档的标题（title）、搜索引擎关键字（keyword）等。HTML 文档的标题放在头元素里，使用<title>标签定义。

2. 标题元素

标题是指 HTML 文档中内容的标题，标题元素由标签<hl>到<h6>定义，<hl>定义最大的标题，<h6>定义最小的标题。

3. 段落元素

HTML 中使用标签<p>和</p>定义一个段落。

4. 字形元素

使用标签<b>和</b>定义一个粗体字形元素，使用标签<u>和</u>定义一个下画线字形元素。

5. 链接元素

HTML 文档中指向其他 Web 资源，如另一个 HTML 页面、图片等的链接叫作 "锚"。在 HTML 中使用标签<a>和</a>定义一个锚元素，即链接元素，也就是说，在<a>和</a>之间的内容，会成为一个超链接。

6. 图像元素

使用标签<img>定义一个图像元素，在标签中使用属性 src 来指向一个图像资源，例如<img src = " url" >，其中 url 是指向资源所在位置。这个位置可以是一个 URL，也可以是一个相对地址，如<img src = " renwu. jpg" >，这时图片 renwu. jpg 和 HTML 文档应在同一目录下。

7. 表格元素

使用标签<table>和</table>定义一个表格元素。一个表格由 "行" 构成，每一行由数据单元构成。表格的 "行" 用标签<tr>和</tr>定义，数据单元用标签<td>和</td>定义。

18. 2. 2 HTML 表单简介

Web 应用程序的开发中，通常使用表单来实现程序与用户输入的交互。用户通过在表单上输入数据，将一些信息传输给网站的程序以进行相应的处理。当用户在 Web 页面中的表单内填写好信息以后，可以通过单击按钮或链接来实现数据的提交。表单标签主要包括 form、input、textarea、select 和 option 等。

1. 表单标签 form

form 标签是一个 HTML 表单必需的。一对<form>和</form>标记着表单的开始与结束。在 form 标签中，主要有两个参数：

- action，用于指定表单数据的接收方；
- method，用于指定表单数据的接收方法。

一个简单的表单实例的 HTML 代码如下所示。

```
<form method="post" action="post. php">
</form>
```

功能描述：表单提交后，其中的数据将被 post. php 程序接收，接收方法为 post。

注意：form 标签不能嵌套使用。

2. 输入标签 Input 与文本框

在 input 标签中通过 type 属性的值来区分所表示的表单元素。

input 标签的 type 属性是 text，用于表示文本框。

例如：<input name="txtname" type="text" value="" size="20"

maxlength = "15">

- name：用于表示表单元素的名称，接收程序将使用该名称来获取表单元素的值。
- type：input 标签的类型，这里 text 表示文本框。
- value：页面打开时文本框中的初始值，这里为空。
- Size：表示文本框的长度。
- maxlength：表示文本框中允许输入的最多字符数。

两种常见的类似于文本框的表单元素——密码框与隐藏框。它们的属性和作用与文本框相同，只是 type 的值不同。其中密码框 type 的值为 password，隐藏框 type 的值为 hidden。

例如：<input name="txtpwd" type="password" value="" size="20"

maxlength="15">

需要注意的是，密码框只是在视觉上隐藏了用户的输入。在提交表单时，程序接收到的数据将仍然是用户的输入，而不是一连串的圆点。

例如：<input name="txtpwd" type="hidden" value="" size="20"

maxlength="15">

隐藏框不用于用户输入，只是用于存储初始信息，或接收来自页面脚本语言，在提交表单时，隐藏框中的数据与文本框一样都将被提交给用于接收数据的程序进行处理。

3. 按钮

HTML 表单中的按钮分为 3 种，即**提交按钮**、**重置按钮**和**普通按钮**。这 3 种按钮都是通过 input 标签实现的，其区别只在于 type 的值不同。

（1）提交按钮

用于将表单中的信息提交给相应的用于接收表单数据的页面。表单提交后，页面将跳转到用于接收表单数据的页面。提交按钮是通过 type 为 submit 的 input 标签来实现的。

例如：<input type="submit" value="提交">

注意：value 是按钮上显示的文字。

（2）重置按钮

重置按钮用于使表单中所有元素均恢复到初始状态。重置按钮是通过一个 type 为 reset 的 input 标签来实现的。

例如：<input type="reset" value="重置">

（3）普通按钮

普通按钮一般在数据交互方面没有任何作用，通常用于页面脚本如 JavaScript 的调用。普通按钮是通过一个 type 为 button 的 input 标签来实现的。

例如：<input type="button" value="按钮">

4. 单选框与复选框

单选框和复选框都是通过 input 标签来实现的。

例如：<input name="radiobutton" type="radio" value="男">

注意：name 表示单选框的名称。

type 的值为 radio 表示单选框，value 是单选框的值。如果选中这个单选框则返回该单选框的值。

例如：<input name="radiobutton" type="radio" value="女">

一组 name 属性相同的单选框将构成一个单选框组。在一个单选框组中，只能有一个单选框被选中。

复选框的 type 为 checkbox。

例如：<input type="checkbox" name="chk1" value="游泳">

5. 多行文本域标签 textarea

textarea 标签用于定义一个文本域。文本域可以看作一个多行的文本框，与文本框实现着同样的功能——从用户浏览器接收输入的字符。

例如：<textarea name="textarea" cols="50" rows="10">

注意：name 属性表示文本域的名称，cols 用于表示文本域的列数，rows 用于表示文本域的行数。

6. 下拉框与列表框标签 select

下拉框与列表框是通过 select 与 option 标签来实现的。上下拉框与列表框也是提供给用户供选择的信息，如下所示。

```
<select name="subject_type">
<option selected value="H">---请选择题目类型---</option>
<option value="A">A--结合设计、科研、生产单位的题目</option>
<option value="B">B--结合教师科研的题目</option>
<option value="C">C--结合实验室建设的题目</option>
</select>
```

一对<select>和</select>用于声明一个下拉框。其中的每一个 option 都是下拉框中的一个选项，选中后，下拉框的值将为选中的 option 中 value 属性所指定的值。在 option 标签中增加 selected 用于表示下拉框的初始选择。

18.2.3　表单数据的接收

接收表单数据主要用两种方法：GET 和 POST。

GET 方法是 HTML 表单提交数据的默认方法。如果在 form 标签中不指定 method 属性，则使用 GET 方法来提交数据。

使用 GET 方法将使表单中的数据按照"表单元素名＝值"的关联形式，添加到 form 标签中 action 属性所指向的 URL 后面，使用"？"连接，并且会将各个变量使用"＆"连接。提交后，页面将跳转到这个新的地址。

在 PHP 中，使用$_GET[ ]数组来接收使用 GET 方法传递的数据。其中方括号内为表单元素的名称，相应的数组的值为用户的输入。例如：$_GET["txtname"]。

例如：<form method＝"get" action＝"post. php"></form>

使用 POST 方法来提交数据，必须在 form 标签中指定 method 属性为"POST"。

例如：<form method＝"post" action＝"post. php"></form>

使用 POST 方法会将表单中的数据存储在表单的数据体中，并按照表单元素名称和值的对应关系将用户输入的数据传递到 form 标签中 action 属性所指向的 URL 地址。提交后，页面将跳转到这个地址。

在 PHP 中，使用$_POST[ ]数组来接收使用 POST 方法传递的数据。其中方括号内为表单元素的名称，相应的数组的值为用户的输入。例如，接收一个来自名为 txtname 的文本框的数据的 PHP 代码如下：$_POST["txtname"]。

由于使用 GET 方法提交会将用户输入的数据全部显示在地址栏上，其他用户可以通过查询浏览器的历史浏览记录得到输入的数据。使用 POST 方法则不会将用户的输入保存在浏览器的历史中。因此，使用 POST 方法传输数据比 GET 更安全、可靠。

18.3　使用 PHP 进行 MySQL 数据库编程

18.3.1　PHP 对 MySQL 数据库的工作原理

针对不同的应用，PHP 内置了许多函数。为了在 PHP 5 程序中实现对 MySQL 数据库的各种操作，可以使用其中的 MySQL 函数库。然而，在使用 MySQL 函数库访问 MySQL 数据库之前，需要在 PHP 的配置文件 PHP. ini 中将"；extension＝PHP_MySQL. dll"修改为"extension＝PHP_MySQL. dll"，即删除该选项前面的注释符号"；"，然后再重新启动 Web 服务器（例如 Apache）。

通过使用内置函数库，PHP 5 程序能够很好地与 MySQL 数据库进行交互。使用这种方式所构建的基于 B/S 模式的 Web 应用程序的工作流程可描述如下。

1）在用户计算机的浏览器中通过在地址栏中输入相应 URI 信息，向网页服务器提出交互请求。

2）网页服务器收到用户浏览器端的交互请求。

3）网页服务器根据请求寻找服务器上的网页。

4）Web 应用服务器（例如 Apache）执行页面内含的 PHP 代码脚本程序。

5）PHP 代码脚本程序通过内置的 MySQL API 函数访问后台 MySQL 数据库服务器。

6）PHP 代码脚本程序取回后台 MySQL 数据库服务器的查询结果。

7）网页服务器将查询处理结果以 HTML 文档的格式返回给用户浏览器端。

18.3.2　编程步骤

使用 PHP 进行 MySQL 数据库编程的基本步骤如下。

1）建立与数据库 MySQL 的连接。

2）选择要使用的数据库。

3）创建 SQL 语句。

4）执行 SQL 语句。

5）获取 SQL 执行结果。

6）处理数据结果集。

7）关闭与数据库的连接。

以上各步骤，均是通过 PHP 5 内置函数库 MySQL 中相应的函数来实现的。

18.3.3　使用 PHP 操作 MySQL 数据库

在 PHP 5 中，可以使用函数 MySQL_connect 和函数 MySQL_pconnect 来建立与 MySQL 数据库服务器的连接。其中，函数 MySQL_connect 用于建立非持久连接，而函数 MySQL_pconnect 用于建立持久连接。

1. 使用函数 mysql_connect 建立非持久连接

在 PHP 5 中，函数 mysql_connect 的语法格式为：

　　　mysql_connect（［servername［,username［,password］］］）

语法说明如下。

- servername：可选项，为字符串型，用于指定要连接的数据库服务器。默认值是 "local-host：3306"。
- username：可选项，为字符串型，用于指定登录数据库服务器所使用的用户名。默认值是拥有服务器进程的用户的名称，如超级用户 root。
- password：可选项，为字符串型，用于指定登录数据库服务器所用的密码。默认为空串。

函数 mysql_connect 的返回值为资源句柄型（resource）。若其成功执行，则返回一个连接标识号；否则返回逻辑值 FALSE。

在 PHP 程序中，通常是将 MySQL_connect 函数返回的连接标识号保存在某个变量中，以备 PHP 程序使用。实际上，在后续其他有关操作 MySQL 数据库的函数中，一般都需要指定相应的连接标识号作为该函数的实参。

【例 18-1】编写一个数据库服务器的连接示例程序 connect. PHP，要求以超级用户 "root" 及其密码 "111111"（实际练习的时候，要根据自己的实际情况选取 root 密码），连接本地主机中的 MySQL 数据库服务器，并使用变量 $con 保存连接结果。

首先，在文本编辑器（例如笔记本）中输入如下 PHP 程序，并命名为 connect. PHP（注意，PHP 程序是被包含在标记符 "<？PHP" 与 "？>" 之间的代码段，同时 PHP 程序中的变量名是以 "$" 开头）。

```
<? PHP
 $con = mysql_coonnect("localhost:3306","root","111111");
if (!$con)
{
echo "连接失败! <br>";
echo "错误编号:". mysql_errno( )"<br>";
echo "错误信息:". mysql_error( )"<br>";
die( );//终止程序运行
}
echo("连接成功! <br>";
?>
```

然后,将程序 connect. php 部署在已开启的 XAMPP 平台(XAMPP(Apache+MySQL+PHP+PERL)是一个功能强大的建站集成软件包。这个软件包原来的名字是 LAMPP,但是为了避免误解,最新的几个版本改名为 XAMPP)环境中,并在浏览器地址栏中输入"http://localhost/connect. php",按〈Enter〉键即可查看程序执行结果:若连接成功,则显示"连接成功!"的信息;若连接失败,则显示错误信息,同时会终止程序的运行,即为该程序连接密码不正确时的运行结果。

建立连接是执行其他 MySQL 数据库操操作的前提条件,因此在执行函数 mysql_connect 之后,应当立即进行相应的判断,以确定数据库连接是否已被成功建立。

在 PHP 中,一切非 0 值都会认为是逻辑值 TRUE,而数值 0 则被当作逻辑值 FALSE。函数 mysql_connect 执行成功后,所返回的连接标识号实质上是一个非 0 值,即被当作逻辑值 TRUE 来处理。因而,若要判断是否已成功建立与 MySQL 数据库服务器的连接,只需判断函数 mysql_connect 的返回值即可。

如果连接失败,则可进一步调用 PHP 中的函数 mysql_errno 和 mysql_error,以获取相应的错误编号和错误提示信息。函数 mysql_errno 和 mysql_error 的功能就是分别获取 PHP 程序中前一个 MySQL 函数执行后的错误编号和错误提示信息。当前一个 MySQL 函数成功执行,函数 mysql_errno 和 mysql_error 会分别返回数值 0 和空字符串,因此,这两个函数也可用于判断函数 mysql_connect 或其他 MySQL 函数的执行情况,即成功或失败。

2. 使用函数 mysql_pconnect 建立持久连接

连接 MySQL 数据库服务器,也可以使用函数 mysql_pconnect。

语法格式如下。

mysql_pconnect([servername[,username[,password]]])

此函数与函数 MySQL_connect 基本相同,但存在以下几点区别。

- 由函数 mysql_connect 建立的连接,当数据库操作结束之后将自动关闭,而由函数 nysql_pconnect 建立的连接会一直存在,是一种稳固持久的连接。
- 对于函数 mysql_pconnect 而言,每次连接前都会检查是否使用了同样的 servername、username、password 进行连接,如果有,则直接使用上次的连接,而不会重复打开。
- 由函数 mysql_connect 建立的连接可以使用函数 mysql_close 关闭,而使用函数 MySQL_pconnect 建立起来的连接不能使用函数 mysql_close 关闭。

【例 18-2】编写一个数据库服务器的持久连接示例程序 pconnect. php,要求使用函数

mysql_pconnect, 并以超级用户"root"及其密码"111111"（实际练习的时候, 要根据自己的实际情况选取 root 密码）, 连接本地主机中的 MySQL 数据库服务器。

首先, 在文本编辑器（例如记事本）, 中输入如下 PHP 程序, 并命名为 pconnect. php。代码如下所示。

```php
<? PHP
/ * 定义三个变量$server、$user、$pwd,分别存储服务器名、用户名和密码,以备后续程序引用。* /
$server = " localhost :3306";
$user = "root";
$pwd = "111111";
$con = MySQL_pconnect( $server, $user, $pwd);
if (! $con)
{
die("连接失败!". MySQL_error( ));//终止程序运行,并返回错误信息
}
echo" MySQL 服务器:$server <br>用户名:$user<br>";
echo" 使用函数 MySQL_pconnect( )永久连接数据库。<br>";
? >
```

然后, 将程序 pconnect. php 部署在已开启的 WAMP 平台环境中, 并在浏览器地址栏输入"http://localhost/pconnect. php", 按〈Enter〉键即可查看程序执行结果: 若连接成功, 则显示运行结果。

3. 选择数据库

一个 MySQL 数据库服务器通常会包含许多数据库, 因而在执行具体的 MySQL 数据库操作之前, 应当首先选定相应的数据库作为当前工作数据库。在 PHP 5 中, 可以使用函数 mysql_select_db 来选定某个 MySQL 数据库。

语法格式如下。

```
mysql_select_db( database[ ,connection] )
```

语法说明如下。

- database: 必须项, 为字符串型, 用于指定要选择的数据库名称。
- connection: 可选项, 为资源句柄型, 用于指定相应的与 MySQL 数据库服务器相连的连接标识号。若未指定该项, 则使用上一个打开的连接。若没有打开的连接, 则会使用不带参数的函数 mysql_connect 来尝试打开一个连接并使用, 其中函数 mysql_connect 的返回值为布尔型。若成功执行, 则返回 TRUE; 否则返回 FALSE。

【例 18 - 3】编写一个选择数据库的 PHP 示例程序 selectdb. php, 要求选定数据库 studentinfo 作为当前工作数据库。

首先在文本编辑器（例如记事本）中输入如下 PHP 程序, 并命名为 selectdb. php。

```php
<? PHP
$con = mysql_connect( "localhost:3306" ,"root" ,"111111") ;
if ( mysql_errno( )
{
echo" 数据库服务器连接失败! <br>";
die( );//终止程序运行
}
mysql_select_db( "studentinfo", $con)
```

```
if ( mysql_errno( )
｛
echo"数据库选择失败！<br>" ;
die( ) ;//终止程序运行
｝
echo "数据库选择成功！<br>" ;
? >
```

然后，将程序 selectdb. php 部署在已开启的 WAMP 平台环境中，并在浏览器地址栏中输入
"http://localhost/selectdb. php"，按〈Enter〉键即可查看程序执行结果。若数据库选择成功，
则会显示"数据库选择成功！"的信息。

4. 执行数据库操作

选定某个数据库作为当前工作数据库之后，就可以对该数据库执行各种具体的数据库操
作，如数据的添加、删除、修改和查询以及表的创建与删除等。对数据库的各种操作，都是通
过提交并执行相应的 SQL 语句来实现的。

在 PHP 5 中，可以使用函数 mysql_query 提交并执行 SQL 语句。

语法格式

```
mysql_query( query[ ,connection] )
```

语法说明如下。

- query：必须项，为字符串型，指定要提交的 SQL 语句。注意，SQL 语句是以字符串的
  形式提交，且不以分号作为结束符。
- connection：可选项，为资源句柄型，用于指定相应的与 MySQL 数据库服务器相连的连
  接识号。若未指定该项，则使用上一个打开的连接。若没有打开的连接，则会使用不带
  参数的函数 mysql_connect 来尝试打开一个连接并使用。
- 函数 mysql_query 的返回值是资源句柄型。对于 SELECT、SHOW、EXPLAIN 或
  DESCRIBE 语句，若执行成功，则返回相应的结果标识符，否则返回 FALSE；而对于
  INSERT、DELETE、UPDATE、REPEPLACE、CREATE TABLE、DROP TABLE 或其他非
  检索语句，若执行成功，则返回 TRUE，否则返回 FALSE。

（1）添加数据

在 PHP 程序中，可以将 MySQL 中用于插入数据的 INSERT 语句置于函数 mysql_query 中实
现向选定的数据库表中添加指定的数据。

【例 18-4】编写一个添加数据的 PHP 示例程序 insert. php。

代码如下所示。

```
<? PHP
 $con=mysql_connect( "localhost:3306" ,"root" ,"111111" ) ;
 or die( "数据库服务器：连接失败！<br>" ) ;
 mysql_select_db( "studentinfo" ,$con or die( "数据库选择失败！<br>" ) ;
 mysql_query( "set names gbk" ) ;//设置中文字符集
 $sql=" INSERT INTO student ( 'sno', 'sname', 'ssex', 'sbirth', 'zno', 'sclass')"  ;
 $sql= $sql. "VALUES('1214070116', '李贝', '女', '1998-01-08', '1407', '工商 1401')" ;
 if ( mysql_query ($sql,$con)
 echo "添加学生信息成功！<br>" ;
 else
      echo "添加学生信息失败！<br>" ;
 ? >
```

然后，将程序 insert. php 部署在已开启的 WAMP 平台环境中，并在浏览器地址栏中输入"http://localhost/insert.php"，按〈Enter〉键即可查看程序执行结果。若该学生的信息添加成功，则会显示"添加学生信息成功!"。

（2）修改数据

在 PHP 程序中，可以将 MySQL 中用于更新数据的 UPDATE 语句置于函数 mysql_query 中，实现在选定的数据库中修改指定的数据。

【例 18-5】编写一个修改数据的示例程序 update. php，要求可将数据库 studentinfo 的表 student 中一个名为"李贝"的班级修改为"工商 1201"。

首先在文本编辑器（例如，记事本）中输入如下 PHP 程序，并命名为 update. php，代码如下所示。

```php
<? php
 $con=mysql_connect("localhost:3306","root","111111");
     or die("数据库服务器;连接失败! <br>");
mysql_select_db("studentinfo",$con or die("数据库选择失败! <br>");
mysql_query("set names gbk");//设置中文字符集
 $sql=" UPDATE student SET sclass=' 工商 1201'"
 $sql =$sql. " WHERE sname ='李贝'"
if(mysql_query( $sql, $con)
     echo"班级信息修改成功! <br>";
else
     echo"班级信息修改失败! <br>";
? >
```

然后，将程序 update. php 部署在已开启的 WAMP 平台环境中，并在浏览器地址栏中输入"http://localhost/update.php"，按〈Enter〉键即可查看程序执行结果。若该学生的班级信息修改成功，则会显示"班级信息修改成功!"的信息。

（3）删除数据

在 PHP 程序中，可以将 MySQL 中用于删除数据的 DELETE 语句置于函数 mysql_query 中，实现在选定的数据库表删除指定的数据。

【例 18-6】编写一个删除数据的 PHP 示例程序 delete. php，要求可将数据库 studentinfo 的表 student 中一个名为"李贝"的学生信息删除。

首先在文本编辑器（例如，记事本）中输入如下 PHP 程序，并命名为 delete. php，代码如下所示。

```php
<? PHP
 $con=mysql_connect("localhost:3306","root","111111");
or die("数据库服务器;连接失败! <br>");
mysql_select_db("studentinfo",$con or die("数据库选择失败! <br>");
mysql_query("set names gbk");//设置中文字符集
 $sql=" DELETE FORM student";
 $sql = $sql. " WHERE sname ='李贝'"
if (mysql_query ( $sql,$con)
     echo "学生信息删除成功! <br>";
else
     echo "学生信息删除失败! <br>";
? >
```

然后，将程序 update. php 部署在已开启的 WAMP 平台环境中，并在浏览器地址栏中输入"http://localhost/update. php"，按〈Enter〉键即可查看执行结果。若该学生信息被成功删除，则会显示"学生信息删除成功！"的信息。

（4）数据的查询

在 PHP 程序中，可以将 MySQL 中用于数据检索的 SELECT 语句置于函数 mysql_query 中，实现在选定的数据库表中查询所要的数据。此时，当函数 mysql_query 成功被执行时，其返回值不再是一个逻辑道 TRUE，而是一个资源句柄型的结果标识符。结果标识符也称结果集，代表了相应查询语句的查询结果。每个结果集都有一个记录指针，所指向的记录即为当前记录。初始状态下，结果集的当前记录就是第一条记录。为了灵活地处理结果集中的相关记录，PHP 提供了一系列的处理函数，包括结果集中记录的读取、指针的定位以及记录集的释放等。

1）读取结果集中的记录。在 PHP 5 中，可以使用函数 mysql_fetch_array、mysql_fetch_row 或 mysql_fetch_asso 来读取结果集中的记录。

语法格式如下。

1）mysql_fetch_array(data[,array-type])

2）mysql_fetch_row(data)

3）mysql_fetch_assoc(data)

语法说明如下：

- data：为资源句柄型，用于指定要使用的数据指针。该数据指针可指向函数 mysql_query() 产生的结果集，即结果标识符。
- array_type：可选项，为整型 int，用于指定函数返回值的形式，其有效取值为 PHP 常量 MYSQL_NUM（表示数字数组）、MYSQL_BOTH（表示关联数）或 MYSQL_BOTH（表示同时产生关联数组和数字数组），默认值为 MYSQL_BOTH。

三个函数成功被执行之后，其返回值均为数组类型（array）若成功，即读取到当前记录，则回一个由结果集当前记录所生成的数据，其中每个字段的值都会保存到相应的索引元素中，并将记录指针指向下一个记录。若失败，即没有读取到记录，则返回 FALSE。

在使用函数 mysql_fetch_array 时，若以常量 MYSQL_NUM 作为第二个参数，则其功能与函数 mysql_fetch_row 的功能是一样的，所返回的数据为数字索引方式的数组，只能以相应的序号（从 0 开始）作为元素的下标进行访问；若以常量 MYSQL_ASSOC 作为第二个参数，则其功能 MySQL_fetch_assoc 的功能是一样的，所返回的数组为关联索引方式的数组，只能以相应的字名（若指定了别名，则为相应的别名）作为元素的下标进行访问；若未指定第二个参数，或以段名（若制订了别名，则为相应的别名）作为元素下标进行访问；若未指定第二个参数，或以 MYSQL_BOTH 作为第二个参数，则返回的数组为数字索引方式与关联索引方式的数组，既能以序号元素的下标进行访问，也能以字段名为元素的下标进行访问。由此可见，函数 MySQL_fetch_array 完全包含了函数 mysql_fetch_row 和函数 mysql_fetch_assoc 的功能。因此，在实际编程中，函数 mysql_fetch_array 是最为常用的。

【例 18-7】编写一个检索数据的 PHP 示例程序 select. php，要求在数据库 studentinfo 的表 student 中查询学号 sno 为"1114070116"的学生的姓名。

首先在文本编辑器（例如，记事本）中输入如下 PHP 程序，并命名为 select. php。代码如下所示。

```
<? PHP
 $con=mysql_connect("localhost:3306","root","111111");:
 or die("数据库服务器;连接失败！<br>");
 mysql_select_db("studentinfo",$con or die("数据库选择失败！<br>");
 mysql_query("set names gbk");//设置中文字符集
 $sql=" SELECT sname FROM student ";
 $sql= $sql. " WHERE sno='1114070116'" ;
 $result = mysql_query($sql,$con) ;
 if ($result)
 {
     echo "学生姓名查询成功！<br>";
     $array= mysql_fetch_array( $result,MYSQL_NUM) ;
     if($array)
     {
         echo"读取到学生姓名！<br>";
         echo"所要查询学生的姓名是;". $array[0];
     }
     else
         echo "没有读取到学生姓名！<br>";
 else
     echo"学生姓名查询失败！<br>";
 ?>
```

然后，将程序 select. php 部署在已开启的 WAMP 平台环境中，并在浏览器地址栏中输入"http://localhost/select. php"，按〈Enter〉键即可查看程序执行结果。若该客户的姓名被成功检索到，则会显示结果信息。

2）读取结果集中的记录数。在 PHP5 中，可以使用函数 mysql_num_rows 来读取结果集中的记录数，即数据集的行数。

语法格式如下。

```
mysql_num_rows (data)
```

语法说明如下。

- data：为资源句柄型，用于指定要使用的数据指针。该数据指针可指向函数 MySQL_query( )产生的结果集，即结果标识符。
- 函数 mysql_num_rows 成功被执行后，其返回值是结果集中行的数目。

【例 18-8】 编写一个读取查询结果集中行数的 PHP 示例程序 num. php，要求在数据库 studentinfo 的表 student 中查询女学生的人数。

首先在文本编辑器（例如，记事本）中输入如下 PHP 程序，并命名为 num. php。代码如下所示。

```
<? PHP
 $con=mysql_connect("localhost:3306","root","111111");
 or die("数据库服务器;连接失败！<br>");
 mysql_select_db("studentinfo",$con or die("数据库选择失败！<br>");
 mysql_query("set names gbk");//设置中文字符集
 $sql= " SELECT * FROM student" ;
 $sql= $sql. "WHERE ssex = '女'" ;
 $result = mysql_query ( $sql,$con);
 if($result)
```

```
        {
            echo "查询成功！<br>";
            $num= mysql_num_rows( $result);
            echo "数据库 studentinfo 中女学生数为:". $num. "位";
        }
        else
            echo"查询失败！<br>";
        ?>
```

然后，将程序 num. php 部署在阵已开启的 WAMP 平台环境中，并在浏览器地址栏中输入 "http://localhost/num. php"，按〈Enter〉键即可查看程序执行结果。若成功读取到数据库中女学生的人数，则会显示的结果信息。

3）读取指定记录号的记录。在 PHP 5 中，可以使用函数 mysql_data_seek 在结果集中随意移动记录的指针，也就是将指针直接指向某个记录。

语法格式如下。

    mysql_data_seek(data,row)

语法说明如下。

- data：必须项，为资源句柄型，用于指定要使用的数据指针。该数据指针可指向函数 mysql_query 产生的结果集，即结果标识符。
- row：必须项，为整型（int），用于指定记录指针所要指向的记录的序号，其中 0 指示结果集中第一条记录。
- 函数 mysql_data_seek 返回值为布尔型（bool）。若成功执行，则返回 TRUE；否则，返回 FALSE。

【例 18-9】编写一个读取指定结果集中记录号记录的 PHP 示例程序 seek. php，要求在数据库 studentinfo 的表 student 中查询第 3 位女学生的姓名。

首先，在文本编辑器（例如，记事本）中输入如下 PHP 程序，并命名为 seek. php。代码如下所示。

```
        <? PHP
         $con=mysql_connect( "localhost:3306" ,"root" ,"111111");
        or die( "数据库服务器;连接失败！<br>");
        mysql_select_db( "studentinfo" ,$con or die( "数据库选择失败！<br>");
        mysql_query( "set names ,'gbk'");//设置中文字符集
        $sql= " SELECT * FROM student ";
        $sql= $sql. "WHERE ssex='女'";
        $result=mysql_query( $sql,$con);
        if( $result)
        {
            echo"查询成功！<br>"
            if ( mysql_data_seek( $result,2))
            {
                $array=mysql_fetch_array( $result,MYSQL_NIM);
                echo "数据库 studentinfo 的 student 表中第 3 位女学生是:"$array[ 1];
            }
            else
                echo"记录定位失败！<br>";
        }
```

```
          else
              echo "查询失败！<br>";
      ? >
```

然后，将程序 seek. php 部署在已开启的 WAMP 平台环境中，并在浏览器地址栏中输入"http://localhost/seek. php"，按〈Enter〉键即可查看程序执行结果。若成功读取到数据库中第 3 位女性客户的姓名，则会显示结果信息。

5. 关闭与数据库服务器的连接

对 MySQL 数据库的操作执行完毕后，应当及时关闭与 MySQL 数据库服务器的连接，以释放其所占用的系统资源。在 PHP 5 中，可以使用函数 mysql_close 来关闭由函数 mysql_connect 所建立的与 MySQL 数据库服务器的连接。

语法格式如下。

          mysql_close(connection)

语法说明如下。

● connection：可选项，为资源句柄型，用于指定相应的与 MySQL 数据库服务器相连的连接标识号。如若未指定该项，则默认使用最后被函数 mysql_connect 打开的连接。若没有打开的连接，则会使用不带参数的函数 mysql_connect 来尝试打开一个连接并使用。如果发生意外，没有找到连接或无法建立连接，系统会发出 E_WARNING 级别的警告信息。

● 函数 mysql_close 的返回值为布尔型。若成功执行，则返回 TRUE；否则返回 FALSE。

【例 18-10】编写一个关闭与 MySQL 数据库服务器连接的 PHP 示例程序 close. php。

首先在文本编辑器（例如，记事本）中输入如下 PHP 程序，并命名为 close. php。代码如下所示。

```
          <? PHP
          $con = mysql_connect( "localhost:3306" , "root" , "111111" ) ;
          or die( "数据库服务器:连接失败！<br>" ) ;
          echo "已成功建立与 MySQL 服务器的连接！<br>" ;
          mysql_select_db( "studentinfo" , $con or die( "数据库选择失败！<br>" ) ;
          mysql_close( $con ) or die( "关闭与 MySQL 数据库服务器的连接失败！<br>" ) ;
          echo "已成功关闭与 MySQL 数据库服务器的连接！<br>" ;
          ? >
```

然后，将程序 close. php 部署在已开启的 WAMP 平台环境中，并在浏览器地址栏中输入"http://localhost/close. php"，按〈Enter〉键即可查看程序执行结果。若该程序成功被执行，则会显示运行结果。

需要指出的是，函数 mysql_close 仅关闭指定的连接标识号所关联的 MySQL 服务器的非持久连接，而不会关闭由函数 mysql_pconnect 建立的持久连接。另外，由于已打开的非持久连接会在 PHP 程序脚本执行完毕后自动关闭，因而在 PHP 程序中，通常无须使用函数 MySQL_close。

18.4 PHP 操作数据库的常见问题与解决方案

PHP 操作数据库是使用 PHP 开发 Web 程序的基本部分，也是最重要的部分。几乎所有用

PHP 开发的 Web 程序或应用，都无一例外地需要操作数据库。因此，PHP 程序中，对数据库操作部分的调试和错误排错，就显得非常重要。接下来介绍在 PHP 程序操作 MySQL 时比较常见的错误以及对这些错误的分析，以期给大家在实际开发中作个参考。

1. 连接问题

在 PHP 使用 MySQL 连接函数，但是无法打开连接。通常会有两种原因导致这种情况。

一是 MySQL 本身的问题，比如 MySQL 服务没有启动，此时 PHP 提示的错误信息类似于：Warning MySQL Connection Failed Cannot connect to MySQL server on 'localhost'(10061)。

二是 PHP 不支持 MySQL，此时 PHP 提示的信息类似于：Failed errorCall to undefined function MySQL_connect。

对于第一种情况，可以检查 MySQL 是否已经启动，对于第二种情况，可以通过函数 phpinfo 查看目前 PHP 支持的模块，看是否支持 MySQL。如果没有 MySQL 的相关描述信息，那么对于 Windows 用户，直接修改 php. ini 文件，载入 MySQL 的扩展模块即可。

2. MySQL 用户名和密码问题

在 PHP 程序中配置了错误的 MySQL 的主机地址、用户名或密码，也会导致 MySQL 连接失败。这种情况只要在程序中使用正确主机地址、用户名和密码即可。

引号导致错误的 SQL 语句。PHP 可以使用单引号的字符串，也可以使用双引号字符串。例如，$sql ='SELECT * FROM student WHERE sno =$id'，因为 PHP 单引号字符串中的变量不会被求值，因此这段 SQL 语句将查询 sno = $id 用户信息，这就会产生错误。如果使用$sql = "SELECT * FROM student WHERE sno =$id"，这时双引号字符串中的变量$id 会被求值为一个具体的数，这样才是一个正确的 SQL 语句，另外，当用户从 Web 页面提交来的数据中含有单引号或双引号时，如果程序将这些内容存储在字符串中，势必导致引号使用的混乱，从而出现错误的 SQL 语句。对于这种情况，可以使用左斜杠转义文本中的引号。

3. 错误的名称拼写

这里包括在 PHP 程序中拼写了错误的数据库名、表名或者字段名，这样可能就会让 MySQL 去查询一个不存在的表，从而导致错误发生。

MySQL 会为每种错误设定一个编号，由于程序的问题导致操作数据库出错，可以根据这些编号对应的错误含义来查找具体原因。下面列出了一些常见的 MySQL 错误代码及其对应的错误信息。

- 1022：关键字重复，更改记录失败。
- 1032：记录不存在。
- 1042：无效的主机名。
- 1044：当前用户没有访问数据库的权限。
- 1045：不能连接数据库，用户名或密码错误。
- 1048：字段不能为空。
- 1049：数据库不存在。

- 1050：数据表已存在。
- 1051：数据表不存在。
- 1054：字段不存在。
- 1065：无效的 SQL 语句，SQL 语句为空。
- 1081：不能建立 Socket 连接。
- 1146：数据表不存在。
- 1149：SQL 语句语法错误。
- 1177：打开数据表失败。

PHP 程序操作 MySQL 数据库会经常遇到问题，有时会让开发人员感到莫名其妙。通常，引起数据库连接问题的最常见原因是，给连接函数提供了不正确的参数（主机名、用户名和密码），引起查询失败的最常见的原因是引号错误、未被设定的变量和拼写错误。一般情况下，在调试 PHP 程序时，和数据库有关的每个语句应该有 or die( )子句，该子句最好包含丰富的错误信息，如由函数 MySQL_error 生成的信息，原始的 SQL 语句等，这样就可以快速定位错误源头，及早诊断、解决程序问题所在。

18.5　知识点小结

本章首先概要性地描述了 PHP 语言及其编程基础，然后重点介绍了使用 PHP 语言进行 MySQL 数据库编程的相关知识，其中包括编程步骤以及常用的操作 MySQL 数据库的 PHP 函数。

- mysql_connect：建立和 MySQL 数据库的连接。
- mysql_close：关闭 MySQL 数据库连接。
- mysql_select_db：选择一个数据库。
- mysql_query：执行一条 SQL 语句。
- mysql_num_rows：获取结果集的行数目。
- mysql_fetch_field：获取字段信息。
- mysql_affected_rows：取得前一次 MySQL 操作所影响的记录行数。
- mysql_fetch_row：该函数从查询结果集中返回一行数据。
- mysql_fetch_array：该函数从结果集中返回一行作为关联数组，或普通数组，或二者兼有。
- mysql_fetch_assoc：该函数从结果集中返回一行作为关联数组。
- mysql_error：返回最近一次 MySQL 操作产生的错误文本信息。

18.6　思考与练习

1. 完整的 PHP 系统包含哪些部分？
2. 表单数据接收方式有哪些？各有什么特点？
3. 简述基于 B/S 模式的 Web 应用程序的工作流程。
4. 请简述 PHP 是什么类型的语言。
5. 请解释嵌入在 HTML 文档中的 PHP 脚本用什么标记符进行标记。
6. 请简述使用 PHP 进行 MySQL 数据库编程的基本步骤。
7. 请解释持久连接和非持久连接的区别。
8. 如何利用 PHP 操作数据库中的数据？
9. PHP 如何获取并操作数据库返回数据？
10. 以下不属于用 PHP 进行 MySQL 数据库编程基本步骤的是（　　　）。
A. 在地址栏输入相应的 URL，向网页服务器提出交互请求
B. 建立与 MySQL 数据库服务器的连接
C. 选择数据库
D. 关闭数据库
11. 以下叙述中，错误的是（　　　）。
A. 客户端、服务器必须安装、配置在不同的计算机上
B. 客户/服务器结构中的客户端是指应用程序

C. 与客户服务器结构相比较，浏览器服务器结构的应用程序易于安装与部署

D. PHP 用于开发基于浏览器服务器结构的应用程序

12. phpMyAdmin 作为 MySQL 的一种图形化管理工具，其工作模式为（　　　）。

A. C/S 模式　　　　B. B/S 模式　　　　C. 命令行方式　　　D. 脚本方式

13. PHP 中，选定某个数据库的函数是（　　　）。

A. mysql_select_db　　　　　　　　B. mysql_connect_db

C. mysql_query_db　　　　　　　　D. mysql_pconnect_db

14. 使用 PHP 进行 MySQL 编程时，不能读取结果集中记录的函数是（　　　）。

A. mysql_fetch_array　　　　　　　B. mysql_fetch_row

C. mysql_fetch_assoc　　　　　　　D. mysql_affected_rows

第 19 章　非关系型数据库—NoSQL

传统的关系型数据库具有良好的性能，具备高稳定性，久经时间考验，而且使用简单，功能强大，同时也积累了大量的成功案例。在互联网领域，MySQL 成为绝对领先的王者，毫不夸张地说，MySQL 为互联网的发展做出了卓越的贡献。

随着互联网 Web 2.0 网站的兴起，传统的关系型数据库在应付 Web 2.0 网站，特别是超大规模和高并发的 SNS 类型的 Web 2.0 纯动态网站已经显得力不从心，暴露了很多难以克服的问题，而非关系型的数据库则由于其本身的特点得到了非常迅速的发展。NoSQL 数据库的产生就是为了解决大规模数据集合多重数据种类带来的挑战，尤其是大数据应用难题。

19.1　NoSQL 概述

随着大数据的兴起，NoSQL 数据库现在成了一个极其热门的新领域。"NoSQL"不是"No SQL"的缩写，它是"Not Only SQL"的缩写。它的意义是：适用关系型数据库的时候就便用关系型数据库，不适用的时候也没有必要非使用关系型数据库不可，可以考虑使用更加合适的数据存储方式。为弥补关系型数据库的不足，各种各样的 NoSQL 数据库应运而生。

19.2　NoSQL 数据库与关系型数据库的比较

在介绍 NoSQL 数据库的优势之前，首先介绍一下关系型数据库的优势和劣势。

19.2.1　关系型数据库的优势

1. 通用性及高性能

关系型数据库具有非常好的通用性和非常高的性能。对于绝大多数的应用场景来说它都是最有效的解决方案。

2. 突出的优势

关系型数据库作为应用广泛的通用型数据库，它的突出优势主要有以下几点。

1）保持数据的一致性（事务处理）。

2）由于以标准化为前提，数据更新的开销很小（相同的字段基本上都只有一处）。

3）可以进行 JOIN 等复杂查询。

4）存在很多实际成果和专业技术信息（成熟的技术）。

其中，能够保持数据的一致性是关系型数据库的最大优势。

19.2.2　关系型数据库的劣势

关系型数据库的性能非常好，但是它毕竟是一个通用型的数据库，并不能完全适应所有的用途。具体来说它并不擅长处理以下问题。

1. 大量数据的写入处理存在困难

在数据读入方面，由复制产生的主从模式（数据的写入由主数据库负责，数据的读取由从数据库负责），可以比较简单地通过增加从数据库的数量来实现规模化。但是，在数据的写入方面却完全没有简单的方法来解决规模化问题。例如，要想将数据的写入规模化，可以考虑把主数据库从一台增加到两台，作为互相关联复制的二元主数据库来使用。确实这样似乎可以把每台主数据库的负荷减少一半，但是更新处理会发生冲突（同样的数据在两台服务器同时更新成其他值），可能会造成数据的不一致。为了避免这样的问题，就需要把对每个表的请求分别分配给合适的主数据库来处理，这就比较复杂了。

另外也可以考虑把数据库分割开来，分别存储在不同的数据库服务器上，比如将这个表存储在这个数据库服务器上，那个表存储在那个数据库服务器上。分割数据库可以减少每台数据库服务器上的数据量，以便减少硬盘 I/O（输入/输出）处理，实现内存上的高速处理，效果非常显著。但是，由于分别存储在不同服务器上的表之间无法进行 JOIN 处理，数据库分割的时候就需要预先考虑这些问题。数据库分割之后，如果一定要进行 JOIN 处理，就必须要在程序中进行关联，这是非常困难的。

2. 对有数据更新的表做索引或表结构（schema）变更处理不利

在使用关系型数据库时，为了加快查询速度需要创建索引，增加必要的字段就一定需要改变表结构。进行这些处理，需要对表进行共享锁定，这期间数据变更（更新、插入和删除等）是无法进行的。如果需要进行一些耗时操作（例如为数据量比较大的表创建索引或者是变更其表结构），就需要特别注意：数据可能长时间无法进行更新。

3. 字段不固定时应用存在缺陷

如果字段不固定，利用关系型数据库也是比较困难的。有人会说"需要的时候，加个字段就可以了"，这样的方法也不是不可以，但在实际运用中每次都进行反复的表结构变更是非常痛苦的。也可以预先设定大量的预备字段，但如此，时间一长很容易弄不清楚字段和数据的对应状态（即哪个字段保存哪些数据），所以并不推荐使用。

4. 对简单查询需要快速返回结果的处理响应慢

关系型数据库并不擅长对简单的查询快速返回结果。因为关系型数据库是使用专门的 SQL 语言进行数据读取的，它需要对 SQL 语言进行解析，同时还有对表的锁定和解锁这样的额外开销。这里并不是说关系型数据库的速度太慢，若希望对简单查询进行高速处理，则没有必要非用关系型数据库不可。

总之，关系型数据库应用广泛，能进行事务处理和 JOIN 等复杂处理。相对地，NoSQL 数据库只应用在特定领域，基本上不进行复杂的处理，也弥补了上述所列举的关系型数据库的不足之处。

19.2.3 NoSQL 数据库的优势

相比关系型数据库，NoSQL 数据库具备以下的优势。

1. 灵活的可扩展性

对于 NoSQL 数据库，数据库管理员都是通过"垂直扩展"的方式（当数据库的负载增加的时候，购买更大型的服务器来承载增加的负载）来进行扩展的，而不是通过"水平扩展"的方式（当数据库负载增加的时候，在多台主机上分配增加的负载）来进行扩展。但是，随着请求量和可用性需求的增加，NoSQL 数据库也正在迁移到云端或虚拟化环境中，因为"水平扩展"的成本较低。

2. 轻松应对海量数据

目前需要存储的数据量发生了急剧的膨胀，为了满足数据量增长的需要，RDBMS 的容量也在日益增加。但是，随着对数据请求量的增加，单一数据库能够管理的数据量满足不了用户需求。大量的"大数据"可以通过 NoSQL 系统（如 MongoDB）来处理，能够处理的数据量远远超出了最大型的 RDBMS 所能处理的极限。

3. 维护简单

目前一些 RDBMS 在可管理性方面做出了很多的改进，但是高端的 RDBMS 系统维护困难，而且还需要训练有素的数据库管理员们的协助，甚至需要数据库管理员亲自参与高端的 RDBMS 系统的设计、安装和调优。

NoSQL 数据库从一开始就是为了降低管理方面的要求而设计的：从理论上来说，NoSQL 数据库具备的自动修复、数据分配和简单的数据模型的确可以让管理和调优方面的要求降低很多。

4. 经济

NoSQL 数据库通常使用廉价的 Commodity Servers 集群来管理日益膨胀的数据和请求量，而 RDBMS 通常需要依靠昂贵的专有服务器和存储系统来做到这一点。使用 NoSQL，每 GB 的成本或每秒处理的请求的成本都比使用 RDBMS 的成本少很多，这可以让企业花费更低的成本存储和处理更多的数据。

5. 灵活的数据模型

对于大型的生产性 RDBMS 来说，变更管理很麻烦。即使只对一个 RDBMS 的数据模型做出很小的改动，也必须要十分小心的管理，也许还需要停机或降低服务水平。NoSQL 数据库在数据模型约束方面是更加宽松的，甚至可以说并不存在数据模型的约束。NoSQL 的 Key/Value 数据库和文档型数据库可以让应用程序在一个数据元素里存储任何结构的数据。即使是规定更加严格的基于"大表"的 NoSQL 数据库（如 HBase）通常也允许创建新列。

19.3 NoSQL 数据库的类型

NoSQL 的官方网站（http://nosql-database.org）上已经有 150 种数据库，如图 19-1 所示。具有代表性的 NoSQL 数据库主要有键值（Key/Value）存储的数据库、面向文档的数据库及面向列的数据库三种类型。

N★SQL Your Ultimate Guide to the Non-Relational Universe! [including a News Feed

NoSQL DEFINITION: Next Generation Databases mostly addressing some of the points: being **non-** **relational, distributed, open-source** and **horizontally scalable.**

The original intention has been **modern web-scale databases.** The movement began early 2009 and is growing rapidly. Often more characteristics apply such as: **schema-free, easy replication support, simple API, eventually consistent / BASE** (not ACID), a **huge amount of data** and more. So the misleading term "*nosql*" (the community now translates it mostly with "**not only sql**") should be seen as an alias to something like the definition above. [based on 7 sources, 15 constructive feedback emails (thanks!) and 1 disliking comment . Agree / Disagree? Tell me so! By the way: this is a strong definition and it is out there here since 2009!]

LIST OF NOSQL DATABASES [currently 150]

Core NoSQL Systems: [Mostly originated out of a Web 2.0 need]

图 19-1　NoSQL 官方网界面截图

19.3.1　键值（Key/Value）型数据库

键值（Key/Value）型数据库是最常见的 NoSQL 数据库，它的数据是以键值对的形式存储的。它的处理速度非常快，基本上只能通过键查询获取数据。根据数据的保存方式可以分为临时性、永久性和两者兼具3 种。

1. 临时性

Memcached 属于这种类型。所谓临时性就是"数据有可能丢失"的意思。Memcached 把所有数据都保存在内存中，保存和读取的速度非常快，但是当 Memcached 停止的时候，数据就不存在了。由于数据保存在内存中，所以无法操作超出内存容量的数据（旧数据会丢失）。临时性的键/值存储具有如下特点。

1）在内存中保存数据。

2）可以进行非常快速的保存和读取处理。

3）数据有可能丢失。

2. 永久性

Tokyo Tyrant、Flare 和 ROMA 等属于这种类型。和临时性相反，所谓永久性就是"数据不会丢失"的意思。这里的键值存储不像 Memcached 那样在内存中保存数据，而是把数据保存在硬盘上。与 Memcached 在内存中处理数据比起来，由于必然要发生对硬盘的 IO 操作，所以性能上还是有差距的。但数据不会丢失是它最大的优势。永久性的键/值存储具有如下特点。

1）在硬盘上保存数据。

2）可以进行非常快速的保存和读取处理（但无法与 Memcached 相比）。

3）数据不会丢失。

3. 两者兼具型

Redis 属于这种类型。Redis 有些特殊，临时性和永久性兼具，集合了临时性键值存储和永久性键值存储的优点。Redis 首先把数据保存到内存中，在满足特定条件（默认是 15 分钟一次以上、5 分钟内 10 个以上、1 分钟内 10000 个以上的键发生变更）的时候将数据写入到硬盘中。这样既确保了内存中数据的处理速度，又可以通过写入硬盘来保证数据的永久性。这种类型的数据库特别适合于处理数组类型的数据。此类键/值存储具有如下特点。

1）同时在内存和硬盘上保存数据。

2）可以进行非常快速的保存和读取处理。

3）保存在硬盘上的数据不会消失（可以恢复）。

4）适合于处理数组类型的数据。

19.3.2　面向文档的数据库

MongoDB 和 CouchDB 属于这种类型，它们属于 NoSQL 数据库，但与键值存储相异。

1. 不定义表结构

面向文档的数据库具有以下特征：即使不定义表结构，也可以像定义了表结构一样使用。关系型数据库在变更表结构时比较费事，而且为了保持一致性还需要修改程序。然而 NoSQL 数据库则可省去这些麻烦（通常程序都是正确的），确实是方便快捷。

2. 可以使用复杂的查询条件

跟键值存储不同的是，面向文档的数据库可以通过复杂的查询条件来获取数据。虽然具备事务处理和 JOIN 这些关系型数据库所具有的处理能力，但除此以外的其他处理基本上都能实现。这是非常容易使用的 NoSQL 数据库。面向文档的数据库有如下特点。

1) 不需要定义表结构。

2) 可以利用复杂的查询条件。

19.3.3　面向列的数据库

Cassandra、Hbase 和 HyperTable 属于这种类型。由于近年来数据出现爆发性增长，这种类型的 NoSQL 数据库尤为引人注目。

1. 面向行的数据库和面向列的数据库

普通的关系型数据库都是以行为单位来存储数据的，擅长进行以行为单位的数据处理，比如特定条件数据的获取。因此，关系型数据库也被称为面向行的数据库。相反，面向列的数据库是以列为单位来存储数据的，擅长以列为单位读入数据。

2. 高扩展性

面向列的数据库具有高扩展性，即使数据增加也不会降低相应的处理速度（特别是写入速度），所以它主要应用于需要处理大量数据的情况。另外，利用面向列的数据库的优势，把它作为批处理程序的存储器来对大量数据进行更新也是非常有用的。但由于面向列的数据库跟面向行数据库存储的思维方式有很大不同，应用起来十分困难。有如下特点。

1) 高扩展性（特别是写入处理）。

2) 应用十分困难。

像 Twitter 和 Facebook 这样需要对大量数据进行更新和查询的网络服务不断增加，面向列的数据库的优势对其中一些服务是非常有用的。

19.4　NoSQL 数据库选用原则

1. 并非对立而是互补的关系

关系型数据库和 NoSQL 数据库与其说是对立的（替代关系），倒不如说是互补的。与目前应用广泛的关系型数据库相对应，在有些情况下使用特定的 NoSQL 数据库，将会使处理更加简单。

这里并不是说"只使用 NoSQL 数据库"或者"只使用关系型数据库"，而是"通常情况下使用关系型数据库，在适合使用 NoSQL 的时候使用 NoSQL 数据库"，即让 NoSQL 数据库对关系型数据库的不足进行弥补。

2. 量材适用

当然，如果用错可能会发生使用 NoSQL 数据库反而比使用关系型数据库效果更差的情况。NoSQL 数据库只是对关系型数据库不擅长的某些特定处理进行了优化，做到量材适用是非常重要的。

例如，若想获得"更高的处理速度"和"更恰当的数据存储"，那么 NoSQL 数据库是最佳选择。但一定不要在关系型数据库擅长的领域使用 NoSQL 数据库。

3. 增加了数据存储的方式

原来一提到数据存储，就是关系型数据库，别无选择。现在 NoSQL 数据库给我们提供了另一种选择（当然要根据二者的优点和不足区别使用）。有些情况下，同样的处理若用 NoSQL

数据库来实现可以变得"更简单、更高速"。而且，NoSQL 数据库的种类有很多，它们都拥有各自不同的优势。

19.5 NoSQL 的 CAP 理论

CAP 理论由 Eric Brewer 教授在 ACM PODC 会议上的主题报告中提出，这个理论是 NoSQL 数据库的基础，后来 Seth Gilbert 和 Nancy lynch 两人证明了 CAP 理论的正确性。

其中字母"C""A"和"P"分别代表了强一致性、可用性和分区容错性三个特征。

1. 强一致性（Consistency）

系统在执行过某项操作后仍然处于一致的状态。在分布式系统中，更新操作执行成功后所有的用户都应该读取到最新的值，这样的系统被认为具有强一致性。

2. 可用性（Availability）

每一个操作总是能够在一定的时间内返回结果，这里需要注意的是"一定时间内"和"返回结果"。

"一定时间内"是指系统的结果必须在给定时间内返回，如果超时则被认为不可用，这是至关重要的。例如通过网上银行的网络支付功能购买物品。当等待了很长时间，比如 15 分钟，系统还是没有返回任务操作结果，购买者一直处于等待状态，那么购买者就不知道是否支付成功，还是需要进行其他操作。这样当下次购买者再次使用网络支付功能时必将心有余悸。

"返回结果"同样非常重要。还是拿这个例子来说，假如购买者单击支付之后很快出现结果，但是结果却是"java. lang. error…."之类的错误信息。这对于普通购买者来说当于没有任何结果。因为他仍旧不知道系统处于什么状态，是支付成功还是支付失败，或者需要重新操作。

3. 分区容错性（Partition Tolerance）

分区容错性可以理解为系统在存在网络分区的情况仍然可以接受请求（满足一致性和可用性）。这里网络分区是指由于某种原因网络被分成若干孤立的区域，而区域之间互不相通。还有些人将分区容错性理解为系统对节点动态加入和离开的处理能力，因为节点的加入和离开可以认为是集群内部的网络分区。

CAP 是在分布式环境中设计和部署系统时所要考虑的三个重要的系统需求。根据 CAP 理论，数据共享系统只能满足这三个特性中的两个，而不能同时满足三个条件。因此系统设计者必须在这三个特性之间做出权衡。

放弃 P：由于任何网络（即使局域网）中的机器之间都可能出现网络互不相通的情况，因此如果想避免分区容错性问题的发生，一种做法是将所有的数据都存储到一台机器上。虽然无法 100% 的保证系统不会出错，但不会碰到由分区带来的负面影响。当然，这个选择会严重影响系统的扩展性。如果数据量较大，一般是无法存储在一台机器上的，因此放弃 P 在这种情况下不能接受。所有的 NoSQL 系统都假定 P 是存在的。

放弃 A：相对于放弃"分区容错性"来说，其反面就是放弃可用性。一旦遇到分区容错故障，那么受到影响的服务需要等待数据一致，因此在等待期间系统就无法对外提供服务。

放弃 C：这里所说的放弃一致性，并不是完全放弃数据的一致性，而是放弃数据的强一致性，而保留数据的最终一致性。以网络购物为例，对只剩最后一件库存的商品，如果同时收到了两份订单，那么较晚的订单将被告知商品售罄。

其他选择：引入 BASE(Basically Availability、Soft-State、Eventually consistency)，该方法支持最终一致性，其实是放弃 C 的一个特例。

传统关系型数据库注重数据的一致性，而对海量数据的分布式存储和处理，可用性与分区容忍性优先级要高于数据一致性，一般会尽量朝着 A、P 的方向设计，然后通过其他手段保证对于一致性的用户需求。

不同数据对于一致性的要求是不同的。举例来讲，用户评论对不一致是不敏感的，可以容忍相对较长时间的不一致，这种不一致并不会影响交易和用户体验。而产品价格数据则是非常敏感的，通常不能容忍超过 10 秒的价格不一致。

19.6 主流 NoSQL 数据库

19.6.1 HBase

HBase 是 Apache Hadoop 中的一个子项目，属于 BigTable 的开源版本，所实现的语言为 Java（故依赖 Java SDK）。HBase 依托于 Hadoop 的 HDFS（分布式文件系统）作为最基本存储基础单元。

HBase 在列上实现了 BigTable 论文提到的压缩算法、内存操作和布隆过滤器。HBase 的表能够作为 MapReduce 任务的输入和输出，可以通过 Java API 来访问数据，也可以通过 REST、Avro 或者 Thrift 的 API 来访问。

1. HBase 的特点

（1）数据格式

HBash 的数据存储是基于列（ColumnFamily）的，且非常松散—— 不同于传统的关系型数据库，HBase 允许表下某行某列值为空时不做任何存储（也不占位），减少了空间占用，也提高了读性能。

（2）性能

HStore 存储是 HBase 存储的核心，它由两部分组成：一部分是 MemStore；另一部分是 StoreFiles。

MemStore 是 Sorted Memory Buffer，用户写入的数据首先会放入 MemStore 中，当 MemStore 满了以后会 Flush 成一个 StoreFile（底层实现是 HFile），当 StoreFile 文件数量增长到一定阈值，会触发 Compact 合并操作，将多个 StoreFiles 合并成一个 StoreFile，合并过程中会进行版本合并和数据删除，因此可以看出 HBase 其实只有增加数据，所有的更新和删除操作都是在后续的 Compact 过程中进行的，这使得用户的写操作只要进入内存中就可以立即返回，保证了 HBase I/O 的高性能。

（3）数据版本

Hbase 还能直接检索到往昔版本的数据，这意味着我们更新数据时，旧数据并没有即时被清除，而是保留着。

Hbase 中通过 Row+Columns 所指定的一个存储单元称为 Cell。每个 Cell 都保存着同一份数据的多个版本——通过时间戳来索引。

时间戳的类型是 64 位整型。时间戳可以由 Hbase（在数据写入时自动）赋值，此时时间戳是精确到毫秒的当前系统时间。时间戳也可以由客户显式赋值。如果应用程序要避免数据版本冲突，就必须自己生成具有唯一性的时间戳。每个 Cell 中，不同版本的数据按照时间倒序排序，即最新的数据排在最前面。

为了避免数据存在过多版本造成的管理（包括存储和索引）负担，Hbase 提供了两种数据版本回收方式。一是保存数据的最后 n 个版本，二是保存最近一段时间内的版本（比如最近七天）。用户可以针对每个列簇进行设置。

（4）CAP 类别

Hbase 属于 CP 类型。

2. Hbase 的优缺点

（1）优点

1）存储容量大，一个表可以容纳上亿行，上百万列。

2）可通过版本进行检索，能搜到所需的历史版本数据。

3）负载高时，可通过简单的添加机器来实现水平切分扩展，跟 Hadoop 的无缝集成保障了数据可靠性（HDFS）和海量数据分析的高性能（MapReduce）。

4）在第 3 点的基础上可有效避免单点故障的发生。

（2）缺点

1）基于 Java 语言实现及 Hadoop 架构意味着其 API 更适用于 Java 项目。

2）node 开发环境下所需依赖项较多、配置麻烦（或不知如何配置，如持久化配置），缺乏文档。

3）占用内存很大，且鉴于建立在为批量分析而优化的 HDFS 上，导致读取性能不高。

4）API 相比其他的 NoSQL 显得相对笨拙。

3. Hbase 的适用场景

1）BigTable 类型的数据存储。

2）对数据有版本查询需求。

3）应对超大数据量要求扩展简单的需求。

19.6.2 Redis

Redis 是一个开源的、使用 ANSI C 语言编写、支持网络、可基于内存亦可持久化的日志型、Key/Value 型数据库，并提供多种语言的 API。目前由 VMware 主持开发工作。

1. 特点

（1）数据格式

Redis 通常被称为数据结构服务器，因为值（Value）可以是字符串（String）、哈希（Hash/Map）、列表（List）、集合（Sets）和有序集合（Sorted Sets）五种类型，操作非常方便。比如，如果你在做好友系统，查看自己的好友关系，如果采用其他的 Key-Value 系统，则必须把对应的好友拼接成字符串，然后在提取好友时，再把 value 进行解析，而 Redis 则相对简单，直接支持 List 的存储（采用双向链表或者压缩链表的存储方式）。

（2）性能

Redis 数据库完全在内存中，因此处理速度非常快，每秒能执行约 11 万个集合，每秒约81000 多条记录。

Redis 的数据能确保一致性——所有 Redis 操作是原子性（Atomicity，意味着操作的不可再分，要么执行，要么不执行）的，这保证了如果两个客户端同时访问的 Redis 服务器将获得更新后的值。

（3）持久化

通过定时快照（Snapshot）和基于语句的追加（Append Only File，AOF）两种方式，Redis 可以支持数据持久化——将内存中的数据存储到磁盘上，方便在宕机等突发情况下快速恢复。

（4）CAP 类别

Redis 属于 CP 类型。

2. Redis 的优缺点

（1）优点

1）具有非常丰富的数据结构。

2）Redis 提供了事务的功能，可以保证一串命令的原子性，中间不会被任何操作打断。

3）数据存在内存中，读写速度极快。

（2）缺点

1）Redis 3.0 后才出来官方的集群方案，但仍存在一些架构上的问题。

2）持久化功能体验不佳——通过快照方法实现的话，需要每隔一段时间将整个数据库的数据写到磁盘上，代价非常高；而 AOF 方法只追踪变化的数据，类似于 MySQL 的 binlog 方法，但追加的 log 可能过大，同时所有操作均要重新执行一遍，恢复速度慢。

3）由于是内存数据库，所以，单台机器存储的数据量跟机器本身的内存大小有关。虽然 Redis 本身有 Key 过期策略，但是还是需要提前预估和节约内存。如果数据量增长过快，需要定期删除数据。

3. 适用场景

适用于数据变化快且数据库大小可预见（适合内存容量）的应用程序。

19.6.3 MongoDB

MongoDB 是一个高性能、开源、无模式的文档型数据库，开发语言是 C++。它在许多场景下可用于替代传统的关系型数据库或键/值存储方式。

1. 特点

（1）数据格式

在 MongoDB 中，文档是对数据的抽象，它的表现形式就是我们常说的 BSON（Binary JSON）。

BSON 是一个轻量级的二进制数据格式。MongoDB 能够使用 BSON，并将 BSON 作为数据存储在磁盘中。

BSON 是为效率而设计的，它只需要使用很少的空间，同时编码和解码都是非常快速的。即使在最坏的情况下，BSON 格式也比 JSON 格式在最好的情况下存储效率高。

对于前端开发者来说，一个"文档"就相当于一个对象。

（2）性能

MongoDB 目前支持的存储引擎为内存映射引擎。当 MongoDB 启动的时候，会将所有的数据文件映射到内存中，然后操作系统会托管所有的磁盘操作。这种存储引擎有以下几种特点。

● MongoDB 中关于内存管理的代码非常精简。

- MongoDB 服务器使用的虚拟内存将非常巨大，并将超过整个数据文件的大小。
- MongoDB 提供了全索引支持：包括文档内嵌对象及数组。Mongo 的查询优化器会分析查询表达式，并生成一个高效的查询计划。通常能够极大地提高查询的效率。

（3）持久化

MongoDB 在 1.8 版本之后开始支持 Journal，就是我们常说的 Redo Log，用于故障恢复和持久化。

当系统启动时，MongoDB 会将数据文件映射到一块内存区域，称之为 Shared View，在不开启 journal 的系统中，数据直接写入 shared View，然后返回，系统每 60 s 刷新这块内存到磁盘，这样，如果断电或宕机，就会丢失很多内存中未持久化的数据。

当系统开启了 Journal 功能，系统会再映射一块内存区域供 Journal 使用，称之为 private View，MongoDB 默认每 100 ms 刷新 private View 到 Journal，也就是说，断电或宕机，有可能丢失这 100 ms 数据。

（4）CAP 类别

MongoDB 比较灵活，可以设置成 Strong Consistent（CP 类型）或者 Eventual Consistent（AP 类型）。

但其默认是 CP 类型。

2. MongoDB 的优缺点

（1）优点

1）强大的自动化 Shading 功能。

2）全索引支持，查询非常高效。

3）面向文档（BSON）存储，数据模式简单而强大。

4）支持动态查询，查询指令也使用 JSON 形式的标记，可轻易查询文档中内嵌的对象及数组。

5）支持 JavaScript 表达式查询，可在服务器端执行任意的 JavaScript 函数。

（2）缺点

1）单个文档大小限制为 16 MB，不支持大于 2.5 GB 的数据。

2）对内存要求比较大，至少要保证热数据（索引、数据及系统其他开销）都能装进内存。

3）非事务机制，无法保证事件的原子性。

3. 适用场景

1）适用于实时的插入、更新与查询的需求，并具备应用程序实时数据存储所需的复制及高度伸缩性。

2）非常适合文档化格式的存储及查询。

3）高伸缩性的场景：MongoDB 非常适合由数十或者数百台服务器组成的数据库。

4）对性能的关注超过对功能的要求。

19.6.4　Couchbase

Apache CouchDB 和 Couchbase 两个 NoSQL 数据库，都是开源、免费的 NoSQL 文档型数据库，都使用了 JSON 作为其文档格式。Apache CouchDB 和 Couchbase 的相似性极高，但也有不少不同之处。基本上 Couchbase 结合了 Apache CouchDB 和 Membase 两种数据库的功能特性而构建的。CouchDB 的面向文档的数据模型、索引和查询功能与 Membase 分布式键值数据模型相结合、高性能、易于扩展、始终保持接通的能力，这就是 Couchbase。简而言之，Couchbase = CouchDB+Membase。

但是，Couchbase 并非 CouchDB 的新版本，相反，它实际上是 Membase 的新版本。Couchbase Server 实际上是 Membase Server 的新名字。Couchbase 并非 CouchDB 的替代，而是 Membase 的替代版本。Couchbase 仍然使用了 Memcached 协议，而没有使用 CouchDB 的 RESTful 风格的 API。同时，CouchDB 仍然是 CouchDB，是 Apache 旗下的项目，由 Apache 负责维护和演进。而且，CouchDB 并非过时的 Couchbase，CouchDB 仍然是一个比较活跃的开源项目。而 Couchbase 是另一个完全独立的项目。

1. 特点

（1）数据格式

Couchbase 跟 MongoDB 一样都是面向文档的数据库，不过在往 Couchbase 插入数据前，需要先建立 Bucket —— 可以把它理解为"库"或"表"。

因为 Couchbase 数据基于 Bucket 而导致缺乏表结构的逻辑，故如果需要查询数据，得先建立 View（跟 RDBMS 的视图不同，View 是将数据转换为特定格式结构的数据形式如 JSON）来执行。

Bucket 的意义 —— 在于将数据进行分隔，比如：任何 view 都是基于一个 Bucket 的，仅对 Bucket 内的数据进行处理。一个 Server 上可以有多个 Bucket，每个 Bucket 的存储类型、内容占用、数据复制数量等，都需要分别指定。从这个意义上看，每个 Bucket 都相当于一个独立的实例。在集群状态下，我们需要对 Server 进行集群设置，Bucket 只侧重数据的保管。

每当 Views 建立时，就会建立 Indexes，Index 的更新和以往的数据库索引更新区别很大。比如现在有 1 万条数据，更新了 200 条，索引只需要更新 200 条，而不需要更新所有数据。

要留意的是，对于所有文件，Couchbase 都会建立一个额外的 56 byte 的 MetaData，这个 MetaData 功能之一就是表明数据状态，是否活动在内存中。同时文件的 Key 也作为标识符和 MetaData 一起长期活动在内存中。

（2）性能

Couchbase 的精髓就在于依赖内存最大化降低硬盘 I/O 对吞吐量的负面影响，所以其读写速度非常快，可以达到亚毫秒级的响应。

Couchbase 在对数据进行增删时会先体现在内存中，而不会立刻体现在硬盘上，从内存的修改到硬盘的修改这一步骤是由 Couchbase 自动完成的，等待执行的硬盘操作会以 Write Queue 的形式排队等待执行，也正是通过这个方法，硬盘的 I/O 效率在 Write Queue 满之前是不会影响 Couchbase 的吞吐效率的。

鉴于内存资源肯定远远少于硬盘资源，所以如果数据量小，那么全部数据都放在内存上自然是最优选择，这时候 Couchbase 的效率也是异常高。

但是数据量大的时候过多的数据就会被放在硬盘之中。当然，最终所有数据都会写入硬盘，不过有些频繁使用的数据提前放在内存中自然会提高效率。

（3）持久化

其前身之一 Memcached 是完全不支持持久化的，而 Couchbase 添加了对异步持久化的支持。

Couchbase 提供两种核心类型的 Buckets —— Couchbase 类型和 Memcached 类型。其中 Couchbase 类型提供了高可用和动态重配置的分布式数据存储，提供持久化存储和复制服务。

Couchbase Bucket 具有持久性 —— 数据单元异步从内存写往磁盘，防范服务重启或较小的故障发生时数据丢失。持久性属性是在 Bucket 级设置的。

（4）CAP 类型

Couchbase 群集所有点都是对等的，只是在创建群或者加入集群时需要指定一个主节点，一旦节点成功加入集群，所有的节点对等。

对等网的优点是，集群中的任何节点失效，集群对外提供服务完全不会中断，只是集群的容量受影响。

由于 Couchbase 是对等网集群，所有的节点都可以同时对客户端提供服务，这就需要有方法把集群的节点信息暴露给客户端，Couchbase 提供了一套机制，客户端可以获取所有节点的状态以及节点的变动，由客户端根据集群的当前状态计算 key 所在的位置。

就上述的介绍，Couchbase 明显属于 CP 类型。

2. Couchbase 的优缺点

（1）优点

1）高并发性，高灵活性，高拓展性，容错性好。

2）以 vBucket 的概念实现更理想化的自动分片以及动态扩容。

（2）缺点

1）Couchbase 的存储方式为 Key/Value，但 Value 的类型很为单一，不支持数组。另外也不会自动创建 doc id，需要为每一文档指定一个用于存储的 Document Indentifer。

2）各种组件拼接而成，都是由 C++实现，导致复杂度过高，遇到奇怪的性能问题排查比较困难，（中文）文档比较欠缺。

3）采用缓存全部 Key 的策略，需要大量内存。节点宕机时 Failover 过程有不可用时间，并且有部分数据丢失的可能，在高负载系统上有假死现象。

4）逐渐倾向于闭源，社区版本（免费，但不提供官方维护升级）和商业版本之间差距比较大。

3. 适用场景

1）适合对读写速度要求较高，但服务器负荷和内存花销可预见的需求。

2）需要支持 Memcached 协议的需求。

19.6.5　LevelDB

LevelDB 是由谷歌重量级工程师（Jeff Dean 和 Sanjay Ghemawat）开发的开源项目，它是能处理十亿级别规模 key-value 型数据持久性存储的程序库，开发语言是 C++。除了持久性存储，LevelDB 还有一个特点是写性能远高于读性能（当然读性能也不差）。

1. 特点

LevelDB 作为存储系统，数据记录的存储介质包括内存以及磁盘文件，当 LevelDB 运行了一段时间，后可以给 LevelDB 进行透视拍照。

2. 优缺点

（1）优点

1）操作接口简单，基本操作包括写记录、读记录和删除记录，也支持针对多条操作的原子批量操作。

2）写入性能远强于读取性能。

3）数据量增大后，读写性能下降趋于平缓。

（2）缺点

1）随机读性能一般。

2）对分布式事务的支持还不成熟，而且机器资源浪费率高。

3. 适应场景

适用于对写入需求远大于读取需求的场景（大部分场景其实都是这样）。

19.7　知识点小结

本章主要介绍了 NoSQL 非关系型数据库的概念及其与关系型数据库优势、劣势的比较，以及 NoSQL 数据库的类型以及选用原则，并介绍了主流的 NoSQL 数据库。

19.8　思考与练习

1. 关系型数据库有哪些不足？

2. 选用 NoSQL 数据库有哪些原则？NoSQL 数据库有哪 5 个方面的优势？

3. NoSQL 数据库的类型有什么？

4. 键值存储的保存方式有哪些？

5. 面向文档的数据库的特点是什么？

6. 什么是 CAP 理论？C、A、P 分别表示什么？

7. 常见的主流 NoSQL 数据库有哪些，各有什么优缺点？

8. MongoDB 是一种 NoSQL 数据库，具体地说，是（　　）存储数据库。

A. 键值　　　　　　B. 文档　　　　　　C. 图形　　　　　　D. XML

9. 以下 NoSQL 数据库中，（　　）是一种高性能的分布式内存对象缓存数据库，通过缓存数据库查询结果，减少数据库访问次数，以提高动态 Web 应用的速度，提高可扩展性。

A. MongoDB　　　　B. Memcached　　　C. Neo4j　　　　　D. Hbase

10. CAP 理论是 NoSQL 理论的基础，下列性质不属于 CAP 的是（　　）。

A. 分区容错性　　　B. 原子性　　　　　C. 可用性　　　　　D. 一致性